建设部、人事部、国家文物局联合资助项目

王瑞珠 编著

世界建筑史

巴洛克卷

·上册·

中国建筑工业出版社

图书在版编目（CIP）数据

世界建筑史·巴洛克卷/王瑞珠编著.—北京：中国建筑工业出版社，2011.7
ISBN 978-7-112-13448-9

I.①世… II.①王… III.①建筑史—世界②巴洛克艺术—建筑史—欧洲 IV.① TU-091

中国版本图书馆CIP数据核字（2011）第156344号

责任编辑：刘静　张建
责任校对：陈晶晶

世界建筑史·巴洛克卷
王瑞珠　编著

*

中国建筑工业出版社出版、发行（北京西郊百万庄）
各地新华书店、建筑书店经销
北京利丰雅高长城印刷有限公司印刷

*

开本：889×1194毫米 1/16　印张：127¼　字数：3926千字
2011年11月第一版　2011年11月第一次印刷
定价：800.00元（上、中、下册）
ISBN 978-7-112-13448-9
　　（21214）

版权所有　翻印必究
如有印装质量问题，可寄本社退换
（邮政编码100037）

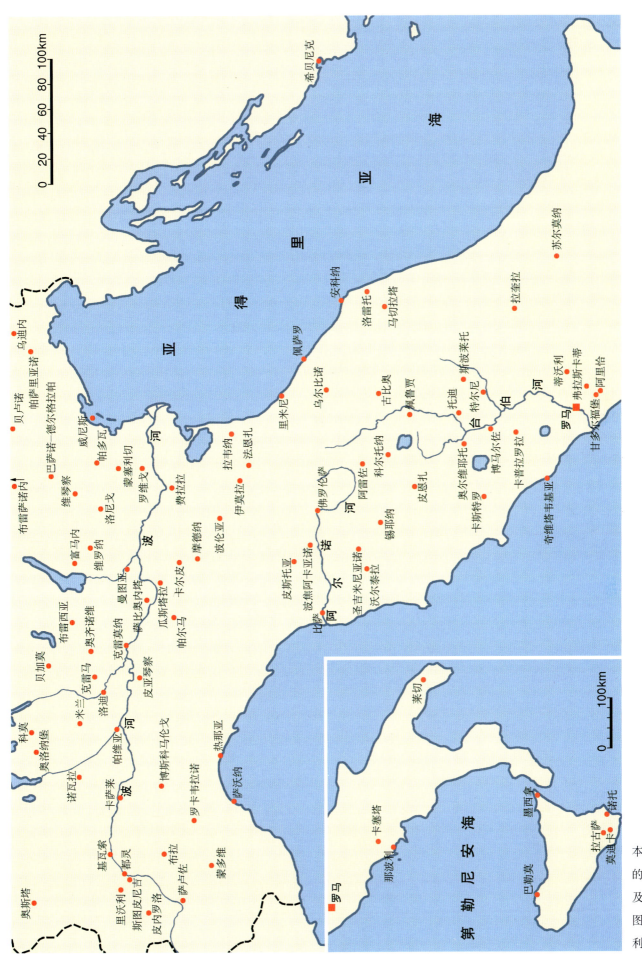

本卷中涉及的主要城市及建筑位置图（一、意大利）

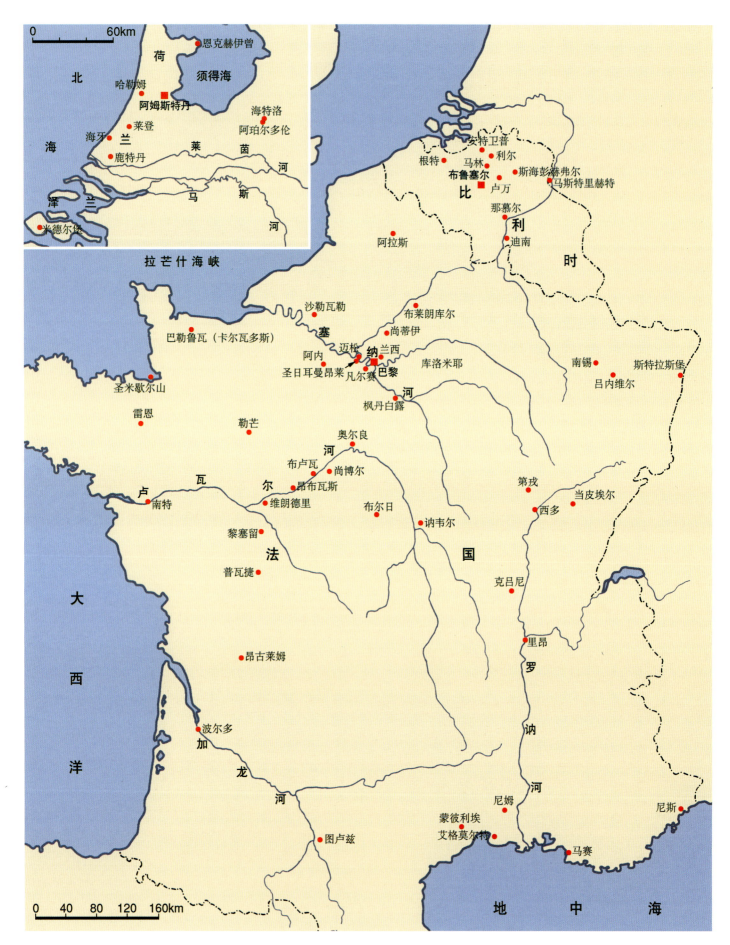

本卷中涉及的主要城市及建筑位置图（二、法国及低地国家）

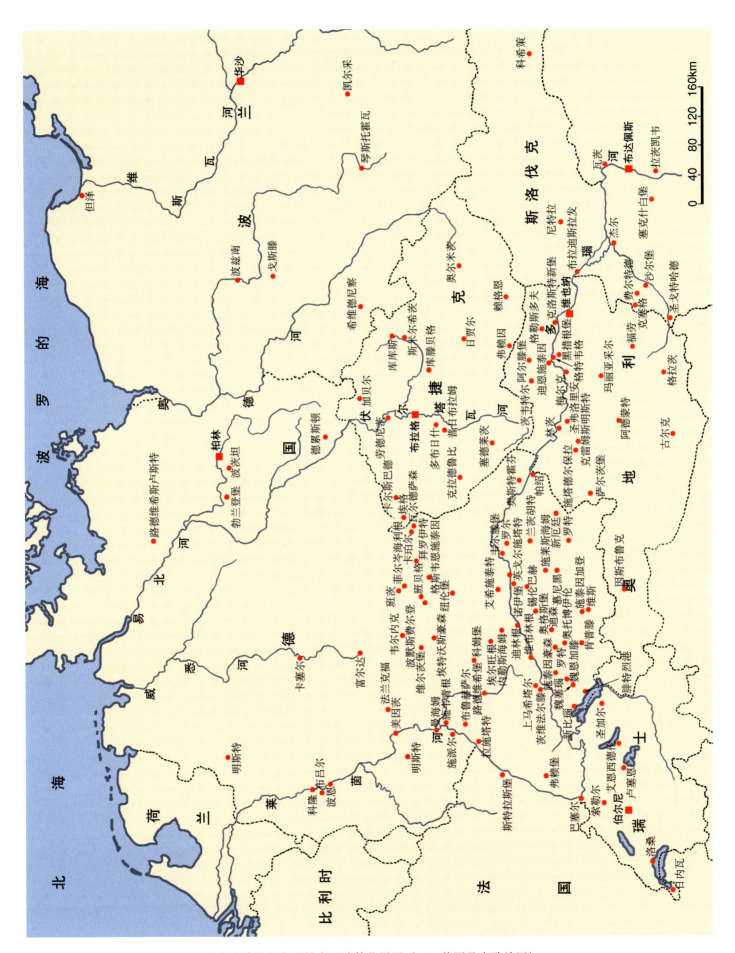

本卷中涉及的主要城市及建筑位置图（三、德国及中欧地区）

本卷中涉及的主要城市及建筑位置图（四、西班牙及葡萄牙）

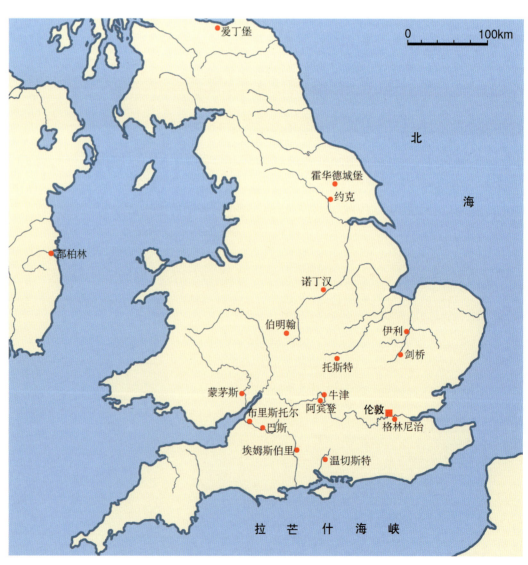

本卷中涉及的主要城市及建筑位置图（五、英国）

目　录

· 上册 ·

第一章 导论

第一节 风格及时代 12
一、定义及评价 12
二、早期表现，手法主义及其产生的历史环境 14
三、巴洛克艺术的诞生及其历史背景 17
四、宫廷文化和节庆活动，戏剧效果和修辞学 21
  宫廷文化和节庆活动（21）·巴洛克艺术和戏剧效果（22）·修辞学和艺术造型（23）
五、巴洛克风格的传播和洛可可风格 25
  巴洛克风格的传播，共性和不同学派的表现（25）·洛可可风格（25）

第二节 城市 27
一、城市规划概况 27
二、规划理念及构成要素 32
  规划理念（32）·构成要素（35）

第三节 教堂 36
一、概况 36
二、传统母题及其改造 42
  纵向平面（42）·纵向椭圆形（51）·集中式平面（52）·组合平面（56）·加长希腊十字形（59）·双轴平面（60）·
  复杂的组合方式（61）·会堂式教堂的立面形制（63）
三、通向整合和系统化的道路 66
  弗朗切斯科·博罗米尼（66）·瓜里诺·瓜里尼（73）·小结（80）

第四节 宫殿、府邸和别墅 82
一、类型 82
二、演进 82
三、各地的不同表现 87
四、室内布局，廊厅及楼梯 90

第五节 园林艺术

    一、意大利 92

    二、法国 100

    三、德国 108

    四、其他地区 122

        维也纳观景楼花园（122）·海特洛（124）·拉格兰哈和卡塞塔（125）

第二章 意大利

第一节 罗马手法主义的结束和巴洛克风格的开始 131

    一、从尤利乌斯二世到西克斯图斯五世（1503~1590年） 134

        西克斯图斯五世之前城市及建筑概况（134）·西克斯图斯五世时期（145）

    二、保罗五世任内（1605~1621年） 165

        卡洛·马代尔诺及其早期作品（169）·圣彼得大教堂的扩建及立面（183）·世俗建筑，宫邸、别墅及市政工程（195）

第二节 罗马巴洛克建筑的黄金时代 203

    一、乌尔班八世任内（1623~1644年） 204

        吉安·洛伦佐·贝尔尼尼及其早期作品（208）·彼得罗·达·科尔托纳及其早期作品（244）·弗朗切斯科·博罗米尼及其作品（270）·其他作品（312）

    二、英诺森十世任内（1644~1655年） 328

        拉特兰圣乔瓦尼（约翰）教堂的修复和改建（329）·纳沃纳广场及其周边建筑（339）·其他项目（355）

    三、亚历山大七世任内（1655~1667年） 381

        城市广场及大道的整治（381）·吉安·洛伦佐·贝尔尼尼的圣彼得大教堂配套工程（383）·彼得罗·达·科尔托纳的作品（399）·吉安·洛伦佐·贝尔尼尼的教堂设计（414）·卡洛·拉伊纳尔迪的教堂作品（433）·基吉宫和四泉圣卡洛教堂的立面（451）·弗朗切斯科·博罗米尼其他作品及影响（457）

第三节 罗马后期巴洛克建筑和前古典主义风格 458

    一、从克雷芒九世到克雷芒十世和英诺森十一世（1667~1689年） 467

        从克雷芒九世到克雷芒十世（467）·英诺森十一世时期（480）

    二、英诺森十二世和克雷芒十一世任内（1691~1721年） 485

        英诺森十二世时期（485）·克雷芒十一世时期（496）

    三、本尼狄克十三世和克雷芒十二世任内（1724~1740年） 502

        本尼狄克十三世时期（502）·克雷芒十二世时期（507）

    四、本尼狄克十四世时期（1740~1758年）及以后 513

第四节 其他城市 518

    一、都灵 520

        城市的扩展及规划（520）·瓜里诺·瓜里尼及其作品（547）·菲利波·尤瓦拉及其作品（600）·贝尔纳多·维托内及其作品（628）

    二、那波利和威尼斯 636

        那波利（636）·威尼斯（643）

三、米兰、热那亚和其他地区 661

  米兰（661）· 热那亚（666）· 其他地区（668）

· 中册 ·

第三章　法国

第一节　历史背景 681

第二节　亨利四世、路易十三及马萨林摄政时期 683

一、城市建设 683

  亨利四世时期（683）· 路易十三时期（700）

二、宫殿及府邸 704

  大型宫邸（704）· 城市府邸（780）

三、宗教建筑 802

  巴黎圣热尔韦教堂立面（804）· 穹顶教堂（805）· 堂区教堂（816）

第三节　路易十四时代（约1661~1715年）... 816

一、城市建设 830

  城市广场及环行大道（830）· 宗教及世俗建筑（868）

二、卢浮宫扩建及立面设计 895

  意大利建筑师的方案设计（902）· 最后实施方案（924）

三、凡尔赛宫及其园林 934

  宫殿（936）· 园林及附属建筑（997）

第四节　摄政风格及洛可可风格 1060

一、概况 1060

二、主要建筑师及实例 1087

  世俗建筑（1087）· 宗教建筑（1097）· 城市规划（1101）

第四章　西班牙和葡萄牙

第一节　西班牙 1106

一、腓力三世和腓力四世时期 1108

  埃尔埃斯科里亚尔宫堡及其影响（1108）· 胡安·德·埃雷拉的遗产及对新表现模式的各种探求（1111）· 胡安·戈麦斯·德莫拉和马德里的整治（1124）· 来自宗教界的建筑师及理论家（1134）

二、从17世纪末到18世纪初 1142

  加利西亚地区（1144）· 安达卢西亚地区（1152）· 主要建筑师及其家族（1167）

三、波旁王朝时期 1175

  宫廷建筑（1175）· 从巴洛克风格到光明世纪（1182）

第二节 葡萄牙 1186
    一、早期表现 1187
    二、约翰五世时期 1205
    附：拉丁美洲的巴洛克建筑 1234

· 下册 ·

第五章 德国和中欧地区

第一节 德国（含普鲁士） 1247
    一、德国北部地区 1253
    二、威斯特伐利亚地区 1269
    三、普鲁士，柏林和波茨坦的建设 1279
        柏林和建筑师安德烈·施吕特（1279）·波茨坦和乔治·文策斯劳斯·冯·克诺贝尔斯多夫的作品（1300）
    四、萨克森地区 1319
    五、黑森及法兰克尼亚地区 1350
        黑森、法兰克尼亚等地的半露木构教堂及住宅（1350）·其他建筑类型（1357）
    六、德国西南地区 1404
        宫邸建筑（1404）·宗教建筑（1414）·福拉尔贝格建筑学派（1422）
    七、德国东南地区 1432
        宗教建筑（1432）·世俗建筑（1470）

第二节 其他国家和地区 1474
    一、瑞士 1477
    二、奥地利 1485
        菲舍尔·冯·埃拉赫的作品（1487）·约翰·卢卡斯·冯·希尔德布兰特的作品（1552）·雅各布·普兰陶尔及其他建筑师的作品（1582）
    三、捷克和斯洛伐克 1626
    四、波兰 1667
    五、匈牙利、克罗地亚和斯洛文尼亚地区 1682
        匈牙利（1682）·克罗地亚（1688）·斯洛文尼亚（1694）

第六章 英国、低地国家和斯堪的纳维亚地区

第一节 英国 1697
    一、历史背景 1697
    二、伊尼戈·琼斯及其流派 1709
    三、克里斯托弗·雷恩及其他建筑师 1728
        克里斯托弗·雷恩（1728）·其他建筑师（1755）

四、新帕拉第奥主义 1782
主要建筑师及作品（1782）·城市建设（1806）

第二节 低地国家和斯堪的纳维亚地区 1812
一、低地国家 1812
低地国家南部（1812）·低地国家北部（1826）
二、斯堪的纳维亚地区 1863
丹麦（1864）·瑞典（1867）

附录一 地名及建筑名中外文对照表 1881
附录二 人名（含民族及神名）中外文对照表 1912
附录三 主要参考文献 1926

图版简目 1927

第一章 导论

第一节 风格及时代

一、定义及评价

艺术具有自己固有的发展进程，但既然扎根于历史的土壤，也就会不断地把历史事件转化为持久的形式。这种关系可从文字的表述上看出来：拜占廷艺术是来自帝国的称号；中国艺术是来自民族之名；文艺复兴或浪漫主义则是来自某个文化史的进程。然而，"巴洛克"这个词，却是用一种艺术形式来命名一个时代。也就是说，在这时期的欧洲，这种艺术形式已渗透到人们生活的方方面面，并在形成环境的风貌上取得了举足轻重的地位。我们把这种得到公认的形式称为风格，它同时还意味着除了个人的意志外，人们共同持有的一种基本态度，一种思维和行动的方式。

从巴洛克这一概念的演化中，同样可以追溯出人们对它的看法和评价。在19世纪末作为一种风格的正式名称之前，"巴洛克"主要是作为一个带有贬义的形容词使用，意为"奇异"、"怪诞"、"混杂"、"夸张"、"矫揉造作"和"堆砌装饰"。在1904年第二版的德国《迈尔斯百科全书》（Meyers Konversationslexikon）里，巴洛克词条下的解释是："本意为不规则的球形（如形容一个珍珠），其引申意义为不规则的，奇特的，古怪的"。

在近代语境里，名词"barocco"只是指附属的小件物品；从古典美学的角度来看，只有吉安·洛伦佐·贝尔尼尼、弗朗切斯科·博罗米尼及其学派所采用的那种造型，才能称为"baroque"，亦即和所谓刻板的教条程式对立的、真正的"巴洛克"形式。古典主义及随之而来的浪漫主义的艺术评论家们，更进一步给这个词加入了艺术衰退的内涵。到20世纪20年代，在意大利哲学家、历史学家和文艺批评家贝内代托·克罗奇（1866~1952年）使用该词的时候，它仍是一个带贬义的词，形象也是负面的。这种看法在当时的知识阶层里可谓根深蒂固，没有任何松动。

在古典主义的美学观念占统治地位的年代，人们的灵感主要来自古代的遗迹。在学院派大师们的眼中，像巴洛克这种矫揉造作、奢华铺张的艺术造型自然应被毫不留情地排斥在外。在18世纪古典主义的思想巨匠约翰·约阿希姆·温克尔曼（1717~1768年）看来，巴洛克风格只是一种"狂热的骚动"。该世纪末的意大利考古学家和艺术理论学者弗朗切斯科·米利齐亚（1725~1798年）认为，在巴洛克建筑，特别是博罗米尼的作品中，可看到一种"极端的怪异，过分的荒谬"(superlatif du bizarre, l'excès du ridicule)。到20世纪，人们对巴洛克艺术采取了更为严厉的批评态度。在克罗奇眼中，巴洛克艺术缺乏"实质内容"，它只是"玩弄技巧，无休止地追求令人们感到困惑不解的手法"，这位学者最后的结论是："巴洛克艺术，尽管表面上热情奔放，实质却是冷漠；充斥的外在装饰掩盖不住内心的空虚"。

在这类看法中首先发出不同声音的是雅各布·布尔克哈特（1818~1897年）。和温克尔曼一样，作为著名的建筑史学专家，他也对古典遗产进行过深入的研究。但他并不把17和18世纪的建筑看成是一种反常和孤立的现象，而是视为文艺复兴时代形式的延续。只是他把从文艺复兴到巴洛克的这种过渡称为"一种衰退和堕落的变种"。然而，他也承认，在对巴洛克艺术的评价上，特别是对其艺术造型进行更精细的分析方面，可以采取一种新的方式，赋予它一种独特的身份。在他 1855 年发表的《导游》（Cicerone）一书里强调指出，更加深入的研究有助于揭示出这种风格的真正价值，而此前人们对这类建筑，即便没有采取完全否认的态度，至少也抱有某种负面的看法。1875 年，雅各布·布尔克哈特本人写道："我对巴洛克艺术的敬重与日俱增，现在我已倾向于把它看作是一种具有活力和真实成就的建筑"。这种观念的转变自然特别引人瞩目并具有深意。

布尔克哈特的观点标志着人们认识上的一个转折点；虽说对巴洛克风格的负面看法至今仍有一定的市场。但新的一代，似乎已为这种"表面的"魅力倾倒，开始从更多的视角，对这时期的艺术给予新的评价。到 19 世纪 80 年代，在建筑师兼艺术史学者科尔内留斯·古利特（1850~1938 年）的推动下，随着海因里希·韦尔夫林、里格尔和施马尔索的研究成果陆续问世，巴洛克艺术终于得到学术界的认可。所谓新巴洛克风格（néobaroque）在促使当时建筑思想的解放上更是大获成功。

在摆脱了墨守成规的学院派的偏见之后，作为一个专有名词，"巴洛克"也获得了它的真实内涵。特别是韦尔夫林（1864~1945 年）的著作 [《文艺复兴和巴洛克》（Renaissance et Baroque，1888 年）；《艺术史本原》（Principes Fondamentaux de l'Histoire de l'Art,1915 年）]，影响尤为深远，大大推动了相关研究工作的进展。这位作者试图通过对穹顶外观形式的界定（动态或静态、开放或封闭、有形或无形，等等），进一步描绘巴洛克风格的特征。心理学的要素、观察者所处的地位，以及透视学的方法，在这里都首次被纳入研究的范畴并得到必要的诠释。

这类课题同样引起了其他学者的注意。1913 年，平德进一步概括了德国后期巴洛克的基本特点。埃尔温·帕诺夫斯基（1892~1968 年）于 1919 年发表了一篇著名论文，对贝尔尼尼设计的梵蒂冈雷贾阶梯进行探讨；汉斯·泽德尔迈尔（1896~1984 年）于 1930 年出版了一部论述奥地利巴洛克建筑的专著。与此同时，西方史学界对巴洛克时期的文化，特别是天主教内反宗教改革运动的作用，也进行了深入的研究。切萨雷·里帕发表的新版《肖像学》（Iconologia，1593 年），则为这一领

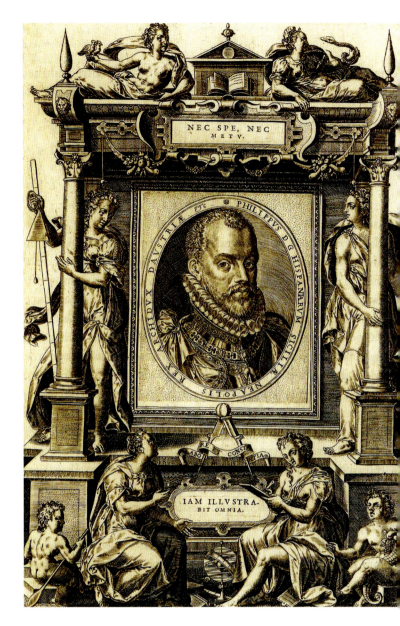

图 1-1 腓力二世画像（作者佚名，取自 Lodovico Guicciardini：《Descrittione di tutti i Paesi Bassi》，1581 年）

域的研究开辟了新的路径。

1956 年，在汉斯·廷特尔诺特的一篇论文（Zur Gewinnung unserer Barockbegriffe）里，人们第一次用历史的眼光来审视相关的观念演进。在最近几十年期间，由于研究领域向多学科方向拓展，有关巴洛克艺术的知识又有了新的进展。特别是提出了所谓"总体艺术作品"（oeuvre d'art totale）的概念，也就是说，在研究过程中，人们需要综合考虑所有艺术形式之间的相互影响和作用（如文学和造型艺术，修辞学在舞台艺术及宫廷节庆活动组织中的作用）。而所谓"世界剧场"的观念，则使今日的人们得以构想那个时代的极其复杂的图景。如今，人们已不再视其为荒诞和不可理解，而是相反，把

它看作是一个相互影响和协调过程的产物。

如今，巴洛克艺术不但确立了自己科学的历史定位，其内涵还在不断扩展。人们不仅论及巴洛克的音乐、巴洛克的文化，乃至用这种风格的概念来定义整个时代。当然，与此同时，也存在不同的看法。特别是法国的研究论文，一直拒绝把他们的"伟大世纪"（Grand Siècle，指路易十四时期）纳入到具有意大利特色的总体框架里去，因为法国人正是在摆脱了意大利的艺术控制以后才趟出了一条属于自己的古典主义道路。实际上，在遵循既定法式及自由创作的艺术之间以及理性和想象之间的这种对立，自古以来从未根绝；正是这种强烈的反差，刺激着这个在物性和精神层面都充满张力的巴洛克时代。总之，认为历史上存在一个完全以风格——特别是所谓全欧风格——作为主要标志的文化时期，这种命题本身，无论从逻辑还是从具体地区的应用来看，难免引起争议。

卡尔·尤斯蒂曾说过，和国家及语言相比，在形式的同化上，时间是个更重要的因素。源于不同时代的同一个地区的产品，其彼此的差异要大于同一时期不同民族的作品[1]。对巴洛克世界来说，这种观点看来也同样适用。

二、早期表现，手法主义及其产生的历史环境

早在文艺复兴期间，中世纪那种等级森严、统一有序的世界已开始分崩离析，在人们的生活中开始引进了自由的意志。随着人文主义思潮的兴起，自由和平等被提到了首要的位置，并构成了佛罗伦萨社会和政治的基础。事实上，早在14世纪，佛罗伦萨人就尝试过用抽签的方式来任命行政官员。中世纪的绝对等级制度就这样被一种更活跃更积极的政治生活取代。

巴洛克艺术本是植根于文艺复兴的土壤，但又和更早的遗产有所联系。15世纪初，人们的目光开始转向古代遗产，并希望从源头上进一步拓展自己的知识。在人文主义学者的鼓吹下，人们更加强调个性的发展和个人的自由。不过，这并不意味着文艺复兴放弃了宇宙井然有序的理想。它只是根据几何原理及音乐协调赋予它新的解释，并由此确立了新的价值体系；按照这种思想，所有事物的地位均取决于其"完美"的程度。在这个框架之内，人们则可保留其自由意志。此时，类似哥特建筑那种具有国际特色的风格已不再受青睐，能对独创精神稍加制约的只有来自古代的美学理想和规章。空间表现服从于中央透视的法则；比例合宜的人体永远是人们关心的主要对象，特别是裸体造型，更是具有神圣的地位。宗教题材的组画继续发挥作用，但手法上更重写实，充满了理想的色彩。中世纪留存下来的建筑的外观及室内空间均按重新制订的古代柱式的比例进行了改造。正如人体是造型艺术的范本，象征庄重宏伟的柱子构成了建筑的门面。屋架的水平推力按罗马人的做法由墙体本身承担。各面具有同样造型、安详和谐的集中式建筑遂大受青睐。

1527年罗马遭到神圣罗马帝国士兵的洗劫，古典艺术的黄金时代顿成明日黄花。大师们逐渐引入新的变化，米开朗琪罗本人亦长期以来被视为"巴洛克建筑之父"。意大利继续引导运动的潮流。但形式的演变并没有表现出连续的特点。1520~1580年的风格和此前及以后的表现都截然不同。在阿尔卑斯山以北地区和西班牙，这一时期一直持续到16世纪末。人们有时称它为"后期文艺复兴"（renaissance tardive），有时又称为"早期巴洛克"（premier baroque）。这些定义没有一个能令人满意。此后，人们采用了17世纪时提出的一个词，称其为"手法主义"。

在手法主义流行的这段时期，社会矛盾和冲突加剧。在拉斐尔去世那年（1502年），路德烧毁了教皇的绝罚令，一年以后，耶稣会的创建者罗耀拉的圣依纳爵[2]开始了他的宗教朝圣之旅。经过长期酝酿的宗教改革运动刚刚发动便受到挫折。由内里[3]创建的奥拉托利会（Oratoire）成为耶稣会的同盟军。与此同时，查理·博罗梅、（阿维拉的）德肋撒、胡安·德拉克鲁斯也都展开了积极的宗教活动。在意大利，公民自由权的古老根基已开始动摇，大部分国土处在西班牙的统治下。德国因宗教的对立而分裂，法国因镇压胡格诺派教徒未果元气大伤。西班牙国王腓力二世作为新旧两个大陆的霸主成为天主教世界的首领（图1-1）；其舰队和盟军一起，在勒班陀战役（Lepanto, Battle of, 1571年）中战胜了土耳其人的进犯，但"无敌舰队"（Armada）却在英国海岸边受挫，低地国家也起来造反。1545~1563年召开的几次特伦托会议虽暂时保住了教会的前程，但基督教的分歧并没有彻底解决。1543年，哥白尼[4]日心说的发表更是颠覆了人们关于宇宙的基本观念并引起了教会的震惊。由此导致了伽利略的受审和布鲁诺[5]的被焚殉道。马基雅弗利[6]在《君主论》一书中主张不择手段建立

图 1-2 罗马 法尔内塞府邸。廊厅内景（版画，作者 Giovanni Volpato，约 1770 年）

统一和强大的君主国。而法国伟大的启蒙主义作家、思想家蒙田（1533~1592 年）的《随笔集》（Essais, 1580 年）则可视为他本人心灵的探索和检验。他认为腐化堕落、暴力和伪善构成了他那个时代的特征，他的怀疑论和对真理的期望，驱使他否认通常被接受的观念。而真正深入这个没落时期心灵深处的则是西班牙作家塞万提斯（1547~1616 年）和他的名著《堂吉诃德》。这种道德和伦理的思考，同样在社会结构的变化上有所反映。拥有资产的中产阶级开始出现，贵族失去了土地，农民更趋贫困。新的经济和财政形式取代了老的农耕结构。

从这样的背景中不难看出，手法主义实际上是一种危机中的艺术。和以往相比，创作者对自己的活动有

图 1-3 罗马 法尔内塞府邸。廊厅,拱顶画(作者安尼巴莱·卡拉齐,1597~1601 年)

图1-4 罗马 法尔内塞府邸。廊厅，拱顶画细部（《巴克斯和阿里阿德涅的胜利》，作者安尼巴莱·卡拉齐）

更明确的意识。和古代一样，文艺复兴时期的人们坚信，艺术形式在大自然里早已存在，艺术家只需要进行明智的选择；因此，要想创造美好的艺术作品就需要再现或复制美好的事物。现在人们则认为，艺术家无须按照自然去工作，而是要像自然那样进行创作。对他们来说，真正的形式是来自上帝的启示，即所谓"内部构思"（disegno interno），而"外部构思"（disegno esterno）则不过是造型的复制品。由祖卡里和洛马齐于16世纪末明确提出的这种启示理论，包含了一种天才的观念，一种只有从米开朗琪罗的作品中才能得到真正理解的观念。崇高和优美，忧郁和伤感，乃至光荣和苦难，都在一个人和他的作品上得到体现。艺术是理想的现实，来自超自然的神奇灵感，是普通民众可望而不可即的东西。原本由精确投影求得的透视图，现成为表现奇幻景象的手段，把人们引向一个虚拟的世界。

特伦托会议之后，人们要求艺术作品表现节制并具有教化作用，裸体造型仅限某些场合。从1559年开始，米开朗琪罗的《最后的审判》第一次将受抨击的部分画面改绘。然而在这期间，手法主义已在欧洲风行；阿尔卑斯山以北地区和西班牙也在这时接纳了文艺复兴风格。意大利在宗教事务上的影响仍在继续，在艺术以及其他各个领域，个体生产则发挥着主导作用。私人订单大量增加，艺术已开始商品化；收藏家的活动也由珍品陈列间扩展到画廊。

三、巴洛克艺术的诞生及其历史背景

约1600年，同样是在意大利，开始了一次新的演化进程，导致了巴洛克艺术的诞生。其起源在于回归自然，亦即在艺术上，回到一种既没有变形失真，也没有玩弄技巧手法的形式语言，让人们直截了当地看到或感觉到激起他们崇拜或欢乐情绪的物体。在画家当中，卡拉瓦乔[7]成为这一反手法主义运动的首领；他的自然主义的表现，能引起人们的沉思冥想，达到内里那样的精神境界。同样于世纪之交出现在意大利画坛的卡拉齐兄弟[8]，重新赋予宗教题材的绘画以早期文艺复兴那种和谐和性感的表现；而他们的法尔内塞廊厅绘画则以其生机和活力使人们想起古典的神话和传奇（图1-2~1-4）。此时的教会亦开始培育出一种前所未有的宗教和世俗文化，取代了早前那个好斗年代提倡的禁欲和苦行。

图1-5鲁本斯 自画像（约1638~1640年，维也纳艺术史博物馆藏品）

罗马仍然是最富有活力和开风气之先的创作中心。

在此期间，在阿尔卑斯山以北地区，人们不再满足于天才的闪念，而是希望建成完整的智力体系。以经验为基础的科学在不断取得进步。哥白尼的行星仍按圆形轨道运转，也就是说，是按古代的静力模型；到开普勒（1571~1630年）那里已成为动态的椭圆轨道。自然科学已进入定量阶段，在伽利略、牛顿及其继承者那里，所有规律均可用数学方法表示。一方面是对自然规律的坚信不移，另一方面是对上帝启示的传统信仰，17世纪人们的思想，就这样在两者之间摇摆不定。然而，人们似乎并不想通过争论明辨是非，而是企图调和这对矛盾的命题。笛卡儿的理性主义并不排斥把上帝作为宇宙的推动者；对斯宾诺莎[9]来说，上帝和宇宙本是一体。

在17世纪期间，国家和社会结构，以及政治、经济和文化观念，大都依从这样的哲学体系。路易十四的君主政体，是这种把国家和社会合为一体的典型实例。这个巴洛克时代国家机器的样板，正像拥有两幅面孔，一幅对着过去，一幅面向未来的雅努斯神那样，在自然和超验性之间摇摆，同时具有理性和非理性的特点。但由于它以极高的效率实现了"法国伦理、社会和政治的统一"，因而成为得到普遍赞赏和效法的典范，其光辉业绩和负面效应，都给人们留下了深刻的印象。这个君主政体，和当时两个对立宗教阵营的其他国家一样，君权和教会结为一体；作为一个等级社会的政治形态，国家是最高的主宰。等级制度虽不可动摇，但能力和财富却可以作为晋升的阶梯。能力需在为君主服务的过程中进行考核，而财富则可通过经商、办企业、从事金融活动乃至海外贸易取得。一旦当上贵族，则可拥有相应的地产。

国王的权力来自上帝的委托，即所谓"君权神授"。国王靠大臣辅佐，大臣的选任主要根据能力，出身等倒不重要。贵族则大都安排军职或服务于教会。在中央集权的体制下，老法国形式多样的地方生活逐渐萎缩，但在柯尔贝尔精明的管理下，王国很快发展成为人口众多、富足昌盛的欧洲头号强国。大约从1660年开始，其宗教、世俗文化与艺术，均开始超过了意大利和西班牙统治的地区。

法国文化的魅力在于，它将智慧和感受能力完美地结合在一起，虽能意会理解却难以模仿。在黎塞留（1585~1642年，1624~1642年为路易十三的首相）任内，精神才智和道德风尚都开始变得更为纯洁、高尚和优雅。圣方济各（塞尔斯的）[10]驯服了傲慢的贵族，圣味增爵（保罗的）[11]呼吁对所有的人实行仁爱。在沙龙里，夫人们引导着品位和感知的潮流。1635年成立的法兰西学院担负着净化语言的重任，法语也随之成为各国上流社会的时髦用语。在文学上，坚持格律严谨、用词审慎和纯正的马莱伯[12]为法国古典主义开辟了道路；著名诗人布瓦洛[13]同样以在文学中坚持古典主义的准则著称于世。

造型艺术和建筑遵循着类似的法则。1664和1671年成立的各学院，在查理·勒布朗和弗朗索瓦·布隆代尔的领导下，致力于网罗各地人才，把他们送往巴黎为王室效劳，希望通过不断研讨，形成让人们共同遵循的美学准则。在罗马的法兰西学院，主要培养熟悉古典及文艺复兴时代遗产的新一代建筑师。建筑师在职业

图 1-6 普桑 自画像（约 1650 年）

技能和艺术创作上的整体素质及水平就这样得到了大幅度的提高，正是在这样坚实的基础上，涌现出类似凡尔赛那样的前所未闻的作品。当 1665 年，贝尔尼尼在他的卢浮宫立面方案未被采纳而离开巴黎时，这位大师很清楚，曾将意大利引向繁荣高峰并同样使法国充满生机的那种个性张扬的作品，已事过境迁，不再受青睐。即将到来并将成为整个欧洲样板的，是一种完美无缺的官方艺术。

从严格的意义上来说，这是一种"古典主义"的艺术。之所以我们仍把它放到巴洛克这卷来叙述，是因为古典主义本身并不是一种独立的风格，而是以模仿古代形式为主的一种做法。这种模仿见于各个不同的风格时期，但对象都是西方历史上最杰出的一个时代——古典时期的遗迹。在中世纪，这种意图往往掺杂着政治的目的，如某些古代题材在当时象征着古罗马帝王的承续或罗马复兴的理想。文艺复兴的人们则更多地从美学角度考虑问题，把古典题材作为一种形式部件纳入自己的风格体系。在经过一段灰暗时期之后，人们相信又回返和古人的真正缘亲，因而重新捡拾起当时的语言。这种思想在整个欧洲蔓延：路易十四的宫廷和文艺复兴时期的

图1-7 建筑史研究图稿（取自约翰·伯恩哈德·菲舍尔·冯·埃拉赫：《Entwurf einer Historischen Architekur》，1721及1725年版）：1、瓶饰及休闲宫邸；2、圣山；3、尼禄金邸复原图；4、"中国式凯旋门"

意大利一样，奉维特鲁威的教诲为圭臬；柱列、骑像和来自希腊、罗马神话的寓意题材，都成为和奥古斯都相联系的最高权势的象征。由于这样的政治和历史背景，在巴洛克风格的总标题下，这类古典主义仍然可视为地方或民族的变体形式。巴洛克风格本身则因其多种多样的表现形态很难有一个统一的定义。布隆代尔的圣但尼拱门和同一时代博罗米尼的（四泉大街）圣卡洛教堂的立面，常常被人们看作是截然相反的表现，实际上，它们都运用了同样的反衬和对比的手法。的确，法国大师在这里采用的是平面的语言，罗马建筑师则是通过空间曲线，但两者都是以几何方式进行创作。在这里我们再次看到，就欧洲这段相当长的历史阶段而言，时代的共性表现往往要超过民族间的差异。

在17世纪的法国，国王并不仅仅管理国家，他自己就是国家的化身（"朕即国家"）。在王宫里，对国王的崇拜犹如舞台演出，剧本是繁琐的礼仪，演员则是国王和大臣，所有的艺术都屈尊为这场永不谢幕的演出服务。作为中心人物的路易，一直到死都在不懈地扮演自己的角色。

从1680年开始，中央集权的国家体制及其主流文化的根基开始出现了裂痕。首先在法国，学院的权威受到了挑战。一场没完没了的"古今论战"把学术界分成了两大阵营。相信古典胜迹将永存的信念开始受到质疑：既然古人也是和我们一样的人，那么，随着时代的演进，今人完全可以赶上甚至超过他们。在人类进步的历史上，这无疑是一道灿烂的曙光。在绘画界，鲁本斯[14]（图1-5）和普桑[15]（图1-6）率先在色彩的运用上突破僵硬的教条。在文学领域，斯威夫特[16]于1695年在其《书本大战》（Battle of Books）中提出了类似的问题。在这时期问世的培尔[17]的《辞典》（Dictionnaire，1697年）引经据典驳斥了几乎所有的正统教条。康布雷大主教费奈隆[18]在他的《忒勒玛科斯的冒险》（Les Aventures de Télémaque, 1695年）一书中，表达了限制王权、实行经济改革的政治理想，并主张教会摆脱政府控制，以便针砭政务时弊。西班牙王位继承战争使法国元气大伤；"伟大世纪"的最后一代人退出了历史舞台，路易本人亦于1715年去世。这时的巴黎处在摄政王奥尔良公爵的统治下，凡尔赛已被弃置。生活变得更加轻松、自由和亲切。甚至王室成员也宁愿躲到乡间别墅或其他小型宫邸去寻求安宁，摆脱礼仪的束缚，接近花园和自然景色（如1745~1747年建成的波茨坦的逍遥宫，见图5-103~5-132）。如果说，休谟[19]否认一切超越自然经验的知识，那么，拉美特利[20]在他的著作《机器人》（l'Homme-Machine）中，已开始公开鼓吹无神论和唯物主义；在法国受迫害的这位哲学家被普鲁士国王召至其学院里任职。腓特烈本人则于1740年发表了《反马基雅弗利主义》（Anti-Machiavel），在欧洲知识界的心目中树立起开明统治的观念。1748年，孟德斯鸠[21]在他的名著《论法律精神》（l'Esprit des Lois）一书中，按照英国的榜样，要求权力分治，实行君主立宪。1762年，卢梭[22]发表了他的《社会契约论》（Contrat Social），简明的开篇词让人震撼："人生而自由，却处处受到束缚……"在《论人类不平等的起源》（Discours sur l'Origine de l'Inegalité, 1755年）里，也表达了同样的观点："我希望自由地生活，自由地死亡"。伏尔泰（1694~1778年）和百科全书派学者[23]使知识界的思想更趋开放。该世纪启蒙思想家的这些思想同样促进了支撑在理性和信仰基础上的巴洛克哲学体系的发展。

在这样的社会和文化背景下，17世纪期间建筑上的多样化表现也达到空前的程度。建筑师的专业分工更为精细。沃邦专攻城堡工程，勒诺特擅长园林设计，像贝尔尼尼那样的全能人才则越来越少。菲舍尔·冯·埃拉赫开始时还涉猎各个领域，但以后就专注结构及建筑史的研究（图1-7, 1-8）。他的对手约翰·卢卡斯·冯·希尔德布兰特则相反，和阿杜安-芒萨尔一样，从一开始就主要从事结构和装饰设计。相反的例子也有，如柏林的雕刻师施吕特，一旦涉足建筑领域，在技术方面缺乏根底便成了致命缺陷。后来者，如出身于工程师的约翰·巴尔塔扎·纽曼，干脆把雕刻及装饰部分交给相关的专家去完成。在许多重要工程里，照例都是由各个专业人才组成的团队共同工作，如维尔茨堡宫殿（图5-210）。

四、宫廷文化和节庆活动，戏剧效果和修辞学

除了对巴洛克艺术的第一眼，亦即"感觉"的认识外，本卷还希望能综合众多专家和学者的看法以及最新的研究成果（在某些方面，这种研究已相当深入，如短期乃至即兴的宫廷节庆活动在艺术创作中所起的作用，修辞学对绘画作品构图的影响，等等），以便人们能在更广阔的历史、文化和社会背景下，较全面地理解这一时期的艺术表现。

[宫廷文化和节庆活动]

巴洛克时期发展起来的宫廷文化和礼仪，构成了这时期一道引人注目的世俗风景。宫廷礼仪保留了自古代流传下来的王权和神权合一的传统。许多具体做法来自拜占廷时期人们按教会仪式为帝王设计的作息制度及日程安排，以后又通过勃艮第和西班牙王室传入维也纳宫廷。在法国，路易十四的起居活动可以持续几个小时，涉及宫廷的各个部门。因为国王常有一些即兴的户外活动，凡尔赛的这类仪式形式上更为开放。正如上帝周围环绕着天使一样，大臣和贵族们也跟随在国王左右。宫廷的这种生活方式进一步影响到社会的各个阶层，迎来送往，言谈举止，皆有明细的规定（图1-9, 1-10）。如今，人们对于这种"表演"已无兴致，繁琐的礼仪活动也风光不再。对当年的礼仪章程、各种场景和行为举止的象征意义（包括肖像艺术中人物的姿态）了解的人亦越来越少。但在评价巴洛克艺术的时候，不能不考虑到这种时代背景和文化环境的差异。

如果说宫廷活动是按照严格的礼仪程序进行的话，那么，在节庆活动中，尽管也有事先的编导要求，但自由度却要大得多，人们正可借机尽情发泄。在这方面，似乎没有哪个时代，能像巴洛克时期那样，登峰造极。节庆活动同样可在街道上进行。每逢宗教节日、节庆游行，或举行官方庆典活动，举办年度博览会期间，平日沉寂的城市就会用临时的木构建筑和各种装饰进行美

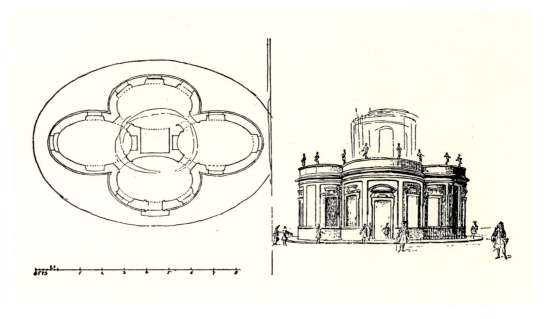

(上下两幅)图1-8 设计图稿(作者约翰·伯恩哈德·菲舍尔·冯·埃拉赫):乡间府邸或亭阁(约1680和1694年)

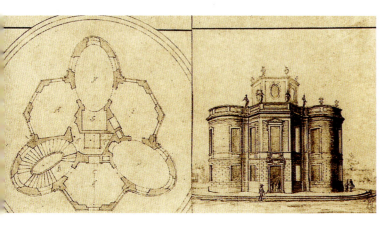

化,构成了城市的一道亮丽的风景。华美的入城凯旋门及各种寓意造型、剧场和表演活动均为必不可少的内容。在梅迪奇家族统治下的佛罗伦萨,节日期间,人们会调用一切艺术手段为庆典服务。凡尔赛宫的这类活动更为全欧洲的宫廷树立了样板。节庆活动往往持续几天几夜,成为展示和汇集各种艺术门类的最佳处所。歌剧、芭蕾舞剧,乃至焰火技术,都在这时期得到了飞跃的发展。带神话题材装饰的节庆大厅和配置了各种水法器械的花园,为演出活动提供了不断变换的理想背景。这类壮观的景象在版画形象或当代的一些文字记载中保留下来,使我们能想象当年这些盛况并对这类艺术创作活动有个大致的印象;事实上,巴洛克艺术作品的许多灵感,就是来自这些豪华的临时性建筑。

[巴洛克艺术和戏剧效果]

没有一个人能像西班牙诗人和剧作家卡尔德隆·德拉巴尔卡(1600~1681年)那样,深刻地阐明激发巴洛克艺术那种生命的冲动。在1645年首次发表的一部寓意性质的圣事剧(《世界大剧场》,Grand Théâtre du Monde)中,卡尔德隆把"人生如戏"的古训引申到自己的时代:在上帝和他的天廷面前,人们的表现犹如演员;他的命运,就是他在这世界舞台上演出的一出戏……

这个剧本中所隐喻的思想,可说是贯穿整个巴洛克时期,从16世纪末直到18世纪下半叶。这是个充满矛盾的年代,这些迹象时而表现于台前,时而退居幕后:铺张豪华和禁欲苦行同在、淫威权势和羸弱无为并存。在这个因国家之间的对抗和宗教战争而动荡不定的世界上,伟大的场景只是在休战期间才得以出现。政治纲领则往往因新的统治者——教皇或君主——的出场而改变。这个剧本的出现和其中包含的思想和礼仪;在某种程度上正是反映了这种"由上帝意志所左右"的高层秩序。

无论是造型艺术还是戏剧艺术,实际上都担负着双重使命:在给人们以强烈的感受和博得他们赞赏的同时,传达一些意识形态的信念。戏剧在观众面前展开了一个完美社会的幻象。尽管人们不能轻易摆脱现实生活的遭遇和命运的浮沉,但在舞台上,他们看到的,只是绘有教堂和宫殿的理想背景,透视技巧则进一步把人们的视线由现实空间引向天国……

这种令人惊异的造型在巴洛克艺术的许多方面都有所体现:一方面是物质财富的极度炫耀,另一方面是精神生活的无比虔诚,外表的丰富华丽和内心深处的简朴节制形成强烈的反差,人世间无节制的享乐纵欲和不可避免的死亡意识相伴。在巴洛克时代,有一句著名的格言："记住,你是要死的"(memento mori);正是在这句话的阴影笼罩下,人们时时刻刻都在为生存的烦恼所折磨。

巴洛克艺术首先关注的是人的灵魂。戏剧性的动人效果,不安定的造型和奇异的幻觉,目的都在于给人们留下深刻的印象,令人信服和激起他们内心深处的情感。人们也同样期望建筑具有舞台的效果。在建造宫堡的时候,这往往是重要的考虑要素。随着观察者的行进,建筑内外空间及大楼梯的景色逐渐展开。平面上按节律布置一系列房间和院落的凡尔赛宫可作为这方面的典型例证。这种构图理念进一步使雕刻和绘画所在的墙面、天棚、立面、楼梯、台地等部分组合在一起,形成一个总的动态画面(图5-715)。

哥特教堂虽也在建筑上满布人体造型,但只是些僵硬的形象,或布置在入口的八字形斜面处,或出现在彩色玻璃窗上,向人们宣示着拯救的教义。以后,文艺复兴时期的造型才较为自然,构图也更为自由。米开朗琪罗的雕刻已开始探索和建筑的联系;和哥特时期相比,个性更为突出的这些形象大都出现在高处,似乎在表现灵魂的归宿。到巴洛克时期,这些造型或独立,或成排成组,位于龛室内或从中浮现出来,或自由地分布在墙面或檐口上,环绕着空间四处飞舞。向穹顶方向望去,栩栩如生的人物向着画面的虚拟世界飘升(图2-616)。穹顶似乎被捅开,展现出闪耀着上帝荣光的无垠天际。甚至目击者本人,仿佛也进入到这个虚拟的舞台场景中去,扮演了其中的一个角色。在宫殿里,所有神话人物都在天上找到了自己的位置(奥林波斯山诸神是最常见的题材)。男女像柱支撑着穹顶或柱顶盘,天使或孩童在各处快乐地戏耍和舞动(图5-56、5-394)。各种寓意装饰和反映社会地位及等级的家族徽章相配合。作为马的驯养者,卡斯托尔和坡吕克斯的形象装饰着马厩,诱拐萨宾[24]妇女的雕刻位于花园,那里同样是自然之神和畜牧神潘的王国,森林之神、酒神女祭司(ménades)和爱神逗留之处。水源边的石井栏演变为山林水泽仙女神堂;1630年,萨尔茨堡附近黑尔布吕恩宫堡(亮泉宫,图1-11)的主人、一位主教就曾用出人意料的水技逗引来宾;在逍遥宫,参观者会被一个真人大小的镀金"中国人"招呼着围绕茶亭就坐。

[修辞学和艺术造型]

在古希腊和古罗马,修辞学本指系统研究演讲术

图1-9 路易十四接见暹罗(今泰国)大使(版画,1687年,现存巴黎国家图书馆)

并训练人们进行演讲或公开辩论的技艺。文艺复兴以后,基于认识论的种种变化,有关修辞学的理论也受到一定的影响。西方学者新近的研究表明,在巴洛克时期,修辞学理论的影响已扩大到包括绘画、透视技巧和雕刻等造型艺术领域。正如演讲人希望尽可能打动他的听众一样,像贝尔尼尼创作的圣德肋撒那种兴奋狂喜和心醉神迷的动人形象,或是殉道者受难时的悲惨造型,目的都在于使观察者深入到具体的场景之中。令人"陶醉和激动"(delectare et movere)正是一次杰出的演说或一个成功的艺术作品所期望达到的目的。

建筑,作为一门艺术,同样遵从着某些修辞学的规章。适用于教堂、宫堡立面或广场整治的建筑手法即由这些规章确定。建筑本身往往被看作是一种具有象征意义的实体,被赋予某种特定的寓意。柱式的选择不仅取决于建筑的功能,同时也是宏伟庄重的表征(如巴黎卢浮宫的东廊)。粗壮沉重的多立克柱式往往用于主保圣人是男性的教堂,或因战功享有盛誉的君王的宫殿;爱奥尼柱式多用于学者或文人的宅邸;而跨越几层高度的巨柱式,则自米开朗琪罗以来一直被视为最高等级的装饰手段。扭绞的柱身使人想起所罗门圣殿或圣彼得的墓(图2-148),类似神庙的山墙逐渐成为王公贵族宫邸的特权,装饰着浮雕的纪念柱和凯旋门标志着和永恒之城罗马的联系(图5-466),万神庙则是最高级崇拜的象征。当然,在这里,并不要求完全照搬原来的造型,穹顶只要在顶上有个圆形的开口就可以代表万神庙那样的圆眼窗。总之,只要有一定的形似乃至神似,能

(上)图1-10 柯尔贝尔向路易十四介绍皇家科学院院士(油画,1667年,作者Henri Testelin,凡尔赛国家博物馆藏品)

(下)图1-11 萨尔茨堡 黑尔布吕恩宫堡(亮泉宫)。花园洞窟景色

使人们产生相应的联想即可。

　　一位遣词得当、逻辑严密的演说家,很容易使听众追随他的思路;同样,一座组织合理、布局明晰的建筑,也很容易令参观者凭日常的经验从一处转到另一处。如果说,宫殿内部房间的布置是按照宫廷活动和等级制度的要求,那么,立面设计则显然要考虑到公众的观赏,要给人们留下深刻的印象,甚至是令他们感到畏惧。保罗·德克尔(1677~1713年,图1-12)的一个设计可作为这方面的典型例证(图1-13)。如果说,保罗·德克尔的这些方案尽管充满想象力,但从未付诸实施的话,那么,规则齐整并具有象征意义的埃尔埃斯科里亚尔宫堡建筑群的平面、卢浮宫的宏伟柱廊和凡尔赛宫的广阔花园,则可作为已完成的著名实例。

五、巴洛克风格的传播和洛可可风格

[巴洛克风格的传播，共性和不同学派的表现]

起源于意大利的巴洛克风格，很快传播到整个欧洲。尽管在各地的表现不尽相同，但不可否认，这个古代世界的中心毕竟是再次将它的价值观推向新世界，并促成了一个新时代的诞生。这个时代的艺术和我们是如此贴近，不仅因为它大大扩展了表现的范围（从现实世界到虚幻境域，乃至音响效果），同时也由于它奠定了近代艺术的若干重要基石。特别是这时期经过精心规划建造的大建筑群和城市公园，无论从设计方法还是实践上，都为后人留下了宝贵的经验。

巴洛克传统上被认为是欧洲艺术史上最后一个具有普遍意义的伟大"风格"，从当时人们力求创造一个统一的世界体系来看，这种看法自然有一定的道理。尽管17世纪在宗教、哲学和政治上具有许多不同的体系，尽管由于最初选择的差异促成了各种各样的具体参与方式，许多专家也一再强调17世纪艺术的多样性表现，但"巴洛克"艺术毕竟保持了基本观念的统一和明显的时代特征。也就是说，所有的巴洛克体系，事实上都具有某些基本属性。这些属性，从根本上说，并不是来自特定的内容，而是来自更普遍的观念。在这里我们已经看到了两种观念：精神（或心理上）的和空间的。为这个时代所固有的"系统精神"，以及作为建筑出发点的主导题材和形式原则，构成了巴洛克时代建筑的共同基础。也就是说，所有的巴洛克体系都可借助精神上的笃信、共享和交流实现自身的价值，并在空间的集中、整合和延伸中找到其具体表现。正如人们能在这时代的主要哲学体系（笛卡儿、斯宾诺莎、莱布尼兹）之间找出基本的类似处一样，人们也完全有理由认为，存在着为这个时代共有的设计理念和空间形态。当然，人们可根据具体形势和生活习俗，以各种方式对这种理念进行诠释，在不同的层面上对具体的空间关系进行研究。

与此同时，我们也应该看到，由于各种环境因素所导致的趋向的多样化，同样是17世纪的主要特色。这些环境因素，既有物质的、个人的、社会的，也包括文化及历史方面。物质因素如气候、地形、自然资源等，决定了人们通常所说建筑的"地域特征"（caractère régional，如建筑材料的选择、位置及朝向、屋顶形式等）。个人的要素则包括不同的需求及习惯，导致所谓"个人的风格"（style personnel）。它来自建筑师和业主两个方面。社会的因素涉及不同的阶层或为某特定集团成员共有的生活方式。它确定了一个社会环境的普遍特征（如人际间倾向于分散还是聚集），以及表现特定社会功能的形式差异。文化要素包括社会的整个观念和价值，确定了由形式语言（即风格）作为媒介表达出来的意义或内涵。所有这些要素都在某个时段内发生，也就是说，属于一个历史范畴。通过历史因素，我们还要考察各时期某些引发、促进或阻碍演化倾向或进展的特定艺术影响或艺术以外的现象。在17世纪，所有这些因素都根据各国的不同情况影响到建筑的发展。在像法国这样的中央集权国家，地域的变化自然退居次要地位；而像意大利这样的国家，则提供了独特的地方表现方式。在德国各属地乃至更遥远的东部地区，巴洛克风格的传播取得了丰盛的成果，仅在运用上表现得更为自由；但在法国和英国，它究竟能在多大程度上保留自己的固有特征，则是一个见仁见智的问题。

当我们从更广阔的角度，对各个国家和各个建筑师在这方面的贡献进行考察时，不难看出，在巴洛克建筑中，各学派的侧重点并不尽同。例如，在法国，景观占有重要的地位，因而勒诺特在17世纪的法国建筑中实际上扮演着最重要的角色。在意大利则是建筑（特别是教堂）成为空间和环境的主要构成要素。但在以上两例中，空间的分划均属基本内容。法国建筑师在组织空间上创造出一套理性的体系，以直线道路连接各种形式的广场或节点（这种构图同样在室内有所表现，如在弗朗索瓦·芒萨尔设计的教堂内，对角轴线的配置和城市自圆形广场处向外布置辐射街道的做法便很相近）。意大利建筑师（特别是博罗米尼和瓜里尼）则视空间为一个可以被塑造并与周围环境相互影响的造型"实体"。和较为理智的法国建筑相比，意大利的巴洛克建筑更能直接地引起人们的情感冲动。在法国，构图焦点通常是空间，而在意大利，则是造型实体。意大利建筑的动态来自空间和实体的相互作用，而法国建筑的主要特点是纯粹的空间延伸。而在欧洲其他国家，建筑上并没有表现出如此完整的系统观念。特别是低地国家，主要还是恪守地方的传统（例如，在荷兰艺术中，无限的观念主要表现在绘画方面而不是建筑领域）。

[洛可可风格]

在摄政时期（1715~1723年）和路易十五统治初期，似乎是对绝对君权时期的反动，法国社会生活笼罩着

(上）图1-12 保罗·德克尔：著作扉页（取自《Fürstlicher Baumeister》，1711年）

(下）图1-13 保罗·德克尔：理想王宫设计（取自《Fürstlicher Baumeister》第二部分，1716年）

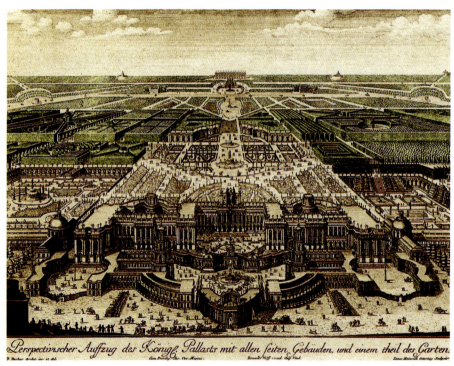

一种从未有过的亲切和优雅的情调，妇女在这方面显然起到了很大的作用。人们希望过舒适的生活，衣柜和来自中国的陶瓷器具都是最受欢迎的物件。房间及家具装饰上采用所谓的"洛可可风格"（又称"摄政风格"）(图3-717)。最近有人打算对相应的外部建筑及两者和造型艺术的联系进行界定，建议将整个巴洛克后期阶段，包括摄政时期在内，统称为洛可可时期；但这一提法看来尚未得到公认。主要是由于在18世纪期间，欧洲各地政治发展不平衡，演进情况也各不相同，很难为这个后期阶段确立一个共同的年表或提出一个令人信服的详细分类方案。

在法国，还在1750年前，洛可可风格已开始复归得到朝廷支持的古典主义。苏夫洛和加布里埃尔均得到路易十五的情妇、蓬巴杜侯爵夫人（1721~1764年）

的赞助。这种定位本是来自前一个世纪的理性主义，随着罗马巴洛克艺术的衰退，法国学院派人物开始站到了前列。卢梭和温克尔曼宣告了一个时代的结束，古代的形式再度出现，但要更为高雅优美且打上了时代的印记。洛可可风格连同法国的影响，一并渗透到低地国家，只是已没有了原先的活力。在西班牙它一直未能真正扎根。在英国，特别是在制作精心的手工艺品及家具领域，其表现要更为规整。在服饰或庚斯博罗[25]的肖像画上也能看到类似的特点。然而在建筑领域，和洛可可相比，在这里人们似乎更愿意采用新帕拉第奥风格（图6-209）。在意大利，巴洛克建筑继续采用具有民族特色的题材，装饰华美生动，只是有时显得过于繁琐累赘。那波利在查理三世的高效统治下，对当时还沉睡在地下的古代遗产进行了发掘。大约从1740年开始，赫库兰尼姆的发掘成果在引导人们的情趣上起到了重要的作用。

在德国，装饰一直被视为独立的造型部件。洛可可风格和建筑（包括室外）有密切联系，在从发源地迅速向外传播的同时，形成了以极其华丽和丰富多彩的装饰为特色的建筑风格。在巴伐利亚和普鲁士，以及稍后在奥地利，洛可可风格是通过政治途径，作为宫廷艺术引进的；但在德国南部，它首先在宗教建筑中立足，最后扎根于民间并开始乡土化。腓特烈大帝一直到死都喜欢住在这样的装饰环境中，明斯特的巴洛克宫邸则由于工期一再拖延以致没有一位主教能享用其成果，巴尔塔扎·纽曼为内勒斯海姆修道院拟订的宏伟设计也差点未能实现。在德国，后期巴洛克和洛可可风格就这样同时共存直到该世纪中叶以后。凡尔赛小特里阿农宫和拿波利附近卡塞塔宫堡的建造、斯图尔特和雷韦特对雅典古迹的考察，以及温克尔曼《古代艺术史》（l'Histoire de l'Art de l'Antiquité）的发表，也都在这一时期。

第二节 城市

一、城市规划概况

在这时期的城市规划领域内，人们采取的决策大体分两种：一是对城市进行重新调整和扩大；再就是有意识地对其平面进行改造。在这类任务中，教皇西克斯图斯五世于1595年委托多梅尼科·丰塔纳重新拟订的罗马规划，是到当时为止规模最大、期望值最高的一个。在这个意义上可以说，巴洛克的城市建设始于罗马。为了有步骤地提高城市的魅力，突出古迹及遗址的地位，他设想开辟从城墙直到市中心的各条直线干道（即轴线），在可能的情况下，再用道路把它们互相连在一起。每条干线都通向一个重要建筑或沿广场周边布置的建筑组群。后者构成城市道路网络中的标志点（在这些街景的联系和透视画面的组合上，作为联系节点和街道对景的方尖碑往往起到特殊的作用）。围绕着这些点按统一规划有序地逐渐发展城市街区。

西克斯图斯五世的城市规划目标是把罗马改造成一个集巴洛克建筑大全的样本和首府。考虑到罗马古代的光荣历史和它在这时期宗教世界的地位，这种决定亦属自然。这个宏伟规划一直持续到17世纪。此时总体布局已基本到位，新的项目主要是建设大型纪念建筑中心。

从多梅尼科·丰塔纳的叙述中可知，罗马规划的实施同样还具有布道和传教的作用（在让人们"系统"参观圣地的过程中达到这一目的），甚至使整个城市都具有意识形态的价值，变成名副其实的"圣城"（città santa）。中世纪和文艺复兴时期的城市是相对静止和封闭的世界，而新的都城则是一个影响力远远超出其边界的权力中心，成为整个世界的参照基准，一如耶路撒冷和当年的罗马本身。如果说巴洛克的建筑类型代表了既有模式的后期发展阶段的话，那么，这个都城则是反映了一种完全独创的观念，并对同类城市产生了深远的影响。

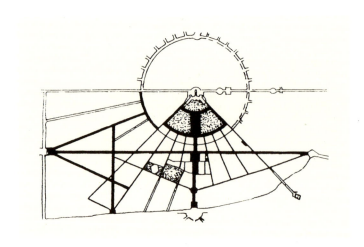

图1-14 卡洛斯鲁厄。总平面示意：上，1715年；下，约1780年，图中：1、宫邸及行政楼，2、花园，3、天主教堂，4、市政厅，5、原路德教教堂（现金字塔），6、新教教堂（现称"小教堂"），7、城门

巴黎是当时欧洲的第二大都会，17世纪时城市配置了全新的城市结构。在巴黎，出发点并不是考虑将罗马各大教堂那样的已有中心连在一起，而是更系统地扩展新的结构。不过，和市区相比，在欧洲的绝对君权时期，凡尔赛宫的影响似乎要更大一些。作为范本中的范本，它一直是人们效法的样板。宫堡、城市和花园之间的统一，以及通向周围旷野的宏伟大道，被公认为这类构图体制的典范，适用于各个国家。宫堡所在的位置及向两侧伸展的各翼，使它成为构图的中心，同时起到把城市和花园分开的作用。从宫堡院落向外辐射的林荫道及次级道路，使整个建筑群的构图更趋完整。

在伦敦，该世纪上半叶，在城市系统化方面也进行了一些努力，但终因内战而中断。只是在1666年的大火后，才真正建造了一批巴洛克建筑。马德里新的中央广场建于1617年，但它并不是一个更大范围的巴洛克系统规划的一部分（在伊比利亚半岛上，基本没有这样的规划）。相反，作为在当时具有一定地位的独立的皮埃蒙特公国的首府，都灵的城市规划构成了17世纪最令人感兴趣的篇章之一；它也是按一个雄心勃勃的规划解决了城市的扩展问题。1714年，菲利波·尤瓦拉受国王维克托-阿梅代二世委托，在早期方格网式平面的基础上拟订了新的规划（图2-718）。城市就这样，按一个确定的平面，自中世纪的中心开始，呈星形向外发展；防卫城墙则使它具有椭圆的外形。由于老城起源于古罗马时期的营寨城，具有规整的格局，因而为综合罗马和法国的规划经验创造了良好的条件。

在德国，连续的战争[和法国的巴拉丁战争（guerres palatines，1688~1697年）、土耳其战争（1663~1739年）及西班牙王位继承战争（1701~1714年）]使国家西南许多城镇和乡村，宫殿、修道院及城堡遭到破坏。和巴登-巴登城堡一样，杜尔拉赫的卡尔斯堡也于1689年大部分遭到法国人的破坏。1709年，时年30岁被提升为新总督的查理-纪尧姆觉得，没有必要再斥资修复被破坏的城堡，遂打算在莱茵河流域另起炉灶。新宫选在孚日省边境的拉哈尔特。1715年6月17日，即西班牙战争结束后一年，位于建筑群中心的八角形塔楼举行了奠基仪式。未来的总督宫堡就围着这个塔楼成扇形向外伸展，如同太阳的光芒（图1-14~1-17）。正如这位总督自己所说，他建这座宫堡是为了"休息（德文Ruhe）和娱乐"。这个"卡洛斯鲁厄"（Carlos-Ruhe，法文作Karls-ruhe）至少在两年期间，成为这一地区的首府，并吸引了整个德国的注意。由于可以无偿取得建筑材料（特别是木材），

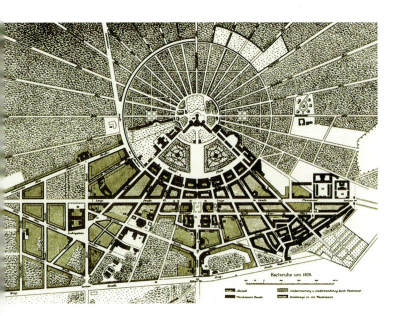

图1-15 卡洛斯鲁厄。总平面图（宫殿建于1752~1781年，两翼形成前院；32条辐射大道，其中23条通往森林地带，9条通向南面的城市）

这个新"领地"的建设造价遂大为降低（相当于 20 年的免税额度）。

作为城市的主要建筑，宫堡的改建往往同时伴随着整个城市的改造。如路得维希堡，其宫殿和城市同时进行了修复（图 5-279）。其第一批设计可上溯到 1709 年，主持人为约翰·弗里德里希·内特。为了"奠定所有商业、制造业、艺术以及其他手工业的基础"，作为业主的公爵重金酬劳新来的人。他还许诺无偿转让建设用地及建筑材料、15 年税收减免等。1715 年乔瓦尼·多纳托·弗里索尼主持拟订了城市的平面，规划了一个平面方形、周边布置拱廊的大型集市广场。从平面上可以看到主要干线、相邻的街道及重要的街区。

在中欧，城市规划的发展因 30 年战争而受阻，在奥地利，则是因土耳其人的入侵中断。在这些地区，最有价值的城市规划项目可追溯到 18 世纪。

在 17 世纪，特别在法国，还创建和改建了一批小城市。其中较著名的有沙勒维尔（1608 年，图 1-18）和黎塞留（1635~1640 年，图 1-19），尽管它们的规划还没有表现出凡尔赛（1671 年）那样的新观念。在斯堪的纳维亚创建的许多新城市都是效法文艺复兴时期的古典模式；西西里 1693 年地震后改建的城市也是这样。只是后者的城市风光还具有明显的后期巴洛克特色。

在城市规划方面，英国南部小城巴斯在 18 世纪及以后一直享有盛名。在对老城进行改造以后，相邻地区也进行了恢复并增添了新的建筑。这时期创建的主要组群有三个：欢乐街、环行广场和王室弯月广场，稍后又增加了王后广场。建筑师约翰·伍德父子致力于这项工作将近半个世纪（1725~1774 年），充分发挥了自己的天才构想。在城市规划中，如此重视自然环境的保护和整

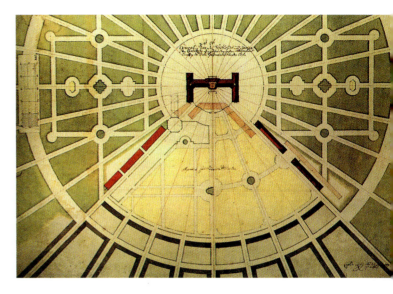

（上）图 1-16 卡洛斯鲁厄。总平面方案（据 Leopoldo Retti，1749 年）

（中及下）图 1-17 卡洛斯鲁厄。现状及俯视全景图

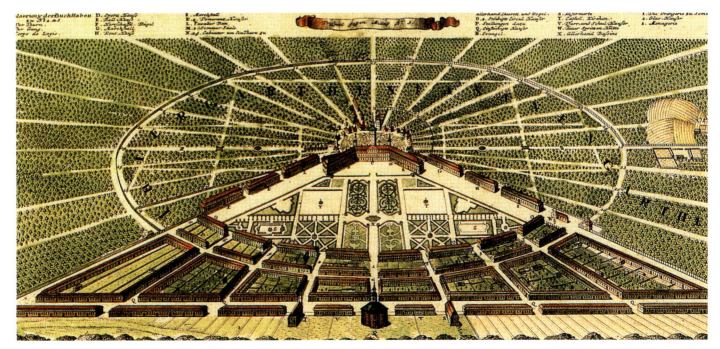

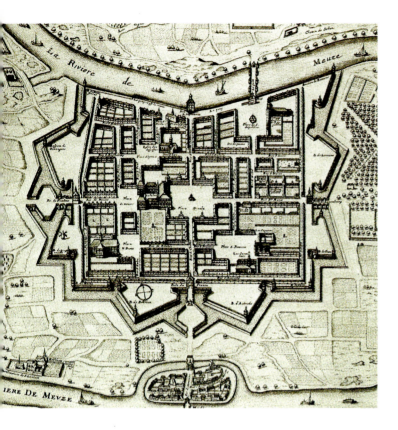

治，在当时尚不多见。建筑群主要是为了满足中产阶级的需求，不像巴洛克时期皇家建筑那样追求宏伟和气势，也没有特别突出的建筑，而是体现了一种平等及和谐。

在欧洲的城市规划史上，"理想城"构成了另一种和人文主义思想具有紧密联系的特殊类型。在文艺复兴时期的意大利，出现了大量的这类草图和方案设想，如乌迪内附近的新帕尔马、皮恩扎教皇城或萨比奥内塔。

(上) 图1-18 沙勒维尔（创立于1608年）。城市全图（据K.Merian：《Topographia Galliae》，1655年；中央为总督广场，总督宫后面设一次级广场，四个区内还各有一个带教堂的广场）

(下) 图1-19 黎塞留（1635~1640年）。城市平面（Jacques Lemercier制订，1631年），图中：1、宗教广场，2、主市场，3、教堂，4、带顶市场，5、露天市场，6、最初通向宫邸的大门及道路，7、宫邸（已拆除），8、已拆除的建筑，9、最初通向宫邸的入口

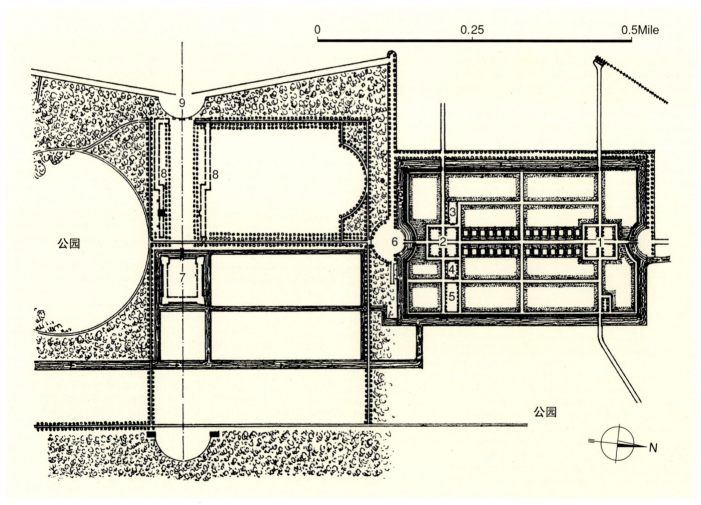

这种理论观念通过各种学术著作和论文一直传到美洲新大陆,并在那里找到了更广阔的实施前景。这类城市规划设计同样促成了德国北部新城的创立。1621 年,(戈托尔普)腓特烈三世公爵打算拨出一块地皮,安置被荷兰逐出的持不同政见人员,并借此机会建一座商业城镇。就这样,在特雷讷河和艾德河之间的石勒苏益格-荷尔斯泰因州,建了一座根据其创立者名字命名的腓特烈施塔特(腓特烈城)。城内多处为两边栽满树木的运河穿

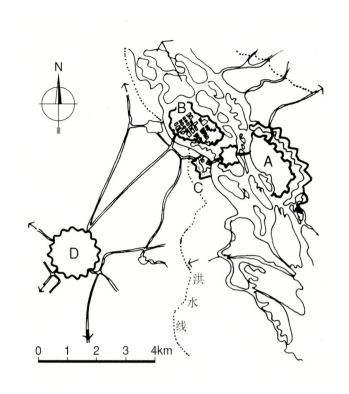

(上)图 1-20 新布里萨克(创立于 1697 年)。总平面示意(图示和莱茵河的关系,在 17 世纪后期,其洪泛区要比现在宽得多),图中:A、老布里萨克;B、法国新城;C、左岸桥头堡;D、新布里萨克

(下)图 1-21 新布里萨克。城市总平面(作者 Sébastien Le Prestre de Vauban,原稿现存巴黎文化部)

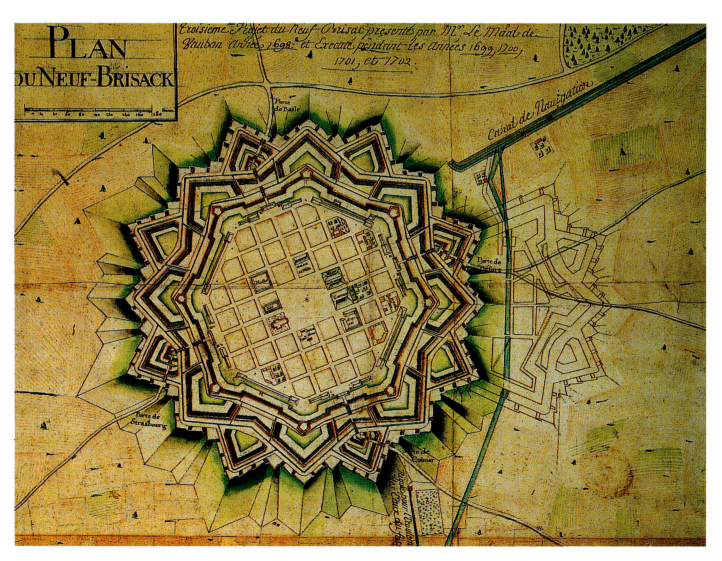

越,总体由形成直角的建筑街区组成,即所谓"理性平面"(plan rationnel)。这也是在宗教战争期间,专为流亡的新教徒创建的城市所用的典型模式。

如果说,在罗马和都灵,扩展的动力在很大程度上是为了美化城市和提高其声誉的话,那么,对其他城市来说,往往是战争促使人们着手新一轮的规划。1697年,在旧布里萨克桥头位置创建的新布里萨克的城防工程,是城市规划和建筑相互依存的典型实例(图1-20~1-25)。其设计者是被誉为历史上最伟大的城防工程专家的法国军事工程师沃邦元帅(1633~1707年,见图3-375)。规划系根据当时最先进的军事工程原则拟订,整个城防工事呈星形,外绕三重设有棱堡的城墙。城内中央辟方形广场,所有建筑及立面装修,均按实用要求进行了严密的设计。

二、规划理念及构成要素

[规划理念]

在表述巴洛克时期人们的基本态度和生活方式时,可以用"系统"、"集中"、"伸延"和"运动"几个词来概括。在描述巴洛克的城市和建筑时,同样可用这几个词。事实上,巴洛克时期的城市在很大程度上是依赖文艺复兴时期的规划,这种规划体系强调城市应符合秩序和万物协调的原则,不论是建筑本身还是"理想城市"的平面,都大量采用集中式的布局方式。但这种集中式构图具有静止和封闭的特点。所有体系从不突破明确界定的范围,各要素在景观环境中保持自己的独立品性,并具有明确的个性特征。而巴洛克体系的要素却是相互作用,并从属一个起主导作用的中心。巴洛克城市尤重街道、广场和建筑之间的关系;方格网式的道路已不再是必须遵守的样板。到16世纪,为文艺复兴艺术特有的静态空间协调亦被摒弃,人们对动态构图和对比效果的兴趣与日俱增,内部和外部空间也因此确立了全新的关系(在布拉曼特的门徒拉斐尔和佩鲁齐的作品中,这种态度已经表现得非常明显)。

尽管构成巴洛克建筑基础的许多构造形式在16世纪期间已显露出来,但手法主义建筑并没有形成名副其实的真正类型。总的来看,在这个世纪,人们仍在不断进行试验,充满着疑虑和不确定的因素。但到该世纪末,已开始出现了使这些表现系统化的强烈倾向。这一运动同样起源于罗马;作为日后天主教会复兴的前兆,它从一开始便具有宗教的背景。人们力求在这一进程中突出罗马作为全球天主教中心的地位和作用。城市规划自然成为体现这一意图的首要层面。早在1574年,教皇格列高利十三世就颁布了在罗马建造房屋的新规章,目的是通过连续的建筑立面统一城市面貌,从而为其后继者的宏伟计划铺平了道路。1585年教皇西克斯图斯五世提出的更新罗马城市及郊区的宏伟规划,进一步使城市具有了新的内聚力,此前各个孤立的"节点",现在被组合在一起形成一个固有的网络;作为这个庞大

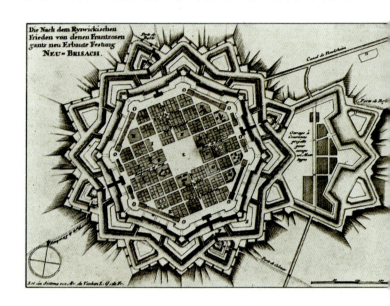

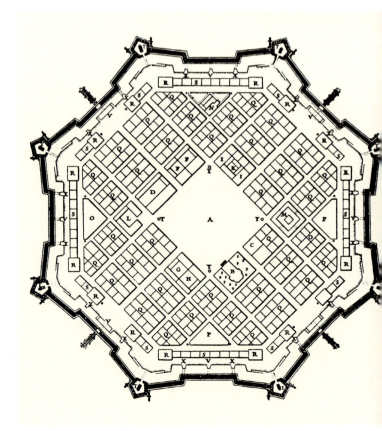

左页：

（上）图 1-22 新布里萨克。城市总平面（当年的版画）

（下）图 1-23 新布里萨克。城市总平面（图示城墙内的规划，取自 A.E.J.Morris：《History of Urban Form》，1994 年）

本页：

（上）图 1-24 新布里萨克。城墙透视图（18 世纪手稿细部，作者佚名）

（下）图 1-25 新布里萨克。城市模型（1706 年，现存巴黎 Musée des Plans-reliefs）

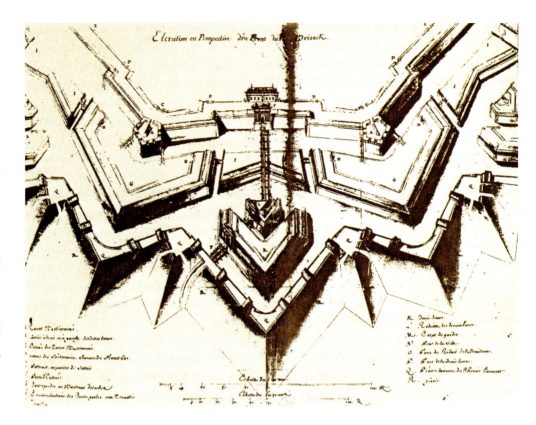

宗教体系的组成部分，各个部件都起到了自己的作用。这样的内部结构促成了城市生机勃勃和开放的特点，宽大笔直的街道可以满足日益增长的行人和车辆的交通需求，同时也表现出巴洛克风格在系统化方面的抱负。

罗马是在旧城改造的基础上尽可能实现系统化的例证，并不是从一开始就按照严格规划建造的城市。这也是其他欧洲大都会的普遍情况。罗马属下的巴尔米拉女王芝诺比阿曾经说过，罗马的建设是一系列不同艺术作品的产物，并不是只遵循一个协调一致的计划。因而这些作品，往往具有矛盾的特点。它们既属巴洛克风格，同时在精神上和表现上又具有古典倾向，既依靠剧场的装饰，同时又从古代艺术的考古成果中汲取营养。

在这里，应该指出的是，方法和手段上的这种矛盾的复杂性，正是巴洛克艺术非凡相容性的固有特点。从这时期最杰出的一位艺术家皮拉内西[26]的作品中可以看到，这个城市的建筑如何从后期巴洛克风格过渡到前古典主义时代。

自罗马开始的这些城市规划活动（包括新城的规划和老城的改造），在这时期得到了充分的发展。从这时开始，人们已经认识到，纳入城市肌理里的个体建筑，不管有多么重要，都必须考虑它和周围环境的关系（如圣彼得大教堂和罗马博尔戈区的协调）。在凡尔赛、曼

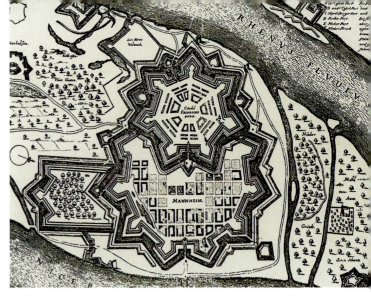

本页：

（上）图1-26 曼海姆。城市全图（1606年，据 Merian）

（下）图1-27 曼海姆。城市全图（1720年）

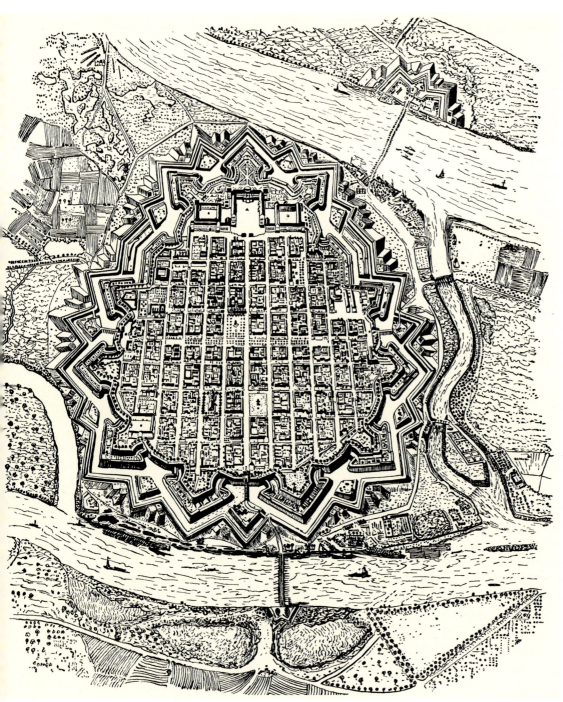

右页：

图1-28 罗马 圣彼得大教堂广场。贝尔尼尼方案寓意图（取自 Bohdziewicz：《Zagadnienie formy w architekturze baroku》，1960年）

海姆（图1-26、1-27）和卡塞尔，王侯宫殿和城市的相互关系均经过规划。居住房屋亦尽可能和规则的街道组群取齐，建筑、广场和林荫道进一步突出组群的构图效果。不过，在这里需要指出的是，这种采用棋盘式路网的城市或新区平面，尽管也通过主要轴线和中心区有所联系，但基本上仍属一种变化的模式。在这点上它们和文艺复兴时期的理想城市有所不同（后者大都取集中式平面，界定明晰，形成一个自身封闭的世界，未来的发展亦不难预料）。

在16世纪，人们还第一次将城市路网和城外的地区道路整合在一起。然而，这种整合却很少能按人们最初的意图贯彻到底。首先，大多数城市都需要一圈宽阔的地带设置城防，以便把它们和周围的乡村分开；同时，已有的核心地带也不一定适合结构严密的巴洛克风格的规划。通常人们看到的只是一个巴洛克组群设计的局部，不过从中不难辨认出最初的规划意图。像罗马和巴黎这样的大都会一般都是如此。正是因为在已有的城市环境里难以实现新的理想，才导致路易十四在老的都城外建立新城。凡尔赛事实上已不再是一座简单的宫殿，路易十三的猎庄就这样被改造成一个地域更为广阔的"理想城市"的中心。

[构成要素]

17世纪欧洲城市规划的表现说明，集中、连续和扩展这些基本观念，在各国系根据特定的形势（社会—文化体制、建筑背景及地形地貌）以不同的方式体现出来。在其中，人们可辨别出一些特定的母题，如广场（具有"象征意义"的中心）、建筑（作为城市及其空间的构成要素）、道路（起定向作用）和街区。

在拟订城市平面的时候，作为城市空间主要构图要素和公共生活中心的广场，往往起着特别重要的作用（罗马就是一个很好的证明）。因而，几乎所有巴洛克城市都配置了和城市主要建筑相关联的这类纪念性场地。广场大都取对称形制（图2-25、2-425、3-19）。在文艺复兴末和原始巴洛克时代，多为星形结构或采用各边封闭的形式，如罗马的波波洛广场（人民广场）或巴黎的孚日广场（国王广场）；到巴洛克时期，城市规划师们更倾向于布置连续的广场，在各种空间形式之间确立联系。1752~1755年，建筑师埃瑞在南锡规划了由三个广场构成的空间组群，把老城和新区连在一起。

作为城市的真正核心，广场本有着悠久的历史传统。但原本充当市政中心和公共活动场所的广场在巴洛克时期同样具有了意识形态的内涵。在法国的所谓"国王广场"里，这方面表现得尤为突出（通常均围着君主雕像采取对称的集中式布局，1605年亨利四世的王太子广场首先确立了这类模式）。但在所有具有这类思想意识表现的广场中，最著名的仍是贝尔尼尼设计的罗马圣彼得大教堂前的广场，包围着中央椭圆形场地两侧的柱廊，象征着教会向民众张开的双臂（图1-28）。

在巴洛克城市中，建筑在某种程度上可说是失去了本身的造型特色，成为一个更高层次系统上不可缺少的组成部分。这意味着建筑之间的空间作为城市总体风貌的组成部件获得了新的意义。事实上，西克斯图斯五世的规划主要着眼于空间的分配而不是建筑的布置。巴洛克的规划实际上是按照多个中心（其中往往有一个据主导地位）组织其外延部分。在水平运动中止处安置垂向构图。西克斯图斯五世及其建筑师多梅尼科·丰塔纳更是深谙此道，在古罗马废墟中发现的埃及方尖碑被大量用来作为其城市路网中各节点的标志（1585年9月10日安置的圣彼得大教堂前的方尖碑是最早竖立的这类标志物之一）。

第一章 导论 · 35

巴洛克时期的主要纪念性建筑自然是教堂和宫殿，它们象征着当时的两个主要权势中心。从历史和传统上看，两者中教堂地位更为显要。其穹顶往往和方尖碑一样，成为城市的主要标志。重要的宗教或公共建筑、纪念性广场就这样构成巴洛克时期城市的主要节点，这些节点和把它们联系在一起的规则和直线的街道一起组成整个城市。建筑沿街道形成组群，产生新的内部和外部联系，在城市及其郊区之间，也存在类似的相互关联。事实上，在一个给定的区域内，建筑往往要按章程的规定修建，以保证具有统一的特色。1574年，教皇格列高利十三世颁布的在罗马建造房屋的新规章中规定，建筑必须毗连，建筑之间的空地需用裸墙围护。巴黎在在17世纪初创建王太子大街时，要求居民"全按同样的方式建造住宅的立面"[27]。也就是说，巴洛克时期的城市空间在很大程度上还受控于中央集权的等级制度。城市是地区范围内的中心；市内以主要建筑为中心形成更为密集的建筑和道路网络，直到按几何方式布置的建筑本身的中心。当然，对当时的大多数城市来说，这些要素之间往往难以达到真正的系统整合。理想平面只是在某些情况下，能在局部范围或缩小的规模上得到体现。其中最著名和最典型的实例即凡尔赛。在那里，最后的中心即帝王的床！

在18世纪，富裕的中产阶级还建过一种几层高的出租房，有的还由著名建筑师设计，如维也纳的希尔德布兰特。其他公共建筑——包括学校、厅堂和营房——外观上尚有一定的要求；在中世纪已经得到特别关注的医院及疗养院建筑，此时不但平面规整，而且具有了相当的规模，如维尔茨堡的尤利乌斯医院或更为壮观的巴黎荣军院。后者尽管由王室创建，但各院落仍然是围着教堂布置。除这些类型外，尚有城堡、桥梁、兵工厂及港口。

不过，在这时期，城市空间体系大都被限定在城墙的范围内。城墙的特点在17世纪经历了重大的改变。由于火炮的威力日益增长，棱堡建造得更矮更大，大量的土石方工程构成城市和周围环境的过渡。这些创新主要应归功于法国军事工程师沃邦。除了一系列富有创意的城防工事外，他同样设想了一批新城的方案。其中保存下来的最著名的一个即前述新布里萨克（1697年）。

第三节 教堂

一、概况

在15和16世纪，人们已清楚认识到宗教建筑作为城市主要会聚中心的作用。阿尔贝蒂曾经说过："在所有的建筑艺术中，应该特别关注神庙的设计和装饰，这不仅是因为一个建造完美、装饰优雅的神庙是城市最大最高贵的点缀，更因为它同时是神的居所……"[28] 帕拉第奥则补充道："……如果城内有山丘，应该选择最高的部分（作为神庙基址），如果没有高地，神庙所在地面亦应高出城市其他部分"[29]。

在这同一时期，理论家们大都推荐教堂采用集中式的平面，特别是圆形和规则的多边形，更被视为"完美"的图形（只有彼得罗·卡塔内奥是个例外，他认为城市主要教堂应取十字形平面，因十字形是救世的象征[30]）。然而，集中式的平面并不适合礼拜仪式的需求，同时也背离了采用会堂式平面的教会传统。因此，自15世纪起，人们便开始对这种"理想的"集中式平面提出异议，即使是阿尔贝蒂本人，在构思其最重要的作品——曼图亚的圣安德烈教堂时，尽管还能看到采用集中式构图的强烈倾向，但毕竟还是围绕着一个拉丁十字的平面做文章。

一般而论，集中式平面主要用于礼拜堂之类的小型建筑，或其他在功能或用途上有特殊要求的地方。到16世纪，人们开始尝试将集中式平面和纵向构图相结合，并由此导致了佩鲁齐和塞利奥作品中出现的那类椭圆形体。

在 1563 年特伦托主教会议以后,由于在仪式上进行了改革,从功能上看集中式构图并无大碍,但人们对这种形式还是采取了否定的态度,显然是为了强化传统类型和摈弃文艺复兴那种"异教"的形式。圣徒查理·博罗梅写道:"出于对传统的敬重,教堂应取十字形的平面;'圆形'的平面主要见于尊崇异教偶像的神庙,很少用于基督教堂"。他的这些言论发表于 1577 年,其时罗马的耶稣会堂已经完成(这个著名教堂始建于 1568 年,设计人维尼奥拉,1576 年在贾科莫·德拉·波尔塔主持下完工,立面及穹顶均为后者设计,地段总图:图 1-29、1-30;平立剖面及设计:图 1-31~1-35;外景:图 1-36~1-39)。

维尼奥拉设计的耶稣会堂基本上已能满足这类教堂的新需求,容纳大量的信徒参与礼拜仪式。纵向布置的平面使空间合为一体。贾科莫·德拉·波尔塔设计的立面突出主要轴线,宛如一个巨大的"门廊"。穹顶的垂向构图和整体的水平运动形成生动的对比。就这样,对两个传统主题(救赎之路和天穹)提供了新的诠释。

这种模式很好地满足了耶稣会教士的要求,一度被教会当作普遍适用的样板。虽说此后的研究表明,情况并不完全如此(例如,反宗教改革派的教堂所要求的类型便要复杂得多,加上还有大量的地方变体形式),但总的来说,这个教堂表述了巴洛克宗教建筑的一些基本意图,因而引起人们的格外关注。一方面,人们可在其中看到综合纵向平面和集中式构图的明确意愿,另一方面,是把建筑和一个更大的城市环境相联系的努

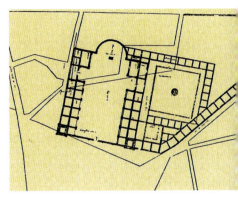

(上)图 1-29 罗马 耶稣会堂(1568~1576 年,建筑师贾科莫·巴罗齐·达·维尼奥拉和贾科莫·德拉·波尔塔)。地段设计(约 1550 年)

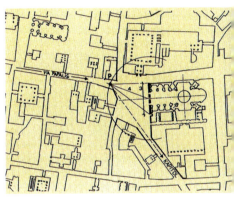

(中)图 1-30 罗马 耶稣会堂。总平面视线分析(18 世纪情景,据 Schlimme)

(下)图 1-31 罗马 耶稣会堂。平面

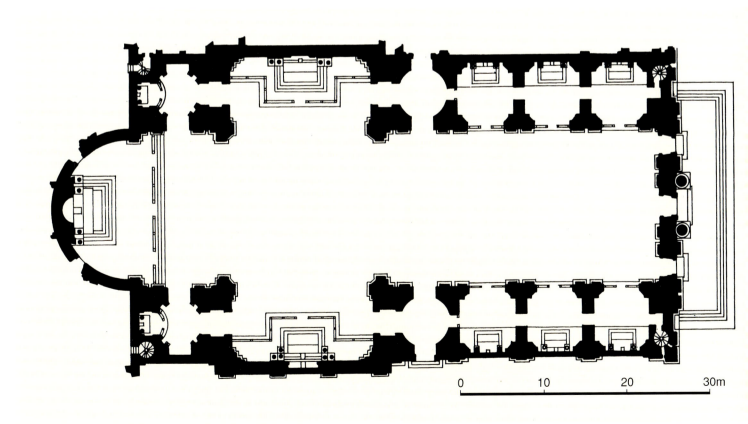

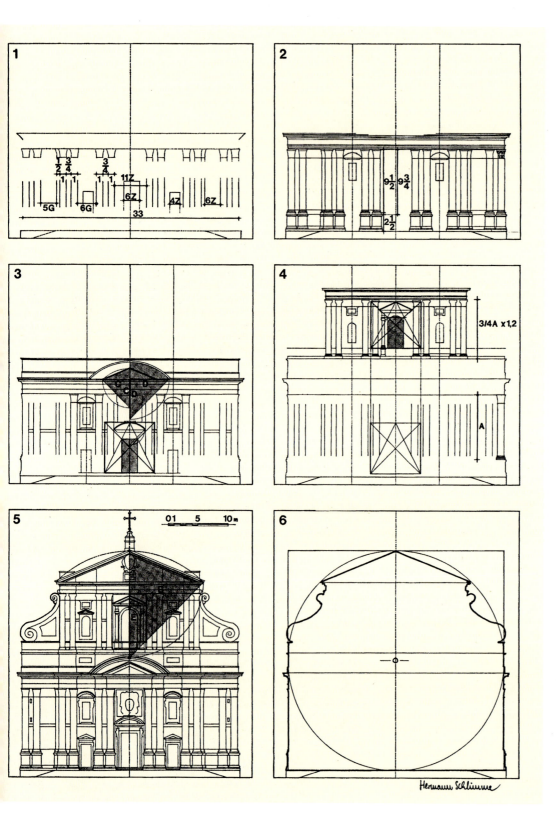

图1-32 罗马 耶稣会堂。立面构成及比例分析（据Schlimme）

力。无论是立面还是室内的分划，都可以从这些总的意图中得到解释。现存建筑的室内包括大量巴洛克时期的装饰。维尼奥拉的原设计要更为简洁，但据查理·博罗梅的记述，在创造宏伟壮观的效果上，并不逊色。

在巴洛克时期，大教堂通常都取传统的会堂式平面，较小的建筑和礼拜堂则采用集中式布局。但纵向布置的大教堂通常都有一个通过穹顶或插入的圆堂加以强调的中央空间，小教堂一般只有一条纵向轴线。总之，这两种类型都有较大的空间，可满足大量人群参与仪式的新要求。除了体量和特殊的功能要求外，每个教堂都有一个进行布道或展示基本教理的中央空间。也就是说，巴洛克的集中形制，无论从内容还是形式上，都和文艺

复兴建筑有所不同。巴洛克时期宗教建筑的这两种基本类型可概括为"纵向集中式平面"（type longitudinal centré, plans longitudinaux centrés, 或称"延长的集中式平面", plans centrés allongés）和"准纵向集中式平面"（即具有纵向趋向的集中式, type centré à tendance longitudinale），而决定采用那种方式则取决于功能需求。

这种"纵向集中式平面"表现了人们把纵向构图和传统的集中形制相统一的愿望。它自然会涉及到一些新的问题，如空间部件的整合。在巴洛克教堂里，作为构成要素的空间获得了新的重要意义。建筑并不是简单

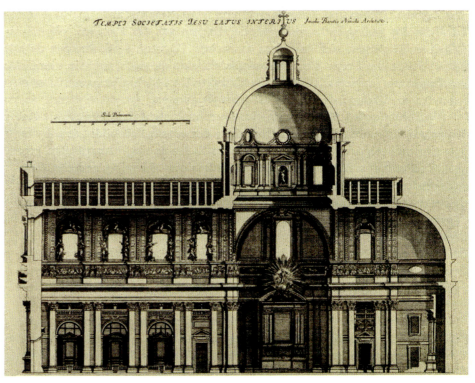

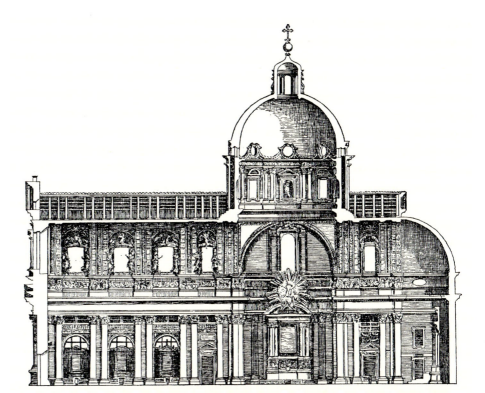

（上）图 1-33 罗马 耶稣会堂。纵剖面（取自 Stephan Hoppe：《Was ist Barock？ Architektur und Städtebau Europas 1580-1770》，2003 年）

（中及下）图 1-34 罗马 耶稣会堂。纵剖面（据 Sandrart）

图1-35 罗马 耶稣会堂。左耳堂祭坛设计图（作者彼得罗·达·科尔托纳，1637年，原稿现存马德里西班牙国家图书馆）

地由造型部件组成，而是借助相互作用的空间要素展开。文艺复兴建筑的空间也具有类似的特点，但多为单一的连续结构，通过按几何方式配置的建筑部件进行分划。巴洛克建筑的空间则不能按这种方式去理解，因为其中包含各种各样、甚至是完全不同的动态要素——静止、开放、封闭，等等。建筑和环境的这种新关系使空间整合的内涵变得更为全面。这一进程非常复杂，但人们仍然能在已有类型及部件的组合和综合拟订新类型之间进行区分。由于这一进程并没有简单地按照年代顺序，因而在对基本意向进行考察时，我们并不太在意年代的

(上）图 1-36 罗马 耶稣会堂。大街景色（教堂位于远处，图版作者 Giovanni Battista Falda，1665 年，纽约公共图书馆藏品）

(下）图 1-37 罗马 耶稣会堂。立面全景

本页：

图1-38 罗马 耶稣会堂。立面近景

右页：

图1-39 罗马 耶稣会堂。立面细部

先后，同一批建筑师的名字亦可能多次出现。

从前面的论述中不难看出，巴洛克建筑正是在罗马的宗教建筑里得到了最初的强力表现（贝尔尼尼、博罗米尼和科尔托纳的作品）；稍后到17世纪，又在瓜里诺·瓜里尼的作品里得到延续（其活动主要在天主教领域）。可以说，直到17世纪末，大多数重要的建筑创新均为意大利建筑师的业绩（虽说重要的建筑活动均以罗马为中心，但在这个都城工作的建筑师中，真正出生于罗马的并不多）。然而在这个时期，新的思想却传播到整个天主教世界。像博罗米尼和瓜里尼这样一些影响深远的大师，更受到人们的特别关注。在不同的国家，罗马的做法都遇到地方的传统，两者的结合创造出一种具有地方特色的巴洛克建筑。在大多数欧洲国家，这一进程在18世纪达到顶峰。在这整个时期，同样可看到在最初母题的基础上逐渐引进变化和改造的总趋势。在下面的小标题里，我们将对此进行专题阐述。除了某些特别重要的法国实例外，其他国家的贡献将在本卷的最后几章提及。有关新教建筑的问题也在那里一并论及（事实上，在17世纪，其表现尚不突出；相关类型的形成要到18世纪，尽管某些基本意图在17世纪甚至更早已经出现）。

二、传统母题及其改造

[纵向平面]

在这方面，罗马的耶稣会堂（图1-31）具有直接的影响，贾科莫·德拉·波尔塔主持建造的罗马（山上）圣马利亚教堂（1580年，图1-40）是其最具特色的例证。其平面为传统的纵长类型，配穹顶及耳堂。但可看

出对空间整合的特别关注。中央本堂甚宽但很短（仅三个跨间），耳堂不深，人们一进教堂即可看到高耸的穹顶。教堂的另一个特色是在本堂内引进了横向轴线，到17世纪，这种做法已开始具有重要的意义。立面则是耶稣会会堂主题的发展。总体构图进行了简化，但分划仍然指向同样的目标：突出立面中心，亦即整个教堂的纵向轴线。立面就这样成为一个宽大的"门廊"，教堂室内空间和周围城市环境遂得以交互影响和作用。总的来说，

（上）图1-40 罗马（山上）圣马利亚教堂（1580年，建筑师贾科莫·德拉·波尔塔）。剖面（据Heinrich Wöllin，1926年，经改绘）

（下）图1-41 罗马 圣安德烈-德拉-瓦莱（谷地圣安德烈教堂）。平面（取自《Le Dizionario di Architettura e Urbanistica》）

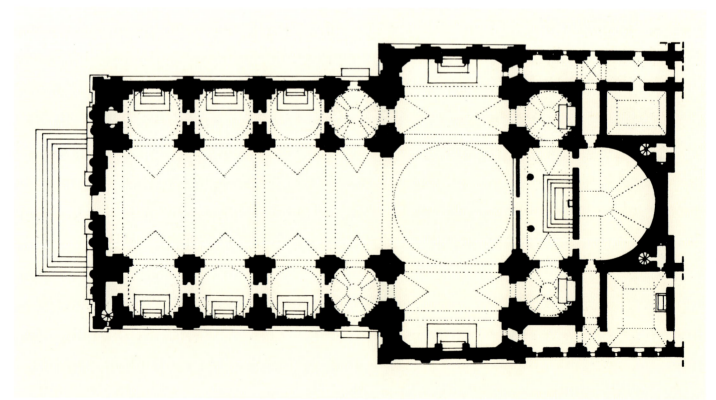

(山上)圣马利亚教堂是个不大的作品,迄今很少引起人们的注意。但在 16 世纪最后几十年特有的建筑语言的表达上,它却具有重要的意义。因为正是在这里,实现了纵向平面和集中式平面的完美综合,并在内部空间和外部形式塑造的关系上提出了令人信服的解决方案。这种综合并没有导致两方面传统的削弱,相反,其中的每一个都因此得到了加强。

甚至在人们还没有进入教堂前,就已经可以感受到作为主导要素的纵向轴线的存在。这并不是因为建筑很长,而是因为构图要素——空间及体量——均按这个轴线来进行设计。与此同时,和 15 世纪教堂那种较小的穹顶相比,穹顶的效果也得到了加强。(山上)圣马利亚教堂就这样,由三个得到突出强调的"要素"组成:即"入口"、"路径"及"目标",在建筑上的具体体现则分别是立面、中央本堂及穹顶。在这里,完全没有手法主义那种模棱两可或彼此冲突的表现;三个要素互相配合,相得益彰。和其他大多数作品相比,贾科莫·德拉·波尔塔的这个建筑更好地表现了巴洛克初期建筑的基本意图:夸张的效果和形式的整合。

在以后的几十年期间,在罗马建造了不少同类教堂[31]。从规模和建筑质量上看,最重要的是圣安德烈-德拉-瓦莱(谷地圣安德烈教堂,图 1-41~1-46)。就总的形制而言,其平面颇似耶稣会堂,但有一个重要差别:伴随着本堂的侧面礼拜堂进深较浅但高度甚大,可明显看到空间整合的趋向。另一个创新是通过成组配置的壁柱取得垂向的强力整合,其动态在柱顶盘处通过宽阔的横肋得到延续;而水平线条的重复及力度则保证了空间的凝聚力。结构框架在总体效果中遂显得格外突出;在一个"开放"的空间里采用了充满活力的原生态形制;

(上)图 1-42 罗马 圣安德烈-德拉-瓦莱(谷地圣安德烈教堂)。立面设计方案(作者卡洛·马代尔诺)

(下)图 1-43 罗马 圣安德烈-德拉-瓦莱(谷地圣安德烈教堂)。外景(版画,作者 Giovanni Battista Piranesi)

图1-44 罗马 圣安德烈-德拉-瓦莱（谷地圣安德烈教堂）。立面外景（设计人卡洛·拉伊纳尔迪，1665年）

46·世界建筑史 巴洛克卷

和文艺复兴建筑相比，空间效果更多地取决于造型体系的运动和光影的变幻。作为一个有机体，圣安德烈-德拉-瓦莱在演进程度上可能尚不及（山上）圣马利亚教堂（例如，还保留了文艺复兴时期以四个较小的次级穹顶围绕主要圆形空间的老式做法）。看来，很可能是因为圣安德烈是个较大的建筑（就技术层面而论，在较小的建筑中，创新更容易实现）。但从分划上看，圣安德烈可说是朝着巴洛克风格的连续和柔顺的造型迈进了一大步 [在更小的圣马利亚-德拉-维多利亚教堂（1606年），马代尔诺重新采用了圣安德烈-德拉-瓦莱的总体形制]。最初由马代尔诺设计的立面也是如此，成对配置的柱子和半柱在构图上起到了强化的作用。总体构

图 1-45 罗马 圣安德烈-德拉-瓦莱（谷地圣安德烈教堂）。现状内景

(上下两幅)图1-46 罗马圣安德烈-德拉-瓦莱(谷地圣安德烈教堂)。拱顶细部

48·世界建筑史 巴洛克卷

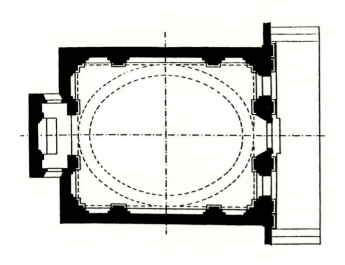
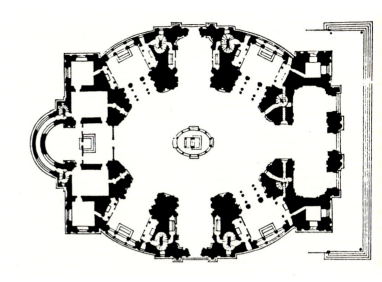

(左上)图 1-47 罗马(弗拉米尼亚大街)圣安德烈教堂(1550 年)。平面

(下)图 1-48 罗马(因库拉比利)圣贾科莫教堂(始建于 1590 年,设计人弗朗切斯科·达·沃尔泰拉;1595~1600 年马代尔诺接续完成)。外景(版画作者 Giovanni Battista Falda,取自《Il Teatro di Roma》,1660 年)

(右上)图 1-49 蒙多维 维科福尔泰朝圣教堂(1595~1596 年,设计人阿斯卡尼奥·维托齐;穹顶主持人弗朗切斯科·加洛,1728~1733 年)。平面

图在垂直方向上一直延伸到穹顶(穹顶设计于 1623 年,但重新采用了双柱的母题,显然是受到米开朗琪罗圣彼得大教堂穹顶的影响)。卡洛·拉伊纳尔迪主持建造的立面基本沿袭最初的模型,但由于柱顶盘和上部山墙檐口处有更多的地方被突破,垂向构图有所增强。

在谈到巴洛克初期纵向教堂的基本问题时,不能不涉及 1607~1612 年马代尔诺主持建造的圣彼得大教堂。他设计的本堂和立面无疑是建筑史上最受争议和非难的作品之一。勒·科比西耶说过:"(米开朗琪罗的)设计是一个完整的统一体……全部从一个完整的形体上拔起。眼睛一下子就能看到它,米开朗琪罗完成了各个半圆形后殿和穹顶的鼓座。余下的工程便落到了野蛮人手中,一切都化为乌有。人类丧失了一个智慧的杰作……立面本身固然不错,但它和穹顶全无关系。目标是穹顶,以及和它在一起的各半圆室,人们却将它们通通掩盖!柱廊成为一个完整的形体,构成立面的贴面"[32]。

这段评论很好地说明了马代尔诺所面临的问题和早期巴洛克建筑的意向。勒·科比西耶把米开朗琪罗的设计理解成"一个完整的形体",也就是说,是一个自给自足的实体和先验的象征形式,和城市框架及参观者并无直接的关联。但人们同时还应该知道,引进纵向轴线是反宗教改革时期的基本要求,目的在使整个建筑融入周围的空间环境中去,以此强调教会在世界上的作用。只是从这个角度,而不是从勒·科比西耶所表述的那种文艺复兴时期的理想出发,人们才能理解圣彼得大教堂现状形式的统一。马代尔诺在增建本堂主体时,沿用了布拉曼特的内部分划方式及米开朗琪罗的外部体系,使构图连续不断,在这方面表现出高度的技巧。而侧面廊道则完全是他的创造(由一系列造型突出的龛室组成)。立面设计来自米开朗琪罗,

（上）图1-50 罗马 圣马利亚主堂。保利纳礼拜堂（1605~1611年，设计人弗拉米尼奥·蓬齐奥），内景

（下）图1-51 罗马 圣马利亚主堂。保利纳礼拜堂，穹顶仰视景色

但巨大的柱子随着向中央会聚造型也越来越突出。高两层的会堂式立面掩盖了穹顶的可见部分。

　　直到这时，我们谈论的都是巴洛克初期纵向教堂的演进过程。其特点是越来越强调纵深的运动和穹顶的垂直轴线。在最优秀的实例中，这两方面虽能很好地结合在一起，但毕竟未能融汇成一个新的综合形式。立面亦一直沿袭阿尔贝蒂在佛罗伦萨新圣马利亚教堂开创的那种高两层的传统模式 [帕拉第奥采用巨柱表现本堂的做法在巴洛克会堂式建筑立面构思上的影响非常有限，罗马（科尔索）圣卡洛教堂的巨柱式构图并没有得到推广。甚至直到18世纪，高两层的立面仍是通用类型。只是在尺寸较小的集中式建筑里，才更多地看到巨柱式构图]。但为了在总体构图上强调中央轴线，即"入口"部位，其他部分已不再具有独立品性，强化中央部分的造型表现此时已成为普遍做法。

　　这种形制在整个17世纪都得到沿用，包括意大利以外的地方。作为重要实例，可举出弗朗索瓦·芒萨尔设计的巴黎瓦尔-德-格拉斯（圣宠谷）教堂（1645年，

50·世界建筑史 巴洛克卷

（上）图1-52 罗马 拉特兰圣乔瓦尼（约翰）教堂。兰切洛蒂礼拜堂（约1675年，建筑师乔瓦尼·安东尼奥·德罗西），穹顶仰视景色

（下）图1-53 罗马 圣马利亚主堂。斯福尔扎礼拜堂（米开朗琪罗设计，1561~1573年），平面

见图3-225~3-238）。其本堂如前述一些罗马教堂样式，长三跨间，穹顶周围布置四个次级礼拜堂。这些礼拜堂并不是如通常那样，朝向本堂和耳堂，而是沿对角轴线直接面对交叉处。为此，支承穹顶的柱墩变得更为宽大。穹顶在尺寸和重要性上均有所增加，在耳堂和歌坛处均采用半圆室进一步强化了这种效果。通过这种解决方式，芒萨尔朝后期巴洛克教堂的纵向集中式平面迈出了重要的一步。

[纵向椭圆形]

16世纪最后和17世纪开始的几十年期间，建造了一大批尺寸较小的集中式建筑，同时出现了一种新的平面类型：纵向椭圆形。这种形制显然是综合纵向和集中式构图的结果，无论从实用上还是象征意义上，都满足了当时的基本需求。但由于技术上的问题（需要在一个巨大的椭圆形空间上安置穹顶），它并不太适合大型建筑。维尼奥拉是第一个建造椭圆形教堂的建筑师；1550年建造的弗拉米尼亚大街的圣安德烈教堂是在一个矩形空间上安置椭圆形穹顶（图1-47），到1572年的骑师圣安娜教堂，整个空间均成为椭圆形。设计耶稣会堂的这位建筑师就这样创造了另一种对以后发展起到重要作用的原型[33]。维尼奥拉的门徒弗朗切斯科·达·沃尔泰拉、阿斯卡尼奥·维托齐和马斯凯里诺，也都制订

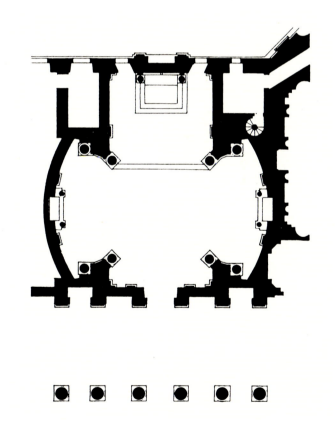

过椭圆形的教堂方案；在17和18世纪，椭圆形亦多次出现，或作为主要形式，或作为构成要素。在罗马，开始阶段最重要的实例是（因库拉比利）圣贾科莫教堂（始建于1590年，设计人沃尔泰拉，1595~1600年由马代尔

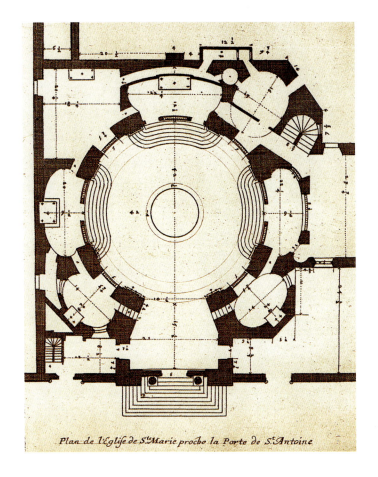
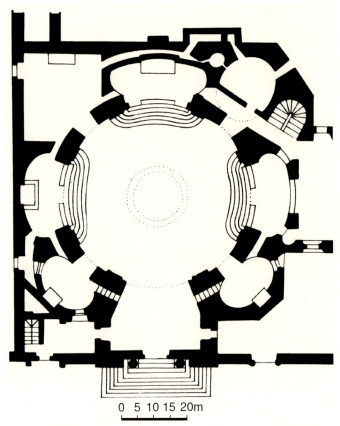

（上两幅）图1-54 巴黎 圣母往见教堂（1632~1634年，建筑师弗朗索瓦·芒萨尔）。平面（左图取自《Le Petit Marot》，右图据Christian Norberg-Schulz）

（下）图1-55 巴黎 圣母往见教堂。平面（作者弗朗索瓦·芒萨尔，图版现存斯德哥尔摩国家博物馆）

诺接手主持并完成，图1-48）。在皮埃蒙特地区，蒙多维附近的维科福尔泰朝圣教堂（1595~1596年，设计人维托齐）是一个规模宏伟的椭圆形建筑（其巨大的椭圆形穹顶由弗朗切斯科·加洛主持建于1728~1733年，图1-49）。在17世纪建筑，特别是博罗米尼的作品中，椭圆形常被当作基本元素和出发点，用来构成更复杂的机体。纵向椭圆形由于能将运动和集中、直线和辐射线联系在一起，成为巴洛克时期的基本形式之一，特别适合罗马教会的需求。

[集中式平面]

与此同时，在这整个历史时期，人们同样可以看到基于传统形式采用集中式平面的礼拜堂（如方形、圆形或八角形）。在罗马圣马利亚主堂的保利纳礼拜堂（1605~1611年，设计人弗拉米尼奥·蓬齐奥，图1-50~1-51）和上天圣格雷戈利奥教堂的萨尔维亚蒂礼拜堂（1600年，设计人沃尔泰拉和马代尔诺）里，已开始越来越多地表现出趋于合理装饰和分划的倾向。在萨尔维亚蒂礼拜堂，布置在角上的独立支柱显然是为了承担帆拱的推力。不过，人们真正的动机自然还是为了在分划上取得更加丰富和突出的造型效果。在时间稍后采用集中式平面的礼拜堂中，拉特兰圣乔瓦尼（约翰）教堂的兰切洛蒂礼拜堂（约1675年，建筑师乔瓦尼·安

(左)图 1-56 巴黎 圣母往见教堂。立面

(中及右上)图 1-57 巴黎 圣母往见教堂。中、立面(弗朗索瓦·芒萨尔设计,图版制作 J.Mariette);右上、立面及剖面设计(作者弗朗索瓦·芒萨尔,现存巴黎法国国家档案馆)

(右下)图 1-58 巴黎 王室圣安娜教堂(1662~1665年,已毁)。平面

东尼奥·德罗西,图 1-52)特别值得人们的注意(这种解决方式通常被认为是来自约 1560 年米开朗琪罗设计的圣马利亚主堂的斯福尔扎礼拜堂,图 1-53)。这个富丽堂皇的建筑由一个圆柱体和一个半球体相互贯穿形成。穹顶因此形成了一个"波希米亚帽盖"(calotte bohémienne)。室内给人的整体感觉是一个垂向统一并被次级墙体围护的"华盖",这种解决方式以后对 18 世纪中欧的宗教建筑具有格外重要的意义。

在 17 世纪罗马或罗马周围具有中等规模且采用集中式平面的建筑中,人们很难找到像兰切洛蒂礼拜堂这样具有独创精神的作品。贝尔尼尼设计的阿里恰的升天圣马利亚教堂(1662~1664 年,见图 2-525~2-530)的灵感显然是来自万神庙,但简单规则的室内通过造型装饰被改造成一个典型的巴洛克作品。建筑外部亦被纳入到相应的城市环境里去(对面为萨韦利-基吉宫,两侧两个对称布置的柱廊配有成对的壁柱和直线的柱顶盘。教堂巨大的形体前配置了一个极其华美的柱廊,带有三角形山墙和位于简单壁柱之间的拱券。就这样创造了一个交互影响和作用的巴洛克式的形体和空间组合)。

阿里恰的这个教堂清晰地展示了贝尔尼尼成熟阶段那种简洁宏伟的表现手法。不远处同为他设计的甘多尔福堡教堂(1658~1661 年)采用了传统的希腊十字

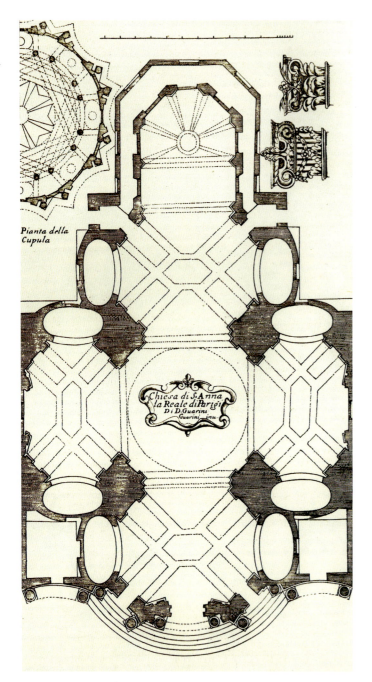

图1-59 巴黎 王室圣安娜教堂。平面（取自瓜里诺·瓜里尼：《Architettura Civile》，1737年）

图1-60 巴黎 王室圣安娜教堂。立面（取自瓜里诺·瓜里尼：《Architettura Civile》，1737年）

平面。但建筑的垂向特点通过总体比例和穹顶的分划（其肋券叠置在藻井图案之上）得到了突出的强调。通过自身的定位，教堂进一步在甘多尔福堡的纵向城市空间里引进了垂直轴线。

不过，贝尔尼尼设计的最重要教堂乃是1658~1670年建造的（奎里纳莱）圣安德烈教堂（见图2-531~2-551）。其平面极具独创精神：一个横向椭圆形与一条纵向轴线相交，后者由庄严的入口和地位同样重要的本堂教士区确定[34]。贝尔尼尼就这样，在两个主要方向之间，引

进了强大的张力，而不是如通常做法，以纵轴作为椭圆形的主轴，使建筑"轻易"地获取纵向特征。横轴两端布置实心柱墩，而将礼拜堂放在两边，显然也是为了减轻横向轴线在空间构图上的重要意义。运动在这个方向上就这样被封堵，从入口到祭坛的主导方向则得到加强。这种做法显然和圣彼得大教堂广场颇为类似。

贝尔尼尼在（奎里纳莱）圣安德烈教堂穹顶和它所覆盖的下部形体之间仍保留了传统的分划方式（即通过连续的柱顶盘），而卡洛·拉伊纳尔迪在他

设计的圆形教堂——人民广场的奇迹圣马利亚教堂（1661~1663 年）里，已开始追求在垂直方向上把它们融汇在一起。在这里，鼓座被处理成一个含混的过渡区，在主要轴线上被高高的拱券穿过，从而创造出某种纵向构图的特征。

在采用集中式布局的意大利巴洛克教堂中，维托齐设计的都灵圣三一教堂属形制上最独出心裁的一类（1598 年）。其圆形平面出于象征的要求被分成三个区段，从而和传统集中式空间的静态特点迥然异趣。类似的象征性平面在中欧的巴洛克教堂中亦可看到（特别是以圣三一为主旨的教堂，如格奥尔格·丁岑霍费尔设计的瓦尔德萨森附近卡珀尔的圣三一朝圣教堂，1685~1689 年，见图 5-197、5-198）。

圆形教堂的"古典"特色特别适合 17 世纪法国建筑的基本意向。巴黎圣安托万大街的圣母往见教堂（图 1-54~1-57）系由弗朗索瓦·芒萨尔为圣玛丽圣母往见会的修女们修建（1632~1634 年）。这是个小型的集中式

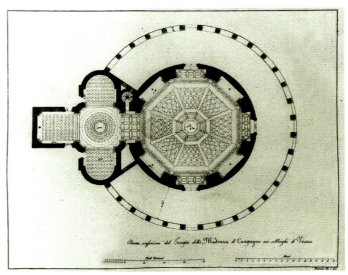

（左上）图 1-61 巴黎 王室圣安娜教堂。剖面（取自瓜里诺·瓜里尼：《Architettura Civile》，1737 年）

（右上及下）图 1-62 维罗纳 乡野圣马利亚教堂（1559~1561 年，圣米凯利设计）。平面及纵剖面（取自 Ronzani 和 Luciolli：《Le Fabbriche》）

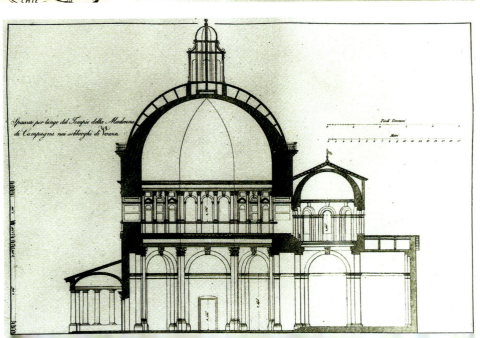

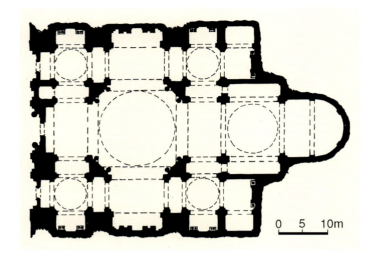

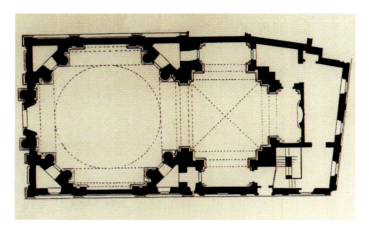

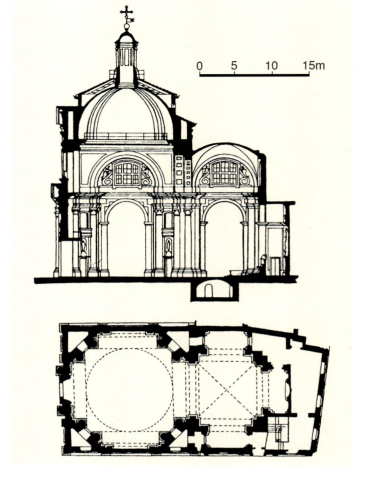

教堂，平面两条主轴上布置向外开放的礼拜堂，对角轴线上安置较小的封闭礼拜堂。所有礼拜堂平面均为椭圆形，其纵向长轴和各自所在轴线正交。最大的这些礼拜堂和主要空间联系的方式极为新颖：它们并不是被"补充"成一个完整的形体，而是和上冠穹顶的圆形主体部分（会众区）相互渗透，形成不完整的空间。其形制使人想起菲利贝尔·德洛姆的阿内府邸礼拜堂以及米开朗琪罗为罗马（佛罗伦萨人的）圣乔瓦尼教堂拟订的几个方案。有人（如克里斯蒂安·诺贝格-舒尔茨）甚至认为，它是巴洛克建筑中真正做到空间渗透的首例[35]。教堂里还有其他一些独创之处：穹顶在高处被切断，由另一个插在顶塔下的较小穹顶取代，因此垂直特色显得更加突出。立面设计成巨大的拱券，围括着一个更小的门廊。这种简洁单一的形制可满足巴洛克教堂立面的基本要求，但和同时期罗马教堂的复杂表现显然是大相径庭。只是在贝尔尼尼设计的（奎里纳莱）圣安德烈教堂里（1658年），罗马建筑才采用了同样的"综合"处理方式[36]。尽管空间渗透的理念在1612年瓜里尼到巴黎前，并没有得到普遍的理解（他的第一个体现空间渗透的作品——王室圣安娜教堂建于1662~1665年，图1-58~1-61），但巴黎的这个圣母往见教堂对以后建筑发展的深远影响，却是不容否认的（教堂直到1747年方完成，1823年拆除）。

[组合平面]

我们上面谈到的这些实例并没有涉及真正的新类型的创造。在论及博罗米尼和瓜里尼的主要贡献之前，还需要提及一些具有潜在价值和新想法并对日后的演变具有重要作用的建筑。在这些理念中，最重要的一个是通过聚合两个穹顶空间来强化集中式建筑的纵向轴线（其中第一个穹顶对应传统纵向教堂的本堂）。类似的想法可上溯到16世纪，如圣米凯利设计的维罗纳附近的乡野圣马利亚教堂（1559~1561年，图1-62）[37]。在这里，平面呈不规则希腊十字形的教士区和八角形的"本堂"相连。洛伦佐·比纳戈在米兰的圣亚历山德罗教堂（1602年，图1-63）中再次采用了这一构思。在这里，主要空间由五个穹顶的庞大组群构成，有些类似布拉曼特的圣彼得大教堂设计。东头附加一个较小的希腊十

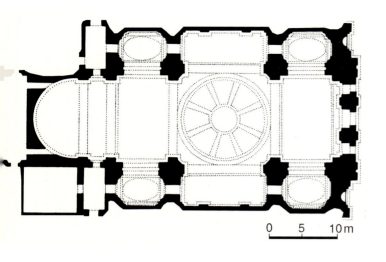

字空间，上置扁平穹顶。位于主要穹顶和歌坛穹顶之间的过渡跨间为两个希腊十字形体共有，因此创造出巴洛克建筑特有的空间相互渗透的效果，并形成强烈的纵向运动。与此同时，中央空间由于具有更大的直径和支承交叉处拱券的柱子，在构图上同样得到强调。若干年以后，人们在另一个规模较小的米兰教堂（圣朱塞佩教堂，1607年，设计人弗朗切斯科·马里亚·里基诺，图1-64、1-65）里再次看到了类似的基本观念。其主要空间近似八角形，对角轴线上以极其宽大的拱券承受龛室和带窗的小间（coretti）。其主要空间同样由柱子进行分划。教士区和八角形体则通过普通的复合柱式并借助和墙

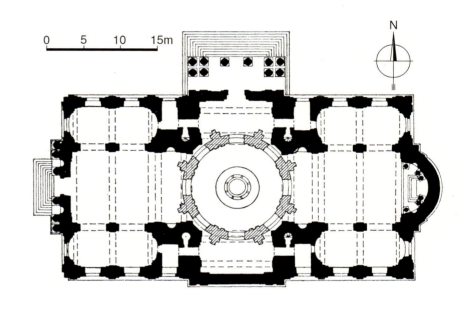

左页：

（左上）图1-63 米兰 圣亚历山德罗教堂（始建于1601/1602年，洛伦佐·比纳戈设计）。平面

（左下）图1-64 米兰 圣朱塞佩教堂（始建于1607年，设计人弗朗切斯科·马里亚·里基诺）。平面

（右）图1-65 米兰 圣朱塞佩教堂。平面及剖面

本页：

（上）图1-66 罗马 卡蒂纳里圣卡洛教堂（罗萨托·罗萨蒂设计，1612~1620年，立面1635~1638年后加）。平面（据Christian Norberg-Schulz）

（中）图1-67 巴黎 索尔本教堂（1636~1642年，雅克·勒梅西耶设计）。平面

（下）图1-68 巴黎 索尔本教堂。主立面及平面剖析图（取自Robert Adam：《Classical Architecture》，1991年）

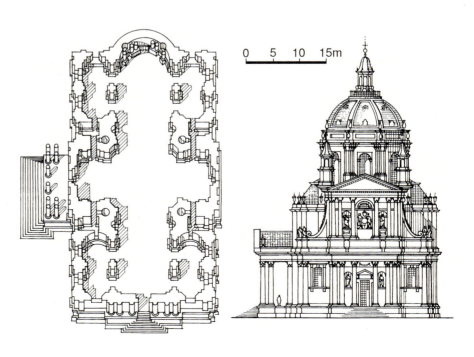

(左) 图1-69 巴黎 索尔本教堂。耳堂立面 (图版, 据 Blondel the younger)

(右上) 图1-70 巴黎 索尔本教堂。面向广场的立面

(右下) 图1-71 巴黎 索尔本教堂。院落外景

体类似的分划相连。总的来看，圣朱塞佩教堂可视为一种在18世纪的中欧备受青睐的新类型的先进实例（特别在约翰·米夏埃尔·菲舍尔的作品中，这种类型得到了充分的体现）。

在意大利，随着巴尔达萨雷·隆盖纳设计的威尼斯康健圣马利亚教堂（1631~1648年，图2-878~2-931）的建设，这种类型达到了极致的表现。R. 威特科尔对这个教堂的特点进行过深入的研究，指出这种外绕回廊的八角形体具有古代和拜占廷后期的渊源，在早期文艺复兴和帕拉第奥的作品中亦可找到其先例。

另一个采用同样主题并具有地方特征的实例，是巴黎的荣军院教堂（1680~1707年，图3-322~3-348）。阿杜安-芒萨尔的这个作品，是法国集中式教堂中最重要的一个。总的来看，其空间处理属叠加类型。在主祭坛后面，教堂和利贝拉尔·布卢盎设计的礼拜堂相连处，一个"不完整"的圆形空间充当了空间渗透的过渡环节。通过这种特殊方式确定的纵向轴线既是教堂同时也是整个荣军院的主轴。荣军院的这个教堂由于极其独特地把古典造型和哥特建筑的垂向特点综合在一起，构成了巴洛克时期最引人注目的一座集中式建筑。

[加长希腊十字形]

为了得到加长的集中式平面，人们采取的另一个解

（右上）图1-72 巴黎 索尔本教堂。黎塞留墓（1675~1694年，大理石，作者François Girardon）

（右下）图1-73 卡普拉罗拉 圣德肋撒教堂（1620年，建筑师吉罗拉莫·拉伊纳尔迪）。平面

（左）图1-74 罗马 坎皮泰利圣马利亚教堂。平面最初方案及简图示意（作者卡洛·拉伊纳尔迪，纵向椭圆另加一圆形教士区）

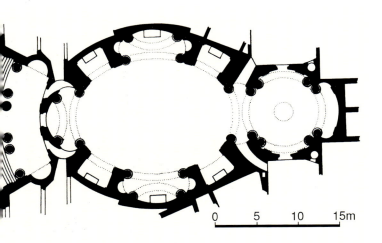

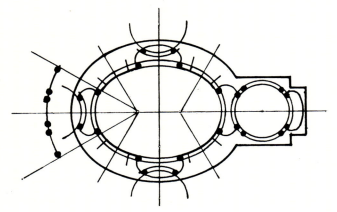

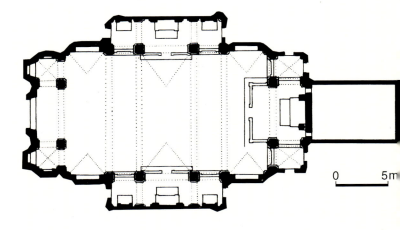

(上)图1-75 罗马 坎皮泰利圣马利亚教堂。剖面方案设计(作者卡洛·拉伊纳尔迪,1662年)

(下)图1-76 罗马 坎皮泰利圣马利亚教堂。立面最初方案(作者卡洛·拉伊纳尔迪,1657~1658年)

决办法是令希腊十字平面具有不同的臂长(当然,并没有缩减到成为拉丁十字的程度)。罗萨托·罗萨蒂在罗马的卡蒂纳里圣卡洛教堂(1612~1620年,立面1635~1638年后加,图1-66)采用的就是这种形制。尽管存在纵向轴线,但空间仍给人留下了统一和完整的印象。总的来看,卡蒂纳里圣卡洛教堂不失为巴洛克早期宗教建筑的一个杰出实例,对以后的演变也具有一定的影响。雅克·勒梅西耶(1585~1654年)设计的巴黎索尔本教堂(1636~1642年,图1-67~1-72)和菲舍尔·冯·埃拉赫设计的萨尔茨堡的大学教堂(耶稣学院教堂,1694~1707年)显然就是由此发展而来(勒梅西耶于1607~1614年住在罗马)。

在巴洛克盛期,随着罗马圣卢卡和圣马蒂纳教堂(1635~1650年,图2-204~2-223)的建设,这种加长的希腊十字建筑也得到了最令人信服的诠释。其设计人科尔托纳(1596~1669年)以圆形平面为核心,组成一个主轴稍长的希腊十字平面。这个教堂比其他任何实例都更充分地表明,巴洛克建筑如何对一个传统建筑母题进行改造并使之适合新的需求。科尔托纳并没有像贝尔尼尼那样,把教堂变成某种装饰的载体,而是凭借建筑本身的存在,把它转化成真正的巴洛克作品[38]。

[双轴平面]

在上面提及的实例中,均以集中式平面作为出发点,并通过各种方式引进不同程度的纵向轴线。反过来,如果以一个纵向结构为出发点,问题就变成需要引进一个

中心。最简单的办法就是建立一个横向的对称轴。在这个方向上的第一次重大尝试是1620年吉罗拉莫·拉伊纳尔迪(1570~1655年)主持建造的卡普拉罗拉的圣德肋撒教堂(图1-73)[39]。它由一个简单的矩形体量构成,上冠巨大的筒拱顶。在两端,采用了同样的处理方式(进

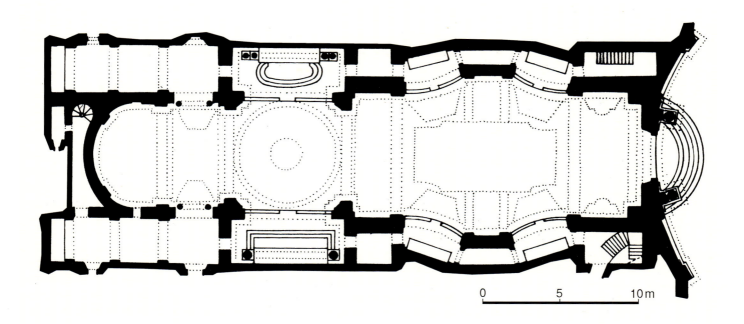

图 1-77 罗马 圣马利亚 - 马达莱娜教堂（始建于 1673 年，主要设计人乔瓦尼·安东尼奥·德罗西）。平面（取自 Christian Norberg-Schulz：《Architecture Baroque and Classique》，1979 年）

图 1-78 罗马 圣马利亚 - 马达莱娜教堂。平面（取自 John L.Varriano：《Italian Baroque and Rococo Architecture》，1986 年）

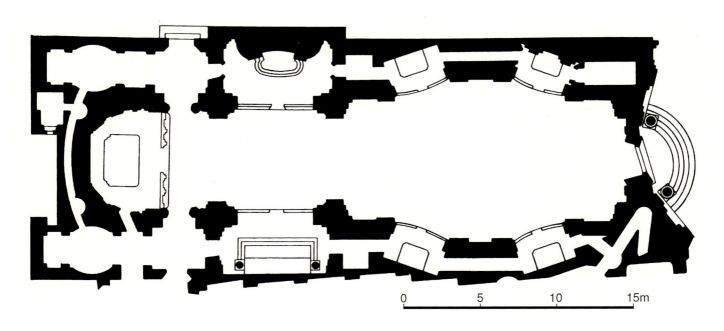

深不大的凹室以独立柱墩分成三开间。中央开口最大，上冠拱券，侧面两跨上置楣梁）。侧墙中央部分亦完全按此法处理。因侧墙较长，两边多出的跨间布置告解座。这些跨间通过开口处延伸过来的楣梁被纳入到系统内，就这样，在总体上保留了纵向特点的同时，创造了高度集中的空间形制。造型突出的檐口绕行整个室内，进一步加强了这种统一的特点。吉罗拉莫·拉伊纳尔迪通常被视为二流建筑师，但在圣德肋撒教堂纵向平面和集中平面的组合配置上，却表现出相当明显的独创精神[40]。其中一些具体做法到 18 世纪已变得非常流行。

[复杂的组合方式]

罗马的普布利科利斯圣马利亚教堂（1640~1643 年，建筑师乔瓦尼·安东尼奥·德罗西）是个不大的教堂。

图1-79 罗马 圣马利亚-马达莱娜教堂。内景

其双轴本堂上附加了一个教士区,其扁平的椭圆形穹顶支承在横向布置的穹隅上。双轴类型就这样和两个集中单元构成的形制相结合。类似的做法以后还有很多。事实上,在罗马,人们还可看到两个在中央本堂上附加穹顶的重要教堂,即卡洛·拉伊纳尔迪设计的坎皮泰利圣马利亚教堂(1656~1665年)和德罗西在他去世那年(1695年)设计的圣马利亚-马达莱娜教堂。两个教堂均属罗马巴洛克建筑的杰作。在坎皮泰利圣马利亚教堂,卡洛·拉伊纳尔迪的最初方案系以一个纵向椭圆形作为主体,在上面附加了一个圆形教士区(图1-74~1-76)。但最后付诸实施的方案有所变动,椭圆形本堂由配置了双轴线的厅堂取代,纵向轴线得到进一步强化。在圣马利亚-马达莱娜教堂(图1-77~1-82),德罗西的平面几乎综合了所有的传统类型,为17世纪罗马宗教建筑画了一个完美的句号。

在前面,我们已经看到,在17世纪,传统的纵向和集中平面的模式如何被加以改造和综合以满足巴洛克建筑在意识形态上的需求。但直到现在,我们所提及的建筑师中,还很少有人能达到真正系统化的高度。在这里,所谓"系统化"主要是指在形式整合和重点突出的总体目标下组织空间以满足各种需求的方法。上面所提到的一些作品只是在传统类型及部件的修改或整合上进行了一些必要的尝试。其中一些整合做法对18世纪的宗教建筑具有特别重要的意义，如在纵向建筑中心插入"圆堂"（卡蒂纳里圣卡洛教堂），在配置穹顶的交叉处通过对角轴线激活空间（瓦尔-德-格拉斯教堂），连续配置两个集中单元（米兰的圣朱塞佩教堂），或通过双轴使纵向空间具有集中特色（卡普拉罗拉的圣德肋撒教堂）。与此同时，人们也进行了一些大胆的尝试，探求一种更普遍的组织空间的方法，特别是弗朗索瓦·芒萨尔的相互渗透原则和拉伊纳尔迪第一个坎皮泰利圣马利亚教堂设计方案中体现的"开放"组群的观念。更具有普遍意义的是贝尔尼尼旨在确定单一主导特色的巴洛克"古典主义"和科尔托纳作品中特有的"有机"动态及室内外的"互补"关系。

[会堂式教堂的立面形制]

巴洛克的会堂式教堂大都有一个朝向街道或广场的比较考究的立面，侧面一般比较简朴节制。从建筑群和城市的角度来看，主要是穹顶在构图上起统领作用，塔楼倒在其次而且通常是没有。所有这些都是意大利的传统表现，而在欧洲北方，人们则更倾向于把教堂各面都显露出来。

在意大利，立面往往是一个朝外的装饰性屏墙，它"表明，其后有一个向纵深延展的空间"（里格尔语）。因此，当参观者走近它的时候，感觉是到了一个剧场的开口处，

图 1-80 罗马 圣马利亚-马达莱娜教堂。半圆室细部（壁画作者法国艺术家 Joseph Parrocel，1674 年）

图1-81 罗马 圣马利亚-马达莱娜教堂。内檐细部及曲线挑廊

在它后面,舞台前的大幕即将拉开。在室内效果越来越显露的时候,立面本身也展现得更加清晰。事实上,豪华的立面早在希腊化时期已经出现,只是在当时,人们并没有认识到室内外对比的价值,因而也没有把立面和室内效果相联系。而起源于基督教的教堂则相反,这种对比可说是其造型的基础;最初外部形式是尽可能地朴实,在入口前布置一道前廊,或一个带净手喷泉的院落(有时两者皆有)。中世纪时,北方教堂大都增添了塔楼,

到哥特时期，独立的塔楼已成为雕刻的主要载体。但在意大利情况则有所不同，建筑外部主要是具有某些造型表现的墙体。这种单一均质的墙体此后一直是意大利建筑的基本要素。从 18 世纪初开始，入口一面被赋予特殊价值并导致屏风式立面的诞生。L. B. 阿尔贝蒂设计的佛罗伦萨新圣马利亚教堂（1465 年）的立面是会堂式教堂的典型实例。底层三开间通宽，上部高窗层较窄，两边设涡卷令外廊更为协调。如此形成的立面体系进一步用柱式分划（大都用壁柱，分成若干矩形墙面；通常底层分成五块，上层三块；中间开壁龛，上置山墙）。和这种主导类型同时，也有侧面不凹进，采用完整矩形的立面；隐藏在后面的建筑主体亦可具有各种形式（图 1-125，2-244）。再就是采用巨柱式、上冠山墙或女儿墙的凯旋门式构图（如阿尔贝蒂设计的曼图亚圣安德烈教

图 1-82 罗马 圣马利亚 - 马达莱娜教堂。帆拱近景

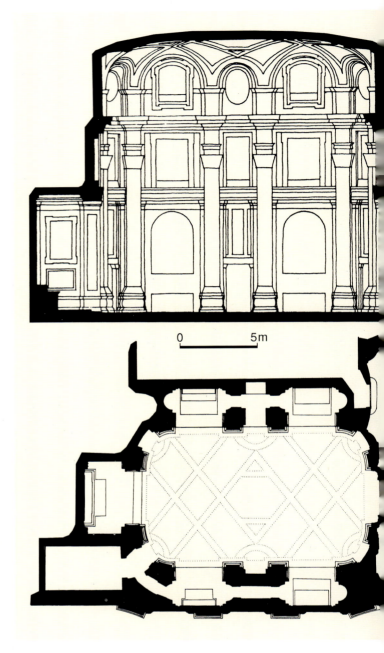

(左上及左下) 图1-83 弗朗切斯科·博罗米尼 (1599~1667年) 画像 (作者佚名, 取自《Opus Architectonicum》, 罗马, 1725年)

(中下) 图1-84 弗朗切斯科·博罗米尼漫画像 (Carlo Fontana 绘, 私人藏品)

(右) 图1-86 罗马 教义传播学院。三王礼拜堂 (1654~1667年, 弗朗切斯科·博罗米尼设计), 平面及纵剖面 (据 Portoghesi, 1967年)

堂)。对意大利建筑师来说，他们更关心的是立面的总体效果而不是如何反映内部的布局。这种独立的造型艺术既有长处自然也有不足。作为艺术、特别是建筑演变史上的一个重要现象，有关的论争可能还要延续下去。

三、通向整合和系统化的道路

在这方面，最具有代表性的人物当推弗朗切斯科·博罗米尼(1599~1667年, 图1-83、1-84)和瓜里诺·瓜里尼 (1624~1683年)。

[弗朗切斯科·博罗米尼]

弗朗切斯科·博罗米尼在其作品中，以一种全新的方式处理空间构造的问题。直到当时，空间一直被视为位于结构形体之间的一种抽象的内容，尽管结构形体的地位是由具有空间属性且具有重要意义的类型所决定，但似乎只有它们才是建筑形式的真正组成部件。因而，在巴洛克初期，在追求新的表现形式时，人们仅仅满足于更丰富的造型手段，如成对配置的柱子、柱子和壁柱的组合、巨柱式、中断或重复叠置的柱顶盘和山墙，再就是一些造型表现突出或富有想象力的装饰题材。和这些传统观念相反，博罗米尼把空间视为建筑最重要的构成要素。在他看来，空间是个具体的对象，可以塑造，也可以掌控（图1-85），并不是实体造型部件之间的抽象存在，所谓"延伸体"（res extensa）的哲学观念亦可

（上）图1-85 罗马 斯帕达宫。透视效果示意（弗朗切斯科·博罗米尼设计，通过在尽端安置尺寸较小的雕像，使廊道显得格外深远）

（下）图1-87 罗马 教义传播学院。三王礼拜堂，剖面图稿（作者弗朗切斯科·博罗米尼，维也纳 Graphische Sammlung Albertina 藏品）

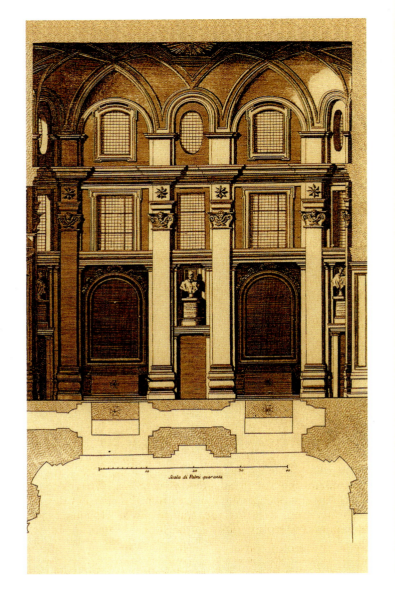

(左)图1-88 罗马 教义传播学院。三王礼拜堂,剖面图(取自 Domenico de Rossi:《Studio d'Architettura Civile》,卷2,1711年)

(右)图1-89 罗马 教义传播学院。三王礼拜堂,剖析图(据 Portoghesi,1967年)

找到具体的表现。博罗米尼的空间是个复杂的、不可分割的肌体。他用一切可利用的手段——特别是墙体的连续性——来强调这一特点。然而,在当时建筑师眼里,博罗米尼被看成一个"怪人"(stravagante),是"怪异"和"虚幻"形式的创造者。如今,人们似乎很难理解这种负面的评价。实际上,在许多方面,博罗米尼的建筑比他同时期某些浮夸的作品要更为简洁和合乎逻辑,对技术和材料潜力的发掘也值得后人肯定。然而,从古典传统的角度来看,博罗米尼的建筑无疑具有革命的性质,展现了许多新的可能性,所有这些都在以后的演进中结出了丰硕的果实。

第一个表现出博罗米尼印记的作品是城外圣保罗教堂的圣体礼拜堂。事实上,这个礼拜堂是马代尔诺于1629年,即在他去世前不久建造的,但他邀请了作为亲戚的博罗米尼参与工作,因而有理由相信,后者在所采纳的解决方式上起到了重要的作用。礼拜堂简单的矩形空间角上抹圆,规则布置的壁柱稍稍断开一直延伸到柱顶盘以上形成扁平的肋券,将拱顶改造成"骨架"体系。角上没有设壁柱,其凹面一直延伸到拱顶上,从而形成了强烈的垂向连续,同时通过拱顶肋券使空间具有某种对角指向。这种解决问题的方式和教义传播学院的三王礼拜堂极其相似,后者建于1654~1667年,通常认为是遵照博罗米尼的"遗嘱"建造的(图1-86~1-89)。

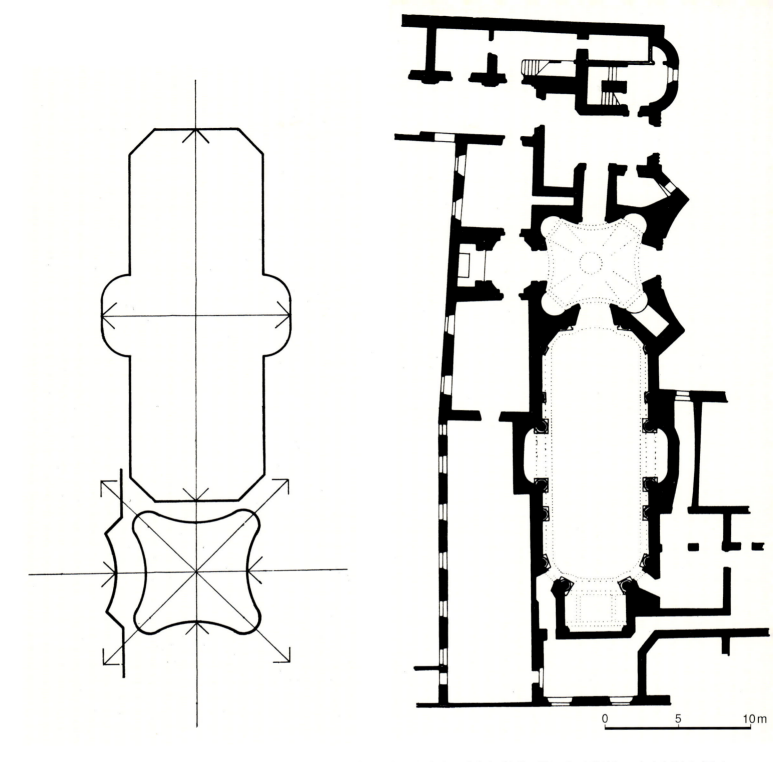

(左右两幅)图 1-90 罗马 圣奥古斯丁修道院。圣马利亚教堂(1642 年，未完成，弗朗切斯科·博罗米尼设计)，平面及简图(取自 Christian Norberg-Schulz：《Architecture Baroque and Classique》，1979 年)

圣体礼拜堂的主要创新之处是在墙面分划及垂向整合上，采用了统一的手法，形成了完美的连续效果。空间在这里被限定成一个不可分割的整体，由于对角指向而形成的集中表现进一步强化了这一特色。

四泉圣卡洛(圣卡利诺)修道院及其教堂是第一个完全属博罗米尼创作的作品(见图 2-227~2-254 及后面的专题评介)。建筑设计于 1634 年，按同样的构思提出了几个方案。回廊院周围的柱子按一定节律连续布置。通常的所谓"角"现已被向外凸出的曲面窄跨取代。博罗米尼就这样通过一些最简单的手法，成功地创造了一种统一的空间"要素"。在修道院的各类厅堂里，也都可看到类似的意图，如原来餐厅(现作为圣器室使用)的檐口，在通常的角上做成凹面曲线。两个部件之间通过展翼的小天使作为过渡，这也是博罗米尼在解决形式

第一章 导论·69

过渡问题上多次采用的母题。在1638年建造的教堂里，这些基本题材的变化更为丰富，显然建筑师希望赋予每个空间以适合其需求的特色。很少有哪个平面像圣卡洛这样被人们一再进行分析，而教堂本身又是如此之小，以致可纳入到支撑圣彼得大教堂穹顶的一个柱墩内。在谈到这个教堂时，通常人们都不忘强调其平面复杂的几何形态，但很少有人把空间作为一个独立要素进行分析。

在1665~1667年增建的立面上，同样可看到室内基本特征的表现和博罗米尼造型的丰富多变。其波澜起伏的运动可理解为"内力"和"外力"——建筑内部空间向外膨胀的力和边上街道的定向运动——碰撞作用的结果。同时，立面也改变了内墙区段的运动。按汉斯·泽德尔迈尔的理解，整个构图可视为隔墙母题的一系列变体造型，所有变化均依照博罗米尼基本空间的动态需求。这位作者还指出，甚至在主祭坛前的栏杆也按照同样的结构原则处置[见汉斯·泽德尔迈尔:《博罗米尼的建筑》(Die Architektur Borromini's)，慕尼黑，1930年]。

博罗米尼的另一个重要作品是1637年建的圣菲利浦·内里奥拉托利会修院礼拜堂（有关建筑的情况后面还有专题介绍，见图2-255~2-265）。由于建筑比较宽大，建筑师遂能在更大的范围内实现各种空间的组合。在这里不可能全面追溯其历史发展，只能简单谈及建筑师的基本意图。尽管要考虑和已有的"新教堂"及其宽阔

（上）图1-91 洛梅克（波希米亚地区）礼拜堂（1700年后，建筑师圣蒂尼）。平面及剖面（据Christian Norberg-Schulz）

（下）图1-92 瓜里诺·瓜里尼：都灵某教堂平面设计[据《民用建筑》(Architettura Civile)插图改绘]

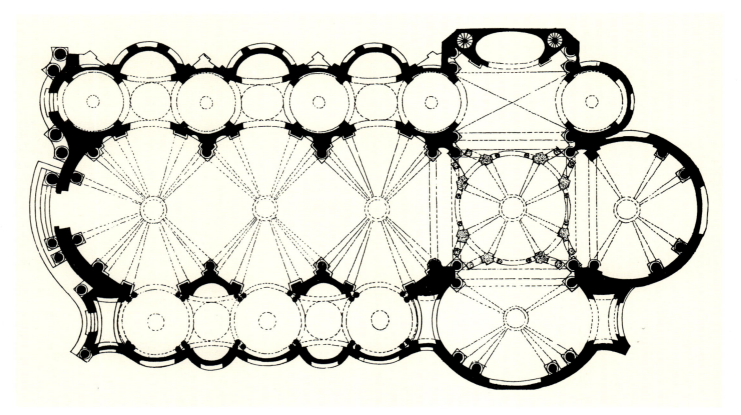

的圣器室相搭配等问题，但他仍选用了极为清晰的平面。从基本的需求出发，博罗米尼将圣器室安排在院落和花园之间，在两条长廊边上形成一系列主要空间。礼拜堂本身则如他一张草图上所示，成为朝教堂前广场方向上展开的一系列空间的最后一个。由于在实际操作上的一些具体困难，礼拜堂没有位于轴线上，平面上显得有些不太规则。所有主要空间均按整合空间单元处理，由带圆角的连续墙面界定。这个小礼拜堂进一步发展了在圣体礼拜堂里已付诸实施的理念，因而具有特殊的价值。它采用了双轴布局（由位于纵向轴线上的祭坛和横向轴线上的入口确定）。但空间通过一系列连续配置的壁柱和圆角统为一体（圆角处壁柱按对角布置；祭坛墙面处正向配置的柱子系以后卡米洛·阿尔库奇干预的结果）。拱顶肋券交织配置，整体效果宛如骨架。和礼拜堂对应的立面中央部分形成凹面曲线，和前面的城市空间彼此应和，作出接待参观者的姿态。除了这一总的特色外，立面还有许多新颖的细部。门窗三角山墙上的"综合"造型，以后很多都成为18世纪巴洛克后期建筑的形式特征。立面顶部主要山墙为三角形和弧形的综合形式，特别是柱顶盘，在联系侧翼和立面主要部分的地方，演变成传统的涡卷造型。传统形式就这样，根据在总体构图里的地位，被灵活地进行了各种变形处理。

1642年，博罗米尼建造了一个颇为类似但规模较小的建筑，即圣奥古斯丁修道院及其圣马利亚教堂（图1-90）。由于工程未能完成，在这里我们仅限于指出它的一些基本特色。人们正是在这里，第一次尝试着创造几个相互依赖的空间。直到这时为止，博罗米尼一直借助具有传统特色的叠加方法来组合空间。而在这个圣马利亚教堂、前厅和位于立面内凹曲线前的空间均依彼此的关系确定。这是一组互相依存的空间：当一个缩进的时候，另一个则相应膨胀，因而产生了一种"脉动"的效果，空间不再是一种简单的延伸或扩张，而是一张绷紧的应力场（当然，所有的空间均可视为应力场，但博罗米尼的功绩在于使人们"看到"这一事实）。这种"相关并置"（juxtaposition pulsante）的原则对以后巴洛克建筑的发展具有深远的影响。它和空间渗透的原则有所不同。在这里，空间要素好像用弹性物质制作的那样膨胀和收缩，而不是相互渗透。这种原则同样导致了室内外的"互补"（complémentaire）关系。教堂室内采用双轴模式。尽管具有纵长的形式，但借助确定空间的"柱廊"和在圆角处绕行的柱顶盘，室内仍保持了统一的特点。变形的原则尤为明显，柱顶盘可视情势需要连续顺畅无间断地演变成拱券或涡卷。遗憾的是，拱顶很晚才完成，且施工质量低下，和下面的优美空间完全不相称。

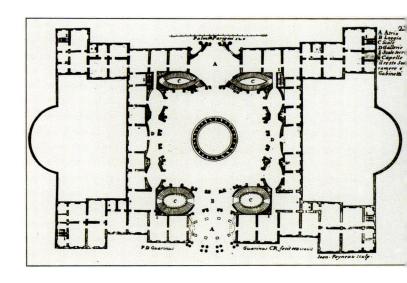

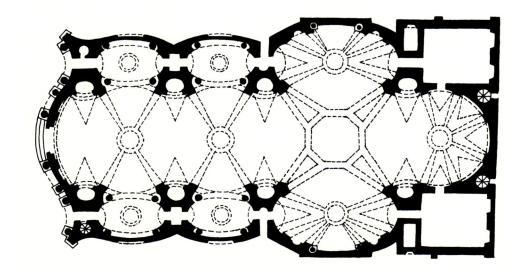

（上）图1-93 瓜里诺·瓜里尼："法国宫殿"平面设计 [《民用建筑》（Architettura Civile）插图]

（下）图1-94 里斯本 天道圣马利亚教堂（始建于1656年，可能1659年完工，建筑师瓜里诺·瓜里尼）。平面（据瓜里诺·瓜里尼）

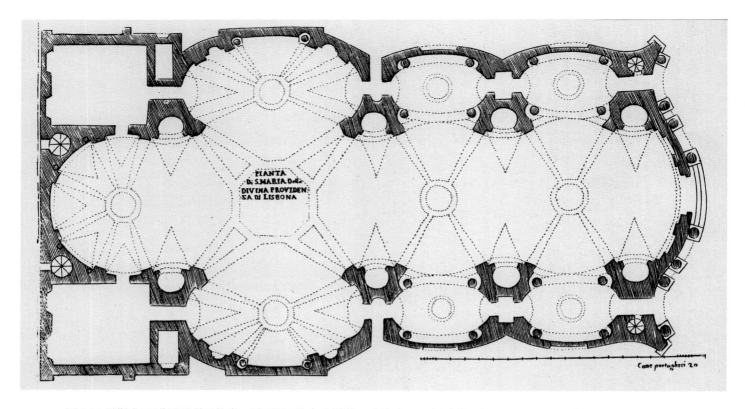

图1-95 里斯本 天道圣马利亚教堂。平面图 [取自瓜里诺·瓜里尼:《民用建筑》(Architettura Civile) 图版17, 1737年]

通常被认为是博罗米尼重要作品的圣伊沃教堂（位于罗马最古老的萨皮恩扎大学内，见图2-274~2-296）同样是始建于1642年。在这里，要求建筑师将一个集中式建筑嵌入到已有院落的背景中去 [院落体系可上溯到圭多·圭代蒂任内（1562年），半圆形空间由他的继承人皮罗·利戈里奥引进，但工程的大部分是德拉波尔塔于1577~1602年间完成的。博罗米尼设计的教堂完成于1660年]。在这里，博罗米尼并不想采用八角形或希腊十字形这类传统模式，而是相反，构思了一个建筑史上最独特的造型（有关这个教堂的情况我们还要在后面专题评介）。正是因为这个教堂的特殊表现，博罗米尼被他的许多同时代人视为"哥特"建筑师。圣伊沃基本上是个集中式建筑。但它基于三角形或说是六边形体系，因而和以方形或圆形为基础的传统集中式结构相比，其动态表现要强烈得多。圣伊沃同时具有一定的纵向特点（从位于入口前的半圆形到祭坛），博罗米尼最初还打算通过祭坛后的一道柱屏进一步强调这种指向性，使之成为和主要半圆室相互渗透的圆形空间的组成部分。由于设计过于独特，这个教堂并没有导致直接的模仿 [和圣伊沃教堂相似的垂直连续表现可在波希米亚地区的洛梅克礼拜堂里看到（建于1700年后不久，建筑师圣蒂尼，图1-91）；在瓦利诺托圣所，维托内再次采用了圣伊沃教堂的平面，但垂向发展上完全不同]。不过，人们似乎还很难找到一个建筑，能像它这样令人信服地表明巴洛克建筑的基本意图。

在其他一些建筑和设计中，博罗米尼得以更好地表现他的一些基本观念。特别是教义传播学院的三王礼拜堂（见图1-86~1-89），作为他最后的空间研究，具有重要的意义（其任务委托可上溯到1647年，但礼拜堂建于1660年后）。它同样是一个具有双轴布局的厅堂，角上抹圆，由壁柱和肋券形成骨架系统。但墙面几乎消失，礼拜堂下部朝凹室敞开，整个空间形成透空结构。主要壁柱和成对角布置的拱顶肋券网格相连，后者形成完整的"哥特"体系。其动态特点主要表现在壁柱基部的凸起和垂向的连续上。壁柱上的楣梁和檐壁均缩减成被巨大窗洞阻断的小块区段，水平方向的联系通过檐口及次级楣梁加以保证（后者位于侧面凹室及小教士座洞口上方）。博罗米尼的基本手法——纵向及集中的特色，水平与垂直方向的延续，结构的均质表现及空间的开放——在这里得到明确的综合表现。

到现在为止，我们所涉及的所有教堂和礼拜堂，规模都不是很大。直到1646年，到教皇英诺森十世委托博罗米尼修复早期基督教的拉特兰圣乔瓦尼教堂时，他才有机会从事一个大型教堂的建设（见图2-323~2-328）。

但委托的任务单并没有给他更多的自由：古代会堂的结构必须保留，工程还要在大赦年（1650年）结束。博罗米尼加固了残破的结构，将已有的双柱组合成粗大的柱墩，为它们配置了巨大的壁柱，柱墩之间通过圆券洞口通向侧廊。他还打算按几年前在教义传播学院三王礼拜堂里的做法，用拱顶覆盖中央本堂，通过对角布置的肋券与墙面相连。但这一设计终因花费太大不得不放弃，因而教堂一直沿用1564年完成的藻井天棚。尽管现存体系只是最初设计的一部分，但本堂无疑是其中最完美的部分之一。入口墙面的解决方式表明，整体是作为一个单一的空间处理，角上做成斜面，水平和垂直方向均具有很强的连续性。在主要柱墩之间形成"开放"的系统：柱顶盘中断，巨大的开口使空间得以融汇在一起。侧廊则设计成连续的"华盖"，即小的集中单元，其凹角一直延伸到拱顶上。最大的拱顶则具有所谓"波希米亚帽盖"的造型。

从上面这些论述中不难看出，博罗米尼的贡献并不在于拟订了一种新的类型，而是创造了一种处理空间的方法。借助这种方法，他可以满足性质完全不同的各类要求，解决各种各样的难题，创造出既有特殊品性又有普遍意义的建筑。他的方法主要是基于连续性、相互依存和变化等原则。他的空间具有动力"场"的特色，由内力和外力的交互作用而确定，墙体则是这些力会聚的"临界"区。需要指出的是，在博罗米尼那里，力的概念同时具有心理学的内涵，内外关系的变化也是一个心理过程的反映。可能正是因为这样的特质，在贝尔尼尼看来，博罗米尼创作的是一种"虚幻"的作品。

博罗米尼同时还提出一种新型的"历史综合"（synthèse historique）。在他那里。统一并不仅仅涉及到空间层面，也同样涉及到时间范畴。空间在他那里成为建筑构图的一个具体的构成要素。贝尔尼尼的空间是一个通过雕刻人物表现的戏剧场景的舞台，而在博罗米尼那里——借助R.威特科尔的话说——空间是表现人类在宇宙中所处地位的活跃要素。

[瓜里诺·瓜里尼]

在瓜里诺·瓜里尼的作品里，博罗米尼所提出的普遍法则得到了系统的提炼。他的跨国活动充分表明17世纪欧洲的开放程度。他为德亚底安修会设计和建造了位于墨西拿、巴黎、都灵、尼斯、维琴察、布拉格、

图1-96 里斯本 天道圣马利亚教堂。剖面图 [取自瓜里诺·瓜里尼：《民用建筑》（Architettura Civile）图版18，1737年]

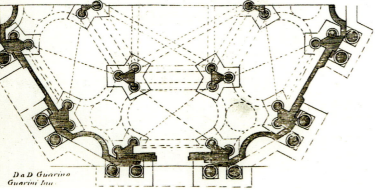

(左)图1-97 墨西拿 教堂（1660~1662年，建筑师瓜里诺·瓜里尼）。平面及剖面 [取自瓜里诺·瓜里尼：《民用建筑》（Architettura Civile）图版30, 1737年]

(右)图1-98 尼斯 圣加埃唐教堂。平面及剖面设计方案 [作者瓜里诺·瓜里尼，约1670年，《民用建筑》（Architettura Civile）图版12]

里斯本以及意大利一些小城市的教堂。他对1639~1647年罗马博罗米尼的头一批作品想必留有深刻的印象（以后在旅途中他又再次去过这个城市）。可惜的是，瓜里尼建造的大部分教堂都没有留存下来，不过，在他留下的论著《民用建筑》（Architettura Civile）里，可看到有关其建筑观念的宝贵论述，以及由此产生的处理问题的方式和方法（该书图册于1686年单独出版，名《Disegni d'Architettura Civile ed Ecclesiastica》；1737年由贝尔纳多·维托内经手出版了全集，图1-92、1-93）。在这位既是建筑师、又是哲学家、理论家和数学家的

(左)图1-99 尼斯 圣加埃唐教堂。平面（作者为瓜里诺·瓜里尼的弟子贝尔纳多·维托内）

(右)图1-100 奥罗帕 朝圣教堂（1678~1680年）。平面设计 [作者瓜里诺·瓜里尼，可能1670年左右，《民用建筑》（Architettura Civile）图版]

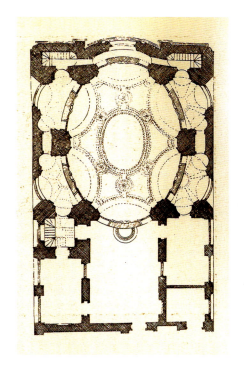
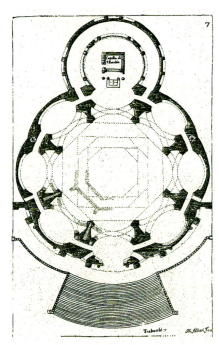

其他文学和哲学著作中，还可看到其建筑创作中深刻的象征内涵和复杂的综合关系（E. 圭多尼1970年发表的有关著作对此有详尽的叙述）。

"系统化"（systématisation）是瓜里尼作品的主要特色。他采纳了博罗米尼有关空间是建筑主角的观念，并根据互动并置的原则系统用于自己那些有机"单元"（cellules）的构图中[41]。事实上，瓜里尼已将这种互动的波浪状运动视为自然界的一个基本特性。巴洛克有关延伸和运动的观念也因此从新的角度获得了更具有生机和动力的理解。

在瓜里尼的第一个重要作品——里斯本的天道圣马利亚教堂（始建于1656年，可能1659年完工，图1-94~1-96）里，室内（包括本堂壁柱）到处都可以看到这种波浪形的运动。建筑的总体布局可说相当传统（会堂式平面，带耳堂及半圆室）。纵轴由一系列穹顶确定，但在空间的融汇上却表现出一种史无前例的倾向。本堂和耳堂构成的统一体孕育着连续的运动。已经无法点明一个部件在何处终止，另一个部件又在何处起始。墙体和拱顶都处在波动状态，没有任何分界线。这是一种真正的"融汇"，在这里，已不存在空间的"彼此渗透"问题，因为后者是以构成总体的各个单元具有明确的界限为前提的。这个教堂所采用的这种特殊处理方式完全符合它的用途。里斯本教堂只是在解决这类问题上迈出了第一步。在以后的设计中，瓜里尼进一步制定了一套更为精确的方法。

在一个未冠名（senza nome）的教堂设计里，瓜里尼在这个教堂的理念基础上又有所发展，设想了两种解决问题的方式，除了互动并置外，同时采用了彼此渗透的空间。前者如本堂主要空间、交叉处、耳堂右侧及半圆室；后者如本堂侧面空间。右侧边廊和中央本堂单元彼此渗透，本身亦构成完整规则的单位。右半部内外之间表现出完整的互补关系，和左半部相比，在有机协调上显然处于更高的水平。他这个未冠名的教堂，比当时（17世纪）任何其他建筑设计都更好地表明，在建造大教堂时，同样可遵循博罗米尼提出的原则。

瓜里尼以这些原则为基础，发展出一个全面的有机体，而不是仅仅借助空间的彼此渗透和互动并置来解决建筑内部的某些"临界"过渡问题。他也因此成为第一个在真正意义上整合空间单元的作者。这两个原则均表现了致力于空间连续和"开放"的意图。因而，在两种情况下，造型部件都缩减成为"骨架"，上面用次级"薄膜"进行覆盖或补充，并构成室内外的互补关系。瓜里尼以后的作品进一步表明，如何应用他的这些方法来适应不同的形势和满足各种需求。

瓜里尼为索马斯基教士们（Pères somasques）建造的墨西拿教堂（1660~1662年，图1-97），是个向垂直发展、采用集中形制的建筑，表现出他丰富想象力的另一个重要方面。其六边形平面是互相依存的各单元的有趣组合（如角上向内凸出的三角形空间）。柱子和拱券形成效果突出的骨架，墙体变成和主要结构有别的简单外壳，集中式平面也因此具有了新的意义（在博罗米尼设计的一些教堂里也能看到同样的"开放"表现，但很难在其中找到结构和"外壳"之间的类似区分）。特别得到强调的垂直轴线和这种水平方向的延伸形成了鲜明的对比。穹顶叠置而成，第一层位于交织肋券系统上，肋券之间布置巨大的窗洞，从该层穹顶的中央开口上升起更接近传统形式的较小穹顶。这种交织肋券显然是效法哥特建筑和某些西班牙摩尔人的穹顶。但如此产生的结构却是一种全新的类型，并成为瓜里尼建筑的主要母题。事实上，这也是他最独特的创造。瓜里尼的穹顶已不再是博罗米尼式穹顶在造型上的简单延续，而是代表了在垂向改造基础上演变出来的更高级的发展阶段。在里斯本的第一次尝试之后，为了使建筑具有骨架和轻薄的特色，瓜里尼事实上已放弃了造型连续的做法。

巴黎的王室圣安娜教堂（1662~1665年，见图1-58~1-61）代表了在空间垂向连续上的后一个阶段。这位建筑师于类似的穹顶下插入了一个鼓座，鼓座由两层构成，在开窗的外墙之内另有一层由拱券和成对配置

（上）图1-101 奥罗帕 朝圣教堂。立面及剖面设计 [作者瓜里诺·瓜里尼，《民用建筑》（Architettura Civile）图版]

（下）图1-102 奥罗帕 朝圣教堂。透视复原图（据 De Bernardi Ferrero）

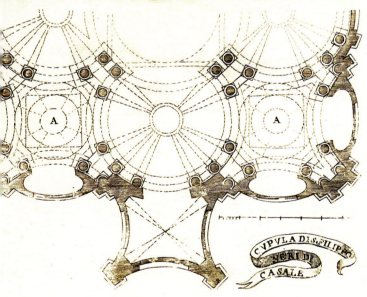

(左) 图 1-103 卡萨莱 圣菲利波教堂（1671 年）。平面及剖面 [作者瓜里诺·瓜里尼，《民用建筑》（Architettura Civile）图版 25]

(右) 图 1-104 卡萨莱 圣菲利波教堂。平面构图示意（据 Christian Norberg-Schulz）

并留存至今。瓜里尼于 1666 年在都灵定居之后，受查理-伊曼纽二世委托完成此前已由阿马德奥·迪卡斯泰拉门特开始建造的至圣殓布礼拜堂（1657 年，见图 2-744~2-757）。礼拜堂与大教堂东侧相连，紧靠着公爵府。礼拜堂具有精确的圆形平面，但瓜里尼赋予它全新的内涵（具体做法我们在后面还要详述）。事实上，这个礼拜堂已成为所有这类建筑空间中给人印象最深刻和最神秘的一个 [M. 法焦洛·德拉尔科在 1970 年出版的一本书（《La Geosofia del Guarini》）中，对其象征意义有更明确的阐述]。

自 1668 年起，瓜里尼在离这个建筑不远处为德亚底安修会建造了圣洛伦佐教堂（见图 2-761~2-775，建筑除立面外完成于 1680 年）。这次在平面选择上他采取了更为自由的态度，所设想的解决方案可视为一次大胆的创新，对以后宗教建筑的发展具有深远的影响。建筑采用集中形制，整体围绕着一个各边向内凹进的八角形空间。在主要轴线上按互动并置原则另加一个横向椭

的立柱组成的轻快内屏，就这样形成了具有哥特建筑渊源的"双重"墙体。平面为延伸的希腊十字形，八角形的空间单元由对角布置的壁柱分划，壁柱和拱顶肋券结合在一起形成明确的构架，不大的墙面上开造型"自由"的大窗。这种做法在天道圣马利亚教堂已经试过，显然是为了在有限的表面上表现结构开放的特点。

这种垂直方向上得到格外发展的集中构图形制在其他几个设计中再次得到采用。其中两个已得到实现

第一章 导论 · 77

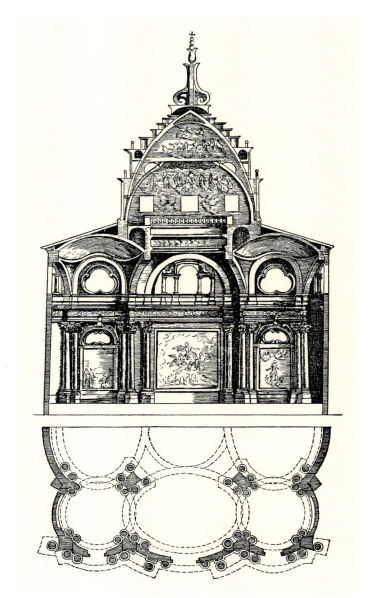

(左)图 1-105 维琴察 圣加埃塔诺教堂(1674年)。平面及剖面 [作者瓜里诺·瓜里尼,《民用建筑》(Architettura Civile)图版 26]

(右)图 1-106 维琴察 圣加埃塔诺教堂。平面及剖面(据 1686 及 1723 年瓜里诺·瓜里尼原图绘制)

圆形的教士座,就这样创造了一个纵向空间。位于对角线上支撑帆拱的柱墩蜕变成一道屏墙,围护着平面作透镜状的礼拜堂。各礼拜堂的柱子、拱券和主轴线上的类似部件一致,造成主要空间周围由连续框架结构环绕的幻觉。互动并置的平面布局遂演变成各空间单元的集中组合(有关这个教堂的情况我们后面还要进一步介绍)。总的来看,这是个"开放"的体系,但瓜里尼仅用了少数几个增加次级空间的手法,便创造了这个所谓"简化的集中式建筑"(édifice centré réduit,海因里希·格哈德·弗朗斯语)。空间的垂向发展类似墨西拿索马斯基教堂的解决模式,区别只是在这里,两个穹顶均借助交织肋券建成。

在圣洛伦佐教堂之后,瓜里尼又设计了另四个采用集中式平面的教堂,但都未能付诸实施。他设计的尼

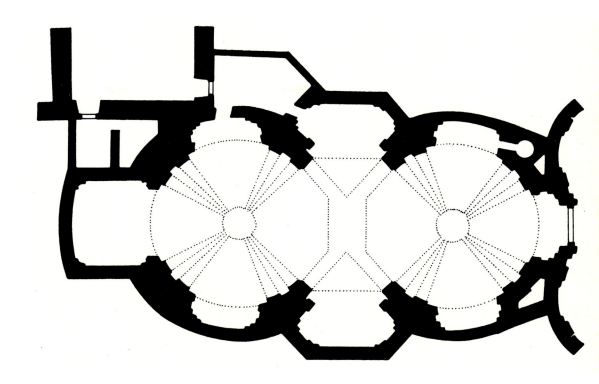

图 1-107 都灵 无玷始胎教堂（1673~1697 年，瓜里诺·瓜里尼设计）。平面（据 Christian Norberg-Schulz）

斯的圣加埃唐教堂（约 1670 年，图 1-98、1-99）是个采用五边形平面具有中等规模的建筑。垂直方向得到了突出的强调，但同时进行了简化。规模更大、造型也更为复杂的是为奥罗帕朝圣教堂提供的设计（可能在 1670 年左右，图 1-100~1-102）。朝外部隆起的巨大八角形空间外部环绕着一圈椭圆形的礼拜堂；它们和主要空间之间通过平面呈凹透镜形式的过渡单元连在一起。就这样形成了互动并置的关系，但圆形圣殿则是通过空间相互渗透的原则被纳入其中。骨架结构被大大简化，由隆起的墙体构成的薄膜状外壳的重要意义相应增加。这些薄膜状的墙体上开巨大的洞口，在底层，八个小轴线上洞口设计成门亭状。这个教堂是瓜里尼最具活力和构造最清晰的设计之一；它令人信服地表明，在突出辐射方向水平构图的同时，亦可兼顾垂直方向的发展。

另两个集中式教堂——卡萨莱的圣菲利波教堂（1671 年，图 1-103、1-104）和维琴察的圣加埃塔诺教堂（1674 年，图 1-105、1-106）——方案处理上稍有不同。在这里，人们看不到对垂直方向的类似强调，而是对各单元水平方向的组织进行了更深入的研究。圣菲利波是由若干相关互动（或称互补）的单元构成，有的是圆形，有的是各边内凹的正方形。空间体系由独立柱子组成的通透骨架限定，其外包轻薄的墙壳。在这个空间格网的中心，瓜里尼引进了一个上置穹顶的圆形空间，它和周围的四个圆形单元在平面上相互叠置。

一种可无限展开的互动形制和一个以特殊方式标识的中央空间的结合，使这个教堂成为瓜里尼最激进和最时髦的创作之一。圣加埃塔诺的情况与之相近，只是位于各主要轴线上的圆形单元在这里被椭圆形空间取代，角上布置与椭圆形体叠置的圆形单元（在圣菲利波，角上布置与各主轴圆形单元相切的小圆）。同时，和圣菲利波相对简单的穹顶相比，在这里，垂直方向的发展使这部分造型上也更为丰富。四边内凹的中央空间上部被改造成一个缩小的圆环底座，其上起颇具规模的圆形穹顶，穹顶由叠置的两个拱壳组成，内壁准备装饰具有透视效果的天顶画。空间的收缩和垂向的扩张，已预示了克里斯托夫·丁岑霍费尔那种"切分"式空间（espaces 'syncopés'）的出现。

在职业生涯的最后岁月里，瓜里尼又重新采用了纵向形体的构图方法。都灵的无玷始胎教堂(1673~1697 年，图 1-107、1-108)由排成一列的三个集中单元组成：第一个和第三个为圆形，中间一个既可理解为矩形，也可理解为六边形。空间的彼此渗透促成了空间整合的强烈效果。一般来说，这种形制可理解为双轴布局，但同时人们可看到因扩张和收缩而导致的突出的纵向节奏。立面曲线重复了博罗米尼设计的圣卡洛教堂，表现出室内外的交互影响和作用。和瓜里尼的其他作品相比，在这里，对古典柱式的采用也更为循规蹈矩，显然是因为教堂系在他死后完成。

在布拉格的圣马利亚-阿尔托廷教堂（1679年，图1-109），人们可看到同样的形制，但变化更多也更丰富。第一和第三个单元在这里改为横向椭圆形体，它们和较大且不甚规则的中央椭圆形体及同为椭圆形的边侧凹室在平面上相互叠置。在这个群组上又按互动并置方式加了一个教士座。所有这些空间的相互关联均有明确的界定，总体效果的处理相当成熟。

瓜里尼晚年构想的第三个纵向教堂设计是都灵的圣菲利浦·内里教堂（1679年，图1-110）。它同样由排成一列的三个巨大的集中式空间构成。对称布置的前厅和教士座促成了类似双轴线的效果。所有基本单元均配有次级礼拜堂。在这里，空间既没有彼此渗透，也没有互动并置，但因处于对角线上的结构部件在整个建筑里重复采用，同样实现了空间整合的意念。骨架效果特别明显，外墙开形式自由的大窗。高窗用了在天道圣马利亚教堂里已出现过的形式 [所谓"十字裾"形 (casula)，为一种各边内凹的不规则六边形]。

从瓜里尼的实践中可知，他所用的是一种普适的方法，既能用于不同大小和规模的教堂，也能用于集中式平面和纵向平面。他虽用了当时的各种传统类型，如希腊十字、圆形、八角形、拉丁十字或一系列配有穹顶的单元，但没有像科尔托纳和博罗米尼那样，综合这些不同的形制，而是通过相互渗透和互动并置的手法，对这些形制共有的空间要素或单元进行界定，把它们组织成一个协调一致的整体。他虽如博罗米尼那样，希望综合不同内涵的特点，如科学和艺术、思想和感觉等。但他并没有像后者那样，创造出"新的"复合空间，只是拟订和发展了"开放"的空间群组。瓜里尼所用的方法也因此被认为具有某种"机械化"的特色。

[小结]

从前面的论述中可以看出，巴洛克时期宗教建筑的

图1-108 都灵 无玷始胎教堂。穹顶内景

(左) 图 1-109 布拉格 圣马利亚 - 阿尔托廷教堂 (1679 年,瓜里诺·瓜里尼设计)。平面及剖面 [《民用建筑》(Architettura Civile) 图版 19 及 21]
(右) 图 1-110 都灵 圣菲利浦·内里教堂 (1679 年,瓜里诺·瓜里尼设计)。平面及剖面 [《民用建筑》(Architettura Civile) 图版 14 及 16]

基本类型,是来自在 16 世纪下半叶被大大加以改造的文艺复兴时代的模式。纵向平面或通过双轴形制,或通过引进一个突出的中心,被赋予集中建筑的某些特点。人们对类似问题的驾驭也处在不断的进步之中:卡普拉罗拉的圣德肋撒教堂尚属最初尝试,到瓜里尼设计的布拉格圣马利亚 - 阿尔托廷教堂,解决方式已相当成熟。实际上,人们可以通过各种方法达到拉长集中式平面的目的,如"延伸"基本形式(由此得到纵长的椭圆或拉长的希腊十字),或增加第二个集中式单元,或"缩减"横向轴线(瓜里尼的都灵圣洛伦佐教堂可作为这方面的一个先进实例)。无论采用什么方式,其结果都具有"组合"(combinatoire) 或"综合"(synthétique) 的特色。在巴洛克早期,通常只是将不同的类型(即基本单元)进行简单的组合,但瓜里尼通过将类型进一步解析成基本的空间要素(即单元),使这种组合变得更为灵活。而博罗米尼则追求一种综合和融汇,并在这方面达到了无与伦比的成就。总的来看,无论是纵向轴线还是垂向轴线都得到不同程度的强调:位于纵轴上的立面成为通向神圣室内的庄严入口,祭坛则通向带圣像透视画的空间;对垂直方向的强调或通过拉长比例,或通过叠置鼓座和穹顶等垂向部件。在这两种情况下,教堂都被积极纳入到周围的环境框架中。"开放"的纵向轴线把建筑纳入到城市空间里,垂向的发展则表现其作为中心的作用。阿杜安 - 芒萨尔的巴黎荣军院及前面规划的广场可作为这方面的一个典型实例。

与此同时,还可看到人们在整合群体空间上的强烈愿望。正是在这样的愿望驱使下,建筑被改造成通透的"骨架",而次级空间则丧失了它的独立性,成为开放系统中的必要组成部分。空间的相互渗透和相互依存(所谓"互动并置")、室内和室外的互补关系,所有这些都是人们用来达到预想的空间整合的典型手段。在巴洛克初期,这些手段系由弗朗索瓦·芒萨尔、科尔托纳和博罗米尼这样一些大师"创造"出来,在17世纪下半叶,又经瓜里尼进一步加以系统化。

伴随着空间连续的往往还有造型的连续,特别是在博罗米尼的作品中。它意味着,原先分开的部件现已发展成一个新的综合实体,虽是传统的内容但具有了融汇的特点。在巴洛克时代,教堂往往以丰富华美的科林斯风格作为基础,全面综合过去和当时的象征造型,以实现天主教有关永恒和宇宙的理想。古典柱式和穹顶就这样用来体现制度基石的稳定,幻景装饰和光影效果则如"凝固的剧场"(théâtre figé)表现宗教的诉求。在这方面,贝尔尼尼可说是一位创作高手,圣彼得大教堂教皇宝座就是一个很好的证明(见图2-479~2-486)。在这个教会的主要胜迹里,它构成了整个纵向行程的最后"目标",也是整个宏伟构图的"压轴戏"。贝尔尼尼建筑的生气及活力,首先在于其装饰;而博罗米尼和瓜里尼则是使建筑形式本身成为表现内容的载体。在中欧的后期巴洛克建筑里,这两种艺术语言融汇在一起,形成了极其丰富和华美的组合。

第四节 宫殿、府邸和别墅

一、类型

在17世纪的民用建筑里,主要有两种建筑类型:城市宫邸(palazzo, hôtel)和乡间别墅(villa, château)。在这两者之间,还有令人感兴趣的过渡类型(城郊别墅,villa suburbana)。

别墅本是起源于古代,这个词的意义是指带居住房屋的乡间产业。这类房屋在意大利称"casino"(现通译"乡间别墅"),通常都具有宫邸的特征,周围有花园和喷泉等。事实上,帕拉第奥在威尼托地区和阿莱西在热那亚设计这类建筑时,都采用了类似公共建筑的宏伟风格。其他这类著名实例还有蒂沃利的埃斯特离宫和弗拉斯卡蒂的许多建筑群(图1-111)。后者和位于罗马老城墙内的别墅一样,实际上已属所谓"城郊别墅"。它们同样是来自古代,只是没有大量的地产;这类郊区房屋大都位于城门附近,人们可在这个约束较少的社区环境里享受更自由的生活。

上述这几种类型的基本属性(城市建筑、私人宅邸、花园和风景)互有联系。城市府邸使人们在社会环境里具有一定的地位,别墅使他们和自然贴近,过渡类型则可兼得几种要素。

阿尔贝蒂指出,富人的乡间府邸和城市府邸的区别在于,前者为夏季住所,后者更适合冬季居住[42]。塞利奥沿袭了阿尔贝蒂的分类方式,并提供了一系列"城市府邸"和"城外府邸"(即"乡间府邸")的平面方案。后者需建在"宽阔的地带和花园之中,远离道路的干扰"[43]。特别值得注意的是,他提供了至少24个乡间府邸的方案,但城市府邸的设计仅有一个。这似乎表明,对后一种类型来说,几乎没有什么变动的余地。

帕拉第奥在其著作的第二卷中采用了类似的表述方式,把府邸分为位于城市内部和外部的两种,认为在别墅里,人们很容易保持身体的健康和活力,因城市的纷扰而疲惫的身心,也能在这里得到复元和慰籍[44]。

二、演进

宫殿和别墅的演变和政治、经济及社会结构的变化紧密相关。随着作为封建制度下地域中心的城堡逐渐衰落,代之而起的是充当居所的市内宫邸。无论其主人是新兴的资产者(如佛罗伦萨),还是教廷巨头(如罗马),或是中央集权的贵族精英(如巴黎),演变的过程大体相同。城市宫邸实质上是家族宅邸,原本是封闭的世界,内部结构隐藏在高墙之内。但如今,它开始具有了公共建筑的尺度和外观,在它的带动下,城市规模也相应扩大(特别是和中世纪相比。在费拉拉,这种表现尤为明显。其中世纪城市于1492年以后在比亚焦·罗

图 1-111 弗拉斯卡蒂 贝尔波焦别墅。俯视全景图（取自 Werner Hager：《Architecture Baroque》，1971 年）

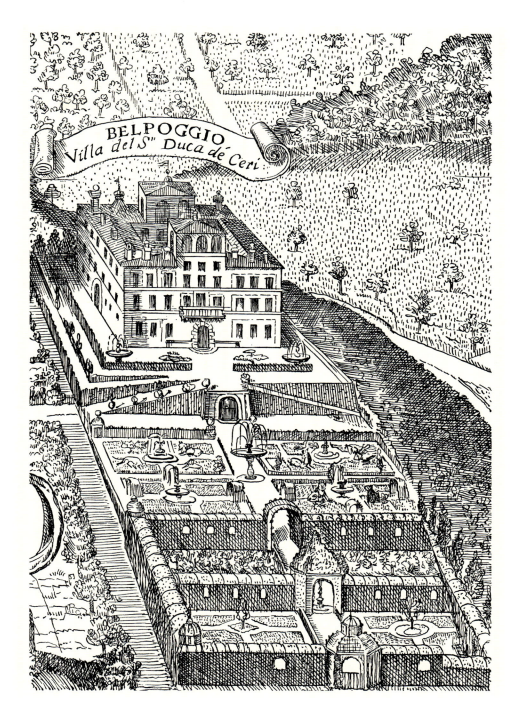

塞蒂主持下进行了扩建，引进了布局规整的宫殿组群）。不过，在这里需要指出的是，由于建筑群内往往纳入了其他住宅，一些社会地位较低的人群有时也混杂其中。随着18和19世纪新的资产者阶层的兴起，这种内容和形式的不协调进一步加剧，宫殿亦在一定程度上丧失了其最初的含义。

别墅正如阿尔贝蒂及其继承者所说，是宫殿的必要补充。建于乡间的这类别墅自文艺复兴以来在意大利即很风行，在16世纪的若干别墅里，已经开始出现了对以后的演变具有重要意义的基本特征：由花坛构成的装饰性花园，住宅里的树篱或其他人工处理的自然要素，以及引进的野生自然景观（selvatico）。在1570年多梅尼科·丰塔纳（1543~1607年）为未来的教皇西克斯图斯五世建的罗马蒙塔尔托别墅里，所有这些要素都有所表现，同时还可看到进行空间整合的强烈愿望和新趋向（图1-112~1-114）。罗马圣马利亚主堂及其邻近地区的布局形制被贾科莫·德拉·波尔塔（1533~1602年）和卡洛·马代尔诺（1556~1629年）再次用于弗拉斯卡蒂的阿尔多布兰迪尼别墅（1601~1606年，图1-115~1-120），其主轴由于宫殿中央的高起部分显得相当突出。

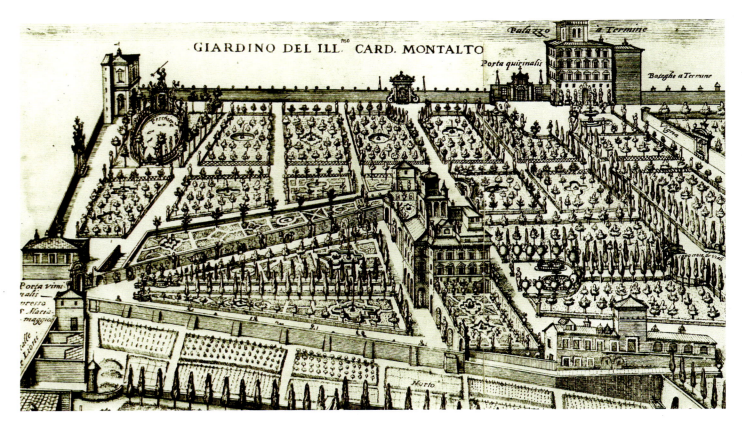

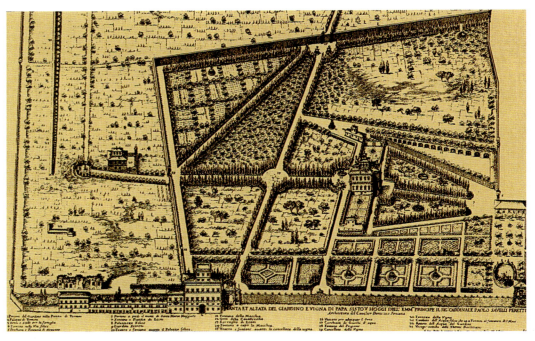

（上）图1-112 罗马 蒙塔尔托别墅（1570年，多梅尼科·丰塔纳设计）。全景版画

（下）图1-113 罗马 蒙塔尔托别墅。全景图（取自Giovanni Battista Falda：《Li Giardini di Roma》，1683年）

虽说宫邸本质上也属"私有处所"，不过，既然处在城市环境中，自然不可能完全取决于个人的主观意志，只是在别墅建筑中，这种"私有"性质才能体现得更为充分。和城市宫邸相比，建筑师在这里显然有更多的创作自由，特别在楼梯的布置方式和室外空间的处理上。阿尔贝蒂在论著中也表达过类似的看法，在论证城市府邸和乡村府邸之间的差异时，他指出，"前者的装修要比后者庄重得多，在乡村府邸，可采用各种更为轻快的装饰，更大胆地表现情欲诉求。在它们之间，还有另一个差异，即在城市里，人们必须考虑和相邻建筑的关系，因而受到某些限制，而在乡村，所享受的自由便要大得多"[45]。这种差异在16和17世纪的罗马乃至18世纪初的维也纳都可以看到 [从类型上看，维也纳的宫殿主要是来自意大利的宫邸（palazzo）而不是法国的府

邸（hôtel）]。16世纪的罗马宫邸大都具有庄严沉重的外貌，与此同时，在城市的郊区和乡村，别墅却呈现出各种各样的形式和令人愉悦的魅力。即便是同一位建筑师，在设计宫殿和别墅时，也不会采用同样的风格。

将宫殿和别墅这两种类型相结合的愿望和趋势，最终导致所谓城郊别墅的诞生。到17世纪，它进一步演变成带花园的宫殿（palais-jardins），如罗马的巴尔贝里尼宫和巴黎的卢森堡宫，这些建筑成为欧洲大型宫邸的样板，从凡尔赛宫直到施劳恩设计的明斯特宫堡（1767年），都是由此衍生而来。

在17世纪期间开始有所表现的这种进行综合的意图，同样导致了基本类型上的某些变化。宫殿不再像

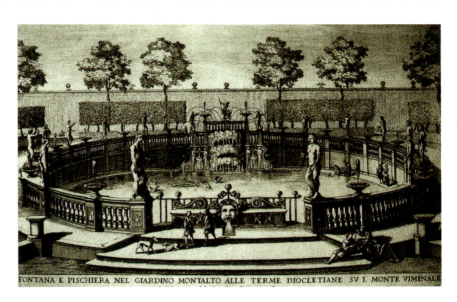

（上）图1-114 罗马 蒙塔尔托别墅。花园喷泉水池及雕刻（表现海神尼普顿及其子人身鱼尾神特赖登，版画作者贝尔尼尼）

（下两幅）图1-115 弗拉斯卡蒂 阿尔多布兰迪尼别墅（1601~1606年，设计人贾科莫·德拉·波尔塔和卡洛·马代尔诺）。总平面（图版据Domenico Barrière，线条图取自前苏联建筑科学院《建筑通史》第一卷，图中：1、别墅，2、喷泉水池，3、半圆形洞窟场地，4、梯台瀑布）

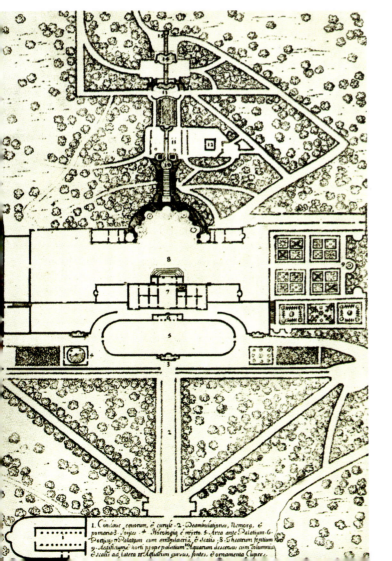

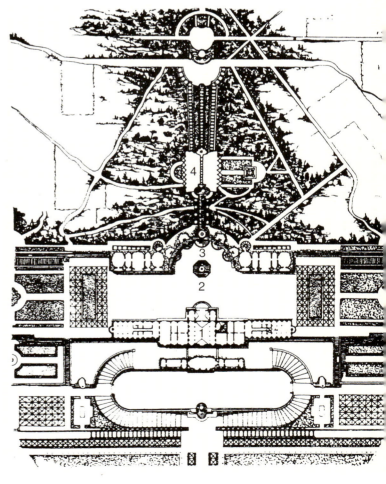

(上)图1-116 弗拉斯卡蒂 阿尔多布兰迪尼别墅。南立面和水剧场(版画,取自Domenico Barrière:《Villa Aldobrandina Tusculana》,1647年)

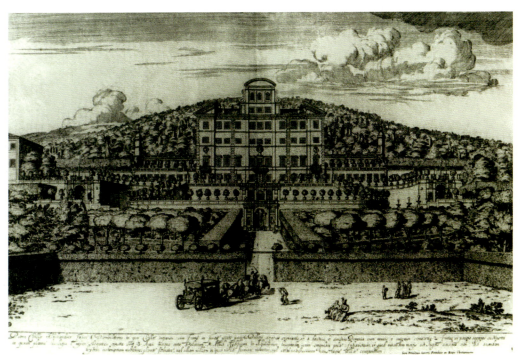

(下)图1-117 弗拉斯卡蒂 阿尔多布兰迪尼别墅。北立面景观(版画,取自Domenico Barrière:《Villa Aldobrandina Tusculana》,1647年)

过去那样封闭,而是越来越开放,并以各种方式纳入到周围的环境中去。城市宫邸不再采用意大利那种整体的形式,而是像法国那样,采用所谓"马蹄铁形"的布局,由两翼围合成前院。而别墅则越来越标准化,形成了固定的类型和形制,具有更明确的特色[法国的宫堡(châteaux),以后中欧的花园-宫殿(garten-paläste)]。这一演进与绝对君权体系的日益强化和巩固密切相关,同时影响到宫殿和别墅的个性特色。特别是君主的宫殿,由于不像文艺复兴时期的宫邸那样受周围环境的影响和制约,又进一步纳入了某些别墅的传统特色,因而在综合两种类型的道路上又向前迈进了一步。以后,宫殿周围进一步布置各种休闲建筑、门廊和具有独特造型的其他小品;附属公园里布置各种喷泉及水法器械(其中有的可能是通过西班牙来自东方)。

图1-118 弗拉斯卡蒂 阿尔多布兰迪尼别墅。水剧场（版画作者Giovanni Battista Falda，约1675年）

这类宫殿和府邸建筑的发展和当时的社会及文化生活有密切的关系。在一部研究17世纪荷兰文化的著作里，荷兰历史学家约翰·赫伊津哈（1872~1945年）在指出这个国家的表现和巴洛克文化的差异时，对后者有一段生动的描述。按他的说法，这是个盛行豪华和壮美的年代。君主制度的权威被认为来自上帝，人们的理想被代之以对教会和国家的顺从和崇拜。时代的伟大在豪华的盛典场景里得到充分的体现。这种戏剧性的夸张尺度、对演出的浓厚兴趣和这时期得到迅猛发展的节庆文化之间的紧密联系，均在这时期宫殿和府邸的建筑中有所体现。这类节庆活动在刺激建筑造型的发展上显然起到了很大的作用。宫殿不仅是集中各种艺术手段的处所，也是举行盛大表演活动的场地。建筑群里通常还有私人剧场，特别是这些建筑中配置的规模宏大、装饰豪华的大楼梯事实上构成了社会活动的理想环境和背景。德国文史学家里夏德·阿勒温（1902~1979年）特别谈到它的功能作用及人们在这样的环境中行进时的种种感受。与此同时，从帕拉第奥设计维琴察的奥林匹亚剧场开始，公共表演场地的数量也有所增长（特别在威尼斯）。从18世纪开始，与此相联系还出现了一种新类型的艺术家——剧场工程师，比比埃纳家族即其中最著名的一个（见图5-274）。

三、各地的不同表现

直到17世纪中叶，意大利在世俗建筑方面一直保持着领先的地位。作为一种文化现象，在这里，城市规划一直得到贵族阶层的支持；城市建设也主要表现在城市规划和宫邸建造等方面。除了像罗马法尔内塞家族那样占有一个独立地段的以外，大多数宫邸均沿城市道路线布置。由于君主、教皇本人以及贵族仍然住在城里，因此和西班牙及欧洲北方相比，源于古老城堡的乡间府邸并不占特别重要的地位，人们只是把"别墅"作为乡间小住的地方，并不是官邸的所在。这和隐居在埃尔埃斯科里亚尔宫堡的西班牙国王腓力二世不同，维尼奥拉设计的卡普拉罗拉宫堡（1660年）在意大利只是一个特例。

宫殿和别墅相结合的演化进程，同样受到地方条件（如气候和生活方式）的制约，因而根据不同国家的情况产生了各种变化。在意大利，单一形体的宫邸（palazzo）是自古代延续下来的传统形制，它不仅适合当地的气候条件（避免强烈的日光照射），其厚重坚实的特色也能和意大利人对形式和造型分划的感觉协调一致[46]。因而在巴洛克期间，这种形式仍然得到延续，仅有某些变化。欧洲北方则具有不同的传统。严酷的气候对住宅的舒适程度提出了更高的要求，在白天需要有更多的光线进入室内。同样，人们在这里很少采用封闭的体量，而是由不同的翼房或楼阁组合成更复杂的形体。总体安排上要更为灵活、舒适。在17世纪的法国，人们对建筑的舒适和宜居程度提出了越来越高的要求，意大利式的宫邸常因其"不舒适"而受到抨击（柯尔贝尔在评价贝尔尼尼的卢浮宫设计时就说过，方案"考虑了宴会厅和其他一些巨大的房间，但一点没有顾及国王本人的舒适"）。在宫邸设计中，自然也会遇到前面论述过的一些具有普

图1-119 弗拉斯卡蒂 阿尔多布兰迪尼别墅。别墅外景

遍性质的问题,如空间的组织,造型的整合及建筑和周围环境的关系等等。然而,就功能而言,宫殿遇到的问题和需要满足的需求要比教堂复杂得多,总体意图在这里的表现也显得不那么"直接"。既然其中所包含的各个单位具有不同的功能要求,因而很难做到真正的空间整合。在这里,适应功能的需求显然具有最重要的地位。

从空间结构上看,巴洛克宫殿的基本"内容",可认为是沿着纵向轴线的连续运动。这种运动和人们生存的三个主要层次有效地发生联系,即公共空间、私人领域和广阔的自然。在通过对称及形式等手段强调主要轴

(上)图 1-120 弗拉斯卡蒂 阿尔多布兰迪尼别墅。喷泉细部(肩负地球的阿特拉斯神,作者贾科莫·德拉·波尔塔和乔瓦尼·丰塔纳,1602 年)

(中)图 1-121 意大利巴洛克宫殿(图中左)和法国宫邸(图中右)的比较(据 Christian Norberg-Schulz)

(下)图 1-122 意大利(图中下)和法国(图中上)宫殿院落布置的比较(据 Christian Norberg-Schulz)

线上,意大利和法国宫殿可说是共同的。结构实体及其周围环境均围绕着这根轴线展开。设计中要考虑的主要问题就是如何从一个空间过渡到另一个空间。但在意大利,巴洛克宫殿保留着封闭和紧凑的形式。建筑和花园(或风景)之间的过渡较为平和,自然环境被看作是居住的延伸,而不是一个截然分开的领域。因而只要有可能,院落总是对外开放。为了满足总体平面的对称要求,在内部空间配置上,人们也总是追求更规则的处理方式。法国宫殿则绝无这种封闭的特点。从一开始,它就是一个外延的机体(图 1-121、1-122)。17 世纪的首批宫殿还具有一种"增添"的特点;在大约 50 年期间,人们一直在朝着集中和形式统一的方向前进,这一进程最后导致了阿杜安-芒萨尔那种统一和重复的结构,促成了一种具有"开放"特色全面延伸的新类型的诞生。法国宫殿的外墙亦越来越"通透",演化成类似框架的结构,内外空间也因此结合得更为紧密。在意大利,外墙往往构成连续和封闭的外壳;只是为了表现内部空间层位上的变化,在垂直方向的处理上有所区分[47]。在接下来的一个世纪里,人们又尝试采用古典柱式使主要楼层具有更庄重的外貌,并创造出一种对比性更强更复杂的效果(阿尔贝蒂早在 1450 年建造的佛罗伦萨鲁切拉伊府邸里已采用了叠置柱式。在 16 世纪的意大利,拉斐尔、佩鲁齐、朱利奥·罗马诺、圣米凯利、圣索维诺、帕拉第奥等人的作品均可作为这方面的杰出实例)。在某些情况下,通过次级部件(如窗框)的处理也能创造出不

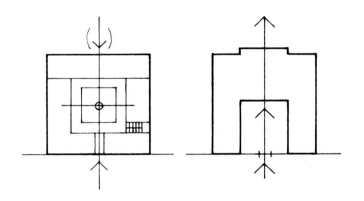

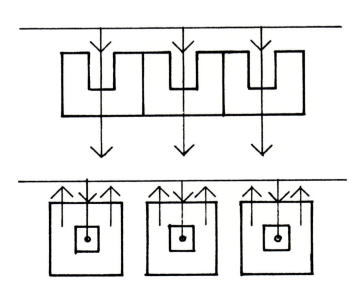

本页：
图1-123 罗马 法尔内塞宫（1541年）。内院剖面（米开朗琪罗修改方案，版画作者 Ferrerio）

右页：
（左）图1-124 罗马 圣多梅尼科和圣西斯托教堂（V.della Greca 设计，1654年）。外景和通向立面的大台阶

（右）图1-125 罗马 圣格雷戈里奥大堂（G.B.Soria 设计，1633年）。立面形体及梯阶外景

同的效果。安东尼奥·达·（小）圣加洛还开发出一种被称为"罗马宫殿"的类型[48]。这种类型在圣加洛本人设计的法尔内塞宫（1541年）中得到了最完美的表现。宫殿的配置基本遵循前述主要原则。院落按传统方式叠置柱式（最后一层分划后经米开朗琪罗修改，图1-123）；但立面仅通过不同的窗框造型和线脚元素来进行分划。柱式的安置并没有依照通常的序列，主要楼层窗户两侧立小的复合柱式，而最后一层却是爱奥尼柱式。分划就这样被用来"表现"建筑的内涵。在这里，为突出洞口的形象而用的门窗框饰、山墙造型，在法国并不受青睐，代之以具有同样高度，囊括门窗、护墙板、装饰乃至镜子在内的单一券洞体系。这种"门连窗"在赋予法国宫殿轻快活泼的特色上起到了决定性的作用，生活自然也变得更为舒适。不过，在法国和在意大利一样，墙面的分划主要依靠古典柱式，它不仅起到形式区分和统一的作用，同时促使了在欧洲人文主义的大传统下不同建筑师作品的整合。

四、室内布局，廊厅及楼梯

在室内布置上，帕拉第奥的手法（对称布置门厅、楼梯、厅堂及其他房间）此时已起到样板的作用。楼梯虽具有手法主义的情趣，但仍然保持了直线的形式并形成封闭的廊道。大厅占据中央位置，已开始趋向横向布置；但巴尔贝里尼宫仍为纵深方向布置的矩形厅堂，仅通过较窄的一侧采光。帕拉第奥通常都将房间成排并列，也就是说，所有的门都位于同一轴线上。甚至对舒适和豪华一向颇为挑剔的法国人也继承了这种做法；但具有手法主义风格、既长且宽的所谓"廊厅"（即以后人们在凡尔赛宫看到的那种），则是从这个北方邻国传入意大利的新类型，如梵蒂冈的地理厅（1580年）。科尔托纳在罗马的科隆纳府邸再次采用了这种形式（1654年，位于两个门厅之间，形成了一个两头以柱子为界的优美通道）。

在巴洛克建筑里，主要房间之间开始形成了一种灵活渐进的联系方式；特别是作为交通枢纽的楼梯，在这方面更是起到了特殊的作用。正如阿尔贝蒂所证实的，在文艺复兴时期，人们是尽可能地缩减楼梯面积；尽管已有人发现了攀登的"乐趣"（dolcezza），但在罗马和佛罗伦萨，直到1660年以后都仍然保持着如走廊般的直梯段。旋转楼梯则继续存在。自卡普拉罗拉以后，又出现了支撑在柱子上的椭圆螺旋形楼梯间。在巴尔贝里尼宫，被围在矩形外廊内的楼梯也按此方式处理（图2-298）。这两种类型都是楼梯被紧紧地围在墙内，即形成封闭的空间；而从巴洛克盛期到末期，人们已更多地采用所谓开放的楼梯间，即在一个高大（往往是拱顶）的空间里，安置多跑的宽大楼梯，在这里，楼梯本身除了联系不同楼层的功能作用外，同时还作为艺术和构图的要素。

在莱奥纳多和弗朗切斯科·迪·乔治的著述中，已经就相关形式进行了许多研究；但从已实现的实例来看，大都限于空间不受约束的地方，如院落或别墅，或地域偏远之处（如西班牙）。在布拉曼特设计的梵蒂冈观景楼院里，布置了一个古代后期的"T"字形楼梯，即从下层台地开始，通过中央一跑台阶通向中间平台，然后沿挡土墙分两路至上层台地。布尔戈斯大教堂耳堂的宏伟楼梯是在室内采用这种模式的实例；在意大利别墅建筑里，有时也可看到这种形式，只是很多都改为

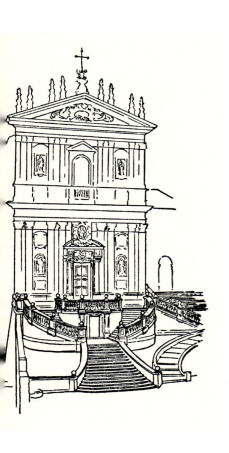

礓磜坡道；在世俗建筑里可举出凡尔赛宫的"使节梯"（1668年），其楼梯被安排在一个横向厅堂里。在威尼斯，巴尔达萨雷·隆盖纳使这种形式具有了更豪华的表现，在圣乔治主堂修道院（1646年），至第一平台处分开的两个梯段在拐角平台处向后弯折，通向敞廊。同样采用两次转换平台的还有波默斯费尔登府邸的楼梯（图5-233~5-235）。在托莱多，1515年前的类似的实例（环绕矩形空间，三跑，两个转角平台）有两个；这种类型以后又传到法国。手法主义时期的豪华楼梯向我们提供了另一种类型；在卡普拉罗拉，通过两跑弯曲楼梯通向顶层平台，枫丹白露的马蹄形楼梯基本重复了这种形式。科尔托纳在他设计的萨凯蒂别墅里（位于罗马附近，约1630年，有关情况现仅能从一幅版画中了解），将类似的梯段围着一个凸出的圆形平台布置；在罗马，通向圣多梅尼科和圣西斯托教堂的大台阶（1654年，图1-124）重复了这样的形式，但具有更大的规模，效果也更为突出，甚至有人认为它是罗马的第一个这类公共台阶（在罗马这类曲线楼梯要比其他地方为少，倒是事实）；实际上它只是通向罗马圣格雷戈里奥大堂那类台阶（图1-125）的对应形式，只是因为高差较大，形式做得更复杂而已。约20年后，在瓜里尼设计的都灵卡里尼亚诺府邸里再次出现了这一母题，但挤在一个类似廊道的空间内；以后在布鲁赫萨尔府邸才得到了更充分的表现。

在18世纪的意大利，在米兰或博洛尼亚这样一些城市的别墅里，通过和北方各国的交流，涌现出大量带豪华梯段和柱廊的楼梯，样式繁多，引人瞩目。由于楼梯结构是意大利人和德国人交流最多的领域，因而在政治上和奥地利比较靠近的那波利也可以看到类似的表现。由出身低地国家的建筑师万维泰利主持建造的卡塞塔宫堡（始建于1752年），配置了全意大利最宽敞的一个楼梯间，采取了所谓"帝王梯"（escalier impérial）的古典造型，这种形式首先用于埃尔埃斯科里亚尔宫堡，以后又在德国得到了进一步的发展。在卡塞尔特，宽阔的大厅贯通宫殿前后墙，梯段分两肢后沿墙回折，上下楼梯均可看到支撑在柱墩上的两层八角形空间的丰富景色。凡尔赛楼梯尺度合宜，在创造舞台效果的想象力上表现突出，其来源可上溯到巴尔达萨雷·隆盖纳的威尼斯作品，尤瓦拉的设计及欧洲北方的建筑。费迪南多·圣费利切（1675~1750年）还在城市宫邸建筑中引入了一些变化无常的戏剧装饰，只是其影响范围有限。西西里宫邸和别墅建筑同样充满独创精神。罗马则始终和行省这种自由的创作态度保持距离。费迪南多·富加首先决定在科尔西尼府邸（1729年）里引进三跑的宏伟楼梯，只是样式上还显得有些生硬。但西班牙广场的露天大台阶却是这时期罗马城市建设上的一个亮点。不过，它倒不像这时期建成的那批主要干道那样，是预先规划的内容，其诞生完全是出于偶然并带有其创作者个人的印记。

第五节 园林艺术

在欧洲，巴洛克园林艺术的发展是在两个对立原则的支配下：一是依据几何图案，二是效法自然。在第一种情况下，花园被设计成一组几何图案；第二种情况系用繁茂的自然景观确定地段的边界。从这两种对立的观念出发，产生了两种类型的园林：规则式园林和模仿天然景色的园林；前者最优美的实例在法国，后者最优秀的例证在英国。

从艺术史的角度来看，这种概略的叙述似乎是可行的，因为英国式的自然风景园林放弃了17和18世纪法国园林那种装饰性极强的形式，并迅速传播到整个欧洲。和法国园林那种人工制作的精美特点相比，繁茂的自然景观魅力在这里更受青睐。

然而，不应忘记的一个基本事实是：无论是效法几何形式或采用更自由的布局，大自然永远是花园整治规划的基础。同时，在意大利和法国获得极大成功的几何构图也不一定完全符合这两个国家明确阐明的有关花园艺术的理论。意大利诗人和人文学者桑纳扎罗（1456~1530年）在他描写田园牧歌生活的小说《阿卡迪亚》[49]的序言里，直言他对自然景色园林的喜爱："自然"地覆盖着阿卡迪亚群山的繁茂树木要比那些精心培植的园林装饰植物看上去更为惬意。

在16世纪获得极大成功的桑纳扎罗的小说，表明早在英国式园林出现之前，自然景色花园在公众中已经颇受欢迎。另一方面，也不宜把法国的巴洛克园林完全视为规则园林。如果说，勒诺特在凡尔赛创建的花园属这种类型的话，那么，对路易十五时期或约1750年的园林则不能这么说，在那里，人们已部分再现了传说中阿卡迪亚那种世外桃源的环境。

一、意大利

在意大利文艺复兴时期的园林中，依照彼特拉克[50]的说法，大自然总是和一种基于闲情逸致的生活情趣联系在一起。园林被视为某种阿卡迪亚式的环境。在那里，

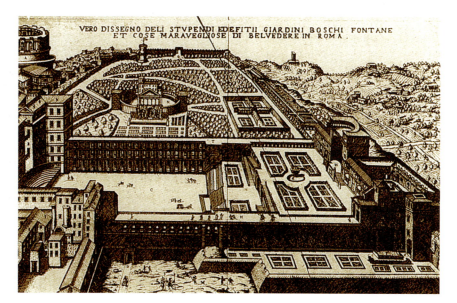

本页：

图1-126 梵蒂冈 观景楼院。全景（版画作者 H.van Scheel，1579年）

右页：

（上）图1-127 蒂沃利 埃斯特离宫花园（皮罗·利戈里奥设计，1550年）。全景图（版画作者 Étienne Dupérac，1573年）

（下）图1-128 蒂沃利 埃斯特离宫花园。百泉道景色

（左上）图1-129 罗马 博尔盖塞别墅。全景图（图版作者S.Felice）

（右上及下）图1-130 罗马 博尔盖塞别墅。园林景色

人们可逃避城市的纷乱嘈杂，寻求心灵的安静。对阿尔贝蒂来说，住宅和花园还应在艺术上具有统一的面貌和采用同样的几何形式。多明我会修士弗朗切斯科·科隆纳在他的寓意故事《波利菲尔之梦》（Hypnerotomachia Poliphili，1499年）里，充满想象力地描述了一个如刺绣图案般的花圃，它和由此演化出来的各种各样的变体形式，成为法国式巴洛克园林的样板。沿中轴线对称展开的规则花坛、"节点式花坛"（parterres de noeuds）及林荫道系统，一直影响到整个欧洲的巴洛克园林艺术。

梵蒂冈的观景楼院成为17和18世纪园林的样板（图1-126）。其中已经具有了主要的建筑要素：台地、台阶、坡道及龛室。对教皇尤利乌斯二世来说，主要是如何

（上下两幅）图 1-131 罗马博尔盖塞别墅。海马喷泉及园区小亭（医神庙）景色

把建在山上的别墅和教皇宫协调地组合在一起。这两个建筑被一个长达 300 多米的地段隔开（地段自下至上直达观景楼处）。

在梵蒂冈的观景楼，建筑对园林布置的影响已非常明显。皮罗·利戈里奥在另一个项目上采用了同样的原则：在观景楼花园竣工的当年，他为红衣主教（埃斯

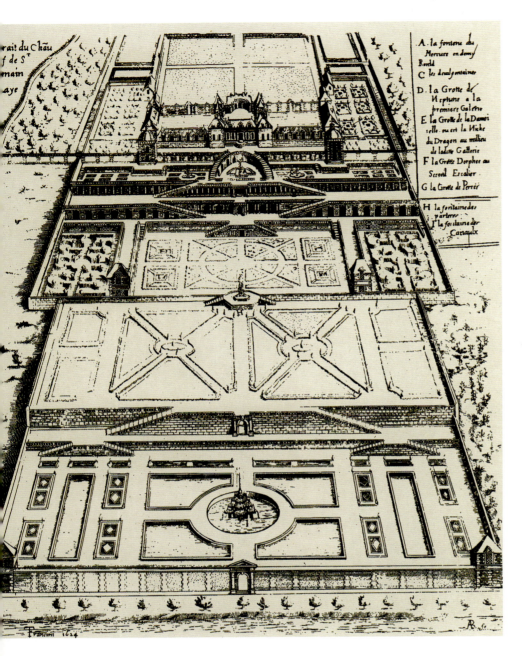

(上)图1-132 圣日耳曼昂莱 府邸。全景图(版画,取自Leonardo Benevolo:《Storia della Città》,1975年)

(下)图1-133 圣日耳曼昂莱 府邸。建筑全景(据Pérelle)

(上)图 1-134 佛罗伦萨 波波利花园(16世纪50~90年代)。总平面(图版作者 Gaetano Vascellini,1789年,现存佛罗伦萨 Museo di Firanze Com'era)

(下)图 1-135 佛罗伦萨 波波利花园。总平面

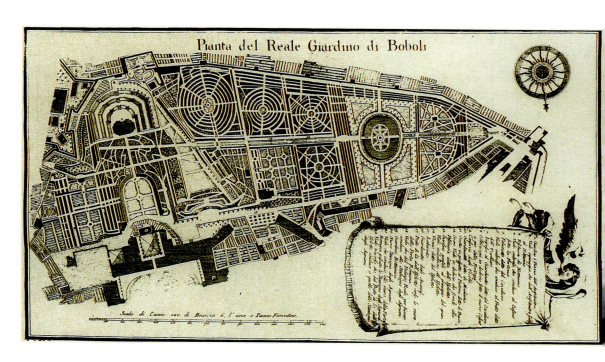

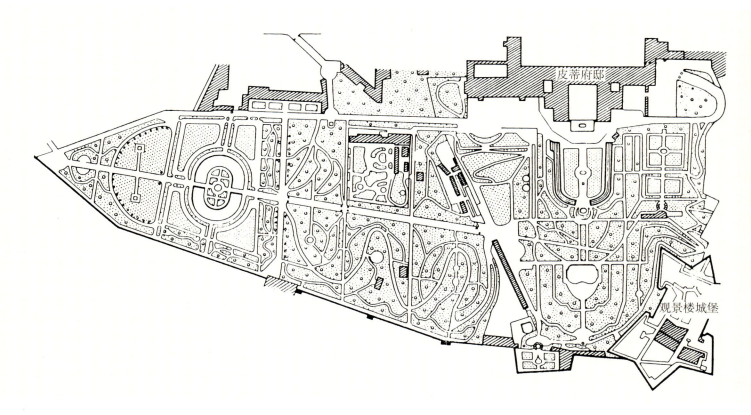

特的)伊波利特制订了其蒂沃利离宫花园的规划(图1-127、1-128)。这位主教的宫邸位于高处,从那里可一览周围壮美的景色。位于下方的花园在五个台地上展开,台地之间通过道路、台阶和坡道相连,层层向上直至宫殿。在1855年出版的《导游》(Cicérone)一书里,布尔克哈特称埃斯特离宫为"豪华园林中最富丽的实例"。

从罗马博尔盖塞别墅的设计开始,建筑的优先地位受到了严峻的挑战(图1-129~1-131)。对投资者、红衣主教西皮翁·博尔盖塞来说,规则的树丛和植被,显然要比通向宫殿(在本例中,实际上是个休闲娱乐场所)的林荫道、坡道和台阶系统占有更重要的地位。园内广阔的地面被分成若干区段(但完全对称的地块很少)。在娱乐场附近,种植着花草和果树的所谓"秘园"周围,布置着栎树、月桂和柏树组成的树篱,许多动物和鸟类

左页：

（上）图1-136 佛罗伦萨 波波利花园。喷泉景色

（下）图1-137 佛罗伦萨 波波利花园。栏杆及水池

本页：
图1-138 佛罗伦萨 波波利花园。喷泉雕刻

(上下两幅)图1-139 佛罗伦萨 波波利花园。园林雕刻

放养其中。

二、法国

为博尔盖塞别墅那种创新模式所倾倒的法国人,同样在梵蒂冈花园中发现了规则的构图方式。实际上,意大利对法国园林艺术的影响甚至可上溯到查理八世统治时期,后者早在15世纪末就曾邀请意大利的艺术家前往昂布瓦斯。当时的人们已把意大利人在法国取得的这些成就称为"意大利的奇迹"(merveilles italiennes);到16世纪,在亨利四世及其王后玛丽·德梅迪奇统治期间,意大利式的园林艺术在法国得到进一步的发展。圣日耳曼昂莱府邸的整治始于亨利四世时期,于16世纪末完成,在当时被誉为"世界第八奇迹"(la huitième merveille du monde,图1-132、1-133)。观景楼的部署(由若干台地、坡道及台阶构成组群)和游乐亭的布局模式(两边设侧翼,形成龛室状),均体现了自由理解的精神。建筑群里还纳入了大量的装饰部件(如廊道、亭阁、山

(上)图 1-140 巴黎 卢森堡宫。宫殿及花园现状

(下)图 1-141 巴黎 卢森堡宫。园区景色(梅迪奇喷泉)

本页：
图1-142 巴黎 卢森堡宫。梅迪奇喷泉雕刻

右页：
（左及右上）图1-143 安德烈·勒诺特（1613~1700年）画像（Carlo Maratta 绘，1678年，原作现存凡尔赛宫博物馆）

（右下）图1-144 安德烈·勒诺特雕像（作者Antoine Coysevox，1708年，位于巴黎圣罗克教堂内）

洞，配有各种器械的剧场等）。

在亨利四世死后，自1612年起，王后玛丽·德梅迪奇开始着手整治巴黎的卢森堡宫花园。这位意大利籍王后希望通过模仿佛罗伦萨的波波利花园（图1-134~1-139），在这异国他乡创造一块可思念其祖国的角落。从树木、植被及花草的配置到道路的朝向，均模仿佛罗伦萨的模式（图1-140~1-142）。

到路易十四统治时期，法国式园林已发展成为名副其实的艺术作品，其优美和气势，远远超过了欧洲其他地区的园林。安德烈·勒诺特(1613~1700年，图1-143~1-145)是这一学派的主要代表人物。许多无与伦比的作品(如沃-勒维孔特府邸花园、巴黎丢勒里花园,特别是凡尔赛花园)

图1-145 安德烈·勒诺特雕像（位于尚蒂伊府邸花园内，制作于19世纪后期）

都出自这位天才建筑师之手（图1-146）。

1613年诞生于巴黎的勒诺特，出身于一个园艺世家。其父亲为国王的首席园林设计师，长期参与丢勒里花园的工作。勒诺特正是通过沃-勒维孔特花园的整治（1656~1661年）开始崭露头角。在这里，他尝试着采用欧洲各种园林——特别是意大利式园林——的手法，如运河、水池、台阶或坡道，但用另外的方式将它们组合在一起。

沃-勒维孔特府邸花园可视为勒诺特的纲领式作品（见图3-133~3-160）。意大利别墅的三条辐射状道路在这里转为面向入口，在沿纵向主轴穿过宫殿及花园的主要部分之后，辐射状的运动重新形成另一个"鹅爪式"（patte d'oie）结构，这种构图方式被认为是这位园林大师的"标记"（marque de fabrique）。布局上也有许多独创之处。花坛和园区不是按先后布置，而是布置在各组边侧，沿主轴线的空间因此显得极其开阔、壮观。在沃-勒维孔特，意大利园林的边界已不复存在。勒诺特采用"开放的"体系，只是通过"道路"引进规则的布局，而不是限定空间的边界。因此不难理解，他的作品何以能博得"智慧园林"的美誉。

这个府邸和花园的主人尼古拉·富凯（1615~1680年）为路易十四早期的财政大臣。1661年8月17日，为了庆祝花园落成，他举行了一次盛大的节庆活动，还邀请了王室成员参加。节目中包括举办音乐会、演出喜剧和芭蕾舞，最后的高潮是大放焰火。

这种占地广阔、场面壮观豪华的园林无疑给年轻的路易十四留下了深刻的印象，而此时他本人竟然只满足于他那位于凡尔赛附近的小小猎庄！就在沃-勒维孔特府邸的主人富凯举办使他遭难的那场庆祝活动的当

(上) 图 1-146 安德烈·勒诺特：喷泉设计草图（1684年）

(下) 图 1-147 巴黎 圣克卢公园（规划设计人先后为安德烈·勒诺特、安托万·勒波特及弗朗索瓦·芒萨尔）。全景图（油画，作者 Allegrain，现存都灵 Palazzo Carignano）

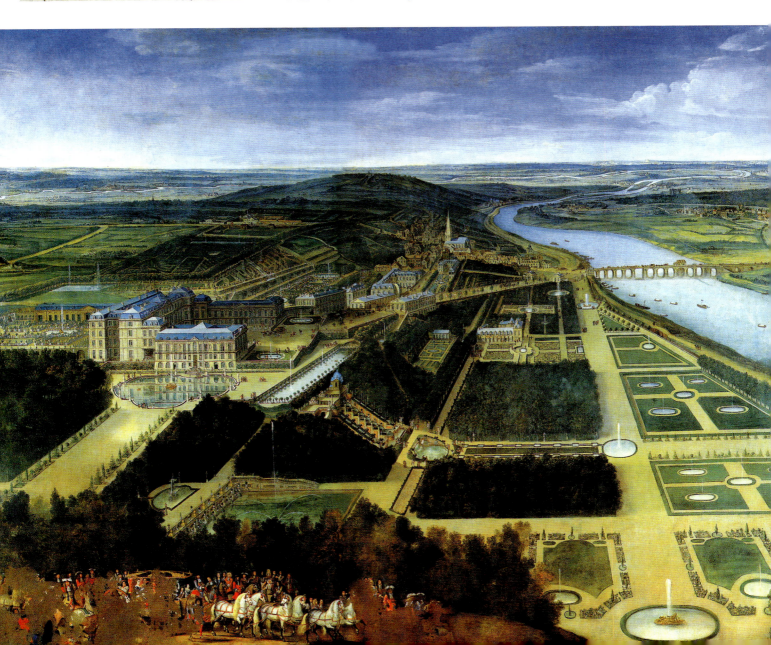

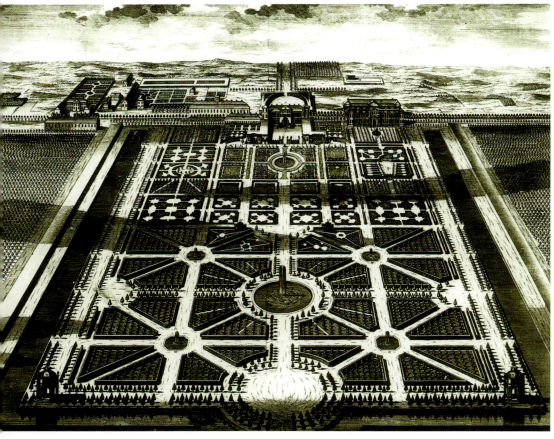

（上）图1-148 巴黎 圣克卢公园。梯阶瀑布（17世纪）

（下）图1-149 汉诺威 赫伦豪森皇家花园（17世纪末）。全景图（作者J.van Sassen，约1700年）

图1-150 汉诺威 赫伦豪森皇家花园。现状景色（部分花坛为新设计）

年，路易十四便开始着手凡尔赛宫殿及花园的整治工程。勒诺特自然被选为花园的设计负责人。可以有根据地想象，沃-勒维孔特花园落成典礼的焰火最后熄灭之际，也就是未来举世闻名的凡尔赛园林开始酝酿和构思之时。凡尔赛花园的成就，除了路易十四本人的意愿外，主要应归功于他这位园林设计师和稍后参与设计的建筑师阿杜安-芒萨尔。

在巴洛克园林艺术以后的发展中，勒诺特的作品可说起到引导潮流的作用。在当时，还没有人能像他那样，在城市和景观的层面上把巴洛克风格的空间观念大规模付诸实践。尽管具体形式有诸多变化，但他的园林艺术主要还是基于几个简单原则。最主要的即作为主要"路线"的纵向轴线，其作用是引导参观者走向最后的目标，并使人们产生空间无限的感觉。所有其他的要素均与这条轴线相联系，特别是作为建筑群主体的宫殿，将人们的行程分成两个不同的部分：从人群喧闹的城市环境走向"开放的"宫廷，从仍然是"文明世界"的花坛，逐步过渡到树丛等"驯化"的自然，最后回复到"野生状态"下的自然（selvatico）。同时引进若干横向轴线和辐射体系，使整个体系能向外"开放"和延伸。为了使这种延伸更为有效，自然地形被改造成一系列土台并增设了大片能反射光影的平静水面。同时在组群构图中还引进了喷泉、水池和运河等动态要素。在凡尔赛，所采用的模式和沃-勒维孔特花园基本相同，但规模要大得多，变化也更为丰富，特别在园区的布置上，从各种富于联想的名字上可想象出具体空间的形象，如绿厅、舞厅、会议厅和宴会厅等（有关凡尔赛园林的情况，后面还要详介，这里不再赘述）。

巴黎的圣克卢公园最早是贡蒂家族的地产（1577年），以后由勒诺特按巴洛克风格进行了规划（包括瀑布区的设计），安托万·勒波特自1667年起参与工作，30年后由弗朗索瓦·芒萨尔完成了整个工程（图1-147、1-148）。一直到今天，它都是巴黎最著名的风景区之一。

三、德国

在德国，巴洛克园林的起始标志是海德堡城堡的帕拉蒂诺园（见《世界建筑史·文艺复兴卷》图27-27）。其主人、选帝侯腓特烈五世特地请了法国建筑师萨洛蒙·德科来进行设计，后者熟悉并考察过意大利、法国、荷兰和英国等地的著名园林。1614年，萨洛蒙·德科开

（左）图1-151 汉诺威 赫伦豪森皇家花园。园区大喷泉

（右）图1-152 汉诺威 赫伦豪森皇家花园。角亭（设计人Remy de la Fosse）

始工作。不过，这个著名园林几乎没有任何东西留存下来，只有这位建筑师的设计图和雅克·富基埃的一幅画能使我们想象其尺度和花坛的配置情况。从总体上看，它主要是效法意大利园林，包括如绣花图案般和节点式的花坛。但由于地形的限制，建筑师在这里无法采用台阶、坡道和龛室等手法，只能在三组大花坛的装饰上做文章。在布置成同心圆的一组水池边，同样引种了月

图 1-153 汉诺威 赫伦豪森皇家花园。瀑布台

（上两幅）图1-154 索菲-夏洛特（1668~1705年）画像（左右两幅作者分别为Gedeon Romadon和Friedrich Wilhelm Weidemann）

（中）图1-155 柏林 夏洛滕堡花园（1697年开始规划）。自宫殿平台望花园景色

（下）图1-157 坎普-林特福特老西多会修道院。台地式花园（1740~1750年）。现状景色

右页：
（左上）图1-156 乔治·文策斯劳斯·冯·克诺贝尔斯多夫像（Antoine Pesne 绘）

（右上及下）图1-158 布吕尔 奥古斯图斯堡府邸。花园（1728年），中轴喷泉及花坛景色

桂树丛。

海德堡的帕拉蒂诺园构成了从文艺复兴到巴洛克的过渡环节。和它比起来，符腾堡和黑森地区的花园不免相形失色。下萨克森地区汉诺威的赫伦豪森皇家花园（图1-149~1-153）属17世纪末作品。汉诺威女选帝侯索菲委任其建筑师、法国人马丁·沙博尼耶担纲设计及领导施工。其布局和法国园林极其相似：园林中轴线（它同时也是府邸轴线）直达一个圆形的水池；园区、花坛及布置在府邸两侧的"秘园"的构图，完全依从法国巴洛克园林的古典模式。不过，还有另外一些特色，其影响倒不一定是来自法国。事实上，在1696年，即沙博尼耶着手设计前不久，他曾去过荷兰，重点考察了新堡、洪施拉尔迪克和海特洛。用运河环绕花园的想法，大概就是产生于这次旅行期间。用山毛榉树丛环绕果园三角形区段的做法，也类似荷兰。沙博尼耶正是将这些来自不同地域的要素聚合成一个和谐的整体，从而创造了一种为德国北部平原地带特有的花园类型。

扎尔茨达卢姆府邸的花园和赫伦豪森花园差不多

左页：

（上）图 1-159 卡塞尔 卡尔斯贝格花园。八角台及梯阶瀑布景色

（下）图 1-160 魏克斯海姆 宫堡花园（1707~1725 年，Daniel Matthieu 规划）。宫堡及花园外景

本页：

图 1-161 魏克斯海姆 宫堡花园。园景（前景为月亮及狩猎女神阿耳特弥斯雕像，后景为宫堡）

同时。府邸的主人为不伦瑞克-沃尔芬布特尔公爵。1697 年，汉诺威的索菲的女儿、未来的普鲁士王后索菲-夏洛特公主(图 1-154)着手规划柏林的夏洛滕堡花园(图 1-155)，将这项任务委托给勒诺特的门徒西梅翁·戈多。

50 年以后，就在离夏洛滕堡不远处，出现了类型完全不同的一座台地式园林——波茨坦的逍遥宫花园（1744~1764 年，图 5-103）。其平面由腓特烈二世本人制订，这位国王要求他的建筑师乔治·文策斯劳斯·冯·克诺贝尔斯多夫（图 1-156）完全按这个平面付诸实施。建筑本身、呈凹面的台地、花坛及侧面的坡道，全都使人想起文艺复兴或巴洛克的范本。

同一时期（1740~1750 年）另一个台地式花园位于

第一章 导论·113

图1-162 魏克斯海姆 宫堡花园。自宫堡望花园全景（远处为柑橘园）

莱茵河下游河谷地带，属坎普-林特福特的老西多会修道院（图1-157）。两个台地园的相似颇为令人惊讶，特别是因为它们之间不可能存在相互影响的问题。只有罗马式的半圆形构图和剧场的装饰可能具有共同的来源。也可能这种相似之处是出自实用方面的考虑。例如，当时一些论述园林艺术的文章曾指出，呈凹面的台地有利于日照和分散热量。

布吕尔附近的奥古斯图斯堡府邸，是科隆主教、巴伐利亚州选帝侯克莱芒-奥古斯特所喜爱的宅邸。1728年，多米尼克·吉拉德受到宁芙堡运河体系的启示，在

（上）图 1-163 魏克斯海姆 宫堡花园。柑橘园西廊景色

（下）图 1-164 魏克斯海姆 宫堡花园。柑橘园东翼近景

(上)图1-165 魏克斯海姆宫堡花园。海格立斯(大力神)喷泉

(下)图1-166 魏克斯海姆宫堡花园。城壕栏杆及侏儒廊

这里建造了一座别具一格的花园(图1-158)。周围为水环绕的地段中,最突出的是一个位于中轴线上的水池,显然是模仿凡尔赛花园的做法。在主要花坛和各园区之间沿对角线布置路网。

在德国,不乏有名气的巴洛克园林,如卡塞尔附近的卡尔斯贝格花园(英国作家萨谢弗雷尔在他的旅行随笔中,认为它要比蒂沃利或凡尔赛的园林更为壮观,图1-159)、魏克斯海姆宫堡花园(1707~1725年,配有极其独特的雕刻,图1-160~1-166)、宁芙堡花园(1715~1720年,其规模可与凡尔赛相匹敌,图1-167、1-168)。其他

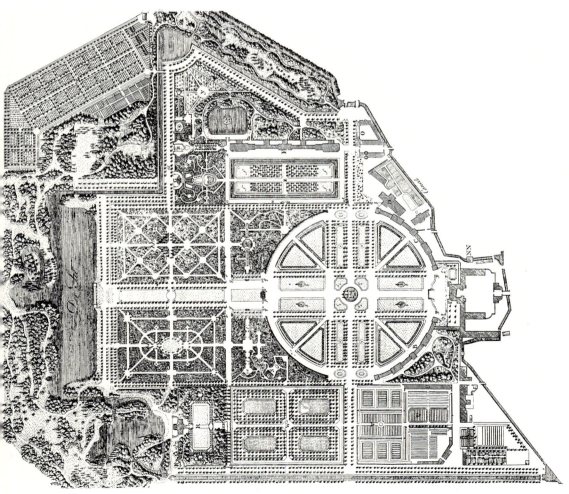

（上）图 1-167 宁芙堡花园（1715~1720 年）。大瀑布（两侧为寓意多瑙河及伊萨尔河的造像）

（下）图 1-169 施韦青根宫堡花园（1753~1758 年，1770 年代完成；设计人尼古拉·勒帕热、约翰·路德维格·彼得里和弗里德里希·路德维格·斯凯尔）。总平面（据 J.M.Zeyher，1809 年）

本页：

图1-168 宁芙堡 花园。在林中吹笛的林牧神（潘）

右页：

（上）图1-170 施韦青根 宫堡花园。南圆堂和花坛

（下）图1-171 施韦青根 宫堡花园。中轴线花园景色

尚可一提的还有盖巴赫（设计人洛塔尔·弗朗茨·冯·舍恩博恩）、塞霍夫、波美斯夫德尔登各地的花园及美因茨附近宠妃府邸的花园。

在德国，巴洛克时期园林的最后作品是施韦青根宫堡花园（图1-169~1-174）。选帝侯查理-泰奥多尔虽然放弃了建造猎庄和夏宫的打算，但却成功地在

1753~1758年修建了一座园林。当时在德国西南地区异常活跃的建筑师尼古拉·勒帕热，和这位选帝侯的首席园林设计师约翰·路德维格·彼得里一起，创建了一个在当时看来极其独特和富有创意的花园：表现乡野风光的人造古罗马残迹、中国式的桥梁、清真寺及饰有逼真绘画的鸟笼，把园区变成了一个具有英国风格和异国情调的田园交响曲。整个花园的整治工作最后由弗里德里希·路德维格·斯凯尔完成于18世纪70年代。

本页：
（上）图1-172 施韦青根 宫堡花园。小湖及清真寺
（下）图1-173 施韦青根 宫堡花园。自然剧场和阿波罗庙

右页：
（上）图1-174 施韦青根 宫堡花园。墨丘利庙及周围景色
（下）图1-175 维也纳 观景楼宫殿（夏宫）。花园，俯视全景（Salomon Kleiner 设计，1731~1740年，版画制作 J.-A.Corvinius）

四、其他地区

[维也纳观景楼花园]

在规划维也纳观景楼花园时，设计师需要考虑地形及欧根亲王两座宫邸的位置。在萨洛蒙·克莱纳的一幅版画上，可看到这个壮美花园的最初形态（图1-175）；花园在上观景楼（为这位王子举行节庆活动的地方）和下观景楼（为王子的夏宫）之间展开（图1-176~1-180）。1717年，欧根亲王请到了巴伐利亚宫廷建筑师多米尼克·吉拉德为其效力，此前这位建筑师已经参与了宁芙堡和施莱斯海姆宫邸的建设。

在建筑群横向轴线上，一道两侧带台阶的堤墙和布置在中央的瀑布将花园分成两个台地，并强调了两座

（上）图1-176 维也纳 观景楼宫殿（夏宫）。花园外景（远处为上观景楼）

（中）图1-177 维也纳 观景楼宫殿（夏宫）。花园，瀑布景色

（下）图1-178 维也纳 观景楼宫殿（夏宫）。花园，喷泉

(上下两幅)图 1-179 维也纳观景楼宫殿(夏宫)。花园,斯芬克斯造像

宫殿之间的平面高差。下台地种植修剪成几何形状的山毛榉,上台地则饰有花坛及各种水景。

这个花园虽说和凡尔赛的相似之处非常明显,但完全说不上是仿造。利用成对角线布置的小径穿越园区的做法本是取自安托万-约瑟夫·德扎利埃·达让维尔 1709 年发表的著作《园艺学的理论及实践》(Traité sur la Théorie et la Pratique du Jardinage,图 1-181),在 18 世纪,它已成为这一领域的主要参考书。

（上两幅）图1-180 维也纳观景楼宫殿（夏宫）。花园，雕刻细部

（下）图1-181 安托万-约瑟夫·德扎利埃·达让维尔：花坛设计[《园艺学的理论及实践》（Traité sur la Théorie et la Pratique du Jardinage）一书插图，1709年]

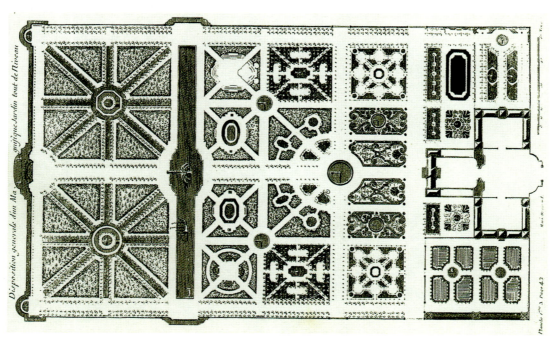

[海特洛]

在合众省（Provinces-Unies，1579~1795年荷兰北部的称呼），园林艺术自1670年起开始得到充分的发展，主要是效法法国园林，而它本身又成为德国人学习的榜样。在西班牙人统治下的荷兰北部诸省分裂之后，城市资产阶级对新政权的影响越来越大。这些新贵并没有舍弃宫廷的艺术形式，但他们同样在寻求一种能和自己新的政治地位相称的造型。

1685年，荷兰总督和未来的英国国王威廉三世叫人在他的海特洛府邸附近，按达尼埃尔·马罗的设计建造了一座花园（图1-182）。花园在近1800年时被遗弃，后于1978年修复。但从当时的报告及国王的医生沃尔特·哈里斯的记述中，仍能精确地想象它当年的面貌。

这个法国式花园的主要灵感来自凡尔赛。在上花园里可明显看到这种影响（其道路及小径自中央轴线处向外呈辐射状布置）；然而，在府邸前展开的下花园却是典型的荷兰风格：它被分成各个独立的单元，边靠边地进行规划。林荫道和荷兰风景里特有的山毛榉树篱，

图1-182 海特洛府邸。巴洛克花园（1685年，1978年修复，设计人达尼埃尔·马罗），现状景色

成为分划群体构图的重要元素。

[拉格兰哈和卡塞塔]

在西班牙王位继承战争之后，路易十四的孙子腓力五世成为西班牙和那波利国王。西班牙的拉格兰哈花园和那波利的卡塞塔花园之间也因此有着密切的关联。在凡尔赛宫廷里长大的腓力，于18世纪初下令整治位于塞哥维亚附近圣伊尔德丰索群山上，海拔超过1000米的拉格兰哈花园。凡尔赛宫的花园自然成为人们仿效的样板。虽说因地形限制，花园无法搞得像凡尔赛那样辽阔和壮观，但在这里却有足够的水量，满足大量喷泉和水景的需求（见图4-116~4-123）。

拉格兰哈花园的发展受到山岭地势的限制，那波利附近的卡塞塔花园在基址选择上也具有类似的特点（见图2-833）。1734年，腓力五世的儿子和继承人、波旁王室的查理三世买下了这个名卡塞塔的村落，在那里建造了一个带花园的壮美宫邸，以便他能时时念及自己的祖国西班牙。花园在宫邸前的坡地上延伸，直至远处的群山。在凡尔赛，在象征世界秩序上起着如此重要作用的开放景观，在拉格兰哈和卡塞塔，却被改造成封闭的景观，被纳入一个精心维护起来的空间内。

第一章注释：

[1] 原文取自《Winckelmann und seine Zeitgenossen》，第2版，第3卷，86页。

[2]（罗耀拉的）圣依纳爵（Ignace de Loyola, Saint, 1491~1556年），西班牙教士，原为军人，1534年在巴黎创立天主教耶稣会；1540年经教皇批准任首任总会长（1541~1556年）并制定会规。

[3] 内里（Néri, saint Philippe, 1515~1595年），意大利人，天主教神秘主义者，反宗教改革运动的重要人物。

[4] 哥白尼（Copernic, Nicolas, 1473~1543年），波兰天文学家，地球自转、公转学说的倡导者。

[5] 布鲁诺（Giordano Bruno, 1548~1600年），意大利哲学家、数学家、天文学家，为保卫哥白尼学说而被焚殉道。

[6] 马基雅弗利（Niccolo Machiavelli, 1469~1527年），意大利政治家、外交家和历史学家，以主要著作《君主论》而闻名。

[7] 卡拉瓦乔（Caravage, Michelangelo Amerighi, Merisi, 1573~1610年），意大利画家。

[8] 卡拉齐兄弟（Les Carracci），包括 Ludovico(1555~1619年)、

Agostino（1557~1602年）、Annibale（1560~1609年），均为意大利画家。

[9] 斯宾诺莎（Spinoza, Baruch, 1632~1677年），荷兰哲学家。

[10]（塞尔斯的）圣方济各（François de Sales, Saint, 1567~1622年），法兰西天主教教士、日内瓦主教。

[11]（保罗的）圣味增爵（Vincent de Paul, Saint, 1581~1660年），天主教遣使会及仁爱社团创建人。

[12] 马莱伯（Malherbe, François de, 1555~1628年），法国诗人，语言改革家，古典主义先驱。

[13] 布瓦洛 [Boileau (-Despréaux), Nicolas, 1636~1711年]，法国诗人，当时文学评论界泰斗。

[14] 鲁本斯（Rubens, Pierre Paul, 1577~1640年），佛拉芒著名人物肖像画家。

[15] 普桑（Poussin, Nicolas, 1594~1665年），法国古典主义绘画奠基人。

[16] 斯威夫特（Jonathan Swift, 1667~1745年），爱尔兰讽刺文学家，《格利佛游记》（1726年）的作者。

[17] 培尔（Bayle, Pierre, 1647~1706年），法国作家、哲学家。

[18] 费奈隆（Fénelon, François de Salignac de la Mothe, 1651~1715年），法国天主教大主教、神学家和文学家。

[19] 休谟（Hume, David, 1711~1776年），英国经验论哲学家和历史学家。

[20] 拉美特利（La Mettrie, Julien Offroy de, 1709~1751年），法国医生和唯物主义哲学家。

[21] 孟德斯鸠（Montesquieu, Charles Louis de Secondat, 1689~1755年），18世纪法国启蒙思想家、政治哲学家和法学家，法兰西学院院士。

[22] 卢梭（Rousseau, Jean-Baptiste, 1712~1778年），法国启蒙思想家、哲学家和文学家。

[23] 18世纪由狄德罗主编的百科全书，其全名为《百科全书》，或《科学、艺术和手工艺分类词典》（Encyclopédie ou Dictionnaire Raisonné des Sciences, des Arts et des Métiers），是促进唯理论、自然神论、新科学、信仰自由和人道主义的启蒙运动哲学家们编纂的主要著作之一，狄德罗和达朗贝尔是其中最著名的作者。

[24] 萨宾人（Sabine），定居台伯河东岸山区的古意大利部落，据普鲁塔克记述，罗马创立者罗慕路斯曾邀萨宾人赴宴，然后诱拐其妇女，但仅为传说。

[25] 庚斯博罗（Gainsborough, Thomas, 1728~1788年），英国肖像和风景画家。

[26] 皮拉内西（Piranesi, Giovanni Battista, 1720~1778年）出生于威尼托地区，早期随家族成员当石匠，这是个需要有相当技巧的职业；以后他又成为水文工程师。在罗马期间，他可能在乔瓦尼·巴蒂斯塔·诺利（1748年罗马城图的作者）和朱塞佩·瓦西（当时最著名的威尼斯画家）身边工作过，并充分表现出他在整理分析档案资料方面的杰出能力。以后他又返回威尼斯并跟随卡纳莱托继续自己的学业。正是在威尼斯，他发现了卡洛·洛多利的理论，在为城市剧场创作布景的同时继续对古代艺术进行科学研究。

巴洛克艺术的大环境促使皮拉内西在舞台装饰的创作上大显身手。在罗马，每当举行宗教或世俗节庆及游行时，城市便成为一个巨大的剧场舞台。和剧场一样，布景由木料制作，花费较少；从建筑立法的角度来看，亦不会有任何问题。同时，巴洛克建筑师所追求的，是在游行和节庆期间，造就一个热情奔放兼有视觉冲击力的城市和建筑环境；况且他们自己也有把它做成奇迹的愿望和冲动。因此，毫不奇怪，一些关于城市的版画和图集，标题上都有"剧场"的字样。如1665年为教皇亚历山大制作的一系列城市版画，标题为《Il nuovo teatro ... di Roma moderna》；1682年，应萨伏依的的查理·伊曼纽二世之托完成的平面图集题名为《Theatrum statuum Sabaudiae》。

在城市规划和建筑方面，皮拉内西也未置身于这一潮流之外。其版画的灵感来自戏剧和诗歌，古建筑的残墟成为他最喜爱的题材。他使用的方法和技术也和后期巴洛克艺术家的完全一样，对尺度的戏剧性夸张、对角构图的突出地位，所有这些来自舞台效果的手法，都证实了这点。他于1745年创作的"监狱"（Prisons，这是他早期最好的版画作品），看上去宛如巴洛克剧场的舞台。

作为建筑师，他也采用了这种手法。他为罗马修院圣马利亚教堂设计的立面（1764~1768年，图1-183），在这方面表现尤为突出。由广场给定的空间、花园—迷宫、装饰丰富的立面及室内（特别是祭坛，图1-184、1-185），所有这些似乎都是偶然地拼凑到一起，形成一种古怪奇特的组合。然而，不能不承认，当它们集体"出场"的时候，确实创造出一种特殊的氛围和效果。

皮拉内西同时还是一位考古学家，特别在意大利南部的阿克里地区，名气更大。他在赫库兰尼姆发掘的档案资料方面进行了大量细致的工作，他复原的哈德良离宫的平面如此精确和详尽，以至一个半世纪内无人能够超越。他大力宣扬古罗马艺术和建筑丰富多彩的表现手法，还积极参与了有关古代遗产问题的争论（如是否需要以它们为榜样），甚至不惜和别人进行论战。

对罗马古代遗产的这些研究，大部收入皮拉内西的《古罗马

图 1-183 罗马 修院圣马利亚教堂。立面外景（皮拉内西设计，1764~1768 年）

景观及建筑》（Magnificenza et Architettura de'Romani），这是他最著名的一部作品集。显然，皮拉内西对古代城市的理念进行过详细的研究，并以此作为其作品的基础。他确定城市方位的唯一根据是仅存的古罗马大理石城图的残片（即 forma urbis，图 1-186，另见《世界建筑史·古罗马卷》），1756 年，他对这些残片进行了定位和复原。

[27] 据 P.Lavedan：《French Architecture》，1956 年，239 页。

[28] 见 L.B.Alberti：《Les Dix Livres d'Architecture》。

[29] 见 A.Palladio：《I Quattro Libri dell'Architettura》，Venise，1570 年。

[30] Pietro Cataneo：《I Quattro Primi Libri di Architettura》，Venise，1554 年。

(左)图1-184 罗马 修院圣马利亚教堂。祭坛草图设计(作者皮拉内西)

(右)图1-185 罗马 修院圣马利亚教堂。祭坛(1764~1766年)

[31] 其中令人感兴趣的还有瓦利切拉圣马利亚教堂("新教堂",1575年,属奥拉托利会)、(科尔索)圣卡洛教堂(1612年,始建于查理·博罗梅封圣后)和圣伊尼亚齐奥教堂(1626年,属耶稣会)。不过,从建筑角度来看,所有这三个教堂质量皆一般。

[32] Le Corbusier:《Vers une Architecture》,Paris,1923年,158页及以后。

[33] 根据W.Lotz的材料,佩鲁齐曾试着采用过椭圆形空间,塞利奥也发表过一个类似教堂的平面。维尼奥拉于1568年前在设计耶稣会堂时,同样设想过一个椭圆形的方案。

[34] 帕尔马的至圣圣母领报教堂(1566年,Fornovo设计)构成这类建筑的一个早期例证。其平面可视为"假横向椭圆形",即在一个矩形框架内增添了两个半圆形(图1-187)。在罗马的(奎里纳莱)圣安德烈教堂,贝尔尼尼的解决方案可能还考虑到地段的狭窄,但同样应该提及的是,他在设计教义传播学院的礼拜堂时,也采用了横向椭圆形的平面(1634年,约1654年被博罗米尼拆除)。

[35] 1635年,芒萨尔曾为布卢瓦府邸设计过一个较小的圆形礼拜堂,其中椭圆形的教士区以类似方式和主要空间相连。

[36] 在较小的集中式教堂立面上采用简单门廊的想法可追溯到阿尔贝蒂的所谓"神殿—立面"(façade-temple)。贾科莫·德拉·波尔塔设计的斯卡拉-科埃利圣马利亚教堂(1582年)可视为巴洛克早期在这方面的一次典型尝试,里基诺在米兰圣彼得教堂的立面上进一步引进了巨柱式构图(1623年,后拆除)。

（上）图 1-186 古罗马大理石城图残片复原（作者皮拉内西，取自《Le Antichità Romane》，卷 I，1756 年）

（下）图 1-187 帕尔马 至圣圣母领报教堂（1566 年，Giovanni Battista Fornovo 设计，穹顶 1626 年）。平面

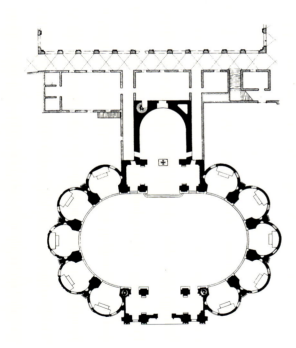

[37] 尽管在布鲁内莱斯基的某些作品中，已经出现了和主要空间相连的带穹顶的小型教士区，但有意识地利用这类空间引进纵向轴线则是 16 世纪的事。正是出于这一意图，1561 年后，在帕维亚 1499 年建成的八角形的卡内帕诺瓦圣马利亚教堂上增建了一个带穹顶的教士区（图 1-188）。就现在所知，从一开始就打算配置两个穹顶空间的，是安东尼奥·达·圣加洛的蒙特内罗圣马利亚教堂的设计（位于蒙特菲亚斯科内附近，1526 年）。

[38] 里基诺在设计米兰洛雷托圣马利亚教堂时也采用了类似的解决方案，只是没有这样成熟（教堂建于 1616 年，以后拆除）。拉长后的希腊十字平面本堂更窄、耳堂更宽，穹顶因而形成纵向椭圆形。

[39] R. 威特科尔认为这种双轴平面可上溯到乔瓦尼·马真落设计的博洛尼亚的圣萨尔瓦托雷教堂（1605~1623 年，图 1-189）。吉罗拉莫·拉伊纳尔迪于 1623 年（即在圣德肋撒教堂的设计之后）在同一城市建造了圣露西娅教堂。

[40] 以后采用这类双轴形制的有托里亚尼设计的保拉圣弗朗切斯科教堂（1624~1630 年）、佩帕雷利设计的圣萨尔瓦托雷教堂（1639 年），以上两者均在罗马。卡洛·拉伊纳尔迪在蒙特波尔齐奥（约 1670 年）和罗马的苏达里奥教堂（1687~1689 年）也都重新采用了这种模式。

[41] E.Guidoni 指出，'cellules' 一词同样被胡克于 1665 年出版的《显微图》（Micrografia）一书中引进科学领域，即"细胞"。

[42] L.B.Alberti：《Les Dix Livres d'Architecture》。

[43] S.Serlio：《Tutte l'Opere d'Architettura》，IV。

[44] A.Palladio：《I Quattro Libri dell'Architettura》，II-12。

[45] L.B.Alberti：《Les Dix Livres d'Architecture》，IX，ii）。

[46] 意大利的宫殿，从本质上说，可视为一个"封闭的世界"（monde clos）。这是一个带内院的集中结构形体，房间均朝

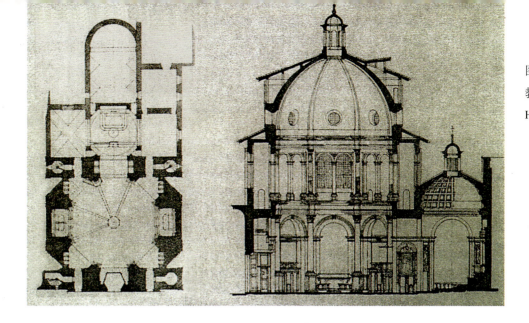

图1-188 帕维亚 卡内帕诺瓦圣马利亚教堂。平面及剖面（图版作者Raphael Helman）

内院布置，后者成为建筑的真正核心，周围立面连续统一，没有明确的指向（为了强调这个基本特征，有时院落被设计成圆形：如布拉曼特的蒙托里奥圣彼得修道院，维尼奥拉设计的卡普拉罗拉宫堡及格拉纳达为查理五世建造的马丘卡宫）。次级空间的配置则根据实际功能和建筑周围的城市空间性质而表现出某些差异。通常都有一个朝向街道的主入口，主要楼梯位于入口一侧。建筑后面通常还有一个勤杂入口，通向马厩和车库。底层大都布置服务设施（有时还有朝向主要街道的店铺），起居房间主要位于二层（即piailo nobile）。除了通常都有一个大的主要厅堂（salone）外，其他房间连续排列，形式和大小上没有多大差别。第三层为卧室，另有夹层（顶楼层）供仆人使用。至于主要房间的用途，主要还是取决于其中的家具布置，倒不全在于房间的形式或与城市环境的关系及位置。环绕建筑的长廊，既在功能上也在空间上形成院落和居住房间之间的过渡，同时也突出了整座建筑的向心特点。

[47] 在意大利，底层传统上均用粗面石处理成基座层，强调建筑沉重坚实的特色。在15世纪的宫殿中，垂直方向的分划是由粗面石的分级来实现的，随着楼层向上，其表面粗糙和凸出的程度也越来越小 [在这方面的第一个重要实例即米开罗佐设计的梅迪奇-里卡尔迪府邸（1444年，约1464年完成）。

[48] 在这方面的第一个重要实例是1512年建造的罗马巴达西尼府邸；最优秀的作品当属拉斐尔设计的佛罗伦萨潘多尔菲尼府邸（1520年，未全面完成）。

[49] 阿卡迪亚（Arcadia），古希腊伯罗奔尼撒半岛中部山区，古罗马的田园诗和文艺复兴时期的文学作品均将该地区描绘成世外桃源。

[50] 彼特拉克（Petrarca, Francesco, 1304~1374年），意大利诗人，欧洲文艺复兴时期人文主义先驱之一。

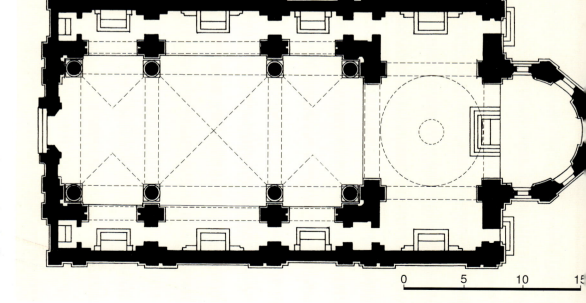

图1-189 博洛尼亚 圣萨尔瓦托雷教堂（1605~1623年，乔瓦尼·安布罗焦·马真塔设计）。平面（取自John L.Varriano：《Italian Baroque and Rococo Architecture》，1986年）

第二章　　意大利

第一节　罗马手法主义的结束和巴洛克风格的开始

直到 16 世纪末，意大利建筑的发展都集中在罗马周围。发展的主要动力来自反宗教改革运动，它促成了观念和艺术潜能的高度集中。在罗马得到繁荣和发展的巴洛克建筑，影响到整个天主教世界乃至更大的范围。

在 17 世纪的欧洲，罗马可能是居民满意度最高的城市。城市最杰出的公民之一，曾被请到巴黎参加卢浮宫立面设计竞赛的贝尔尼尼对此更是坚信不疑。在将罗马和当时欧洲最大的政治都会巴黎进行比较之后，贝尔尼尼强调指出，后者具有和他的祖籍城市"完全不同的外貌"。在罗马，古代和文艺复兴时期的遗存，特别是米开朗琪罗的作品，和当代的建筑一样，都"极其宏伟、壮观和华丽"。在这里，丰富的建筑遗产在供人欣赏的同时，也激发着艺术家及业主和投资者的想象力。

这些投资者中最重要的即教皇及其宫廷要员。在建筑方面，教皇们永远追求一个既定的目标，即通过尺度巨大的建筑来表现教会的权威（auctoritas ecclesiae）：建筑的尺寸要不亚于、甚至还要超过古代的胜迹。他们相信，宏伟的场景将能加强人们皈依教会的决心。这种想法并不是什么新奇的事物：早在 1450 年，教皇尼古拉五世就曾用这样的理由（需要颂扬教会的力量）为他的宏伟建设计划辩护。直到巴洛克时期，这都是教皇们为之奋斗的目标。在 17 世纪中叶，整治圣彼得广场的计划也是出自类似的考虑。由教皇亚历山大七世策划的第一个场地，按贝尔尼尼的说法，将能汇集天主教徒，强化他们的信仰，使异教徒皈依教会，同时向不信教的人宣示教义。

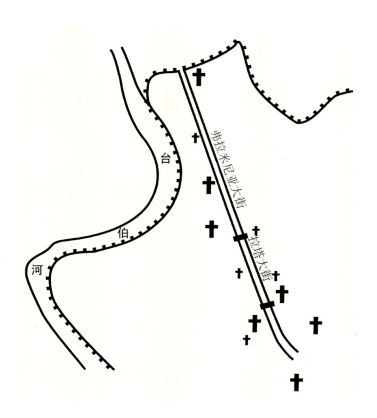

图 2-1 罗马 科尔索大街。中世纪平面示意（南北两段分别称拉塔大街和弗拉米尼亚大街，十字架示各教堂位置）

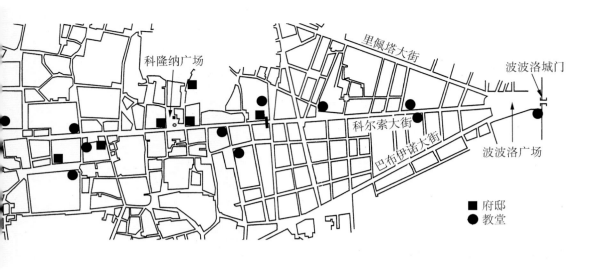

(上)图2-2 罗马 科尔索大街。17世纪初形势

(左下)图2-3 罗马 科尔索大街。南端地段平面(Mark D.Wittig绘制),图中:1、罗马教团,2、多里亚-潘菲利宫,3、拉塔大街圣马利亚教堂,4、阿斯特宫,5、科尔索大街

(右下)图2-5 罗马 皮亚大街。地段总平面

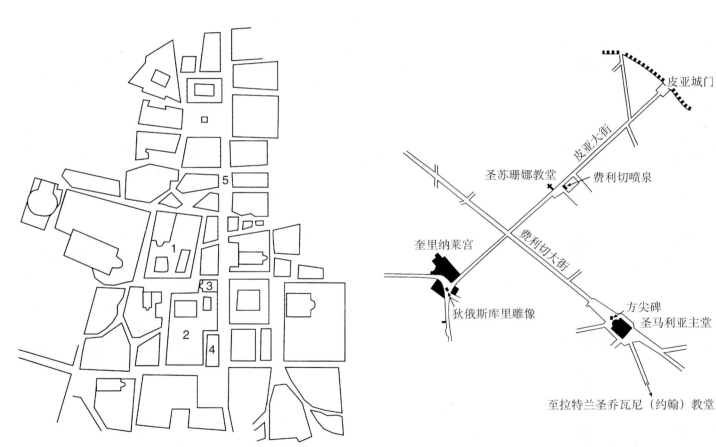

  实际上,教皇们在拟定这些建筑计划时还包含着另外的雄心,这种念头在他们心中的地位可能并不亚于前述的公开目标,即令个人的名声长存。在15世纪末,这种考虑曾激励过西克斯图斯四世;这时期,在亚历山大七世那里,表现尤为突出。他曾在宫内摆放了一个罗马市中心的木构模型,因而能即时直观地了解城市的规划和设计,他本人的棺材就放在模型的边上。最高教职人员的这种表现说明,作为建筑行业最大的业主,他的活动不仅是为了天主教会的荣光,同时也是为自己博得身后的声誉。

  在16世纪,最主要的几位教皇都继续奉行尼古拉五世时制定的建筑规划及政策。16世纪的这批设计同时构成了17和18世纪所有重大工程项目的出发点,同时也为这些项目提供了基本的建筑手法。

  不过,在这里需要说明的是,即使在巴洛克的全盛时期,建筑的工期往往也拖得很长,需要几年甚至几十

(上)图 2-4 罗马 科尔索大街。地段俯视全景(1593 年 Tempesta 城图细部,1661/1662 年 De' Rossi 重新刊行)

(左下)图 2-6 罗马 皮亚大街。俯视全景(拉特兰宫壁画,约 1589 年,近处为狄俄斯库里雕刻组群及奎里纳莱广场,远处可看到皮亚城门)

(右下)图 2-7 罗马 皮亚大街。街道端头狄俄斯库里雕刻组群设计(贝尔尼尼工作室绘制)

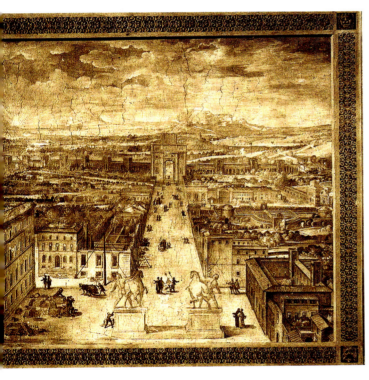

年才能完成。前任君主留下的设计也因此常被新上任的统治者修改。同样,几位建筑师接续担任设计或施工负责人的事也不少见。这种做法往往导致重新制定或修改设计,或改变原有结构,或部分乃至全部拆除建筑实体。基于这样的事实,我们将把更多的注意力放在城市及其建筑的渐变发展上,而不是一次性的设计

图2-8 罗马 圣彼得大教堂。格列高利十三世（在位期间1572~1585年）墓

或宏伟的计划，因为后者往往只具有理论的意义。

一、从尤利乌斯二世到西克斯图斯五世（1503~1590年）

[西克斯图斯五世之前城市及建筑概况]

对至高无上权力的追求和对奢华排场的喜爱，是激励尤利乌斯二世（1503~1513年）和莱奥十世（1513~1521年）更新罗马的主要动力。在西克斯图斯四世时期已经开始的改造中世纪城市并使之现代化的进程，在这两位教皇统治期间都得到了延续。

首先是开通了一批直线大道：尤利乌斯二世在完成科罗纳里大街的同时，陆续开辟了朱利亚大街和伦加拉大街，莱奥十世时期完成了里佩塔大街。原先只是在住房空隙间伸展的街道，如今都被强制打通，周边环境也得到了整治。

在巴洛克时期的城市规划上占有重要地位的三向辐射街道（trivium）的布局手法，同样可以上溯到16世纪初期。在圣天使桥前的银行区，已经可以看到这种以一个广场为出发点向外辐射三条直线街道的构图体系（街道之间形成差不多相等的角度）。以后在保罗六世期间，波波洛广场以同样的方式通过巴布伊诺大街向

图 2-9 罗马耶稣会堂（1568~1584 年，现状内部装饰属 1668~1683 年）。内景

东朝平乔区延伸。

还在教皇保罗三世（1534~1549 年）时期，这种街道和广场的规划体系已开始具有了更大的规模和尺度：在反宗教改革时期，有必要开一条位于耶稣会堂和卡皮托利诺之间的教皇大街，因此委托米开朗琪罗规划卡皮托利诺广场。随着这批工程的完成，像卡皮托利诺和圣彼得大教堂这样一些建筑组群，已不再仅仅是教皇游行队列的终点，同时也是整个城市的重要地标。保罗三世期间，由布法利尼主持拟定的罗马城市平面图（1551 年）已于 1748 年由乔瓦尼·巴蒂斯塔·诺利发表，其中详细地绘出了到当时为止完成的所有主要工程项目（见图 2-697）。

从梵蒂冈博物馆内一幅完成于西克斯图斯五世时期（1585~1590 年）的壁画上，可以看到接下来一些主

第二章 意大利 · 135

左页：

图 2-10 罗马 耶稣会堂。本堂拱顶仰视（最初无装饰及绘画；现人们看到的拱顶画为 Baciccia 绘制，灰泥造型 Antonio Raggi 制作）

本页：

图 2-11 罗马 耶稣会堂。穹顶帆拱细部（壁画作者 Baciccia，1676~1679 年）

要工程项目的进展情况。长约 1.5 公里的老拉塔大街被改造成和波波洛城门相连接的科尔索大街（图 2-1~2-4），并从广场起始在两侧另规划了两条同样的大道，三条道路成辐射状穿过老战神广场所在的城区。再就是影响深远的米开朗琪罗的皮亚大街第二方案（今九月二十日大街）。庇护四世（1559~1565 年）委托的这一项目同样以直线连接卡瓦洛山和皮亚城门，其规划和科尔索大街同时，长度也相仿。只是当时它孤零零地穿过这块布满山丘的地区，而以科尔索大街为中心的三条辐射大街和许多横向街道则将所在地区完全覆盖，并充分显示出这种轴线道路体系在空间联系上的潜在能力。这两条大街，通过弗拉米尼和诺门塔内大道以直线延伸到城外；在一些荷兰画家的画里，还可看到当年穿过连续的丘陵地带向前无限伸展的这些道路的壮美景色。

第二章 意大利 · 137

图2-12 罗马 耶稣会堂。本堂拱顶细部

皮亚大街的开辟表明，人们已有意把城市向战神广场方向延伸；而此前教皇们的注意力仅限于人口密集的中世纪后期和文艺复兴早期的城区。随着皮亚大街的定线，罗马的城市规划开始向围绕着市中心的未建成区扩展，直到奥勒利安城墙的位置，将古代遗迹、早期基督教教堂、别墅和花园围括在内。和卡皮托利诺一样，皮亚大街的构图也是以当时的剧场作为范本。大街如舞台般，在纪念性建筑间展开：一头是位于奎里纳莱宫前的狄俄斯库里雕刻组群（原在距此不远的君士坦丁浴场处，西克斯图斯五世时移到这里），一头是米开朗琪罗本人设计的皮亚城门（图2-5～2-7）。

(上)图 2-13 罗马 耶稣会堂。右耳堂祭坛围栏

(下)图 2-14 罗马 耶稣会堂。北侧礼拜堂穹顶(1600 年)

在皮亚大街等榜样的启示下,教皇格列高利十三世(1572~1585 年,图 2-8)决定另辟一条连接早期基督教时期的拉特兰圣乔瓦尼(约翰)教堂和圣马利亚主堂的干道。随着 1574 年诏书(Quae publice utilia)的颁布,这位教皇为接下来两个世纪巴洛克罗马的发展建设奠定了法律的基础。此后,新道路的开辟、已有道路的改造和拓展,遂变得更为容易。与此同时,未建成区的城市化及市中心中世纪区的整治工作也都开展起来。未建区道路沿线的私有土地均围以高墙。在市中心区,孤立的居住模式已被弃置:防火墙之间的空间被填

图 2-16 罗马 耶稣会堂。圣伊纳爵祭坛左侧群雕（1696~1700 年，栏杆已属洛可可风格）
左页：图 2-15 罗马 耶稣会堂。圣伊纳爵礼拜堂（建筑师 Andrea Pozzo，1696~1700 年），内景

图2-17 罗马（山上）圣三一教堂（1503年，立面设计卡洛·马代尔诺，大门台阶多梅尼科·丰塔纳）。全景

右页：图2-18 罗马（山上）圣三一教堂。近景

满,相邻的房地产通过一定的条件进行赎买。就这样,直到16世纪初还占主导地位的两或三层的住宅形式逐渐为街坊式的出租房取代。

除了圣彼得工程外(在新教改革派教徒的眼中,它已成为天主教会奢华的象征),在这期间建成的主要宗教建筑即在1563年特伦托会议结束几年之后,由罗马学派的头面人物维尼奥拉(卒于1573年)开始建造的罗马耶稣会堂(1568年)。1584年完成的这个耶稣会总部的教堂,是个带耳堂和穹顶的会堂式建筑,为意大利一种民间教堂的新型变体形式。在当时,其室内和人们现在看到的室外一样严肃朴实(现状内部的华美装饰系1668~1683年增添,内景:图2-9~2-14;礼拜堂:图2-15、2-16)。在沉重的筒状拱顶覆盖下,当年还显得颇为阴暗的本堂,和自穹顶泻下的明亮光线形成鲜明的对比,似乎是暗示着天地之间的碰撞。位于鼓座上的穹顶构成了一个几乎独立的中央空间,宏伟的体量以其垂向特点和水平延伸的本堂形成强烈的反差。本堂大一统空间两侧布置礼拜堂,颇似一百年前阿尔贝蒂设计的曼图亚圣安德烈教堂,而后者的灵感又是来自古罗马后

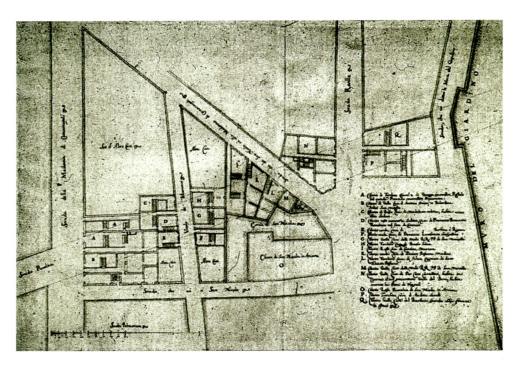

(上)图2-19 罗马 巴布伊诺大街。延伸及拆建设计(原件现存梵蒂冈Biblioteca Apostolica)

(下)图2-20 罗马 科隆纳广场。俯视全景(1658年的版画,作者Felice della Greca,原稿现存梵蒂冈Biblioteca Apostolica Vaticana)

（上）图 2-21 罗马 科隆纳广场。全景 [1664 年，取自 Lievin Cruyl 绘《罗马十八景》(Eighteen Views of Rome)，原图反向，现存克利夫兰 Museum of Art]

（下）图 2-22 罗马 科隆纳广场。自科尔索大街望去的情景（版画作者 Giovanni Battista Falda，1665 年，纽约公共图书馆藏品）

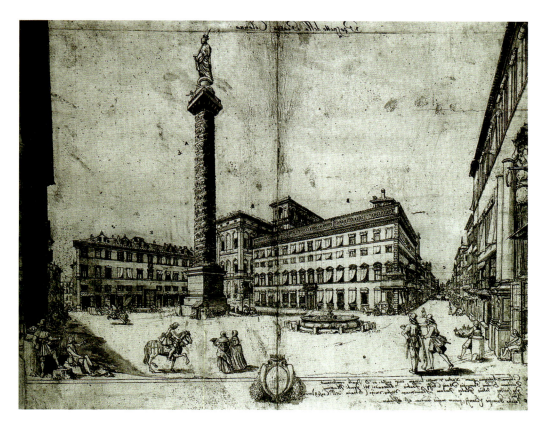

期的著名古迹——君士坦丁会堂。显然，维尼奥拉这个带耳堂和穹顶的建筑，是综合这类会堂和文艺复兴集中式建筑的产物（米开朗琪罗的圣彼得大教堂设计可视为这后一种类型的完美表现）。这个新教堂本是按室内效果设计的。一进门就可以看到整个空间，直到穹顶下的鼓座；随着人们的行进，光线越来越明亮，舞台的效果也越来越清晰。

[西克斯图斯五世时期]

在意大利，建筑向巴洛克的演变是在罗马完成的，西克斯图斯五世（在位期间 1585~1590 年）时期实现的城市改造构成了它的序曲。促成这次改造的既有宗教方面的原因，也有实际的需求：这个反宗教改革派的首府每年都吸引着大量的朝圣者，但这时期的城市并没有形成系统的街道网络。城市七个主要教堂因地形或其他历史及城市发展上的原因，分散在各处，有的在

第二章 意大利 · 145

左页：

图 2-23 罗马 科隆纳广场。现状景色

本页：

(上两幅) 图 2-24 罗马 卡皮托利诺广场（米开朗琪罗设计）。保守宫，跨间平面及立面（图版作者 Ludovico Rusconi-Sassi，1694 年）

(下) 图 2-25 罗马 卡皮托利诺广场。鸟瞰全景图（取自 Werner Hager：《Architecture Baroque》，1971 年）

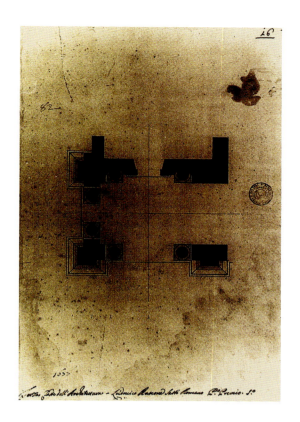

市内，有的在居住区外甚至是城外。通向它们的道路往往十分拥堵，已不能满足朝拜要求。

　　为此，教皇西克斯图斯五世提出了更新罗马城市及郊区的宏伟规划[1]（另见《世界建筑史·文艺复兴卷》相关图版）。在这里，他再次启用了庇护四世和格列高利十三世时拟订的规划，并在更大的规模上发展了它们。其主要意图——按多梅尼科·丰塔纳的说法——就是将城市各宗教中心（特别是此前彼此相距甚远且散布在各个孤立地段上的七个早期基督教的主要教堂）通过笔直的大道（亦即游行线路）联系起来，使人们能借助步行、骑马或坐车通过最便捷的路线到达那里，以满足宗教活动的需求。显然，在这里，规划必须和这个特定的条件相适应，以这些已有的大教堂作为出发点，而不是搞一个理想的平面。由此产生的城市网络并不是围绕着一个主要核心形成，而是连接多个中心（建筑或广场）。就这样开辟了六条大道，在老城区，开通或拓展了通往圣马利亚主堂、(山上)圣三一教堂(图 2-17、2-18)、圣洛伦佐教堂、圣十字教堂和拉特兰圣乔瓦尼教堂或把它们联系起来的街道。从梵蒂冈博物馆内完成于该时期的那幅壁画可知，还有许多其他的道路亦在规划之中。西克斯图斯五世规划的新干道还涵盖了中世纪城市和奥勒利安城墙之间原来荒弃的地带。

　　西克斯图斯五世的大部分计划均由其总建筑师多

第二章 意大利·147

图2-26 罗马 卡皮托利诺广场。现状（自元老宫望去的景色）

梅尼科·丰塔纳主持实施。丰塔纳是一位能干的技术人员，他在圣彼得广场上竖立方尖碑的业绩使整个欧洲感到震惊。他通常被看作是一位作风严谨但缺乏想象力的建筑师。不过，在空间处理上，应该说他还是不乏新的想法和见地。实际上，他的严谨主要表现在关注体系建设上，其后继者在这个方向上继续前进并充分发挥了艺术的潜力。

由于规划的基本原则早在西克斯图斯五世于1585年登上圣彼得大教堂宝座之前即已确定。因而上任后，这位教皇立即下令多梅尼科·丰塔纳开始工作。

1586年，第一条新干道，即自圣马利亚主堂后殿处向外延伸的费利切大街（今西斯蒂纳大街）即告落成。从这条干道的开通可看出这种借助透视图景将重要建筑和古迹连在一起的规划意图。如果仅仅是为了连接城市的两个地点，那么比较简单可行的办法是绕过山丘。但原设计甚至打算将这条街道朝平乔山方向斜向延伸，越过（山上）圣三一教堂广场（现人们看到的西班牙广场的大台阶直到18世纪才建）和巴布伊诺大街边上的建筑（图2-19），直达城市北面的波波洛广场（人民广场）。

西克斯图斯五世的规划里还纳入了其文艺复兴时期前任们修建的一些规则的地段，特别是自波波洛广场向南辐射的三条干道（它们从城市主门通向市内各区）。它们和围绕着圣马利亚主堂的辐射道路一起，形成城市主要的道路框架（前述教皇本人的蒙塔尔托别墅亦属这后一体系的组成部分，其主要入口朝向圣马利亚主堂半圆室前的广场，自教堂处出三条道路通向花园。由多梅尼科·丰塔纳于1570年——当时西克斯图斯五世还只是一名主教——建的这栋宫邸毁于19世纪）。

(上)图 2-27 罗马 大角斗场。改造规划(西克斯图斯五世时期,计划改造成毛纺厂和工人宿舍,1590 年,取自 Domenico Fontana:《Libro Secondo...》)

(下)图 2-28 罗马,1600 年城市全图(附西克斯图斯五世时期完成的主要景观,作者 Giovanni Maggi,原稿现存米兰)

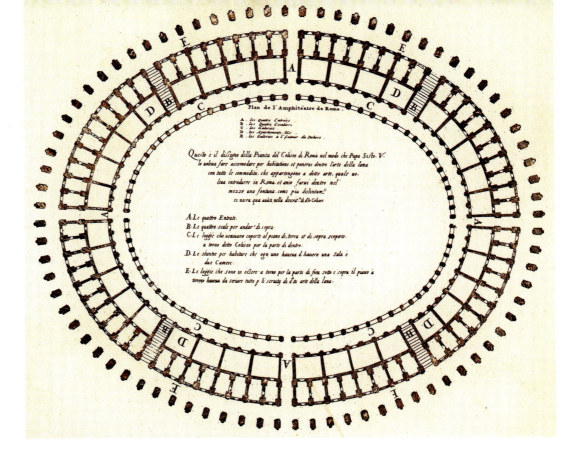

不过,总的来看,多梅尼科·丰塔纳为西克斯图斯五世设计的这些路网似乎并没有特别关注城市的具体地形和结构,巴洛克时期的规划看来都是设想在平地上实施,可以无限延伸。其中有些设想的联系线路,如在城市周边连接圣彼得大教堂、城外圣保罗教堂和拉特兰圣乔瓦尼教堂的环城大道,一直未能实现。城内西克斯图斯计划的道路体系也一直拖到 1870 年才基本完成(事实上,城市古罗马时期道路网络的基本骨架一直留存至今)。连接圣马利亚主堂和城外圣洛伦佐教堂的道路后因建火车站而拆除。本来还打算建一条自(山上)

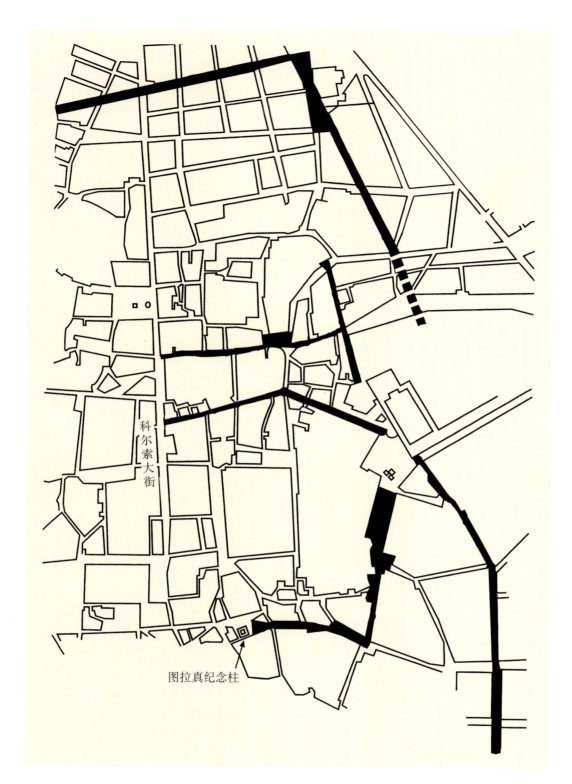

本页：
图2-29 罗马，保罗五世时期主要道路工程示意

右页：
（左）图2-30 罗马 圣苏珊娜教堂。立面透视图（1597~1603年，卡洛·马代尔诺设计，取自《Dizionario di Architettura e Urbanistica》）

（右）图2-31 罗马 圣苏珊娜教堂。西南侧景色

圣三一教堂至人民广场的大道，作为自广场向外辐射的第四条道路，但同样未能实施。

在这时期罗马的街道两侧，宏伟的堂区教堂立面边上通常布置装修更为节制的修会总部、医院和隶属教会的教育机构（罗马的学院建筑即属这后一种类型）。建筑内部，样式单一的房间沿着长长的廊道布置在方形内院的周围。所有这些庞大的建筑均沿道路边线布置。这种严格的形式语言充分体现了反宗教改革的精神，和早期巴洛克那种纵欲诱人的表现完全异趣。

除了辟建道路及整治未建区外，街道交会处亦不再任其自然或随意处置，而是通过组织形成网络的重要节点。在教皇尤利乌斯二世任内，布拉曼特已经打算在圣彼得教堂处立方尖碑；到莱奥十世时期，拉斐尔和安东尼奥·达·圣加洛也曾考虑过把当年由奥古斯都运到

罗马的那根方尖碑立在波波洛广场上。西克斯图斯五世进一步发展了巴洛克时期城市规划的这一重要特色，在很多街道交会处都立了方尖碑。这种古代太阳的象征现已成为教会的标记；作为垂直构图部件和街道的对景，它们不仅形成了壮观的透视景色，同时也是道路方向转折的标志，成为各街景或街景与背景建筑之间的过渡要素。如果说文艺复兴时代的建筑更重视静态的对比，宫殿和教堂的立面大多面对面或形成直角透视，那么，方尖碑则在这类几何构图中注入了更灵活的要素，创造了更为动态的透视效果。西克斯图斯五世还在规划中纳入了古罗马时期的图拉真和马可·奥勒留纪念柱，在上面分立圣彼得和圣保罗的雕像。吉迪翁特别指出这些方尖碑和纪念柱后来在某些广场演进上所起的作用（如科隆纳广场在科尔索大街纵向构图上的调剂功能，广场历史景色：图2-20~2-22；现状外景：图2-23）。

为了解决城市的水源问题，西克斯图斯五世建了一条新水道为27个公共喷泉供水（1589年）。这些喷泉的建设遂成巴洛克时期罗马的一道亮丽的风景（见图2-112）。其中许多都是由1575年被任命为"罗马喷泉建筑师"（Architetto del le Fontane di Roma）的贾科莫·德拉·波尔塔主持完成（部分在西克斯图斯五世登位前），它们分别位于科隆纳广场（1574年）、纳沃纳广场（侧面喷泉属1581~1584年）、圆堂广场（1575年）、马太广场（1581~1584年）、(山上)圣马利亚教堂广场（1588~1589年）、坎皮泰利广场（1589年）、阿拉科利广场（1589年）、新教堂广场（1590年）、前进大街（1591年）、奎里纳莱广场（1593年）。这些新的水道、喷泉和改建古代输水道等配套措施一起，促使居民向城内空旷地区移居（在

第二章 意大利·151

152·世界建筑史 巴洛克卷

左页：

图 2-32 罗马 圣苏珊娜教堂。正立面全景

本页：

（上）图 2-33 罗马 萨西亚圣灵教堂（约1540年，建筑师安东尼奥·达·圣加洛）。外景（18世纪版画，作者 Giovanni Battista Piranesi）

（下）图 2-34 罗马 萨西亚圣灵教堂。地段全景（版画，取自 Heinrich Wöllin：《Renaissance und barock...》，1926年）

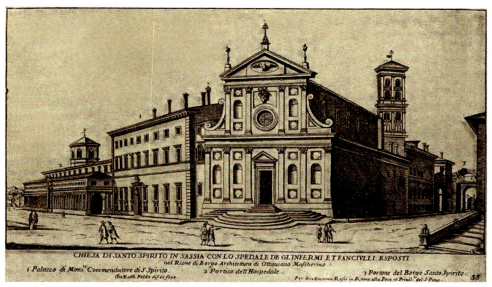

古典时期结束之时，奥勒利安城墙内尚有 2/3 为空地），就这样，为罗马进入近代大都会的行列准备了必要的条件。

与此同时，西克斯图斯五世进一步完善扩充了格列高利十三世颁布的有关发展城市的法律条款，使人们能够更便捷地解决有关的房地产纠纷，同时通过财政和税收等手段，进一步刺激建筑活动的发展。

西克斯图斯五世和多梅尼科·丰塔纳的规划主要出自对动态构图的关注，这同样是手法主义建筑的典型表现。这时期的建筑（或其组群）与周围环境之间，接触更为紧密，彼此渗透也更为积极。从贾科莫·德拉·波尔塔对米开朗琪罗设计的卡皮托利诺山建筑群的改动上，可清楚地看到这种倾向。

卡皮托利诺山上的古罗马皇帝马可·奥勒留的骑像此时几乎被视为圣迹，它所在的广场成为所有公共广场、特别是具有官方背景的市政广场的样板。按米开朗琪罗最初的想法，卡皮托利诺广场应是一个内省的圣地，而不是聚众的场所。因而，他设计了一个充满张力的封闭空间。从迪佩拉克的版画上可以看到，所有建筑的墙面均按同样的方式进行处理，因而在广场的三面形成一个连续的背景。第四面变小，广场遂成梯形，形成收缩的效果。为了和这种运动形成对比，米开朗琪罗规划了一个椭圆形铺地（可能是象征"世界之都"，caput mundi），由中心骑像向外如叶片状交叉辐射，形成星形图案。

1564年米开朗琪罗去世，1575年后，在贾科莫·德拉·波尔塔主持下对设计进行了重大的修改。首先，他

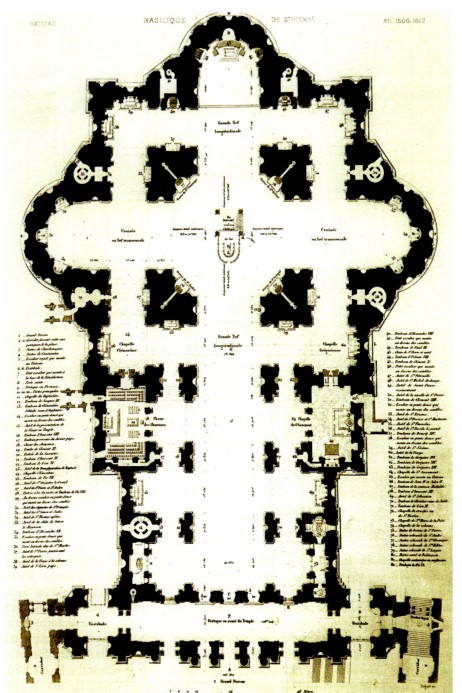

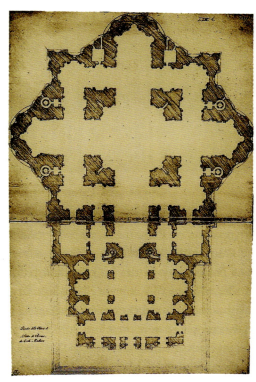

(上) 图2-35 罗马 圣彼得大教堂(1506~1626年,本堂部分1607~1614年,建筑师卡洛·马代尔诺)。平面图版(取自P.Letarouilly和A.Simil:《Le Vatican et la Basilique de Saint-Pierre de Rome》,Paris,1882年)

(下) 图2-37 罗马 圣彼得大教堂。约1607年平面扩展方案(作者卡洛·马代尔诺,原稿现存佛罗伦萨乌菲齐博物馆)

变动了元老院的立面,使它看上去更为轻快并向后退,视觉上和侧面两个宫殿脱开,成为建筑群的背景,面对着山脚下的城市。同时他又通过一个较大的开口突出保守宫的中轴,使其他单一的开间更为紧凑(图2-24)。最后他在栏杆上布置雕像,雕像面向城市而不是入口坡道。米开朗琪罗构思的封闭空间就这样被改造成了一个依纵向轴线将广场和下方的城市联系在一起的"巴洛克式"的构图(完全仿保守宫建造的第三个宫殿,由吉罗拉莫·拉伊纳尔迪主持完成于1654年)。最后的解决方案在许多方面都类似18世纪那种"U"形的宫殿(hôtels),两翼之间的主院(cour d'honneur)形成内外空间之间的过渡。改造后的卡皮托利诺广场从总体效果上看,可说仍然保持了米开朗琪罗希望的那种庄重淡漠的特色(图2-25、2-26;另详《世界建筑史·文艺复兴卷》相关图版)。事实上,此前米开朗琪罗本人在设计法尔内塞宫时也设想过,要在宫邸和台伯河对岸的法尔内西纳别墅之间创建一条联系轴(1549年),这似乎是打破文艺复兴城市那种独立、静止状态的首次尝试。

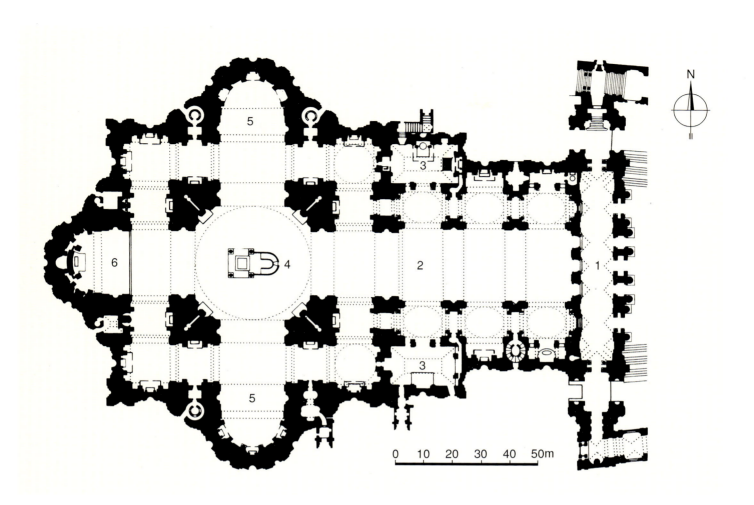

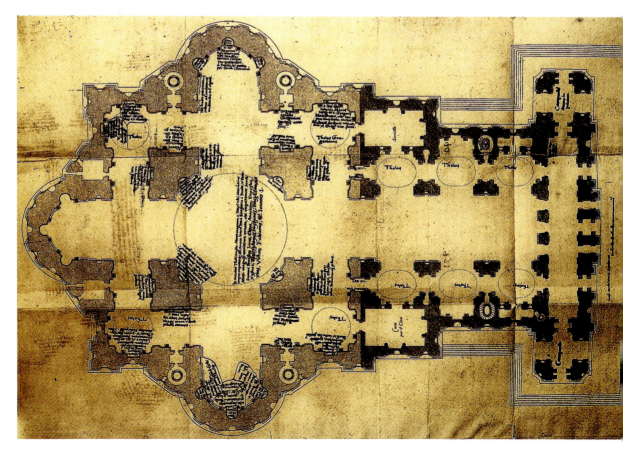

(上) 图 2-36 罗马 圣彼得大教堂。现状平面 (图中: 1、入口廊道, 2、本堂, 3、礼拜堂, 4、主祭坛及华盖, 5、耳堂, 6、主半圆室及圣彼得宝座)

(下) 图 2-38 罗马 圣彼得大教堂。1613 年平面扩展方案 (Mattheus Greuter 据卡洛·马代尔诺设计绘制, 图上有约 1615~1620 年 Giacomo Grimaldi 加的亲笔注释)

第二章 意大利 · 155

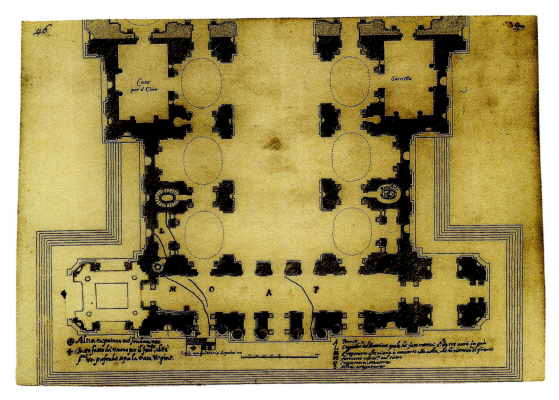

本页：
图2-39 罗马 圣彼得大教堂。1613年本堂及廊道部分平面方案（据卡洛·马代尔诺设计绘制，纸板叠加部分标出位于马代尔诺南塔楼基础上的贝尔尼尼塔楼位置）

（右页）图2-40 罗马 圣彼得大教堂。现状西侧及南侧立面

前面我们已经看到，作为罗马已有的重要组成部分，波波洛广场已被纳入到巴洛克时期城市的规划中去，并成为巴洛克城市建设基本母题之一的原型（以一个重要中心为基点，布置向外发散和向内会聚的辐射状道路）。就波波洛广场而言，这个中心即通向"圣城"的主要入口。多少个世纪以来，游客均沿着把台伯河和帕里奥利山及平乔山分开的狭窄地带，通过弗拉米尼亚大街进入罗马。城门布置在山丘和河流之间的空地上，这样的景观给每个初来城市的人都留下了深刻的印象。不过，在这里要说明的是，直到西克斯图斯五世时期，波波洛广场仅是三条道路的一个简单的出发地，1589年竖立的方尖碑使它成为一个真正的城市节点；直至17世纪中叶，它才被改造成一个巴洛克风格的广场。

尽管巴洛克时期罗马的主要建筑产生于1630年以后，但它的许多基本意图和抱负，很早以前就展现出来。其总的想法是创造一个能引起人们心灵震撼的环境，每个建筑都被用来表现一个具有普适价值的体系。教堂和宫殿就这样开始被纳入到城市环境里去，其主要手段是引入纵向轴线。建筑的内部布置同样是依据这条主轴。当然，作为体系主要中心和焦点的教堂，同样需要一根借以组织空间延伸的垂直轴线。在贾科莫·德拉·波尔塔的作品中，已经可以看到这种意图。作为建筑师，他的重要性往往得不到必要的重视，可能是因为他总是为别人的作品收尾，而他自己的作品却总是未能完成。实际上他已经表现出真正的创造才干，并为巴洛克宫殿和教堂的演进作出了本质的贡献。

从西克斯图斯五世的规划和设计中，已可看到按一个总体构想确定平面方案的近代城市规划的萌芽。在以前，城市大都是自由扩展，形式亦无定规，只有新区或德国东部的殖民城市采用了罗马军营（castra）那种方格网式的道路布局。以后人们虽开始在更大的尺度上尝试采用几何构图，但最初仅限直线规划，即在城内构建连接两点的笔直大道，着眼点主要是解决交通问题。只是到文艺复兴时期，掌握了透视学知识的艺术家们，才开始把这种纯功能的理性考虑上升到艺术的高度，从轴线的透视景观中看到了构图的潜力。1500年后，布拉曼特正是按照这样的原则，规划了长约1公里的朱利亚大街，成为台伯河岸边宫殿区的主要道路（在诺利城图上可看到其位置）。1560年，穿过热那亚新区（贵族区）的新街重新采用了这种形式（其两边的宫邸建筑给鲁本斯留下了深刻的印象并在他的版画作品中有所反映）。在罗马，和波波洛城门相连接的科尔索大街等三条大道基本也属这一时期。在1685年帕拉第奥设计的维琴察奥林匹亚剧场的舞台布景深处，人们看到的就是这样的景象。

在罗马的城市规划史上，西克斯图斯五世及其建筑师多梅尼科·丰塔纳应该说起到了重要的作用。通过他们的努力，罗马初步具备了一个巴洛克城市的总体框

西立面

南立面

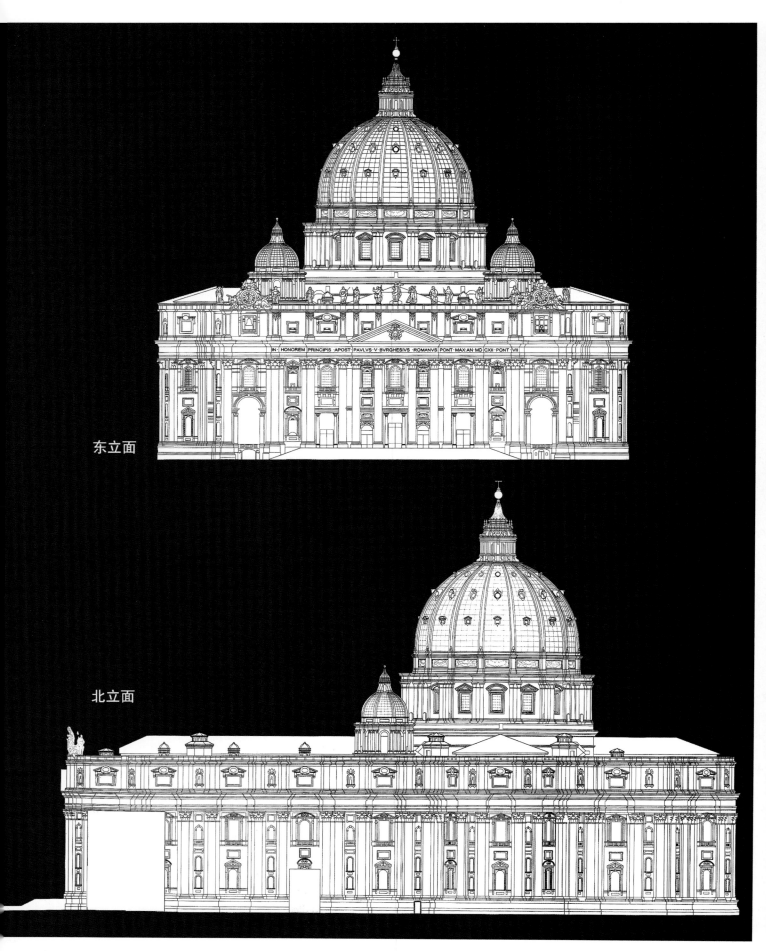

东立面

北立面

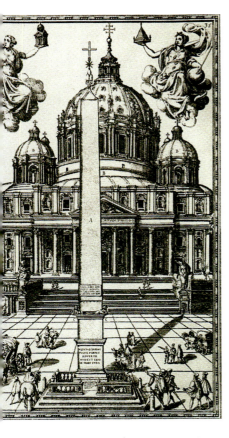

左页：

图 2-41 罗马 圣彼得大教堂。现状东侧及北侧立面

本页：

（左上）图 2-42 罗马 圣彼得大教堂。米开朗琪罗最初立面设计（1546 年后，取自 Domenico Fontana：《Della Trasportatione dell'Obelisco Vaticano》）

（中上及右上）图 2-43 罗马 圣彼得大教堂。卡洛·马代尔诺立面设计（1608 年，复制件，原稿 Giovanni Maggi 绘，伦敦 Victoria and Albert Museum 藏品）及表现该立面设计的纪念章（作者 P.Sanquirico）

（下）图 2-44 罗马 圣彼得大教堂。卡洛·马代尔诺立面设计（1606~1612 年，据 J.Guadet）

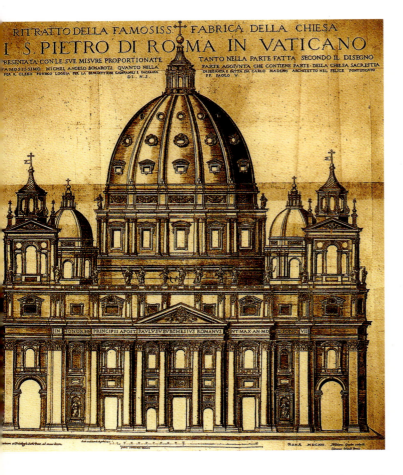

本页及右页：

(左上) 图2-45 罗马 圣彼得大教堂。卡洛·马代尔诺立面设计 (1613年，Mattheus Greuter 绘)

(中) 图2-46 罗马 圣彼得大教堂。贝尔尼尼立面改建设计 (包括侧面塔楼部分，1636~1641年，原稿现存梵蒂冈 Biblioteca Apostolica)

(右) 图2-47 罗马 圣彼得大教堂。贝尔尼尼立面及钟楼设计 (1645年，原稿现存梵蒂冈 Biblioteca Apostolica)

(左下) 图2-48 罗马 圣彼得大教堂。贝尔尼尼立面修订设计 (一) (1645年，原稿现存维也纳 Albertina)

架,并为城市的近代化打下了良好的基础。教皇的这些工程,为城市各时期重要遗迹的共存提供了一个总体解决方案,使帝国时期的城市平面和中世纪的狭窄街巷得以保留延续。新街的开辟使城市在向外扩展的同时,历史中心仍然得到保护,免遭破坏(当然,在他那个时代,也有一些出格的设计,如这位教皇就曾设想将罗马大角斗场改造成毛纺厂和工人宿舍,图2-27)。宫殿府邸及商业建筑很快就在连接各教堂的路边形成。他的后继者中,没有一位——包括亚历山大七世在内——能成就如此宏伟的规划。这些继任的教皇们实际上仅满足于在某些局部地段上完成最初的规划和设想。

西克斯图斯五世所追求的是建设一个景观更壮丽的罗马(即人们所说的"新罗马",Roma Nova,除了道路系统和向山区供水外,改造圣彼得大教堂的穹顶亦属他的功劳)。应该说,他的基本目标已经达到(图2-28)。一个同时代人写道:"此刻我在罗马,种种新奇的景象令我难以置信……建筑、道路、广场、喷泉、水道、方尖碑,以及大量的其他奇迹……所有这些都是西克斯图斯五世的作品……一个新的罗马已从它的废墟中诞生"。当然,这个新罗马还不能算是真正意义上的巴洛克风格

第二章 意大利 · 161

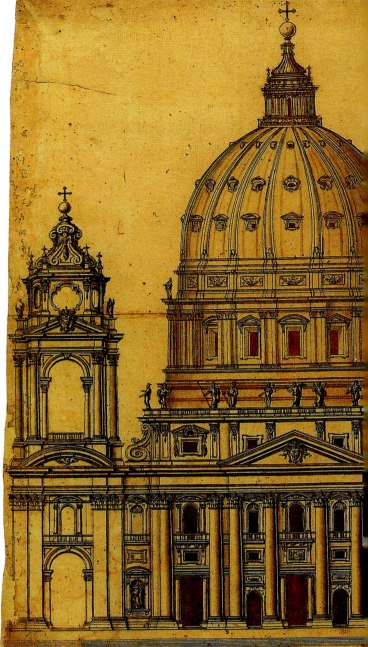

本页及右页：

（左上）图2-49 罗马 圣彼得大教堂。贝尔尼尼立面修订设计（二）（1645年，原稿现存维也纳 Albertina）

（左下）图2-50 罗马 圣彼得大教堂。吉罗拉莫·拉伊纳尔迪立面及钟楼设计方案（1605年，复原图作者 R.Semplici）

（中上）图2-51 罗马 圣彼得大教堂。卡洛·拉伊纳尔迪立面修改建议（1645年，原件现存梵蒂冈 Biblioteca Apostolica）

（右上）图2-52 罗马 圣彼得大教堂。卡洛·拉伊纳尔迪立面修改建议（1645年，系在 Mattheus Greuter 原图上加绘，原件现存梵蒂冈 Biblioteca Apostolica）

（中下）图2-53 罗马 圣彼得大教堂。卡洛·拉伊纳尔迪立面修改建议（1645~1646年，莱比锡 Museum der Bildenden Künste 藏品）

（右下）图2-54 罗马 圣彼得大教堂。卢多维科·奇戈利立面设计（含梵蒂冈廊道，约1606年，原稿现存佛罗萨乌菲齐博物馆）

162·世界建筑史 巴洛克卷

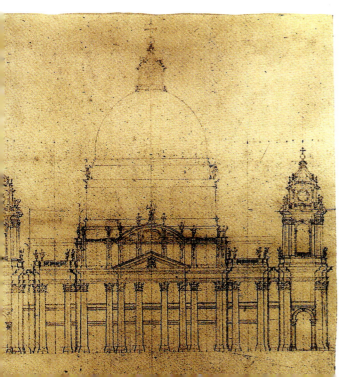

第二章 意大利 · 163

本页：

图2-55 罗马 圣彼得大教堂。马蒂诺·费拉博斯科系列图（据Costaguti，1684年）：1、立面及广场改建设计（约1620年）；2、本堂及立面方案（约1620年，增加了系列小穹顶及钟塔）；3、钟塔及广场设计（约1620年，原稿现存柏林Kunstbibliothek）

右页：

（左）图2-56 罗马 圣彼得大教堂。1641年6月完成之立面复原图（取自Sarah McPhee：《Bernini and the Bell Towers：Architecture and Politics at the Vatican》，2002年）

（右上）图2-57 罗马 圣彼得大教堂。塔楼设计综合图（左为"Equite Rainaldi"塔楼，右为"Cesare Bracci"塔楼，据Bonanni，1696年）

（右下）图2-58 罗马 圣彼得大教堂。立面（取自Wilhelm Lübke及Carl von Lützow：《Denkmäler der Kunst》，1884年）

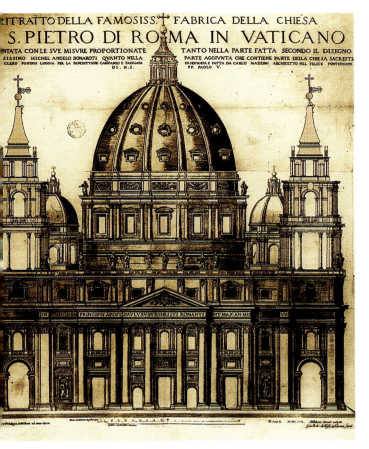

的罗马，世纪之交还在使用的僵硬形式并没有能够把建筑、城市组群和空间形体组合成一个生机勃勃的整体。

二、保罗五世任内（1605~1621年）

教皇保罗五世（1552~1621年，在位期间1605~1621年）是位精力充沛的艺术事业的推动者。意大利巴洛克艺术大体是在他的任期内，从成长发育进入到成熟期。从这时开始，持续了半个世纪的大规模创作活动，把巴洛克风格引向顶峰。罗马的城市形象在这期间基本形成，并在建筑及造型艺术等主要问题的处理上，成为欧洲各国公认的样板（图2-29）。热那亚、威尼斯及皮埃蒙特地区在这方面虽然也有自己的贡献，但真正引导潮流的，只有罗马。教皇和其他艺术资助人往往也在建筑上留下自己的个人印记。在17世纪初，教皇主要关注一批对后期具有重大影响的大型工程项目。其中某些尚带有手法主义的明显印记。因而这个过渡阶段也被人们称为"原始巴洛克时期"（baroque primitif）。

这时期最引人注目的工程项目即施工持续了将近一个世纪的圣彼得大教堂的最后落成。其设计方案经过多年探讨，最初设计人是布拉曼特，以后又陆续转到米

本页：
(上) 图2-59 罗马 圣彼得大教堂。1750年模型（照明设计）
(下) 图2-60 罗马 圣彼得大教堂。纵剖面（取自Wilhelm Lübke及Carl von Lützow：《Denkmäler der Kunst》，1884年）

右页：
(上) 图2-61 罗马 圣彼得大教堂。纵剖面（完成后，据W.Blaser）
(左下) 图2-62 罗马 圣彼得大教堂。纵剖面（局部，示穹顶及华盖部分，据J.Fergusson）
(右下) 图2-63 罗马 圣彼得大教堂。西廊厅东西向剖面（示廊道及赐福间部分，据Fontana，1694年）

166·世界建筑史 巴洛克卷

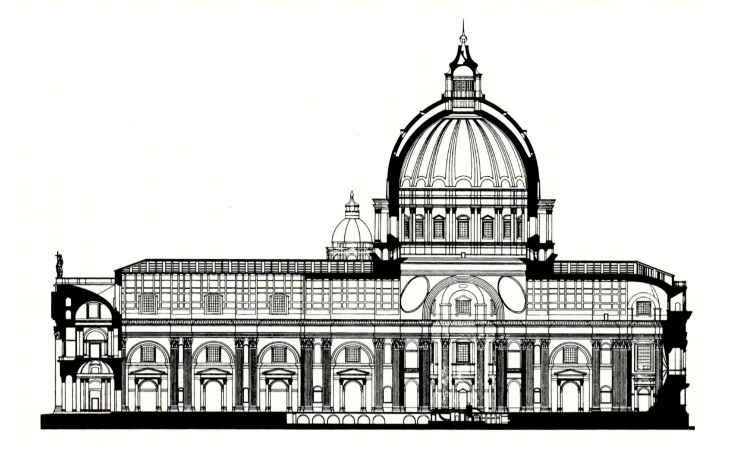

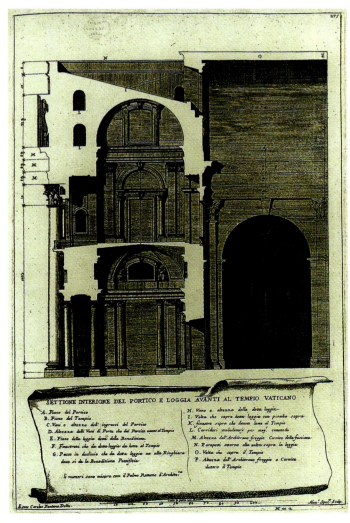

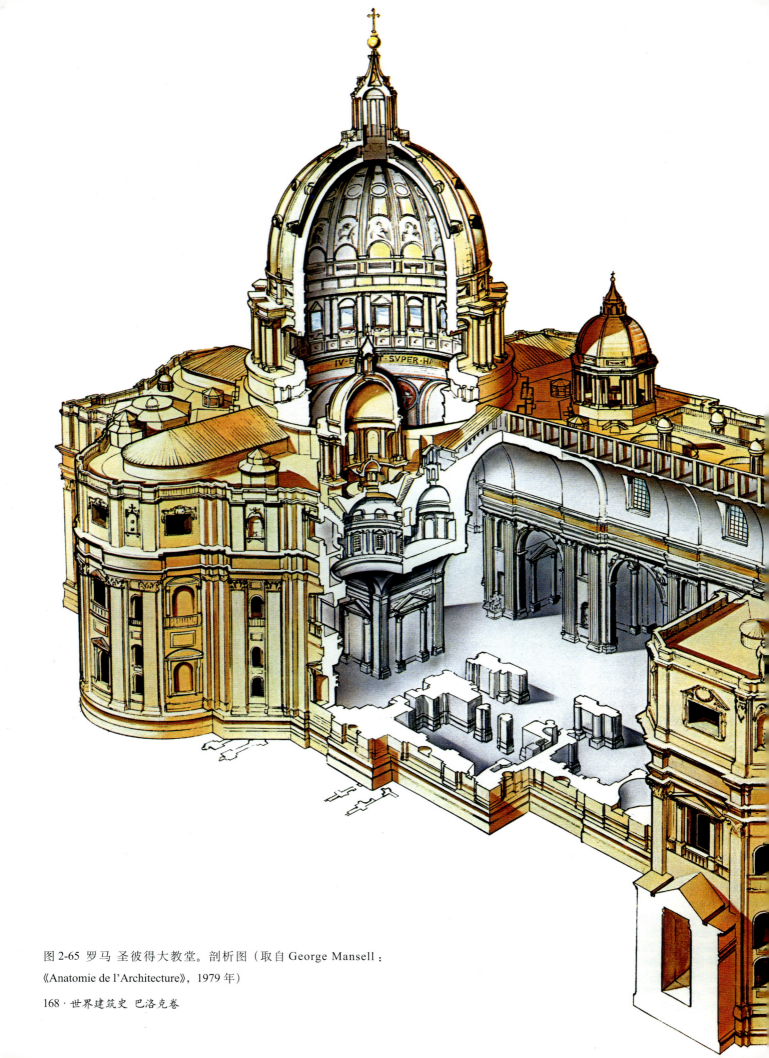

图2-65 罗马 圣彼得大教堂。剖析图（取自George Mansell：《Anatomie de l'Architecture》，1979年）

图 2-64 罗马 圣彼得大教堂。西廊厅北段南北向剖面（包括钟楼及与梵蒂冈宫相连的通道，约 1615~1620 年，据 Costaguti，1684 年资料，图版制作 Martino Ferrabosco）

开朗琪罗手中，当时已完成的部分是一个平面呈希腊十字形的集中式建筑。最终教皇选定了拉丁十字的会堂式平面。为此举行了一次设计竞赛，最后马代尔诺的方案胜出。

[卡洛·马代尔诺及其早期作品]

被保罗五世任命为圣彼得大教堂建筑师的卡洛·马代尔诺（1556~1629 年）率先于 17 世纪初在建筑设计里引进一种充满力度、类似雕刻的处理手法，一种天性自然的表现方式（在卡拉瓦乔和卡拉齐兄弟们的绘画中，这种表现已经引起了深刻的变革）。其设计特色是目标和手段都极其明晰。但因圣彼得大教堂立面常为人诟病，马代尔诺的声望多少受到一定的损害。然而，从总体上看，其作品可说是充满活力，细部上更是精美绝伦：特别是罗马圣苏珊娜教堂的立面（1597~1603 年，图 2-30~2-32），通常被看作是第一个真正成熟的巴洛克建筑实例。在受命扩建圣彼得大教堂之前，他也正是因不久前设计的这个教堂的立面而引起人们的注意。

中世纪的圣苏珊娜教堂是个尺寸不大的建筑，总体布局和耶稣会堂类似。马代尔诺对这个建筑进行了彻底的改造，除了给人们留下深刻印象的立面外，他还重新装饰了室内，增添了一个地下室及修道院建筑。

由于教堂位于一个独特的地段上，其立面和米开朗琪罗规划的皮亚大街平行，和现在的都灵大街形成一个偏角。考虑到透视效果，马代尔诺构思的这个立

本页及右页：

（左）图2-66 罗马 圣彼得大教堂。自东南方向望去的西廊厅及本堂剖析图（作者Andrea Rui）

（右）图2-67 罗马 圣彼得大教堂。自西北方向望去的本堂剖析图（作者Andrea Rui）

（中）图2-68 罗马 圣彼得大教堂。圣器室，剖面模型（菲利波·尤瓦拉设计）

本页：

（上）图 2-69 罗马 圣彼得大教堂。正面全景

（下）图 2-70 罗马 圣彼得大教堂。自东北向望立面景色

右页：

图 2-72 罗马 圣彼得大教堂。中央门廊全景

面在当时看来外廊造型可说是极不寻常，和蓬齐奥及其弟子乔瓦尼·瓦桑齐奥那种学院派的古典主义完全异趣（后者所谓线性风格仅用平面两度尺寸）。在这里，马代尔诺确立了立面和中央本堂及边廊内部体形的有机联系。但和后面的教堂相比，立面和广场的关系似要

图2-71 罗马 圣彼得大教堂。立面近景

图2-73 罗马 圣彼得大教堂。中央门廊山墙雕刻：保罗五世纹章

更为密切，整个立面宛如前面广场的舞台布景。立面两边对称的三开间修道院由于采用砖砌，和教堂石构墙面有所区分，但通过水平线条和上部栏杆在外观上得到统一，栏杆线条一直延续到教堂底层的山墙上，颇具新意。为了和两侧装饰墙面协调，教堂较窄的室外开间仅有少量退阶。立面底层五开间，至上层缩为三间。开间由边侧向中间跨度递增且层层向前凸出，柱子及装饰的造型程度也步步升级：下层从两侧壁柱很快过渡到向外凸出的附墙柱，开始为半柱，至大门两侧进一步变为3/4柱。两层柱间布置装饰华美的龛室，内置雕像。

上层中央窗户四边围以造型凸出的小柱及框饰，立面两侧的涡卷装饰造型独特、极其秀美。山墙上栏杆两头配烛架饰。整个立面充满生气和活力。由于柱列和山墙等装饰都集中在中央部分（界定各开间的粗壮圆柱和壁柱，在饰有龛室的轻快墙面前突显出来，在具有一定造型深度的同时还有一定的节奏变化），中跨就这样得到最大程度的强调，中轴线的重要性更为突出。

马代尔诺设计的这个圣苏珊娜教堂的立面实际上可视为半个世纪以来这种会堂式教堂立面演化的最终成果。在罗马的这个演化进程中，首先应提到的是萨西

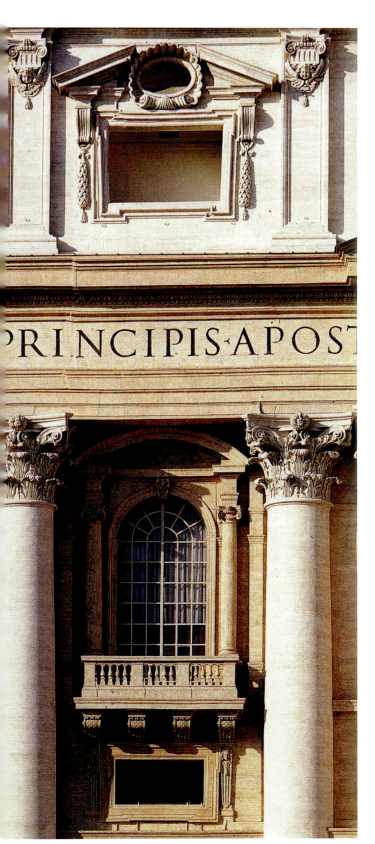

(左)图 2-74 罗马 圣彼得大教堂。中央门廊南侧上层墙体细部

(右两幅)图 2-75 罗马 圣彼得大教堂。立面南翼首层及二层墙龛细部

本页及左页：

（上三幅）图 2-76 罗马 圣彼得大教堂。立面南翼顶层窗及钟楼细部

（中下）图 2-77 罗马 圣彼得大教堂。中央门廊南侧柱头近景

（左下）图 2-78 罗马 圣彼得大教堂。立面南端，自西南方向望去的景色

亚圣灵教堂（约 1540 年，建筑师安东尼奥·达·圣加洛，图 2-33、2-34），这是个手法主义名作，造型表现和缓，只是外廊显得有些僵硬；接下来为富纳里圣卡泰丽娜教堂（1564 年，建筑师圭代蒂），其中央部分稍稍突出，装饰轻快淡雅；再就是通过版画留存下来的维尼奥拉的耶稣会堂设计（1570 年）。这后一个方案可说是重现了文艺复兴的艺术理想：底层没有基座的壁柱上承高高的栏墙，其上是另一组支撑山墙的柱列；墙面的两阶凸出，一直延续到山墙高度，门廊开间两边采用附墙柱式，于中央大门上部承沉重的弓形山墙；立面设三门，对应上层开三窗；中央开间带丰富的框饰，柱顶盘上饰垂叶，龛室内布置雕刻。在这个设计里，古典的均衡和精练的分划相结合，庄重严肃又不失适度的壮美。然而它缺的是力度。最后完成的贾科莫·德拉·波尔塔的立面（1573~1577 年）显然要更具活力。叠置的支柱间距合宜，成对布置的壁柱造型凸出，中央大门开间上配双山墙。底层柱列增加了高基座，上层两侧的涡卷造型也更为粗壮浑厚。在这里，没有造型雕刻，全凭形体本身说话。由安详平静的形式向悲怆哀情的转换，毫

（上）图2-79 罗马 圣彼得大教堂。立面顶部雕像

（下）图2-80 罗马 圣彼得大教堂。立面顶部雕像（自屋顶背面望去的情景）

180·世界建筑史 巴洛克卷

（上下四幅）图 2-81 罗马 圣彼得大教堂。本堂南侧首层墙龛及二层窗细部

第二章 意大利 · 181

本页：
（上下四幅）图2-82 罗马 圣彼得大教堂。本堂南侧首层、二层及顶层墙龛和窗细部

右页：
（上）图2-83 罗马 圣彼得大教堂。本堂，向西面望去的景色（油画，作者Giovanni Paolo Pannini，华盛顿National Gallery of Art 藏品）

（下）图2-85 罗马 圣彼得大教堂。18世纪内部景色（版画作者Giovanni Battista Piranesi）

无疑问更符合特伦托会议的精神。到 16 世纪末和 17 世纪初,这类例证越来越多。马代尔诺设计的圣苏珊娜教堂的立面,正是标志着这类会堂式教堂立面形制演化过程中的一个新阶段。在世俗建筑作品——如罗马的马太府邸和巴尔贝里尼宫——里,他通过新的更富创意的空间布置方式解决了类似的问题。大约 10 年以后,马代尔诺在设计圣彼得大教堂立面时,再次证明了自己在面对困难任务时的协调能力。

[圣彼得大教堂的扩建及立面]

按布拉曼特和米开朗琪罗最初的设计意图,这个大教堂应有四个以巨大穹顶为中心样式相同的立面;

左页：

（上）图2-84 罗马 圣彼得大教堂。本堂内景（17世纪早期油画，作者佚名，James Lees-Milne 私人藏品），表现室内进行巴洛克装修之前的情景：本堂拱顶已部分施金色（1616年），但半圆室部分仍是米开朗琪罗所设想的石灰华本色

（下）图2-86 罗马 圣彼得大教堂。本堂内景（取自 Wilhelm Lübke 及 Carl von Lützow：《Denkmäler der Kunst》，1884年）

本页：

图2-87 罗马 圣彼得大教堂。本堂，向东望去的俯视全景

但这种集中式建筑显然无法满足祭祀活动的需求（毕竟它还需要一个功能上必不可少的本堂），因而在保罗五世任内，这种形制很快便被否定。也就是说，在持续了一个世纪的施工期间，人们认识上已有了很大的变化，从文艺复兴时期理想的和谐构图复归传统的会堂式布局。但由于规模宏大，将建筑延伸面临着极大的困难。1607~1614年间，马代尔诺建造了一个带侧面礼拜堂的中央空间，礼拜堂通过高通道相连，效果如真正的侧廊。米开朗琪罗原打算为他的希腊十字建筑在入口处配一个柱廊，现人们采取的折中方案是在室内建了装饰性的墙体，侧面礼拜堂退居其后，交叉处也被推到背景位置。最后，马代尔诺以一道横向前廊作为整个建筑的主立面：八根巨大的半柱和两侧壁柱上承柱顶盘及厚重的顶层；由四根巨柱形成的中央门廊稍稍向前凸出，上配山墙；边上两开间同样配半柱。立面后为一个五通道的前厅，上部为加冕厅及赐福间（平面图版及各设计方案：图2-35~2-39；现状立

第二章 意大利·185

图2-88 罗马 圣彼得大教堂。本堂,向西望去的俯视全景

面:图2-40、2-41;各立面设计方案:米开朗琪罗,图2-42;马代尔诺,图2-43~2-45;贝尔尼尼,图2-46~2-49;吉罗拉莫·拉伊纳尔迪,图2-50;卡洛·拉伊纳尔迪,图2-51~2-53;卢多维科·奇戈利,图2-54;马蒂诺·费拉博斯科系列,图2-55;最后立面及模型,图2-56~2-59;剖面:图2-60~2-64;剖析图:图2-65~2-68;外景及细部:图2-69~2-82;本堂内景:图像资料,图2-83~2-86;现状及细部,图2-87~2-98;前厅内景:图2-99~2-101)。

在这里,马代尔诺只能通过降低立面高度,尽可能减轻会堂式本堂对穹顶的干扰和尊重米开朗琪罗的

(上)图 2-89 罗马 圣彼得大教堂。本堂,自东向西望全景

(下)图 2-90 罗马 圣彼得大教堂。本堂,自西向东望全景

原有意图。同时,他还设想在穹顶边上建两个钟楼。应保罗五世的要求,钟楼工程于1612年上马,但两个塔楼高度未超过一层。如何处理"穹顶—立面—钟楼"的关系,同样是以后贝尔尼尼面临的问题。

罗马巴洛克建筑多为实体墙结构,想必是因为建筑师们非常熟悉采用这种体系的古代遗迹。采用独立

本页:

图2-91 罗马 圣彼得大教堂。本堂,东端景色

右页:

图2-93 罗马 圣彼得大教堂。本堂,拱顶仰视景色

本页及右页：

（右下）图2-92 罗马 圣彼得大教堂。本堂，向东仰视景色

（上）图2-94 罗马 圣彼得大教堂。本堂，南侧立面全景

（中下）图2-95 罗马 圣彼得大教堂。本堂，柱墩近景

支柱的情况比较少见，大多数情况下是用壁柱，如果希望突出造型效果则用半柱乃至3/4柱。米开朗琪罗设计的圣彼得大教堂的独立柱廊可能是有意效法万神庙的门廊，希望以此和帝国时期的传统相联系。如今，由于采用了壁柱和附墙柱式，这种联想已大为削弱。中央门廊向前凸出主要是为了强调云集在广场上的信徒们关注的中心——教皇将出现的赐福间的阳台。立面两边饰有壁柱的开间起到使比例均衡的作用，但两头带高大券门上承钟楼的端跨使立面显得有些过于宽阔（其券门并不是通向室内，而是到建筑侧面）。特别是当人们进入广场时，这个巨大的立面几乎把穹顶遮挡了一半以上，

190·世界建筑史 巴洛克卷

左页：

图 2-96 罗马 圣彼得大教堂。本堂，柱墩细部

本页：

图 2-97 罗马 圣彼得大教堂。本堂，南墙东段近景

因此一直为人诟病。不过客观地说，在给定的条件下，这两个弊病都在所难免（在规划广场时，既要照顾到建筑本身，又要考虑它和对面博尔戈区的联系）。

马代尔诺本人亦考虑过这个问题，从保存下来的一幅版画中看（见图 2-421），其设计包含两个突出的角塔；在意大利，这种带双塔的立面颇为罕见，设穹顶的大型主教堂尚无采用这种形式的先例。圣加洛提出的方案是建造两个与穹顶同高的独立钟楼，其细高的比例犹如哥特建筑。其直接的原型可能是 1586 年完成的埃尔埃斯科里亚尔宫堡的教堂（交叉处立穹顶，立面两侧

设半高的塔楼)。同样采用圣彼得集中式平面的热那亚卡里尼亚诺圣马利亚教堂也配有两个正面塔楼,但在这里,建筑本身的尺度要小得多(图2-102、2-103)。由于圣彼得大教堂的穹顶被立面遮挡得如此严重,事实上已不可能看到版画上所表现的景色。这种使建筑具有上升动态的垂直构图本是欧洲北方大教堂的表现,在意大利终究未能形成气候。

教堂前广场事实上只能在这个立面形成的框架内展开。马代尔诺的设计采用了罗马卡皮托利诺广场那种向前围合的平面形制(亦即所谓"马蹄形平面"),在两边布置纯装饰性的廊厅(右侧的已经存在)及其钟楼。但广场仅仅到此为止,因此不存在和方尖碑的关系

左页：

图2-98 罗马 圣彼得大教堂。本堂，北廊及圣塞巴斯蒂安礼拜堂

本页：

图2-99 罗马 圣彼得大教堂。前厅，自北向南望景色

问题，更不涉及和博尔戈区的关系。设计者关心的只是建筑群本身的宏伟面貌。

[世俗建筑，宫邸、别墅及市政工程]

1600年左右，意大利世俗建筑蓬勃发展。在接下来的两个世纪期间，乡村和城市都开始现代化，但和当时的宗教建筑相比，基本类型的改变并不是很大，只是处理手法更加灵活，涉及的范围更广。别墅的发展在这方面起到了很大的推动作用，由于涉及的要素较多（如廊道、台阶楼梯及平台等），处理上可以比较丰富，加之地段比较自由，不受城市道路等硬性条件的制约和限制，创新上也有更多的余地。不过在意大利，这类建筑多少都带有一些城市的特色，其透视景色并不能向远处无限延伸；在罗马，这时期的公园和别墅，大都位于市中心和奥勒利安城墙之间、当时主要用于农业活动的地区。在这个老城墙范围内，建筑和自然融汇成一种独特的城市风景。

保罗五世的侄子、红衣主教西皮翁·博尔盖塞的别墅，充分表现了这一过渡时期的特点。博尔盖塞（图2-104）本人极富魅力，在他周围，聚集了包括拉斐尔和提香在内的一批著名艺术家和文人（贝尔尼尼也是他发现的人才）。他这个别墅建于1613~1615年，设计人

图2-100 罗马 圣彼得大教堂。前厅，自南向北望景色

先为蓬齐奥，以后又由佛兰德地区建筑师乔瓦尼·瓦桑齐奥继任（历史及现状景观：图2-105~2-108；内景：图2-109）。别墅位于紧靠奥勒利安城墙外侧的花园里，属一种根据古代文献记述在16世纪得到复兴的传统建筑类型，即所谓"城郊别墅"（villa suburbana）。建筑核心部分为一个矩形体量，在此基础上附加了塔形的四翼，颇具城堡遗风。在前面的两翼比中央主体为低，后面的要更高，从而使别墅具有一条主要轴线并提供了一个主要视点。人们可通过一道原本开敞的拱廊进入小院。其立面系效法罗马的梅迪奇别墅，不过，和这个更为宏伟的原型不同，在这里，是主立面而不是花园立面配置龛室和内置古代雕刻残段的椭圆形框饰。大量的壁龛、满布整个建筑的雕刻和浮雕，使这座建筑具有后期手法主义那种堆砌形式的典型特征。

西皮翁·博尔盖塞还委托蓬齐奥对罗马古代的城外圣塞巴斯蒂亚诺教堂进行了修复（1609~1613年），该项工作最后由博尔盖塞别墅的主持人乔瓦尼·瓦桑齐奥完成。这个颇有点古典风味、色调单一的建筑和同时期具有华丽色彩的罗马圣马利亚主堂保利纳礼拜堂（1605~1611年）形成了鲜明的对比。立面成对配置的柱子此时已成为普遍采用的手法（如热那亚的大学宫）。

轴线的强化是这时期府邸设计的重要特点之一。

(上）图 2-101 罗马 圣彼得大教堂。自北前厅东望广场景色

（左下）图 2-102 热那亚 卡里尼亚诺圣马利亚教堂（设计人 Galeazzo Alessi）。平面（周围四个礼拜堂上置带顶塔的穹顶，四个角上的塔楼最后仅完成两个）

（右下）图 2-103 热那亚 卡里尼亚诺圣马利亚教堂。外景

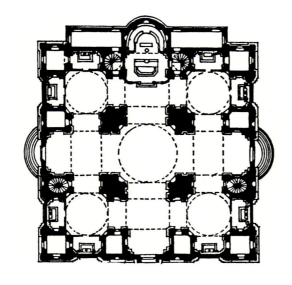

第二章 意大利 · 197

(上)图2-104 西皮翁·博尔盖塞雕像(作者贝尔尼尼,1632年,现存罗马博尔盖塞别墅)

(下)图2-105 罗马 博尔盖塞别墅(1613~1615年,设计人先后为弗拉米尼奥·蓬齐奥及乔瓦尼·瓦桑齐奥)。18世纪景色(取自 Henry A.Millon 主编:《The Triumph of the Baroque, Architecture in Europe 1600-1750》,1999年)

图 2-106 罗马 博尔盖塞别墅。立面全景

其演进至少可追溯到罗马的法尔内塞宫，这个建筑代表了比例良好的理想完整形体，但开始时它并不存在和周围环境的相互影响和作用。只是稍后，米开朗琪罗才引进了贯穿整个建筑的纵向轴线，使它在空间上和台伯河对岸的法尔内西纳别墅发生联系。他进一步通过在入口上布置了一个较大的跨间以突出立面的中心，并打算通过一个透空的敞廊（1546~1549 年）使院落后部得以打通。米开朗琪罗的这些做法对以后巴洛克府邸的发展起到了重要的作用。

在接下来的几十年里，许多建筑师都沿袭了这种加强主要轴线的理念。在罗马的卡埃塔尼（马太 - 内格罗尼）宫（1564 年），院落深处的墙体被改造成一个单层的敞廊，将成"U"形的建筑两翼连接在一起。塔司干柱式构成了院落其他侧面分划的延续部分，在封闭和纵向特征之间创造了一种有趣的对位构图。这种解决方式可能是来自阿曼纳蒂，他曾在佛罗伦萨的皮蒂府邸院落里用过类似的处理手法（1560 年）。

这时期马代尔诺设计的马太府邸（设计于 1598 年，完成于 1618 年）也是从这里得到的启示，通常它被认为是罗马第一个真正的巴洛克宫殿。在这里，人们并没有按传统形制将院落布置在中心，因而表现出向纵深运动的强烈倾向；由于没有侧面敞廊，院落的指向性再次得到强调。因宫殿位于街道一角，横向轴线直接通向华美的楼梯。楼梯亦为马代尔诺的重要创新作品，它共有四个梯段，而不是通常的两个，休息平台通过带丰富灰泥装饰的扁平穹顶得到突出。这种空间布局预示了 17 世纪巴洛克建筑那种宏伟楼梯段的出现。

博尔盖塞宫的院落虽然并不特别先进，但给人的印象要更为深刻。其院落后墙被改造成朝向花园的敞廊。侧翼三层，但相连的这个敞廊仅高两层（设计人蓬齐奥，1607 年）。在这里，院落的连续性得以保留，但与此同时，位于深处的宽阔花园又为纵向运动提供了实在的目标。

在前述三个实例中，实际上都不是真正的建筑和城市环境的相互交流。纵向轴线只是意味着私人空间和领域的扩展，依靠毗邻的花园和院落得以实现。不过，人们仍可以说它们是朝着想象或理想中的景色进行了"开放"。

像在教堂里一样，和城市环境的相互作用还依靠立面分划上的新意，在这里，中轴线开始具有了越来越重要的意义。第一批巴洛克教堂立面的设计者贾科

（上）图2-107 罗马 博尔盖塞别墅。立面近景

（左下）图2-108 罗马 博尔盖塞别墅。花园立面

（右下）图2-110 罗马 塞卢皮宫（1585年，未完成）。立面（图版作者 Giovanni Battista Falda）

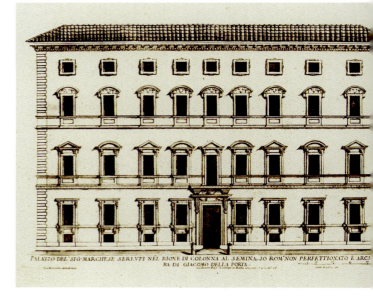

图 2-109 罗马 博尔盖塞别墅。帝王廊内景

莫·德拉·波尔塔，同样也是研究宫殿立面问题的第一人。他只是简单地把窗户向中部会聚，便获得了明显的集中效果，并达到了传统罗马宫殿的静态平衡。罗马塞卢皮宫（1585年，但一直未能完成，图2-110）可作为这方面的一个典型实例。但立面并没有在垂向进行整合。直到许久以后，罗马建筑师才开始涉及这个问题。

在这里需要说明的是，所有这些实例，尽管平面

（左上）图2-111 罗马 保拉水道及喷泉（1610~1614年，设计人弗拉米尼奥·蓬齐奥）。18世纪景色（版画作者 Giovanni Battista Piranesi）

（右上及下）图2-112 罗马 保拉水道及喷泉。现状景色

布局上具有令人惊异的系统化表现,房间彼此聚合,但和主要轴线并无确定的关系,对称布置的立面也无须和内部空间的配置对应。如在法尔内塞宫,主要沙龙(salon)就位于立面左角上[2]。

在市政工程方面,保罗五世只取得了有限的成果。在特拉斯泰韦雷区,这位教皇开通了向罗马供水的一条新水道(保罗五世输水道,1610~1614年),并委托教廷建筑师蓬齐奥设计和建造了雅尼库卢姆山腰带装饰性立面的大型喷泉(图 2-111、2-112)。在泉水出口处建造纪念性建筑,如剧场舞台般面向城市,可谓一大创造。这一设计完全符合保罗五世的心意,因而他继续鼓励建筑师们用这类纪念性喷泉装饰广场和大道 [只是在蓬齐奥的保利纳喷泉(保拉水道)和马代尔诺建造的圣苏珊娜教堂立面之间,竟然相距了十几年,这点倒是颇令人费解]。与此同时,贝尔尼尼还设想把图拉真纪念柱搬到科隆纳府邸,和马可·奥勒留纪念柱一起配上喷泉,改善广场的小气候 [维也纳的卡尔大教堂(圣查理-博罗梅教堂)就采用了这种成对配置的纪念柱]。

第二节 罗马巴洛克建筑的黄金时代

从西克斯图斯五世和保罗五世时期开始,统治整个亚平宁半岛的西班牙人和法国人第一次尝到了失败的滋味。与此同时,已经在北方国家取胜的新教,从 16 世纪 80 年代起开始转入守势,天主教则巩固了自己的阵地。在保罗五世任内,菲利浦·内里创建的奥拉托利会和(罗耀拉的)圣依纳爵创建的耶稣会的地位已

(左)图 2-113 乌尔班八世(在位期间 1623~1644 年)画像(作者贝尔尼尼,1625 年)

(右)图 2-114 乌尔班八世雕像(作者贝尔尼尼,牛津郡 Blenheim Palace 藏品)

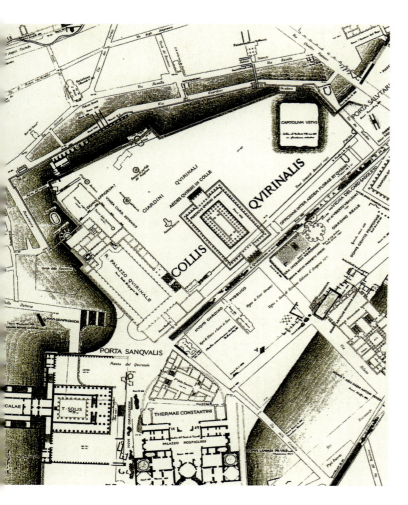

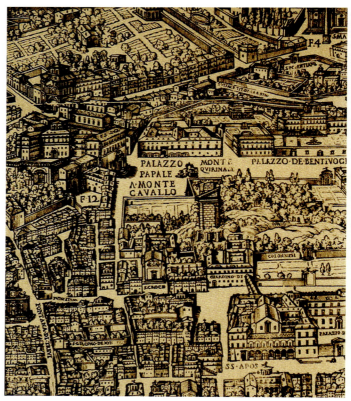

(左) 图2-115 罗马 奎里纳莱广场。古罗马时期总平面 (罗马城图细部, 取自 Lanciani:《Forma Urbis Romae》, 图版16)

(右上) 图2-116 罗马 奎里纳莱广场。约1550年山头景色 (绘画, 原件现存巴黎卢浮宫博物馆)

(右下) 图2-117 罗马 奎里纳莱广场。1625年地段俯视全景 (罗马城图细部, 作者 Maggi-Maupin-Losi, 取自 Brizzi、Casanova 和 Di Domenico:《Palazzo del Quirinale》, 图版12)

得到官方的承认。1622年5月22日, 格列高利十五世 (1621~1623年) 加封 (罗耀拉的) 依纳爵、(阿维拉的) 德肋撒, 菲利浦·内里和方济各为圣人。这个日期颇具象征意义: 它标志着过渡时期的终结, 表明革新的力量在教会内占据了上风, 并为巴洛克艺术在半个世纪内的畅通敞开了道路。

一、乌尔班八世任内 (1623~1644年)

新时代是随着乌尔班八世的上任开始的 (图2-113、2-114)。这位教皇核准了特伦托会议法令, 大力依靠耶稣会教士传播天主教; 与此同时, 对教廷内日益增长的世俗化倾向, 也和其他的欧洲宫廷一样, 采取了宽容的态度。由于对反宗教改革派艺术不再敌视, 对那些并不仅仅是宣扬教义, 同时也能取悦感官的艺术作品, 也能同样加以赏识。总之, 到乌尔班八世统治初期, 人们的观念已有了很大的变化。进入新世纪以后, 在罗马的建设上, 大胆创新的想法逐渐战胜了学院派的保守和冷漠, 拥有了更多的自由。

乌尔班的头一批工程项目几乎遍布整个罗马城。

(上)图 2-118 罗马 奎里纳莱广场。1664年广场景观 [取自 Lievin Cruyl 绘《罗马十八景》(Eighteen Views of Rome),原图反向,现存克利夫兰 Museum of Art]

(左下两幅)图 2-119 罗马 奎里纳莱广场。18 世纪景色(版画作者 Giovanni Battista Piranesi)

(右下)图 2-120 罗马 奎里纳莱广场。18 世纪景色(Gian Paolo Pannini 绘,约 1743 年)

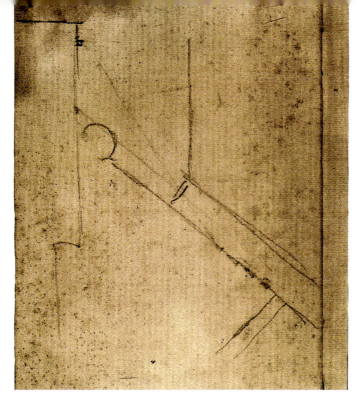
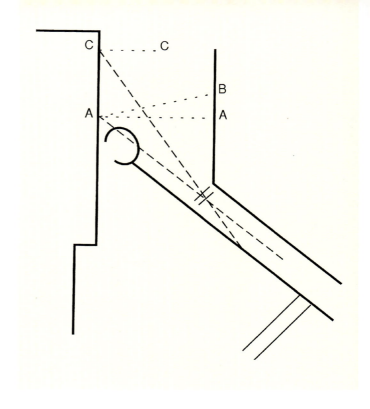

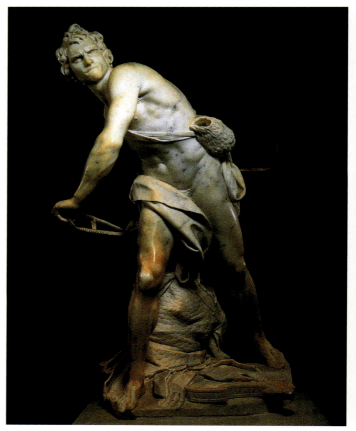

在他的提议下建了新的城墙，完成了雅尼库卢姆山上的两条路段，以此确定了特拉斯泰韦雷区的边界。还打算建一道比奥勒利安城墙更小的围墙以适应当时防卫的需要。同时他还制订了修复早期基督教教堂的计划（其中一些已损毁得相当严重），通过新干线的建设把这些教堂连在一起，或把它们纳入到一个更大的城市规划

（上两幅）图2-121 罗马 奎里纳莱广场。广场规划草图（作者贝尔尼尼，1657年，原稿现存梵蒂冈 Biblioteca Apostolica）

（左下）图2-122 吉安·洛伦佐·贝尔尼尼（1598~1680年）青年时期画像（作者 Ottavio Leoni，1622年）

（右下）图2-124 贝尔尼尼雕刻作品：《大卫》（1623~1624年，大理石，高1.7米，现存罗马博尔盖塞画廊）

  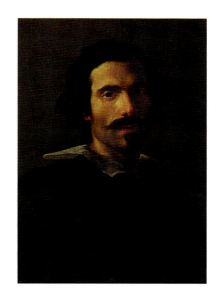

(上三幅)图 2-123 吉安·洛伦佐·贝尔尼尼青年及中年时期画像(中间一幅约绘于 1623 年；它和右侧一幅均为自画像，分别藏罗马博尔盖塞画廊及佛罗伦萨乌菲齐博物馆)

(右中)图 2-125 罗马 圣比比亚纳教堂(立面 1624~1626 年，贝尔尼尼设计)。17 世纪景色(版画作者 Giovanni Battista Falda)

(左下)图 2-126 罗马 圣比比亚纳教堂。外景

(右下)图 2-127 罗马 圣比比亚纳教堂。祭坛内景

范围里去。为此开通了连接圣欧塞比奥和圣比比亚纳教堂的大道。这位教皇还委托科尔托纳用壁画装饰圣比比亚纳教堂,并请贝尔尼尼改造其立面。在去梵蒂冈的朝圣者要经过的佩莱格里诺大街和博罗米尼设计建造的新教堂之间,也新辟了一条街道。位于山丘顶部教皇宫前的奎里纳莱广场同时进行了扩大,以接纳前来接受教皇赐福的朝拜人群(图2-115~2-121)。

在建筑方面,乌尔班八世尤重宏伟的设计。他的三个主要建筑师——贝尔尼尼、博罗米尼和科尔托纳——个个不凡,但具有完全不同的天分。

[吉安·洛伦佐·贝尔尼尼及其早期作品]

早期职业生涯

吉安·洛伦佐·贝尔尼尼(1598~1680年,图2-122、2-123),为意大利巴洛克时期最杰出的艺术家,既是雕刻家,同时也是建筑师、画家和剧作家。作为一位天才的雕刻家,他取代了米开朗琪罗去世后留下的空位,在形式创新上起到了先锋的作用。作为建筑师,他重新确立了建筑和雕刻的密切联系,把建筑及其组群作为一个有机的整体来处理,并大量采用了舞台布景的手法。其雕刻场景往往具有戏剧化的效果,但建筑设计却在

本页及左页：

（左）图 2-128 罗马 圣比比亚纳教堂。祭坛雕刻（作者贝尔尼尼）

（中）图 2-129 罗马 圣彼得大教堂。乌尔班八世墓

（右两幅）图 2-130 罗马 圣彼得大教堂。乌尔班八世墓，贝尔尼尼最初设计图稿（温莎城堡王室藏品）及泥塑雕刻初型（现存梵蒂冈博物馆）

很大程度上具有古典倾向。贝尔尼尼的综合想象力同样在他的戏剧作品中有所体现，其中还有少数保留下来。和他的其他艺术作品一样，他敢于冲破常规，确立和观众直接的联系并因此达到出人意料的效果。据说在他的戏剧作品里用过真火，有一次甚至用洪水淹没舞台，使观众——至少在那一刻——成为进入场景的演员。

贝尔尼尼的父亲彼得罗·贝尔尼尼（1562~1629年）是位有一定才干的佛罗伦萨雕刻师，以后迁居罗马。这位大师早年的艺术生涯就是在他父亲的指导下开始的。贝尔尼尼自幼天赋过人，工作勤奋，很快就博得画家

（上）图 2-131 罗马 西班牙广场。《破船》喷泉（Barcaccia, 1627~1629 年），17 世纪景色（版画作者 Giovanni Battista Falda，对面广场大台阶尚未修建）

（中）图 2-132 罗马 西班牙广场。《破船》喷泉，近景

（下）图 2-133 罗马 西班牙广场。《破船》喷泉，雕刻细部

（上）图 2-134 罗马 巴尔贝里尼广场。海神喷泉，17 世纪外景（图版作者 Rossi）

（左下）图 2-135 罗马 巴尔贝里尼广场。海神喷泉，贝尔尼尼设计图稿（温莎城堡王室藏品）

（右下）图 2-136 罗马 巴尔贝里尼广场。海神喷泉，近景

安尼巴莱·卡拉齐的赞赏和教皇保罗五世的资助，自立门户，成为独立雕刻师。他在梵蒂冈对古希腊及罗马大理石雕刻进行了深入的钻研并深受其影响，他的早期组雕之一《魔角山羊和婴儿朱庇特及农牧神》（Goat Amalthea with the Infant Jupiter and a Faun）可能就是仿自一个古代的作品。他对 16 世纪初期文艺复兴盛期

本页及右页：
（左两幅及中）图2-137 罗马 巴尔贝里尼广场。海神喷泉，雕刻及细部
（右上）图2-138 罗马 万神庙。18世纪景色（版画作者Giovanni Battista Piranesi，可看到1626~1632年贝尔尼尼增添的两个钟楼）
（右下）图2-139 罗马 万神庙。19世纪初景色（贝尔尼尼增添的钟楼以后被拆除）

212·世界建筑史 巴洛克卷

的绘画也有深入的了解。从他为红衣主教马费奥·巴尔贝里尼（即以后的教皇乌尔班八世，为贝尔尼尼最主要的保护人）雕制的《圣塞巴斯蒂安》(St. Sebastian, 约1617年）可看出他对米开朗琪罗的作品相当熟悉。

贝尔尼尼的早期作品很快就引起了在位教皇家族成员之一、红衣主教西皮翁·博尔盖塞的注意，在他的赞助下，贝尔尼尼完成了他早期最重要的雕刻作品：群雕《埃涅阿斯、安喀塞斯和阿斯卡尼俄斯》(1618~1619年）及《大卫》(1623~1624年，图2-124）。在为这位红衣主教效力时，这位年轻的艺术家已在雕刻上引入了大胆的革新。特别是1622~1624年完成的《阿波罗和达佛涅》，对人物的刻画尤为细致生动。这样一些作品标志着他和米开朗琪罗传统的决裂和西方雕刻史上一个新时代的诞生。很快，贝尔尼尼就成为教皇乌尔班八世

第二章 意大利·213

（上）图2-140 罗马 圣彼得大教堂。主祭坛华盖（1624~1633年，贝尔尼尼设计），主立面及侧立面（据W.Chandler Kirwin）

（左下）图2-141 罗马 圣彼得大教堂。主祭坛华盖，1606年卡洛·马代尔诺设计方案（四个天使为贝尔尼尼设计）

（右下）图2-142 罗马 圣彼得大教堂。主祭坛华盖，贝尔尼尼第一个设计方案（顶部立复活的基督雕像）

(上) 图2-143 罗马 圣彼得大教堂。主祭坛华盖,贝尔尼尼顶部设计草图(原稿现存维也纳 Graphische Sammlung Albertina)

(下) 图2-145 罗马 圣彼得大教堂。主祭坛华盖,全景图(版画,作者 R.Sturgis)

宠幸的艺术家。对他来说,马费奥·巴尔贝里尼(乌尔班八世原来的名字)当选为教皇自然是一大幸事;而对这位教皇来说,有一个贝尔尼尼生活在他那个时代应该是更大的荣幸。

乌尔班八世在位期间(1623~1644年),贝尔尼尼创作了大量作品,技艺也在不断提高。教皇敦促他的这位被保护人从事绘画和建筑创作。不过,在绘画上,除了两幅自画像外(约1620和1640年),重要的作品不多。

贝尔尼尼实际上只是到17世纪中叶以后才大规模

（左上及右）图2-144 罗马圣彼得大教堂。主祭坛华盖，扭曲柱及复合柱头设计（图稿作者弗朗切斯科·博罗米尼，1631年，温莎城堡王室图书馆藏品；在细部设计上，协助贝尔尼尼工作的博罗米尼有诸多贡献）

（左下）图2-146 罗马 圣彼得大教堂。主祭坛华盖，正面景色（高约30.48米）

介入教堂建筑领域。1624年，贝尔尼尼受托为罗马圣比比亚纳教堂建一个新的立面，这是他第一个真正的建筑设计（室内祭坛雕刻也是他的作品，图2-125~2-128）。从二层的窗户来看，显然他是选用了一个宫殿的立面，但是突出了深度的构图效果。中央开间则通过叠柱和宏伟的山墙加以强调（叠置各种柱式同样是后期手法主义的一种手法）。和圣苏珊娜教堂的立面相比，这个立面

图 2-147 罗马 圣彼得大教堂。主祭坛华盖,东南侧全景

图 2-149 罗马 圣彼得大教堂。主祭坛华盖,东南侧俯视全景

左页:图 2-148 罗马 圣彼得大教堂。主祭坛华盖,东南侧仰视景色

在协调匀称等方面似欠火候，说明此时的贝尔尼尼还比较年轻，经验不足。

贝尔尼尼毕生都在为教会工作（在乌尔班八世去世后，他又接续为英诺森十世和亚历山大七世服务）。他本人亦为虔诚的罗马天主教徒，定时参加弥撒及其他宗教活动。他同意特伦托会议（1545~1563年）提出的纲领，即宗教艺术的目的是教育及激励信徒，宣传罗马天主教会的主张。显然，贝尔尼尼的宗教艺术在很大程度上正是他自觉贯彻这些原则的结果。他坚信事物的本性并把它看作是形式的基础，进一步提炼只是为了达到既定的目标而不会改变行进的方向。

在乌尔班八世时期，都城内同样开始建造各种各样新的纪念性建筑——墓构和喷泉。作为雕刻师和装饰设计师，贝尔尼尼积极参与了这些景观的改造工程。

左页：

图 2-150 罗马 圣彼得大教堂。主祭坛华盖，西侧仰视近景

本页：

（左）图 2-151 罗马 圣彼得大教堂。主祭坛华盖，东侧仰视细部

（右）图 2-152 罗马 圣彼得大教堂。主祭坛华盖，扭曲柱细部（一）

第二章 意大利 · 221

本页及左页：
(左) 图2-153 罗马 圣彼得大教堂。主祭坛华盖，扭曲柱细部（二）

(中两幅) 图2-154 罗马 圣彼得大教堂。主祭坛华盖，顶盖底部飞鸽造型及贝尔尼尼顶部设计草图（原稿现存梵蒂冈图书馆）

(右) 图2-155 罗马 圣彼得大教堂。圣墓（1615~1617年，卡洛·马代尔诺设计），俯视全景

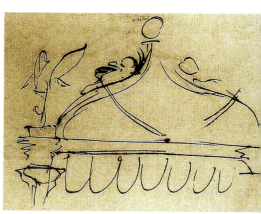

在乌尔班八世墓这位教皇的坐像下面，镀金铜棺两侧为两个白色大理石的道德天使（慈爱和正义）。作为墓寝的标志，铜棺上一个死神的形象正在一片树叶上书写乌尔班的名字（图 2-129、2-130）。在这期间，贝尔尼尼还设计了一些构思独特的小型墓构，其中给人印象最深的是拉吉墓（1643年）。

各种喷泉的设计是贝尔尼尼对罗马城市建设的另一个重大贡献，这些喷泉为许多广场增添了生气。他的第一个这类作品——西班牙广场上的《破船》（Barcaccia，1627~1629年，图 2-131~2-133），是一个类似华盖将雕刻和建筑结合在一起的作品。巴尔贝里尼广场上的海神喷泉则是在一个罗马构造喷泉的基础上改造而成，四个海豚支起一个巨大的贝壳，海神在上面双手捧着一个海螺壳向上喷水（图 2-134~2-137）。

在罗马，所有的艺术创作自然都会遇到古代遗产的问题。这时期，人们又开始关心古建筑的修复工作，特别是作为古罗马象征的万神庙更是社会关注的焦点。1626~1632年，负责修复工程的贝尔尼尼为建筑增添了

(本页上)图2-156 罗马 圣彼得大教堂。圣墓,东侧台阶及墓室

(本页下及右页)图2-157 罗马 圣彼得大教堂。柱墩龛室雕像:《圣隆吉努斯》(1629~1638年,作者贝尔尼尼,高4.4米),本页下示作者为雕像制备的22个初模中仅存的一个

两个钟楼,这一惊世骇俗的举动使它们立即博得了"驴子耳朵"的"雅号",不久后即被拆除(图2-138、2-139)。

贝尔尼尼从1624年起应教皇之邀参与圣彼得大教堂的工作,并于1629年马代尔诺去世后,继任圣彼得大教堂建筑师,以31岁的年龄担当起领导的重任。任职后不久,他便受命完成整个工程(其时建筑本体大部分已在马代尔诺主持下竣工)。这项工作——从祭坛华盖的设计直到教堂前大广场的整治——耗费了他40多年的时间。完成后的圣彼得大教堂及其广场,比其他

任何作品都更有资格成为巴洛克鼎盛时期的代表和天主教复兴的象征。

作为当时罗马建筑工程的主要负责人,除了圣彼得大教堂外,他还主持了巴尔贝里尼宫的建设。由于任务越来越多,从这时开始,他不仅自己动手,同时也依赖助手帮助,并成功组织了自己的工作室,在雕刻和装饰方面进行协调。

圣彼得大教堂主祭坛华盖

当贝尔尼尼接手圣彼得大教堂工程时,建筑主体部分已近尾声。贝尔尼尼完成的主要工作即位于穹顶下圣彼得墓及主祭坛上的华盖。这个著名的青铜镀金巨

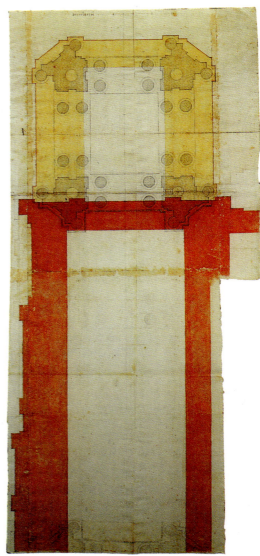

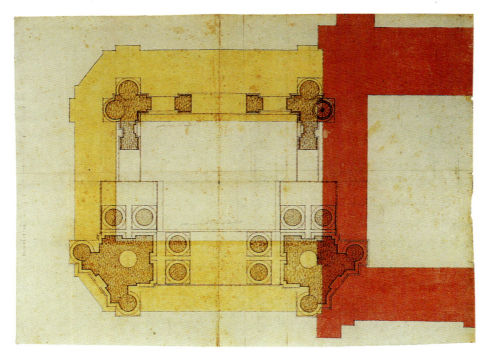

(左上)图2-158 罗马 圣彼得大教堂。柱墩龛室雕像:《圣安德烈》(1629~1633年,作者François Duquesnoy,高约4.5米)

(右上)图2-159 罗马 圣彼得大教堂。立面形体南半部平面(作者弗朗切斯科·博罗米尼,1645年;图上可看到叠置在卡洛·马代尔诺南塔楼基础上的贝尔尼尼的钟楼平面;原稿现存维也纳Albertina)

(下)图2-160 罗马 圣彼得大教堂。卡洛·马代尔诺南钟楼基础平面(弗朗切斯科·博罗米尼绘,1645年;半平面部分示贝尔尼尼和马代尔诺钟楼方案的比较;原稿现存维也纳Albertina)

226·世界建筑史 巴洛克卷

(上）图 2-161 罗马 圣彼得大教堂。北钟楼基础及相邻结构（弗朗切斯科·博罗米尼绘，1645 年；图示将贝尔尼尼南钟楼平面叠置在北钟楼基础上的情况；原稿现存梵蒂冈）

(下）图 2-162 罗马 圣彼得大教堂。贝尔尼尼南钟楼平面(Pietro Paolo Drei 绘，1640 年；原稿现存维也纳 Albertina)

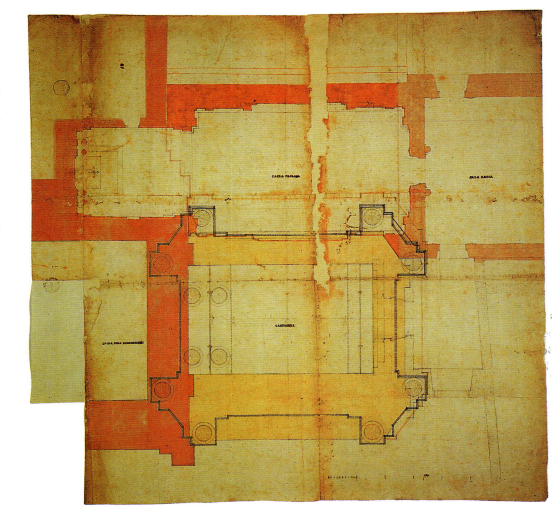

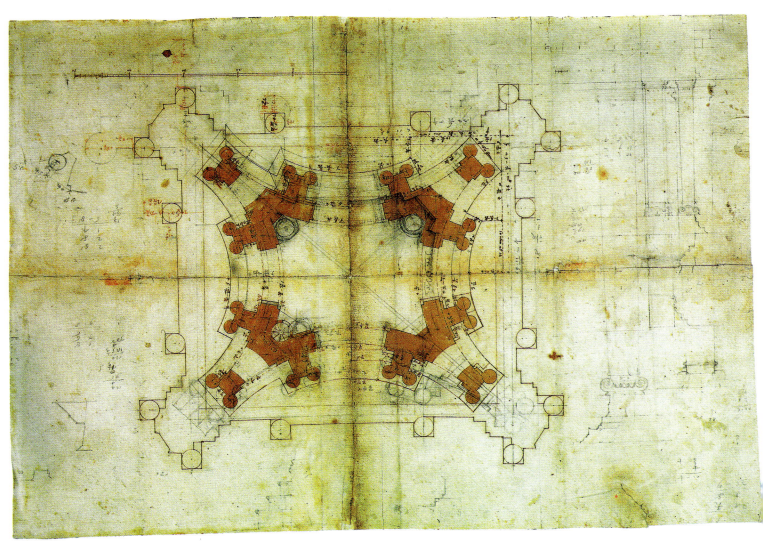

左页：

(左上及中上) 图 2-163 罗马 圣彼得大教堂。钟楼平面及立面设计方案（作者贝尔尼尼，约 1637~1638 年；图稿现存巴黎 École Nationale Supérieure des Beaux-Arts，线条图取自 Werner Hager：《Architecture Baroque》，1971 年）

(下三幅) 图 2-164 罗马 圣彼得大教堂。钟楼，贝尔尼尼立面方案（1645 年，原稿分别存马德里国家图书馆及梵蒂冈等处）

(右上) 图 2-165 罗马 圣彼得大教堂。钟楼，贝尔尼尼最后实施立面（复原图）

本页：

(上) 图 2-166 罗马 圣彼得大教堂。贝尔尼尼南钟楼外景（1641~1646 年景色，版画作者 Israël Silvestre，下为 Fontana 的基础加固方案，1694 年）

(下三幅) 图 2-167 罗马 圣彼得大教堂。钟楼，平面及立面设计草图（作者弗朗切斯科·博罗米尼，1645 年，原稿现存维也纳 Albertina）

构完成于 1624~1633 年，是个全面综合建筑和雕刻艺术的作品（立面及设计图版：图 2-140~2-144；外观及细部：图 2-145~2-154）。其设计灵感显然是来自游行队列的华盖，这种做法产生了令人惊异的效果：作为通向祭坛的朝拜行程的终点，这种超大的尺度和造型大大激发了信徒们的想象力。

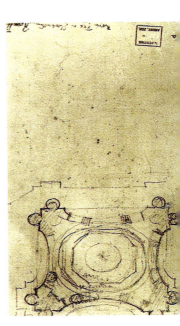

第二章 意大利·229

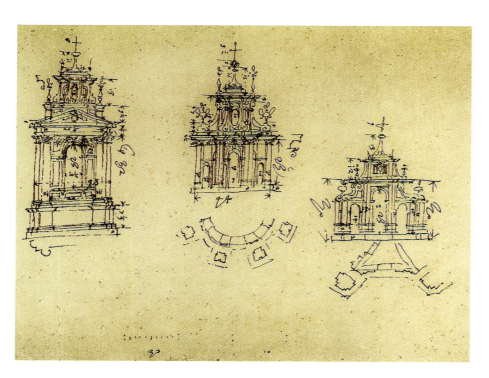

(上)图2-168 罗马 圣彼得大教堂。钟楼,立面及部分平面设计草图(作者弗朗切斯科·博罗米尼,1626年,原稿现存柏林Kunstbibliothek)

(左下)图2-169 罗马 圣彼得大教堂。钟楼,立面设计方案(作者卡洛·拉伊纳尔迪,原稿现存梵蒂冈Biblioteca Apostolica)

(右下)图2-170 罗马 圣彼得大教堂。钟楼,立面改建设计(作者Pietro Paolo Drei,1645年,系在1613年Mattheus Greuter 图上改绘,原稿现存梵蒂冈)

230·世界建筑史 巴洛克卷

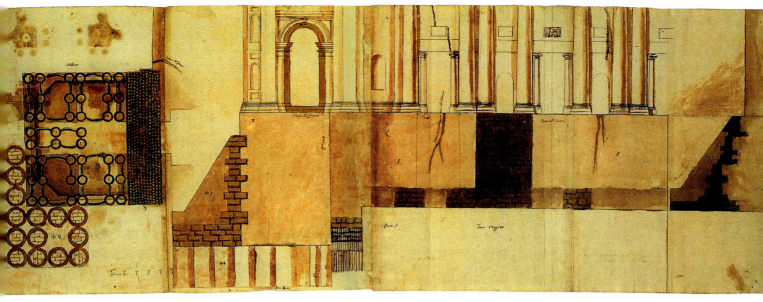

四根扭曲的铜柱系接替原来装饰着早期基督教时期老圣彼得教堂歌坛围栏的八根类似的柱子,也就是说,是在更大的规模上代表了环绕老会堂半圆室和祭坛的柱列,同时如拉斐尔的一幅壁毯所示,象征着和耶路撒冷所罗门圣殿的联系,它们和金属"帏帐"一起,使人想起圣地的支柱和帐篷。其巨大的尺度,"以象征的形式表现从早期基督教徒的简朴到反宗教改革派教会的豪华,宣告基督教对异教世界的胜利"[3]。柱子的构造形式同样是整体构图方案的组成部分。因为一般的直柱看上去将好似构成教堂主要柱式的巨大壁柱的缩小造型,不足以强调整个建筑的构图中心——圣彼得墓的所在地(图 2-155、2-156)。而扭曲的柱子则代表了

(上)图 2-171 罗马 圣彼得大教堂。基础加固设计(作者 Andrea Bolgi,1645 年,原稿现存梵蒂冈)

(中及下)图 2-172 罗马 圣彼得大教堂。钟楼,施工场景(版画,1639 年,作者 Israël Silvestre),从南面看去的情景(上图反向),贝尔尼尼的钟楼正在建造之中(上下两幅分别存纽约 Metropolitan Museum of Art 和牛津 Ashmolean Museum)

（上）图2-173 罗马 圣彼得大教堂。钟楼，施工场景（版画，1641年，作者 Israël Silvestre），从北面看去的情景（贝尔尼尼的南钟楼脚手架已至三层，原稿现存罗马 Gabinetto Nazionale delle Stampe）

（左下）图2-174 罗马 圣彼得大教堂。南钟楼，1641年景观（图2-436 全景局部，图版作者 Israël Silvestre，图示自大教堂穹顶向东望去的情景，原稿现存剑桥 Fogg Art Museum）

（右下）图2-175 罗马 圣彼得大教堂。北钟楼，1641年景观（图2-436 全景局部，图版作者 Israël Silvestre，图示自大教堂穹顶向东望去的情景，原稿现存剑桥 Fogg Art Museum）

一种更活跃更抢眼的变体造型，华盖也因此在周围空间里获得了统领的地位。柱身上象征性地缠绕着葡萄藤蔓，柱顶盘部分悬着垂饰，整体效果使人想起古代那种装饰华丽便于搬迁的帏盖，而不是固定的建筑物。这种生动的造型及青铜加部分镀金的灰暗色调，使它在整个建筑中显得非常突出。

由四根扭曲柱支撑的天幕于四角上起巨大的"S"形涡卷，上承位于金色天球上的十字架。这些涡卷延续了柱子的动态，好像是毫不费力地由四个巨大的天使支撑着。其设计人可能是博罗米尼，当时他已是贝尔尼

图 2-176 罗马 圣彼得大教堂。南钟楼，东立面现状（贝尔尼尼塔楼已拆除）

尼的助手。

华盖同样是教皇个人的象征，靠近华盖顶部为教皇的冠状头饰，各处均伴有圣彼得、圣保罗及巴尔贝里尼家族（祖籍佛罗伦萨的罗马贵族世家，教皇乌尔班八世即出身于该世家，蜜蜂、太阳和月桂树藤均为该家族的标记）的纹章及象征标记。

整个建筑尺度很大。华盖高 29 米，也就是说，相当法尔内塞宫的高度。但它和环境比例配合很好，因而给人的印象要小得多，很难想象它有四层楼高。由于周围的部件都具有这种夸张的尺度，因而如果不是亲临现

第二章 意大利 · 233

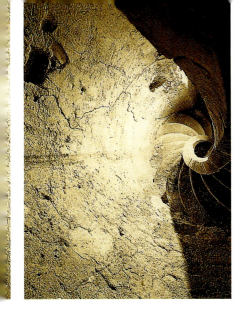

本页及左页：

（左上）图2-177 罗马 圣彼得大教堂。北钟楼，现状（自西向东望去的景色）

（中上两幅）图2-178 罗马 圣彼得大教堂。南钟楼，内部螺旋梯（贝尔尼尼设计）

（中下）图2-179 彼得罗·达·科尔托纳（1596~1669年）：自画像（1664~1665年，佛罗伦萨乌菲齐画廊藏品）

（右）图2-180 彼得罗·达·科尔托纳墓碑设计（作者 Ciro Ferri，约1670年，温莎城堡王室藏品）

（左下）图2-181 罗马 约1980年城市中心区航片，图上标出彼得罗·达·科尔托纳的作品（包括他参与设计的项目，图纸边界以外尚有圣彼得大教堂、城外圣洛伦佐教堂及一栋别墅）

第二章 意大利·235

本页：

（上）图2-182 彼得罗·达·科尔托纳：古迹复原图（普莱内斯特古罗马时期的福尔图娜神庙，温莎城堡王室藏品）

（下）图2-183 彼得罗·达·科尔托纳：古迹复原图（1666年，画面表现亚历山大大帝时期的著名希腊建筑师狄诺克拉底正在向教皇亚历山大七世展示其圣山设计，伦敦大英博物馆藏品）

右页：

（上）图2-184 佛罗伦萨 皮蒂府邸。宙斯厅，天顶画（作者彼得罗·达·科尔托纳，1642年）

（下）图2-185 佛罗伦萨 皮蒂府邸。宙斯厅，天顶画细部（彼得罗·达·科尔托纳绘）

场，在没有人们熟悉的部件作为基准的情况下，很难准确把握空间的真实尺寸。

扭曲柱（colonne tortili）的巨大尺寸和动态的表现进一步影响到整个交叉处空间，为了使这部分和本堂总体协调，自1630到1633年和贝尔尼尼共事的博罗米尼进行了一系列的透视设计（假设参观者的视点在交叉处前第一跨内）。贝尔尼尼同时负责装饰交叉处的柱墩，他将原来老会堂的圆柱成对地安置在支撑中央穹顶的四个大柱墩上层的龛座两侧，护卫着教堂的四个主要圣物。它们不但起到了和华盖呼应的作用，同时也象征着宗教传统的延续及其演进。在这些龛座下面，龛室内各有一尊和圣物有关的雕像；这些雕像表情生动，动态强烈（图2-157、2-158）。其中贝尔尼尼本人创作的《圣隆吉努斯》，目光朝向穹顶，似乎是要穿透室内空间……每个柱墩就这样，按中世纪的习俗，代表着某个宗教人物，交叉处也因此具有了神圣的意义。

P. 波尔托盖西认为，这个华盖可视为"巴洛克建筑的宣言"[4]。其极富表现力的华美造型是来自对基本

左页：

图 2-186 佛罗伦萨 皮蒂府邸。火星（马耳斯）厅，内景（彼得罗·达·科尔托设计）

本页：

（上）图 2-187 佛罗伦萨 皮蒂府邸。火星（马耳斯）厅，天顶画（作者彼得罗·达·科尔托纳，1644年）

（下）图 2-188 佛罗伦萨 皮蒂府邸。金星（维纳斯）厅，内景

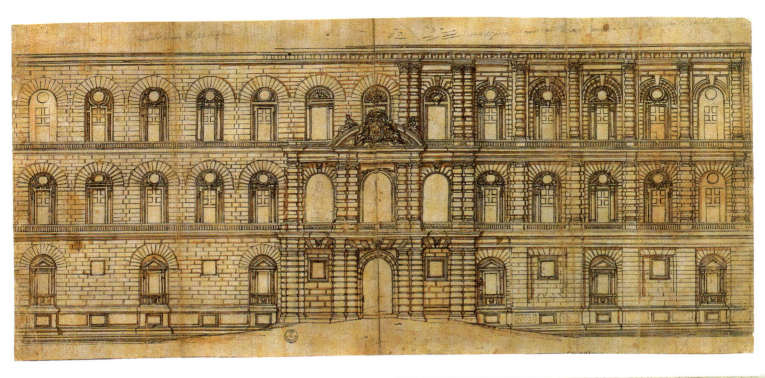

左页:

(上) 图2-189 佛罗伦萨 皮蒂府邸。金星(维纳斯)厅,天顶画 (作者彼得罗·达·科尔托纳, 1641~1642年)

(下) 图2-190 佛罗伦萨 皮蒂府邸。太阳(阿波罗)厅,天顶画 (作者彼得罗·达·科尔托纳和奇罗·费里, 1645~1647年和1659~1661年)

本页:

(上) 图2-191 佛罗伦萨 皮蒂府邸。立面改造设计 (作者彼得罗·达·科尔托纳, 1641年, 原稿现存佛罗伦萨 Gabinetto Disegni e Stampe degli Uffizi)

(中及下) 图2-192 佛罗伦萨 皮蒂府邸。立面及其后花园剧场设计草图 (作者彼得罗·达·科尔托纳, 1641年, 原稿现存佛罗伦萨 Gabinetto Disegni e Stampe degli Uffizi)

（上）图2-193 佛罗伦萨 皮蒂府邸。夹层房间（彼得罗·达·科尔托纳设计，17世纪40年代；壁画作者 Salvator Rosa）

（下）图2-194 佛罗伦萨 皮蒂府邸。夹层宁芙堂，拱顶画（作者彼得罗·达·科尔托纳，约1645年）

形式的改造，而不是一种附加的装饰，因而形成了一个单一匀质的整体，特别是连续的造型，给人们留下了深刻的印象。这个作品不仅是贝尔尼尼，也是其对手博罗米尼日后创作的出发点。它具有贝尔尼尼后期设计那种宏伟的简朴和冲动的力量，同时也带有博罗米尼作品的活力和综合特色。

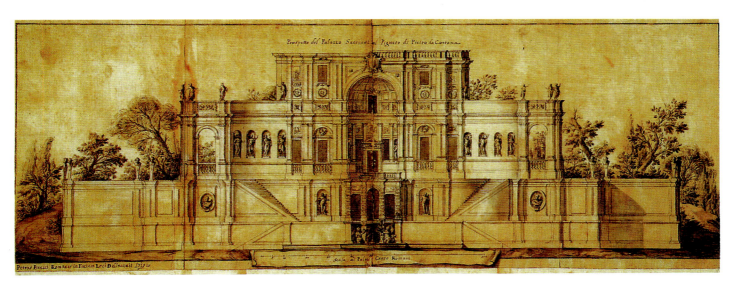

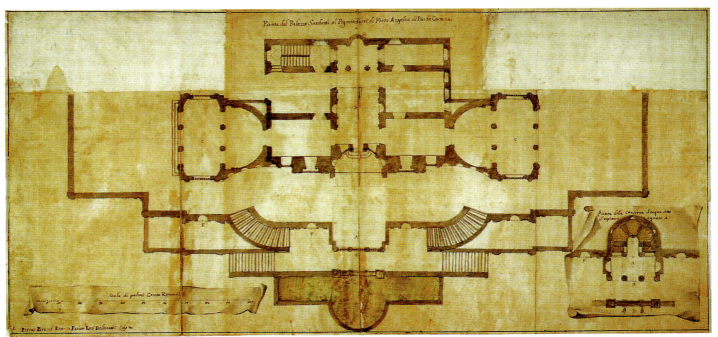

(上下两幅)图 2-195 罗马 皮涅托的萨凯蒂别墅(1625~1630 年,彼得罗·达·科尔托纳设计,已毁)。平面及立面(彼得罗·达·科尔托纳设计,图稿制作 Pietro Bracci,原稿现存蒙特利尔 Collection Centre Canadien d'Architecture)

圣彼得大教堂钟楼

1633 年圣彼得大教堂华盖工程完成后,接下来的几年里,方形柱墩的施工也取得了很大的进展,因而教皇乌尔班得以致力于大教堂立面的装修,其中遇到的一个最棘手的问题就是立面钟楼的建造(平面及方案设计:图 2-159~2-162;立面及方案设计:图 2-163~2-170;基础加固设计:图 2-171;施工场景:图 2-172~2-175;现状:图 2-176~2-178)。

贝尔尼尼一直想在大教堂立面上建两个钟楼(见图 2-163)。他重新修改了平面,并打算建一个完全由柱墩和柱子组成的镂空的尖塔,颇似欧洲北部的样式。设计相当大胆,高度将逾百米,超出了当时已知的所有设计。1637 年,教皇乌尔班决定接受贝尔尼尼的建议,施工从南塔楼开始。但很快技术上就出现了问题:地面出现沉陷迹象,基础显然强度不够。这一挫折对贝尔尼尼的威望是个沉重的打击,批评质疑声随之而起,流言蜚语也跟着起哄,工程被迫再次停顿,英诺森十世对他也不再青睐有加。可能正是因为这个原因,在接下来的若干年里,新设计均未实施。到 1646 年,钟楼的重量已开始使砌体产生裂缝,人们不得不将已砌筑的部

图 2-196 罗马 皮涅托的萨凯蒂别墅。剖面（Pietro Bracci 绘，1719 年，原稿现存蒙特利尔 Collection Centre Canadien d'Architecture）

分最后整体拆除。

稍后（1636~1641 年），贝尔尼尼在一张图稿里，绘制出其方案的要点（见图 2-46）。他降低了塔楼的高度，同时大大增加了开洞口和镂空的面积，以便降低结构自重，减轻基础的负担。把它和马代尔诺的草图相比即可看出，贝尔尼尼如何在投影方法上做文章。他缩小了透视变化，降低了立面高度，但位于相对较高鼓座上的穹顶高度却得到保留，没有缩减。总之，这张图颇似现代意义上的正交投影。如果作者当初不是出于制图技术上的考虑这样做，那就只能假定他是为了更好地"说服"教皇有意在制图技术上做了"手脚"。

[彼得罗·达·科尔托纳及其早期作品]

生平及早期活动

彼得罗·达·科尔托纳（1596~1669 年，图 2-179、2-180）一再申明自己是画家而非建筑师，实际上，在两个领域里他都取得了非凡的业绩，是意大利当时最著名的建筑师、画家和装饰家，巴洛克风格的杰出代表人物之一（图 2-181）。这位托斯卡纳地区出生的艺术家大约从 1612 年起，在罗马师从佛罗伦萨画家安德烈·科莫迪和巴乔·恰尔皮。早年他曾致力于研究古代艺术和文艺复兴大师们的作品，深受古代雕刻和拉斐尔画作的影响（图 2-182、2-183）。他临摹的一张拉斐尔作品（《伽拉忒亚》）使马塞罗·萨凯蒂决定把这个 27 岁的年轻人召到自己门下。不久之后，科尔托纳又结识了乌尔班八世的侄子、著名的文艺事业赞助人、红衣主教弗朗切斯科·巴尔贝里尼。他接到的第一份重要订单是为罗马圣比比亚纳教堂绘制三幅壁画（1624~1626 年），这也是他早期最重要的绘画作品。

作为建筑师，科尔托纳同样很早就崭露头角，特别是在广场空间的整合及墙面造型的试验上具有深远影

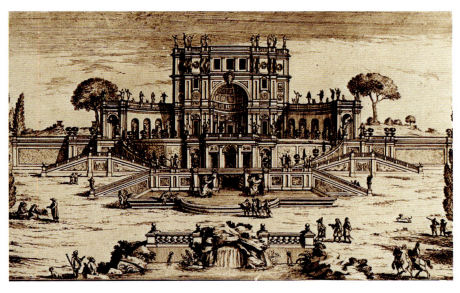

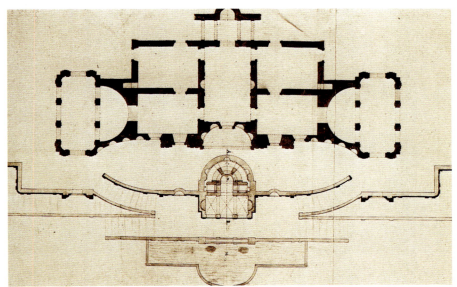

（左三幅）图 2-197 罗马 皮涅托的萨凯蒂别墅。平面及立面（图版制作 P.L.Ghezzi，伦敦 Sir Anthony Blunt 私人藏品）

（右）图 2-198 罗马 皮涅托的萨凯蒂别墅。平面草图（局部，作者菲利波·尤瓦拉，原稿现存都灵 Biblioteca Nazionale）

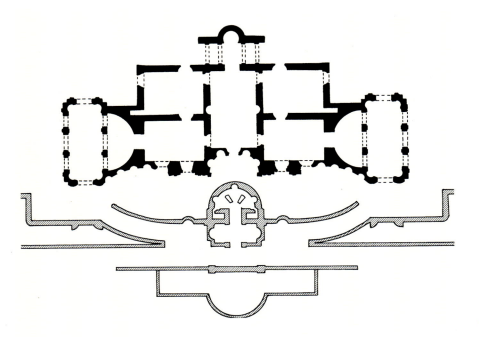

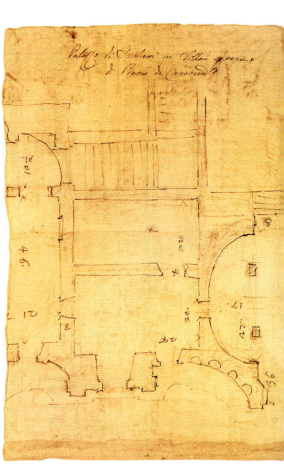

第二章 意大利 · 245

VEDVTA DEL PALAZZO DETTO IL PIGNETO DELL'ILL.mo SIG.r MARCHESE SACCHETTI
FVORI DI PORTA ANGELICA HOGGI IN PARTE DIRVTO

本页及左页：

（上）图 2-199 罗马 皮涅托的萨凯蒂别墅。全景图（油画，作者 Gaspar van Wittel）

（左下）图 2-200 罗马 皮涅托的萨凯蒂别墅。外景（版画作者 Alessandro Specchi，1699 年）

（右下）图 2-201 罗马 皮涅托的萨凯蒂别墅。残毁后景象（水彩画，作者 Hubert Robert，1760 年，现存维也纳 Graphische Sammlung Albertina）

（上）图2-202 罗马 皮涅托的萨凯蒂别墅。天棚装饰图（Gérard Audran据彼得罗·达·科尔托纳设计绘制，1668年，现存伦敦Courtauld Iinstitute Galleries）

（中及下）图2-203 罗马 皮涅托的萨凯蒂别墅。宁芙堂，设计图稿（作者彼得罗·达·科尔托纳，约1638年，现存罗马Istituto Nazionale per la Grafica）及残迹现状

响。随着17世纪30年代罗马圣卢卡和圣马蒂纳教堂的设计（1635~1650年）和巴尔贝里尼宫天顶画《天道寓言》（Allegory of Divine Providence，1633~1639年）的绘制，他的名声也达到了顶点。

1637年，科尔托纳造访佛罗伦萨，在那里他为托斯卡纳大公斐迪南二世绘制皮蒂府邸内的组画《人类的四个时代》（Four Ages of Man）。1640年他回来完成了这些作品，同时继续为宫内一系列以行星命名的厅堂绘制天顶画（图2-184~2-190）。他将整个表面处理成一个空间单位，并添置了丰富的灰泥装饰（部分镀金）。

248·世界建筑史 巴洛克卷

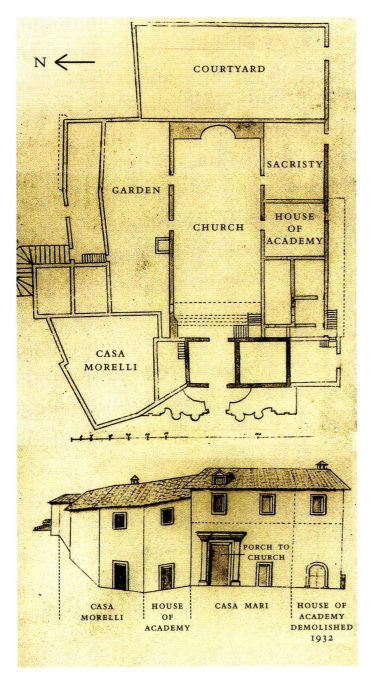

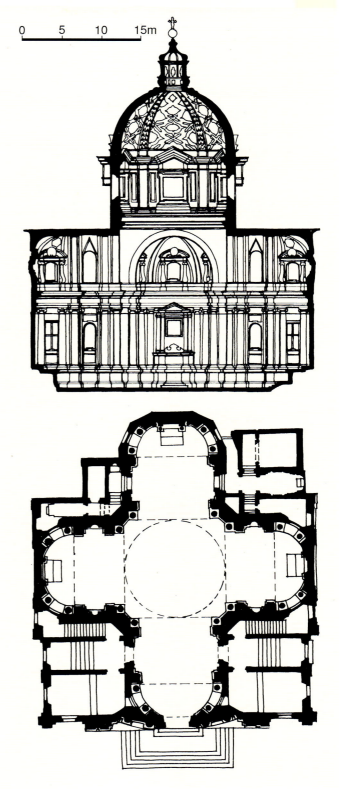

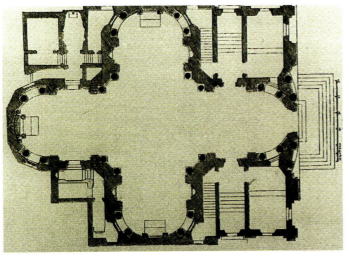

(左上) 图 2-204 罗马 圣卢卡和圣马蒂纳教堂（1635~1650 年，彼得罗·达·科尔托纳设计）。基址上圣马蒂纳老教堂平面及立面（图稿，约 1635 年，现存米兰 Castello Sforzesco）

(左下) 图 2-205 罗马 圣卢卡和圣马蒂纳教堂。平面（彼得罗·达·科尔托纳设计，图版制作 Venturini）

(右) 图 2-206 罗马 圣卢卡和圣马蒂纳教堂。平面及剖面

第二章 意大利 · 249

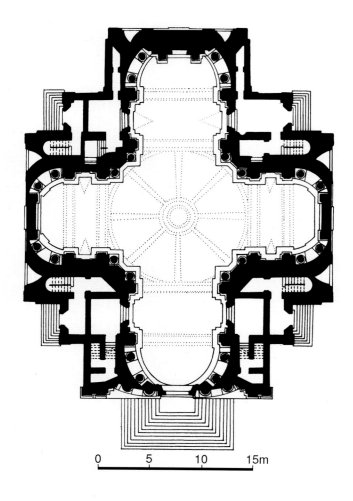

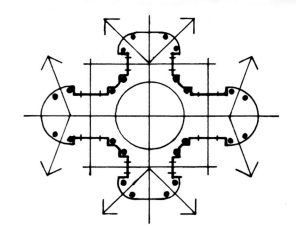

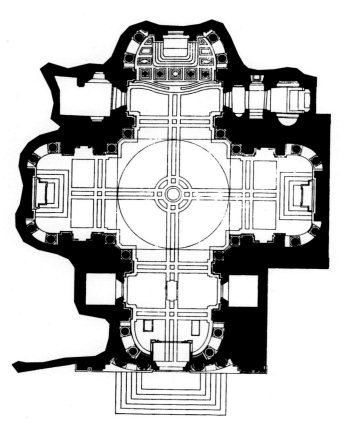

本页：

（左上及右上）图2-207 罗马 圣卢卡和圣马蒂纳教堂。平面（据De Logu）及简图（据Christian Norberg-Schulz）

（左下）图2-208 罗马 圣卢卡和圣马蒂纳教堂。现状平面（据Noehles，约1970年）

（右下）图2-209 罗马 圣卢卡和圣马蒂纳教堂。立面（17世纪图版，据彼得罗·达·科尔托纳设计制作，现存米兰Castello Sforzesco）

右页：

（左上）图2-210 罗马 圣卢卡和圣马蒂纳教堂。立面（取自Wilhelm Lübke及Carl von Lützow：《Denkmäler der Kunst》，1884年）

（左下及右两幅）图2-211 罗马 圣卢卡和圣马蒂纳教堂。平面方案设计：1、彼得罗·达·科尔托纳最初方案（约1635年，图版制作Domenico Castelli，原稿现存梵蒂冈Biblioteca Apostolica）；2~3、彼得罗·达·科尔托纳或奇罗·费里设计（17世纪后期，原稿现存米兰Castello Sforzesco）

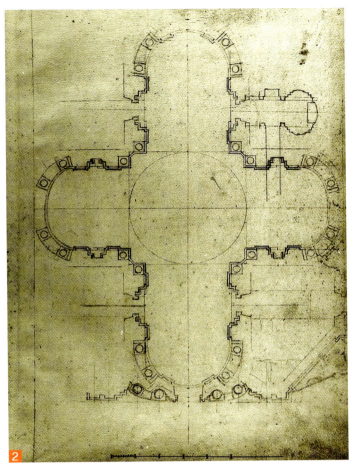

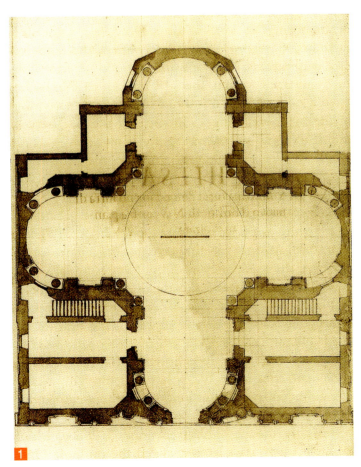

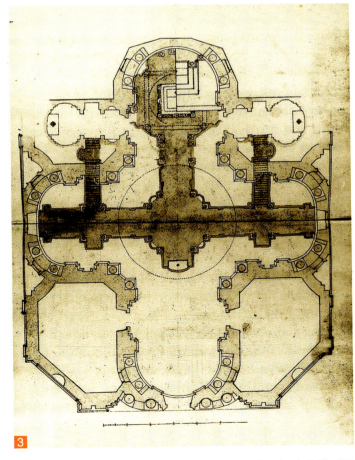

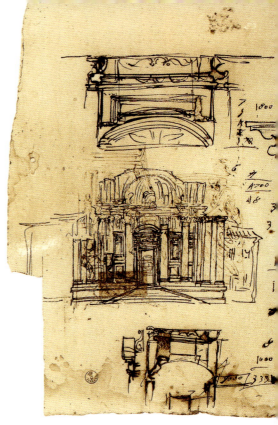

（右上）图 2-212 罗马 圣卢卡和圣马蒂纳教堂。设计草图（作者彼得罗·达·科尔托纳，1641 年，现存佛罗伦萨 Gabinetto Disegni e Stampe degli Uffizi）

（左上）图 2-213 罗马 圣卢卡和圣马蒂纳教堂。外景（油画局部，作者 Gaspar van Wittel）

（下）图 2-214 罗马 圣卢卡和圣马蒂纳教堂。17 世纪外景（作者 Giovanni Battista Falda）

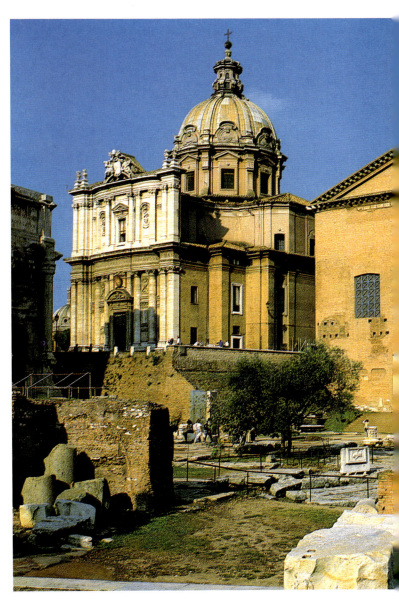

(左上) 图 2-215 罗马 圣卢卡和圣马蒂纳教堂。18 世纪外景（版画，局部，作者 Giovanni Battista Piranesi）

(左下) 图 2-216 罗马 圣卢卡和圣马蒂纳教堂。西南侧远景

(右) 图 2-217 罗马 圣卢卡和圣马蒂纳教堂。自古罗马广场区望去的景色

1647年回到罗马后，科尔托纳为教皇英诺森十世绘制了瓦利切拉圣马利亚教堂的拱顶画（见图 2-271、2-272）和纳沃纳广场潘菲利宫廊厅的天顶画（1651~1654年，见图 2-344~2-346）。这时期他的主要建筑作品有罗马太平圣马利亚教堂和拉塔大街圣马利亚教堂的立面；前者建于1656~1657年，可能是他最具有独创性的作品之一，后者建于1658~1662年。同时他还制订了皮蒂府邸的改造规划（图 2-191~2-194）及巴黎卢浮宫东立面的设计方案（1664年）。在颠峰时期，他曾连续4年（1634~1638年）被选为圣卢卡学院（Accademia di San

第二章 意大利 · 253

图2-218 罗马 圣卢卡和圣马蒂纳教堂。正立面（西南侧）全景

Luca）的主席（principe）。不过，在他的建筑和绘画作品之间，尽管能找到某种感觉上的相通之处，但并没有多少实际的关联，特别令人惊奇的是，他从没有管过自己教堂的装饰。

罗马附近皮涅托的萨凯蒂别墅（1625~1630年，建筑如今已毁，仅存图像记录，平立剖面：图2-195~2-198；外景图像及设计图稿：图2-199~2-203），是科尔托纳最早的建筑作品（可能还有另一栋位于富萨诺堡，两者均属17世纪20年代和为萨凯蒂家族设计）。喷泉和池塘标识出建筑群主要轴线，位于山侧台地上的别墅可通过系列坡道上去（其中两个并无功能作用，只是使整体显得更为壮观）。别墅的曲线翼和对称布置的房间似乎是回到帕拉第奥的做法，中央统领构图的半圆形龛室母题是复归布拉曼特观景楼内院的做法，采用阶台式布局的灵感则显然是来自普莱内斯特的古罗马祭坛（稍后科尔托纳曾绘过它的复原图）。此外，在台地、山洞和山林水泽仙女喷泉的布置上还可能是以弗拉斯卡蒂的阿尔多布兰迪尼别墅为榜样，佛罗伦萨手法主义艺术家布翁塔伦

图 2-219 罗马 圣卢卡和圣马蒂纳教堂。西北侧全景（前景为古罗马时期凯撒广场的遗迹）

图2-220 罗马 圣卢卡和圣马蒂纳教堂。从西面望去的景色

蒂的影响则见于曲线楼梯等动态要素。在几乎封闭的入口立面和装饰丰富的边侧花园立面之间的对比,是另一个手法主义的特征,使人想起乔瓦尼·瓦桑齐奥设计的博尔盖塞别墅。尽管来源如此多样,但就总体而言,构图仍不失新颖,可说是在形体和空间上,极其成功地达到了均衡。造型整合本是科尔托纳作品的特点,也是他比卡洛·拉伊纳尔迪高明之处。他主要依靠形成连续系列的造型部件(其密度的变化创造了一种充满生机的空间),而不是以空间单元或墙壳为出发点。在他这第一个作品里,已经表现出这些特色:借助成组排列的柱子和壁柱,创造出丰富活跃的光影变化,以此达到复杂的空间相互作用。这些做法均预示了后期建筑的发展,在

图 2-221 罗马 圣卢卡和圣马蒂纳教堂。穹顶近景（1661~1666 年）

巴洛克别墅的发展上，综合这些要素已构成关键的一步。

圣卢卡和圣马蒂纳教堂

在博罗米尼的圣卡洛教堂开工后不到一年，由科尔托纳设计并被视为罗马巴洛克经典的另一个作品——圣卢卡和圣马蒂纳教堂开始动工兴建（1635~1650 年，平立剖面及方案设计：图 2-204~2-212；历史图像：图 2-213~2-215；外景：图 2-216~2-221；内景：图 2-222、2-223；下教堂及礼拜堂：图 2-224~2-226）。教堂位于卡皮托利诺山下，教会游行队列经过的路线上，面对着古罗马时期广场区的遗址。

1634 年，这位艺术家获准自掏腰包在属圣卢卡学院[5]的一个教堂的基址上建一个地下祠堂。在发掘过程中出土了一具被认为是殉教者圣马蒂纳的遗骨，科尔托纳的雇主、红衣主教弗朗切斯科·巴尔贝里尼当即意识到需要建造一座新教堂，遂委托科尔托纳进行设计。新教堂于 1635 年开始建造，穹顶完成于 1644 年，室内于 1650 年竣工。

这个建筑的规模比圣卡洛及圣伊沃教堂略小，但却是罗马第一个在室内外构图上表现出高度统一的早期巴洛克教堂。

科尔托纳提出了一个集中式的希腊十字形平面，

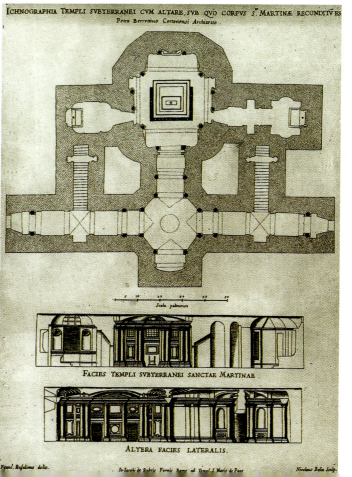

上冠带鼓座的穹顶,这也是自文艺复兴早期以来这类集中式纪念建筑的传统形制。不过在这里,平面只是乍看上去完全对称,实际上主轴方向要更长一些,其跨间和后殿均比耳堂翼更深。特别是由于各肢端头均增添了半圆室,穹顶柱墩内角斜切,平面具有了更多流动的特色。这种做法可能是受到蒂沃利哈德良离宫金厅的影响,

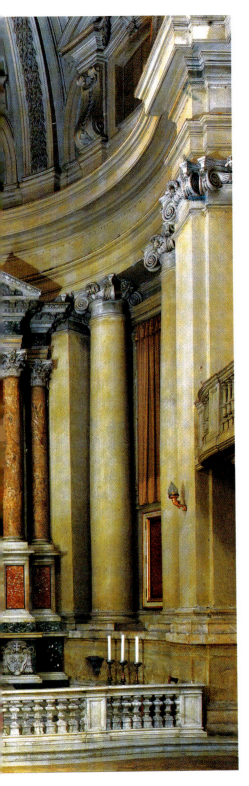

本页及左页：

（左上）图 2-222 罗马 圣卢卡和圣马蒂纳教堂。本堂内景

（中）图 2-223 罗马 圣卢卡和圣马蒂纳教堂。高祭坛（彼得罗·达·科尔托纳和奇罗·费里设计，17 世纪 30 年代后期及 1674~1678 年），现状

（左下）图 2-224 罗马 圣卢卡和圣马蒂纳教堂。下教堂，平面及剖面（据 De Rossi, 1684 年）

（右）图 2-225 罗马 圣卢卡和圣马蒂纳教堂。下教堂，八角礼拜堂（彼得罗·达·科尔托纳设计，1651 年），内景

圣卡洛教堂也采用了这种布局。柱墩斜切面两侧凹处立柱，其外为凸出的壁柱。这种构图方式使人想起帕拉第奥的做法，但在这里部件配置得更为紧凑，且造型突出的线脚和装饰一直延伸到拱券处。

传统的内墙体系在这位艺术大师的手里也得到了新的诠释，产生了特殊的造型效果。人们在这里可看到三种墙体和柱子的组合方式：在半圆形后殿，柱子嵌入到墙体龛室内；在相邻的跨间，柱子相对垂直面前移，因而造成了墙面后退的印象；到穹顶下方，柱子嵌入到柱墩形体内，如古代建筑那样，表现出极强的立体感，独立支撑着上面的负荷并明确标识出中央空间。墙面和柱式之间的反差和对比可说是既合乎逻辑又令人感到惊异。

第二章 意大利 · 259

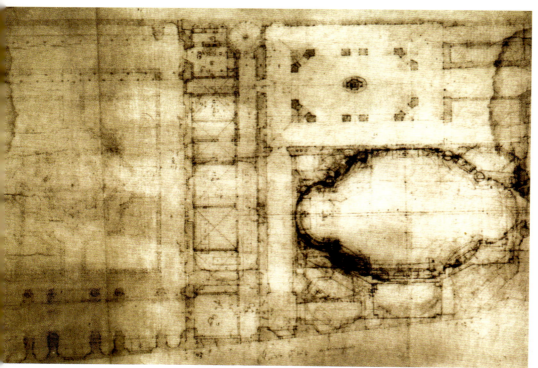

(上)图2-226 罗马 圣卢卡和圣马蒂纳教堂。S.Martina礼拜堂(彼得罗·达·科尔托纳设计,17世纪40~60年代),内景(向入口方向望去的情景,前景为祭坛)

(下)图2-227 罗马 四泉圣卡洛修道院及教堂(1634~1682年,修道院及教堂主体结构1634~1639年,回廊院1635~1636年,立面1664~1667年,建筑师弗朗切斯科·博罗米尼)。平面图稿(一),作者弗朗切斯科·博罗米尼,属早期方案

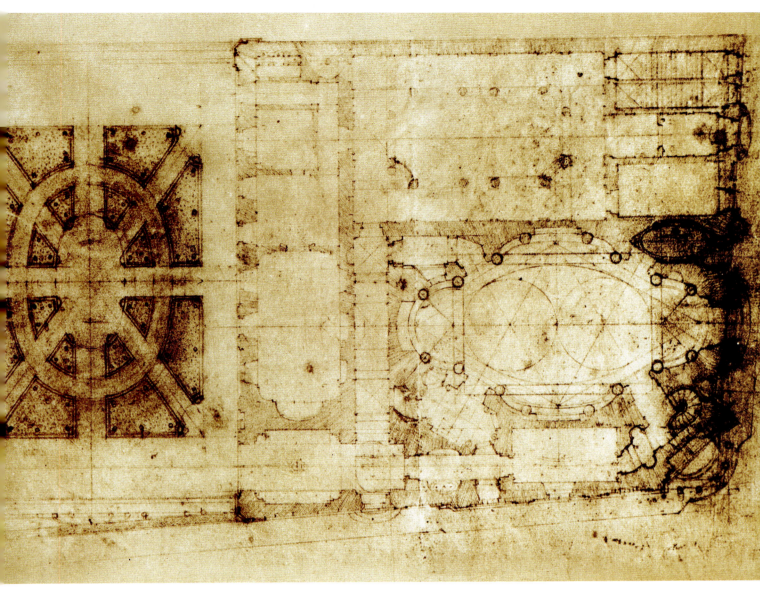

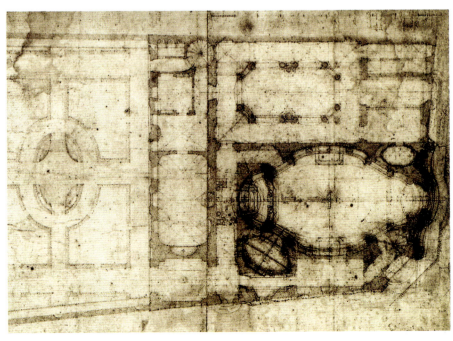

(上)图 2-228 罗马 四泉圣卡洛修道院及教堂。平面图稿(二),弗朗切斯科·博罗米尼绘制的这批图稿分别完成于 1634、1638 年及以后,大部原稿现存维也纳 Graphische Sammlung Albertina

(下)图 2-229 罗马 四泉圣卡洛修道院及教堂。平面图稿(三)

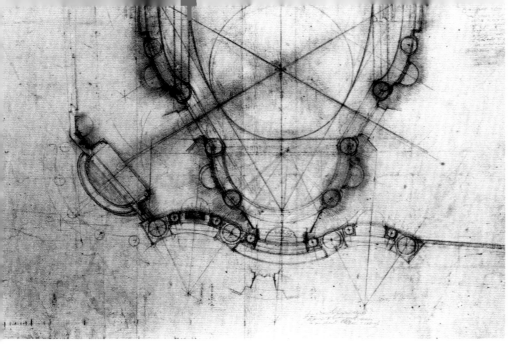

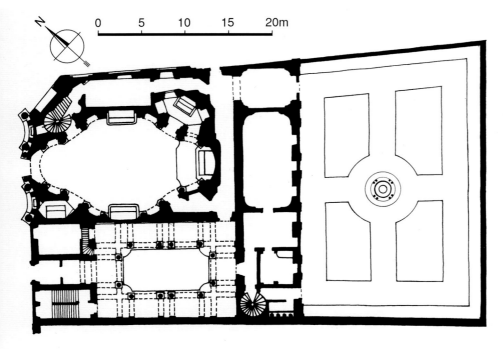

（左上）图 2-230 罗马 四泉圣卡洛修道院及教堂。平面图稿（四），示教堂西半部及立面，为最后方案

（右）图 2-231 罗马 四泉圣卡洛修道院及教堂。地段总平面（G.Nolli 罗马城图局部，右下方为奎里纳莱圣安德烈教堂）

（左下）图 2-232 罗马 四泉圣卡洛修道院及教堂。建筑群总平面（上图据 Rudolf Wittkower，下图据 Roth）

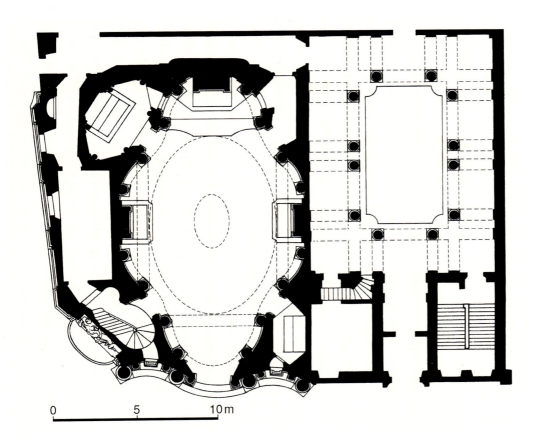
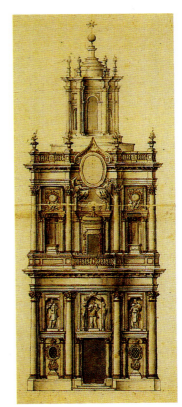

（左上）图 2-233 罗马 四泉圣卡洛教堂。教堂及院落平面（据 John L.Varriano，1986 年）

（右上两幅）图 2-234 罗马 四泉圣卡洛教堂。平面及立面（据 Pietro Bracci，原稿现存蒙特利尔 Collection Centre Canadien d'Architecture）

（下）图 2-235 罗马 四泉圣卡洛教堂。平面几何分析（据 Portoghesi）

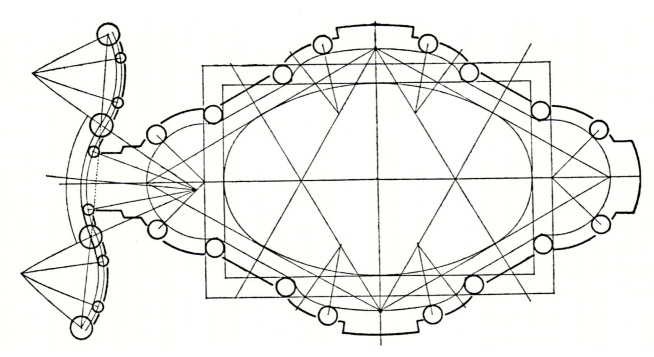

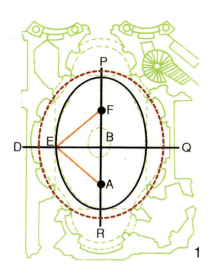 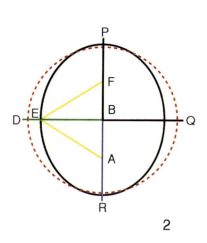 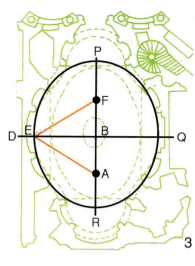

（上）图 2-236 罗马 四泉圣卡洛教堂。平面（1）和开普勒行星运行轨道（2）椭圆曲线的比较，（3）为叠合图（取自 George L. Hersey：《Architecture and Geometry in the Age of the Baroque》，2000 年）

（左下）图 2-237 罗马 四泉圣卡洛教堂。剖面（图版，取自 John L.Varriano：《Italian Baroque and Rococo Architecture》，1986 年）

（右下）图 2-238 罗马 四泉圣卡洛教堂。剖面（取自《Insig.Roman.Templor.Prospectus》）

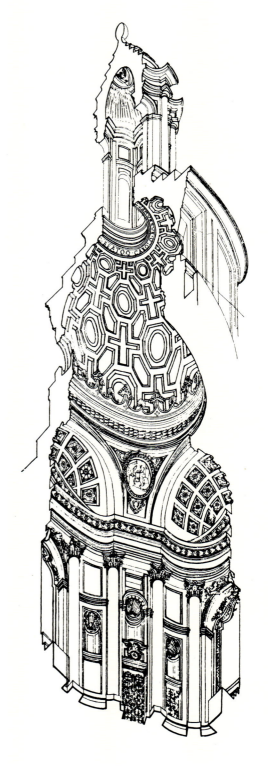
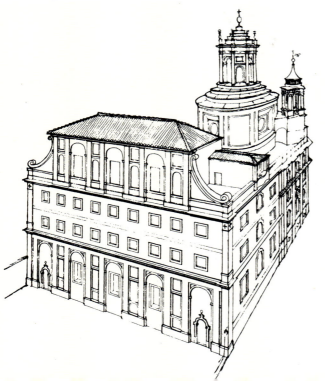

(左上)图 2-239 罗马 四泉圣卡洛教堂。剖面（取自 Rudolf Wittkower：《Art and Architecture in Italy 1600 to 1750》，1982 年）

(右)图 2-240 罗马 四泉圣卡洛教堂。剖析图（据 Portoghesi，1967 年）

(左下)图 2-241 罗马 四泉圣卡洛教堂。建筑群最初形式透视复原图（据 Portoghesi，1967 年）

（左上）图2-242 罗马 四泉圣卡洛教堂。18世纪外景（版画作者 Giovanni Battista Piranesi）

（左下）图2-243 罗马 四泉圣卡洛教堂。北侧俯视景色

（右）图2-244 罗马 四泉圣卡洛教堂。北侧全景

(上)图 2-245 罗马 四泉圣卡洛教堂。立面近景

(下)图 2-246 罗马 四泉圣卡洛教堂。立面细部

装饰体系上可注意处甚多。椭圆框、帆拱和穹顶上均有丰富的雕饰。穹顶上更是堆砌了两种不相干的装饰体系:一种来自万神庙的藻井,一种来自圣彼得大教堂的肋券。科尔托纳还进一步将这种装饰布置到窗户山墙周围。在外表面上,他也按一定的方式重复了这一母题(于鼓座处开大窗,穹顶基部加曲线装饰)。特别令人惊奇的是,科尔托纳在室内给他最拿手的绘画仅留下了很少的空间。这可能也反映了他的一种信念,即一种艺术形式不应和另一种混杂在一起,这种态度和贝尔尼尼的观点可说是大相径庭。

室外立面规则地分为上下两层,两侧壁柱断面为矩形,成对布置,总体形式如墙墩。挤在两侧墙墩之间的中央部分连同挑出的楣梁及檐口均呈曲面向前凸出,它们和两边墙墩交接处格外醒目,构图不同寻常,是巴洛克建筑中采用曲线立面的最早实例。立面曲线显然是

本页：
（上）图2-247 罗马 四泉圣卡洛教堂。院落现状

（下）图2-248 罗马 四泉圣卡洛教堂。院落转角细部

右页：
图2-249 罗马 四泉圣卡洛教堂。室内全景

内部圆形肢端的反映，主入口既是室内的延伸，又和半圆形后殿的曲线互相呼应。也就是说，在这里，即便是动态的表现看来也是出自物质的缘由。科尔托纳进一步将墙面解构，通过嵌入的柱子和壁柱使表面产生变化，从而在中心部位创造出一种戏剧性的效果。除主立面以外其他墙面处理则相对简单，总体如棱柱体的各个侧面。

不难看出，圣卢卡和圣马蒂纳教堂的设计实际上更多取材于佛罗伦萨建筑而不是效法罗马，因而它和贝尔尼尼或博罗米尼那种巴洛克建筑有所不同。室内的一些表现，和粗壮的穹顶外壳一样，都显示出佛罗伦萨手法主义风格的特征。但在这以后，科尔托纳开始越来越明确地复归罗马那种粗壮坚实的古典传统（这种传统可上溯到布拉曼特时期），设计出一种庄重典雅、宏伟大气，渗透着英雄气概和悲怆氛围的建筑，给施吕特和菲舍尔·冯·埃拉赫这样一些天才人物留下了深刻的印象。在这里，只有现实存在的实体，没有想象中的虚幻场景，甚至连色彩都很少使用。

(上)图2-250 罗马 四泉圣卡洛教堂。本堂墙面

(中)图2-251 罗马 四泉圣卡洛教堂。墙体及立柱细部

(下)图2-252 罗马 四泉圣卡洛教堂。室内仰视全景

[弗朗切斯科·博罗米尼及其作品]

弗朗切斯科·博罗米尼(1599~1667年)可说是罗马的三个代表人物中最富有革新精神的一位。使用曲线形式创造富有生气的空间效果,是博罗米尼在建筑上的一项重大创新。他在复杂的空间和曲线表面的大胆处理上所达到的成就,只有瓜里诺·瓜里尼(1624~1683年)和皮埃蒙特地区的菲利波·尤瓦拉(1678~1736年)能与之媲美(皮埃蒙特地区在巴洛克后期的意大利建筑中占有重要的地位)。

出身于泰辛地区的博罗米尼最初从伦巴第到罗马

时,只是一名巡游匠师。他和丰塔纳和马代尔诺的亲戚关系使他很容易就进到罗马艺术家的圈子里,但对当时名声如日中天的贝尔尼尼的反感对他的职业生涯多少产生了一些负面的影响,对此我们下面还要详谈。

四泉圣卡洛教堂

只是到 1634 年,即比贝尔尼尼和科尔托纳晚了十年,博罗米尼才有机会将本人的一个设计付诸实施。他接到的这第一宗定单,也是他第一次独立承担的项目

(上)图 2-253 罗马四泉圣卡洛教堂。穹顶全景

(下)图 2-254 罗马四泉圣卡洛教堂。穹顶细部

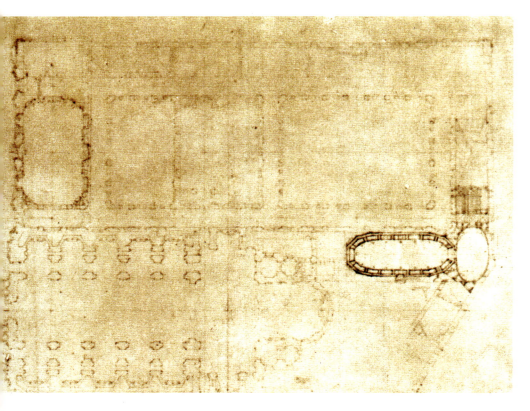

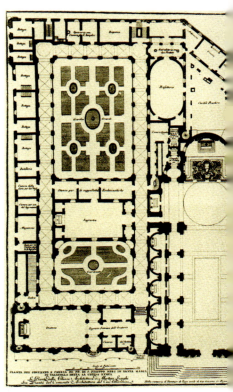

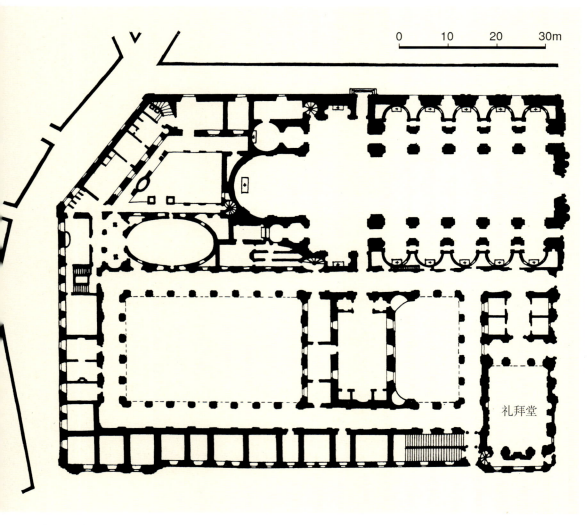

礼拜堂

（左上）图2-255 罗马 圣菲利浦·内里奥拉托利会修道院。总平面（原稿现存维也纳 Graphische Sammlung Albertina）

（右上）图2-256 罗马 圣菲利浦·内里奥拉托利会修道院（1637~1650年，建筑师弗朗切斯科·博罗米尼）。总平面（图版制作 De Rossi）

（下）图2-257 罗马 圣菲利浦·内里奥拉托利会修道院。现状总平面（取自 Rudolf Wittkower：《Art and Architecture in Italy 1600 to 1750》，1982年）

272·世界建筑史 巴洛克卷

(左) 图 2-258 罗马 圣菲利浦·内里奥拉托利会修院礼拜堂。平面（据 Portoghesi, 1967 年）

(右) 图 2-259 罗马 圣菲利浦·内里奥拉托利会修院礼拜堂。立面设计图稿（作者弗朗切斯科·博罗米尼，约 1660 年，原稿现存维也纳 Graphische Sammlung Albertina）

第二章 意大利 · 273

（左下）图 2-260 罗马 圣菲利浦·内里奥拉托利会修院礼拜堂。门框造型设计（取自 Domenico de Rossi：《Studio d'Architettura Civile di Roma》，卷 1，1702 年）

（上）图 2-261 罗马 圣菲利浦·内里奥拉托利会修院礼拜堂。轴测剖析图（据 Portoghesi，1967 年）

（右下）图 2-262 罗马 圣菲利浦·内里奥拉托利会修道院。面向佩莱格里诺大街的立面景观，左为修院礼拜堂（1637~1650 年），右为瓦利切拉圣马利亚教堂（立面 1605 年）

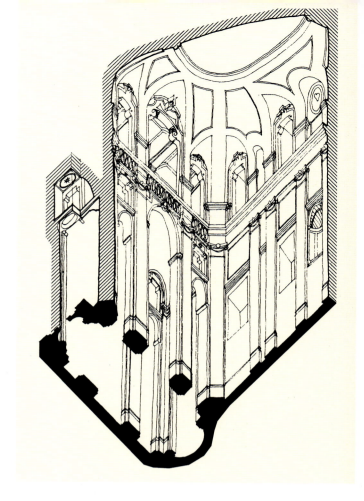

是为西班牙圣三一教会（Trinitarian order）设计一个位于罗马的教堂组群（1634~1682 年，除教堂外，建筑群还包括修道院、一个精心建造的地下室和一个院落；1634~1639 年，修道院及教堂主体部分一次建成，回廊院成于 1635~1636 年，1664 年又配了一个立面）。这个以圣卡洛命名的建筑组群位于西克斯图斯五世时期开辟的皮亚大街和费利切大街的会交处，交叉口周边配有四个喷泉，因而修道院和教堂得名四泉圣卡洛。这是一项重要然而棘手的任务，因为地段极其狭窄，还要考虑朝向等要求，因而平面和细部上有很多地方都未按常规做法，极具创意（平面方案：图 2-227~2-234；平面分析及比较：图 2-235、2-236；剖面及剖析图：图 2-237~2-241；外景:图 2-242~2-248；内景:图 2-249~2-254）。

一期工程包括内院、宿舍和餐厅。1634 年，博罗米尼从内院部分开始施工（见图 2-247、2-248）。由于空间很小，因而他只选用了简单的部件，数量也有所减少。在这里，圆券拱廊成为主要的构图母题。通过交替布置上冠水平楣梁的窄跨和采用圆券的长跨，引进一定的节奏变化。由于采用两种类型的开间，彼此对照，因

（左上）图 2-263 罗马 圣菲利浦·内里奥拉托利会修道院。面向佩莱格里诺大街的主立面（左为修院礼拜堂，右为瓦利切拉圣马利亚教堂）

（右上）图 2-264 罗马 圣菲利浦·内里奥拉托利会修道院。面向教皇大街的立面

（下）图 2-265 罗马 圣菲利浦·内里奥拉托利会修院礼拜堂。面向佩莱格里诺大街的立面细部

而和传统做法完全异趣。在角上，博罗米尼做成指向院落中心的外凸曲线。

教堂于1638年奠基，1641年完成（1646年举行奉献仪式）。在这里，首要的问题自然是内部空间的组织和统一。作为罗马巴洛克建筑杰作之一，这个尺寸不大的建筑以它极其复杂的构图著称：平面构成上可说是别出心裁，既可理解为与皮亚大街垂直的纵向椭圆形和延伸的希腊十字平面的综合，也可理解为两个三角形

左页：

（左上）图 2-266 罗马 圣菲利浦·内里奥拉托利会修道院。瓦利切拉圣马利亚教堂（1575~1605 年，建筑师马泰奥·达奇塔及老马蒂诺·隆吉），18 世纪外景（版画作者 Giovanni Battista Piranesi）

（右上）图 2-267 罗马 圣菲利浦·内里奥拉托利会修道院。瓦利切拉圣马利亚教堂，立面现状

（下）图 2-269 罗马 圣菲利浦·内里奥拉托利会修道院。瓦利切拉圣马利亚教堂，穹顶仰视（穹顶画作者彼得罗·达·科尔托纳，1648~1651 年，帆拱处四先知像 1659~1660 年）

本页：

图 2-268 罗马 圣菲利浦·内里奥拉托利会修道院。瓦利切拉圣马利亚教堂，本堂内景（建筑师老马蒂诺·隆吉，半圆室装修作者彼得罗·达·科尔托纳）

和椭圆形的叠加，或一个四面内收的长椭圆形乃至扁十字形。但在这里，它们已被融合在一起（而不是一般的综合），创造出一个双轴的有机体。室内墙面处理也可从这几个方面加以解读。事实上，所有博罗米尼的作品均可视为形式本身变换的结果。尽管人们可用各种方式对之进行解读，但核心不外是收缩；这也是它和许多巴洛克作品的扩展做法不同之处。类似的长椭圆形式在维尼奥拉的作品里也可看到。但在这里，这种简单的

第二章 意大利·277

(左)图2-270 罗马 圣菲利浦·内里奥拉托利会修道院。瓦利切拉圣马利亚教堂,柱墩及帆拱细部

(右)图2-272 罗马 圣菲利浦·内里奥拉托利会修道院。瓦利切拉圣马利亚教堂,本堂拱顶画(作者彼得罗·达·科尔托纳,1664~1665年)

形式通过沿对角方向收缩,形成四个角上的平面跨间。位于这几个平面跨间之间、入口和半圆室龛室部分的墙面、柱顶盘及退后的山墙曲线遂显得特别突出。

所有这些形制都被"掩盖"在一个连续和波动的范界内,后者由一道"柱廊"和一条柱顶盘所确定。廊柱按一定的节律配置,沿整个周边延伸(为回廊院母题的一种变体形式)。位于对角轴线上的跨间为支撑穹顶拱券的柱墩确定;其上开门通向次级空间,形成一个

图 2-271 罗马圣菲利浦·内里奥拉托利会修道院。瓦利切拉圣马利亚教堂，本堂拱顶仰视（装饰设计彼得罗·达·科尔托纳，17世纪 60 年代）

周边连续的六边形单位。围括内部空间的巨柱成组配置，每组四根相距甚近。墙面转折处立 3/4 附墙柱（1/4 入墙内），圆形柱身直落地面；其古典装饰类似帕拉第奥的威尼斯救世主教堂，柱子看上去则好似折叠墙面的转轴。墙面设龛室，并有庞贝风格的精美灰泥装饰。这种带柱子的墙面节律既可解读为 "a-b-a" 也可理解为 "b-a-b"。叠置的三跨单位（Overlapping three-bay units）使人们的注意力时而集中到主祭坛上，时而朝向周围开敞的次级礼拜堂。周边墙面没有明显的节律停顿，眼光可以不停地来回扫视。

柱顶盘如传统模式般连续不断。构成整体"结构"要素的对角线上的柱墩配直线柱顶盘，柱头涡卷也更

第二章 意大利 · 279

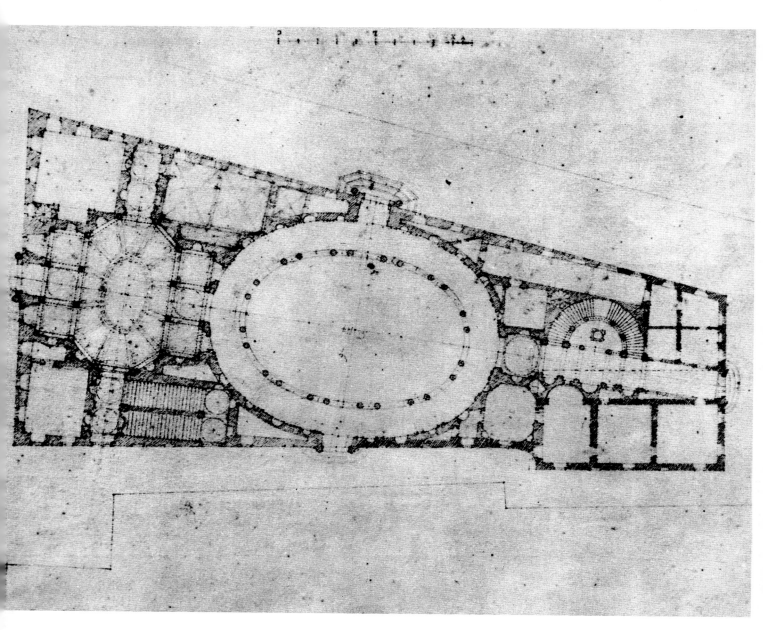

为挺拔、活泼;"次级"柱子则仅配通常的复合柱头。从这里也可看出,在这个大一统的室内,博罗米尼如何突出不同部件的功能作用。柱墩和相邻跨间则通过位于主轴门上及拱券下的连续线脚联系。这些跨间同时构成了半圆室的组成部分,墙体区段遂得以相互渗透,进一步加强了室内空间的整合。

在由凹凸线条构成的檐口上,侧面四个龛室上部耸立着截面为半圆形的拱顶,其藻井式的拱面好似自山墙后面升起。这种深度的感觉并不是来自舞台布景艺术,而是构造体系本身促成的。这些拱顶和角上的帆拱一起支撑上部的穹顶,实现从本堂结构空间向椭圆形穹顶的过渡。也就是说,在垂直方向上,博罗米尼采用了更为传统的构造方式,主要依靠拱券和支撑椭圆形穹顶的环线。和水平运动的一气呵成相比,垂向的连续表现

本页:

图2-273 罗马 卡尔佩尼亚宫。平面设计方案(作者弗朗切斯科·博罗米尼,约1640~1649年,原稿现存维也纳 Graphische Sammlung Albertina)

右页:

(上)图2-274 罗马 萨皮恩扎圣伊沃教堂(1642~1650年,1660年完成,建筑师弗朗切斯科·博罗米尼)。总平面设计(包括宫邸、教堂及图书馆,作者弗朗切斯科·博罗米尼,图稿现存维也纳 Graphische Sammlung Albertina)

(左下)图2-275 罗马 萨皮恩扎圣伊沃教堂。平面(手稿作者弗朗切斯科·博罗米尼,现存维也纳 Graphische Sammlung Albertina)

(右下)图2-276 罗马 萨皮恩扎圣伊沃教堂。穹顶平面(图版制作 Johann Conrad Schlaun,1720~1723年,柏林 Staatliche Kunstbibliothek 藏品)

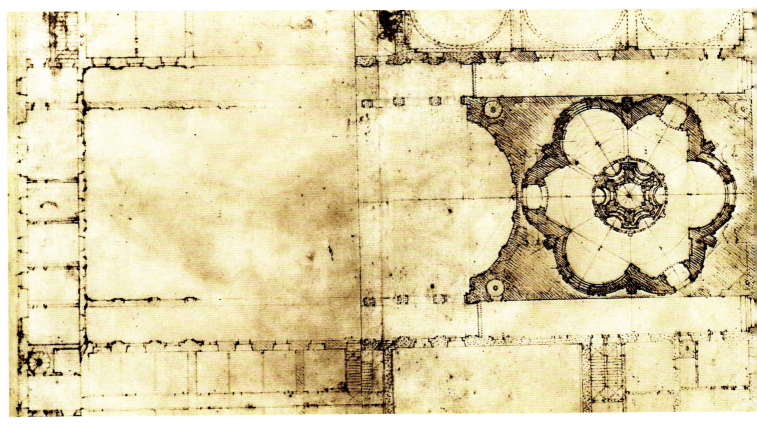

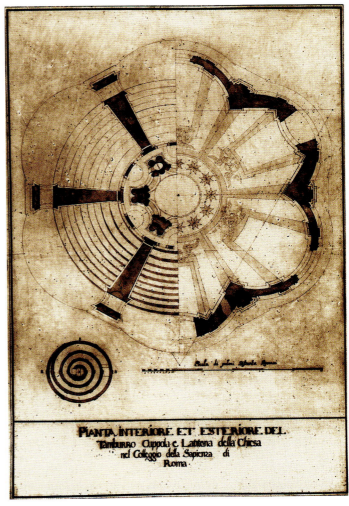

PIANTA INTERIORE ET ESTERIORE DEL
Tamburro Cuppola e Lanterna della Chiesa
nel Colleggio della Sapienza di
Roma

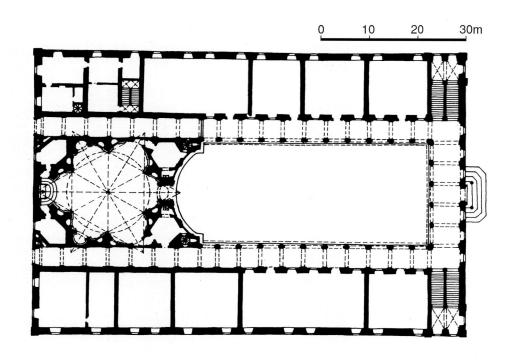

（上）图2-277 罗马 萨皮恩扎圣伊沃教堂。建筑群总平面（取自 Rudolf Wittkower：《Art and Architecture in Italy 1600 to 1750》，1982年）

（左下）图2-278 罗马 萨皮恩扎圣伊沃教堂。平面（据 F.Borromini）

（右下）图2-279 罗马 萨皮恩扎圣伊沃教堂。平面形式分析（据 S.Giedion）

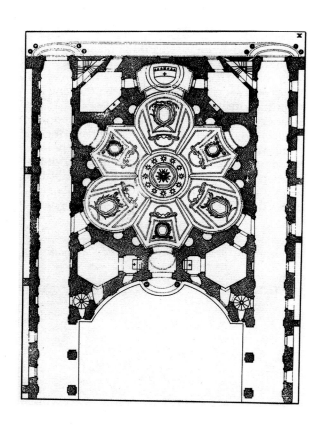

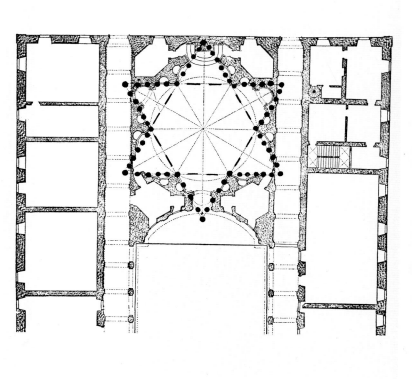

相对较弱。在这里，人们主要突出从主要空间的复杂边界向椭圆形穹顶的过渡。椭圆形穹顶直接安置在帆拱上，未设鼓座，上部冠以椭圆形的顶塔。和四边的拱顶一样，穹顶内表面带有精心制作的"仿古"（all'antica）藻井，八角形、菱形和十字形的图案按透视法则逐层减缩，具有强烈的立体效果，使穹顶和其上的顶塔显得比实际更为高耸深远。顶塔部分的设计颇具新意，其八个面向内凸出，好似受到外部空间的挤压。从这里也可看出，博罗米尼的空间并不是一个个静止的单位，而是在一个更大的空间范围内相互作用的灵活实体。这种灵活性和隔墙的动态相互应和，通过"波动墙体"令空间时而膨胀时而收缩，导致"内外"关系的变化，而不是

282·世界建筑史 巴洛克卷

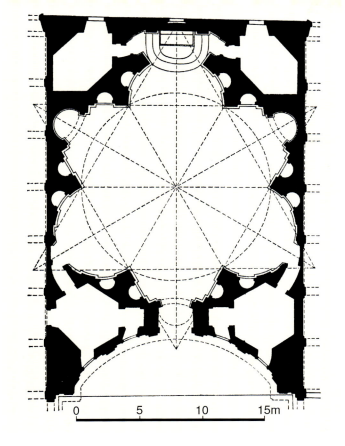

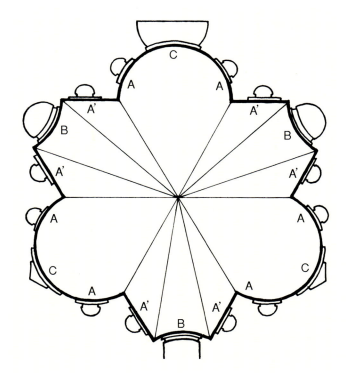

（左上）图 2-280 罗马 萨皮恩扎圣伊沃教堂。平面形式分析（据 Stephan Hoppe）

（右上）图 2-281 罗马 萨皮恩扎圣伊沃教堂。平面关系简图（据 Rudolf Wittkower）

（下两幅）图 2-282 罗马 萨皮恩扎圣伊沃教堂。穹顶平面（弗朗切斯科·博罗米尼设计，1650~1660 年）

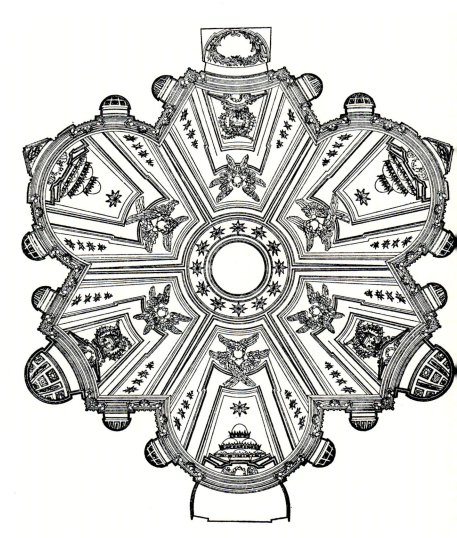

（左上）图 2-283 罗马 萨皮恩扎圣伊沃教堂。横剖面透视图（取自 Henry A.Millon 主编：《Key Monuments of the History of Architecture》）

（右）图 2-284 罗马 萨皮恩扎圣伊沃教堂。横剖面透视图（据 Stephan Hoppe）

（左下）图 2-285 罗马 萨皮恩扎圣伊沃教堂。横剖面（取自 Henri Stierlin：《Comprendre l'Architecture Universelle》）

像通常那样，按"前后"关系分割空间。对空间整合的这种特别的关注使博罗米尼在这个问题的探索上大大超越了他的同代人。穹顶通过布置在基部柱顶盘上的窗户采光。来自这些窗户的漫射光和自顶塔上泻下的光线一起，均匀地照亮了拱顶，并使它和本堂分开，由此

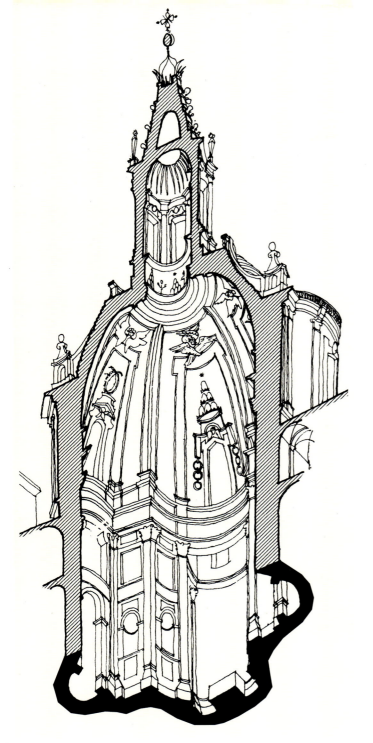

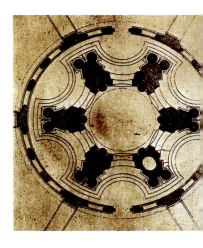

（左）图 2-286 罗马 萨皮恩扎圣伊沃教堂。剖析图（据 Portoghesi，1967 年）

（右上）图 2-287 罗马 萨皮恩扎圣伊沃教堂。顶塔平面（取自 Christian Norberg-Schulz：《La Signification dans l'Architecture Occidentale》，1974 年）

（右下）图 2-289 罗马 萨皮恩扎圣伊沃教堂。院落景观

产生了一种飘升的印象。光线掠过白色的墙面和祭坛的叶饰，最后消失在室内深处。

　　这种构图已成为一种模式和范例，类似的做法可在许多设计中看到。其最早的实例可上溯到古罗马时期蒂沃利哈德良离宫黄金广场的三叶形拱廊和古典后期米兰的圣洛伦佐教堂，在佩鲁齐的圣彼得大教堂设计上，也可找到类似的形体表现。由带斜面的柱墩界定的希腊十字平面同样见于布拉曼特的圣彼得大教堂设计。塞利奥著作里亦谈到过这类椭圆形穹顶，还特别提到它的采光方式。博罗米尼的功绩则在于把这些孤立的传统手法综合成一个整体。尽管建筑仍由传统部件组成，但形式已被改造，原来的关系也被打乱，室内空间的尺寸亦有所变化，因而构成了一个神秘的另类实体，具有了革命的意义。正如一则古代文献所云："外国人个个看得目瞪口呆"。这个作品也正是因此很快在整个欧洲闻名遐迩并得到效仿。

罗马圣菲利浦·内里奥拉托利会修院礼拜堂

　　罗马的圣菲利浦·内里礼拜堂（1637~1650 年）是一个位于罗马城内具有相当规模的修会建筑，为圣菲

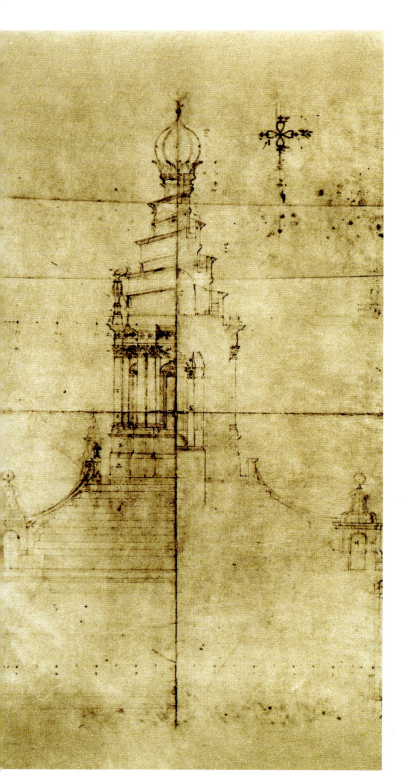
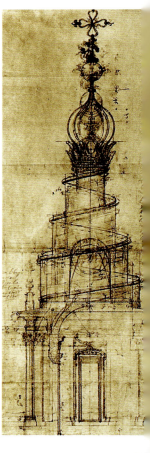

本页：

（左及右上）图 2-288 罗马 萨皮恩扎圣伊沃教堂。顶塔立面及剖面（弗朗切斯科·博罗米尼设计图稿，维也纳 Graphische Sammlung Albertina 藏品）

（右下）图 2-290 罗马 萨皮恩扎圣伊沃教堂。自院落入口望教堂

右页：
图 2-291 罗马 萨皮恩扎圣伊沃教堂。院落及立面全景

利浦·内里奠定的天主教反宗教改革派奥拉托利会的本部所在地（图 2-255～2-265）。曾被赐予瓦利切拉圣马利亚教堂的这个修会和耶稣会一起，是天主教的重要修会团体。该会和耶稣会一样，很早就在教皇大街建了据点。修会这次提供的任务书不仅包括瓦利切拉圣马利亚教堂（外景：图 2-266、2-267；内景：图 2-268～2-272），还涉及修建圣器室、若干会员用的修行间、餐厅、小礼

286·世界建筑史 巴洛克卷

图2-292 罗马 萨皮恩扎圣伊沃教堂。立面近景

拜堂和图书馆。修士们于17世纪早期开始按保罗·马鲁斯切利的设计建了毗邻的修道院（尽管马鲁斯切利并不是1637年竞赛的获胜者）。以后被选来接替马鲁斯切利的博罗米尼尽管在很大程度上要受到其前任平面的约束，不过，建筑最初的室内及室外设计仍出自这位大师之手（只是后经改造，很多已非原貌）。工程进展很快：1640年小礼拜堂已经开张，接着是南立面，到1650年，朝教皇大街的立面也告落成。

（左上）图 2-293 罗马 萨皮恩扎圣伊沃教堂。顶塔外景
（右）图 2-294 罗马 萨皮恩扎圣伊沃教堂。顶塔近景
（左下）图 2-295 罗马 萨皮恩扎圣伊沃教堂。内景

290·世界建筑史 巴洛克卷

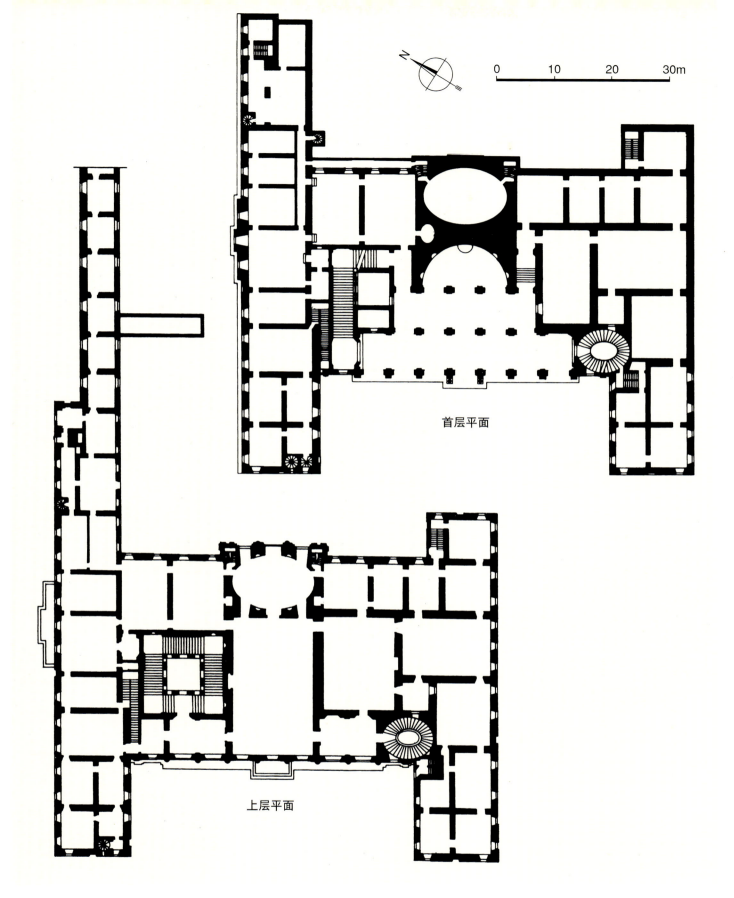

图 2-297 罗马 巴尔贝里尼宫（1628~1639 年，建筑师卡洛·马代尔诺、贝尔尼尼、弗朗切斯科·博罗米尼和彼得罗·达·科尔托纳等）。首层及上层平面（据 Patricia Waddy）

左页：图 2-296 罗马 萨皮恩扎圣伊沃教堂。穹顶仰视

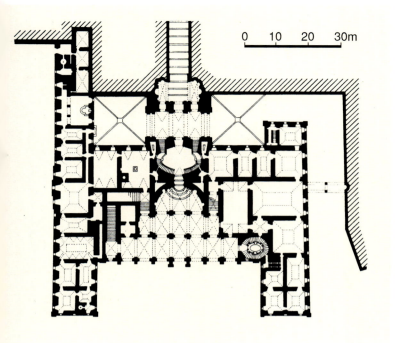
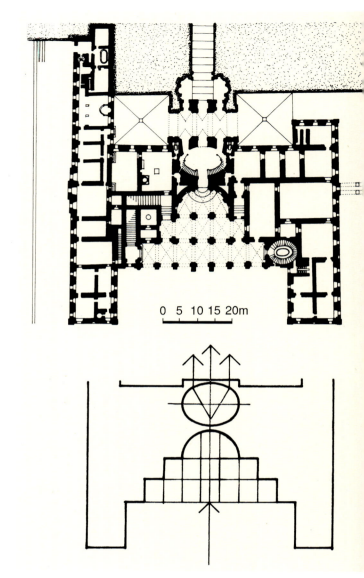

（左）图2-298 罗马 巴尔贝里尼宫。平面（卡洛·马代尔诺设计）

（右）图2-299 罗马 巴尔贝里尼宫。平面（据P.Letarouilly）及简图

有关平面布局的情况前面已经论及。由于地段面向两条街道，博罗米尼需要给它设计两个主要立面。他把重点放在朝向广场和朝圣者大街的南立面上。通向修道院的这个立面实际上是个折中的产物。它并不是教堂的立面，尽管看上去有点像。同时，它还采用了某些宫殿建筑的典型部件。立面和内部的布局完全无涉：其轴线通向小礼拜堂，但朝向侧面，通过一个廊道。入口更准确地说是在教堂和修道院之间。为了不至于取代旁边教堂的立面，建筑师采用了具有微妙级差和变化的砖作为建筑材料。立面向前凸出的部分墙面稍稍内凹。这是最早采用内凹曲线的大型立面，造型颇有新意，给人印象极为深刻。对比的手法同样得到充分的应用。底层中央跨间曲面向外朝参观者凸出，构成反曲线的椭圆形门廊体量格外明晰，上层内凹的龛室由于其拱顶藻井的透视缩减亦显得更为深邃。交替布置的凹凸表面使立面的每个柱墩及壁柱在参观者眼里呈现出不同的造型及光影变化。在这里，和通常的做法相反，建筑并不是仅靠向广场凸出得到强调，而是靠自身具有双重动态的中央区段引起人们的注意（这种波动的造型同时在建筑群前广场处得到回应）。立面装饰上同样具有这种精美轻快的表现，下部为空的壁龛，上部窗户并没有直接立在檐口上，而是形成带断裂山墙的徽章样式。构图上的类似悖论还表现在："精确的"柱式配以断裂的山墙，下部的柱顶盘亦处处被窗户的山墙切断，造型上已不再具有承重的作用。许多细部上都突破了传统样式的藩篱，如上部综合三角形和弧形的山墙。

博罗米尼在处理朝向教皇大街的立面时，采用了完全不同的风格。柱式被简化概括成一些线条，只有立面上耸起的钟楼具有优雅的造型。这个奥拉托利会总部就这样，在位于朝圣者大街和教皇大街之间的这个城

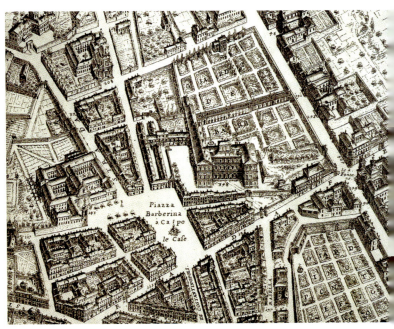

（上及左下）图 2-300 罗马 巴尔贝里尼宫。立面廊道设计（作者彼得罗·达·科尔托纳，约 1626~1628 年，上下两图版分别为查茨沃思 Devonshire Collection 和佛罗伦萨 Gabinetto Disegni e Stampe degli Uffizi 藏品）

（右下）图 2-301 罗马 巴尔贝里尼宫。地段俯视全景（Giovanni Battista Falda 罗马城图局部，1676 年）

市中心地带，充分展现出自己的精神诉求。

院落由壁柱分划，高两层，角上做成弧形。两者皆为具有影响力的创新。形式交替变换的内部房间完全按实用需求布置，同时具有完美的装饰。娱乐厅内有一个椭圆形的壁炉。图书馆内的细木护墙板和羊皮纸的书籍封面及彩绘天棚在色彩上搭配协调，只是目前人们只能

从一册版画上去了解这些既丰富又不失节制的表现。

罗马卡尔佩尼亚宫方案设计

博罗米尼在巴洛克建筑语言的制定上同样起到了重要的作用。尽管他的活动主要在宗教建筑领域,除教堂外从未建造过一个完整的其他类型建筑,但从他的改建活动及教士宫邸的设计中,同样可以看到其艺术构思和设想。从1635到1650年(另说1640至1649年期

左页：

（左上）图 2-302 罗马 巴尔贝里尼宫。17 世纪北立面景色（版画作者 Pompilio Totti，1638 年）

（右上及下）图 2-303 罗马 巴尔贝里尼宫。18 世纪景色（版画作者 Giovanni Battista Piranesi）

本页：

（上）图 2-304 罗马 巴尔贝里尼宫。17 世纪院落景色（油画，作者 Filippo Gagliardi 和 Filippo Lauri，1656 年，罗马 Museo di Roma 藏品）

（下）图 2-305 罗马 巴尔贝里尼宫。立面雕刻细部

本页：
图2-306 罗马 巴尔贝里尼宫。楼梯内景（弗朗切斯科·博罗米尼设计，1634年）

右页：
图2-307 罗马 巴尔贝里尼宫。大沙龙，内景

间），他为改造罗马的卡尔佩尼亚宫（建筑原计划位于特雷维广场东面）拟订了几个方案设计（可能在1644年左右，图2-273）。这些设计相当大胆，在宫殿建筑的演进上更是意识超前。他以巴尔贝里尼宫为样本，但将建筑各部分布置在同一轴线上。其中最完整的一个提供了一个特别令人感兴趣的空间构图实例。其纵向轴线贯穿整个建筑，沿轴线布置了一系列空间单位，创造了极其明显的纵深运动效果。为了使建筑具有双轴形制，另设了一条横向轴线与纵轴相交。中心处安置了一个宽大的椭圆形院落。在这些手法中，最具革新价值的，是把巨大的前厅和一个大楼梯与椭圆形院落组合在一起。

在这系列草图中，最后一张还设想沿椭圆形院落侧边设两个楼梯。在这里，人们再次看到，博罗米尼以空间作为出发点，所达到的结果无论在统一匀质还是在动态的表现上，都要胜过他的同代人。可惜这些设计未能产生积极的成果，付诸实施。以后，只有瓜里尼在他的卡里尼亚诺府邸设计中，部分实现了这个想法。

罗马萨皮恩扎圣伊沃大学教堂
罗马的萨皮恩扎圣伊沃教堂（1642~1650年，1660年完成，设计图稿：图2-274~2-276；平面：图2-277~2-282；剖面及剖析图：图2-283~2-286；顶塔设计：图2-287，

2-288；外景：图 2-289~2-294；内景：图 2-295、2-296）是个大学的附属礼拜堂（大学始建于 16 世纪中叶，最初的建筑负责人是皮罗·利戈里奥，以后又在贾科莫·德拉·波尔塔的主持下继续进行）。教堂以弧形凹面对着一个长方形院落，院落三面环绕两层拱廊。

早在 1632 年，贝尔尼尼就推荐当时任其副手的博罗米尼作为建筑师主持这个大学的施工。博罗米尼首先继续建筑群南翼的施工（此前工程主持人为贾科莫·德拉·波尔塔）。到 1642 年，他终于获得了建造教堂本身的合同。在接下来的两年里，在方案经过多次修

图2-308 罗马 巴尔贝里尼宫。大沙龙，天顶画全景（《上帝的胜利》，作者彼得罗·达·科尔托纳，1632~1639年）

改后，教堂终于建到顶塔部位，并成为博罗米尼最著名的作品之一。教堂的建设前后持续了约20年，其间经历了三位教皇，意见和指示也是反反复复。政治的冲突、美学观念的演变，在它的建造过程中都起到了不容忽视的作用。除了其他的约束和限制外，这位建筑师还要不断修改方案使之臻于完善，以及确保某些部位的强度防止可能的沉陷。

最后实施的平面极不寻常，系由两个等边三角形叠加而成，形成所谓"大卫之星"（即六角星形）[6]。由三角形组成的这种图案表明设计人非常熟悉哥特建筑的三角测量，对米兰大教堂也有精深的了解。教堂平面围绕着中心的六边形展开，星形图案的六个角端交替形成半圆形或凸面梯形的"后殿"，使相对的两角平面刚好相异 [这种形式的选择显然具有象征意义，可能是指智慧之星（sapienza），或施主乌尔班八世盾形徽章上的蜜蜂造型]。然而，由此产生的复杂形式却由于环绕它的墙体和柱顶盘的连续分划得到统一。六角形六个尖端在结构上的重要意义通过成对配置的壁柱加以强调，半圆室和凹室则仅有单一的壁柱。实际上，在每个尖头，均有肋券垂直向上"承受"顶塔环，其他肋券仅形成环绕着穹顶窗户的大型框架。就这样，人们再次看到，在一个经过整合的总体架构内，采用了分级处理和变化的原则。但圣伊沃教堂最主要的创新之处，还在其垂直方向的连续表现。穹顶不再是传统的静止顶盖，而是处在不断的膨胀和收缩的节律中，向上变化逐渐缓和，直至支承顶塔的圆环。顶塔侧边向内部凸出，在圣卡洛教堂里引进的垂向改造在这里已成为连续形式的组成部分。圣伊沃教堂尽管造型丰富新颖，但在西方建筑史上，它仍不失为室内空间表现最为均质的一个。

在室内总体节奏的安排上，圣伊沃所遵循的原则有些类似圣卡洛教堂。人们在其中可看到构造极其严谨的柱式（如柱身带沟槽的大型壁柱）。通向院落的入口夹在壁柱之间，歌坛位于深深的凹室内。由于没有主导的轴向关系，墙面的连续特色因此得到充分的体现。各面的连接同样交替变换，其构造形态让人困惑，既难把握也不易用日常的经验或思维去理解，由此产生的神秘感或许正是建筑师想要达到的目的。内墙通过巨大的

右页：图2-309 罗马 巴尔贝里尼宫。大沙龙，天顶画近景

壁柱和龛室进行分划，看上去好像来自米开朗琪罗设计的圣彼得大教堂的外墙；室内虽然仅有中等规模，但却出人意料显得庄严恢弘。在建造穹顶时，博罗米尼并没有遵循原先的设计。在圣卡洛教堂，穹顶只是一个简单的椭圆形；但在这里，穹顶却延续了星形平面和墙面凹凸曲线的变换形式。凹凸曲面之间进一步安排直线

左页：

图 2-310 罗马 巴尔贝里尼宫。大沙龙，天顶画细部

本页：

（上）图 2-311 罗马 圣伊尼亚齐奥教堂（罗马学院教堂，始建于 1627 年，耶稣会教士 Orazio Grassi 设计，立面 1685 年）。剖面（取自 Werner Hager：《Architecture Baroque》，1971 年）

（中）图 2-312 罗马 圣伊尼亚齐奥教堂。壁画构图分析（据 Andrea Pozzo，1693 年）

（下）图 2-313 罗马 圣伊尼亚齐奥教堂。18 世纪外景（版画作者 Giovanni Battista Piranesi）

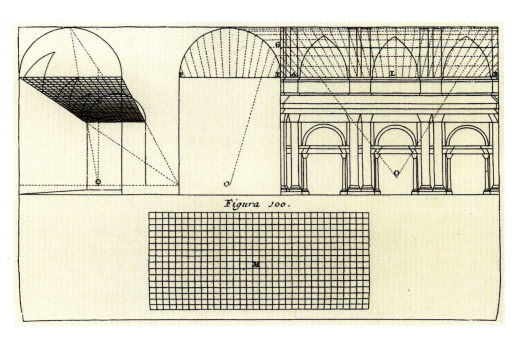

区段作为过渡，位于不同区段之间的棱线则延续和强调了来自壁柱的运动态势，就这样逐渐变化直到形成顶部上置顶塔的圆形洞口，成为建筑最值得注意的特点。如果说在贝尔尼尼那里，建筑是戏剧事件的舞台；那么在圣伊沃教堂，戏剧场景已成为建筑固有的内容，成为它观念中不可或缺的部分。自高处沿墙面泻下的光线很自然地把人们的视线引向上方，在由檐口线脚——实际上也就是平面形式——精确限定的六角星形的框架内，白色的微光使镀金的群星和小天使的头部显得格外突出。和耶稣会堂的区别在于，人们不是逐渐接近明亮的区域，而是即刻置身于光线的笼罩下。

和四泉圣卡洛教堂一样，建筑仅用砖头和灰泥砌

本页：
图2-314 罗马 圣伊尼亚齐奥教堂。立面近景

右页：
图2-315 罗马 圣伊尼亚齐奥教堂。本堂内景

筑，采用简朴的饰面。在室外，从院落场地可看到被伦巴第式鼓座包围的穹顶。上部六个飞拱直抵顶塔壁垛脚下，顶塔的位置即由外饰双柱的这些密集的壁垛确定，上部的柱顶盘通过柱间内凹的檐口得到强调，有些类似希腊化时期某些神庙的做法。以一个螺旋形尖顶作为结束的顶塔，既可被理解为《圣经·创世记》中叙述的巴别塔，也可视为亚历山大里亚的灯塔，《圣经·旧约》里为人们提供光明的"火柱"（pillar of fire），乃至教皇的三重冠。外部总体效果和内部空间形成互补的关系。鼓座处对应六个"结构"尖端配置的成组壁柱，其间墙面如可延展的薄膜，和下面的凹室恰成对比。顶塔的凹面和穹顶、尖塔形成另一种对比，后者以一种难以置信的垂直动态结束了整个构图。

实际上，教皇乌尔班生前委托建造的穹顶，直到他

302·世界建筑史 巴洛克卷

图 2-318 罗马 圣伊尼亚齐奥教堂。祭坛穹顶

的继任者——英诺森十世任职初期才告完成。工程接着又因潘菲利和巴尔贝里尼家族之间新的政治纷争而停顿下来。只是在建筑师和大学法学院不断请愿的压力下，才于 1652 年复工直到带螺旋形尖头的顶塔最后完成。在这种形势下，博罗米尼显然无法顾及 10 年前提出的方案。事实上，顶塔曾一度威胁到穹顶的安全，为此不得不考虑应急的安全措施（如在穹顶基部加铁箍，在上部加强拱棱），因而它更像是一个即兴作品。在结构工程实际上已经完成后，继任的教皇亚历山大七世仍然决定要进行多处修改。如室内通道进行了移位，有的窗户被加以封堵，外部鼓座装修也有所变更。

和贝尔尼尼的比较

前面已经谈到，博罗米尼最初是在他的亲戚马代尔诺手下当一名石匠，以后他在后者及他的同代人贝尔尼尼的鼓励下继续深造。和贝尔尼尼一样，博罗米尼的作品也有划时代的意义，然而，这两个地位相当的人物

左页：图 2-316 罗马 圣伊尼亚齐奥教堂。穹顶及半圆室近景（绘画主持人为耶稣会教士 Andrea Pozzo，1684~1685 年）

图2-317 罗马 圣伊尼亚齐奥教堂。交叉处仰视全景

在性格和所持见解上却明显有别,在圣彼得大教堂共事时,争端自然在所难免,最后分道扬镳也在意料之中。他们一个依附巴尔贝里尼家族法国派,一个依靠帕姆菲利家族西班牙派。贝尔尼尼开始时为教廷和贵族效力,后为国王工作;博罗米尼后来独立开业,主要接受修会的任务。作为耶稣会教士的世俗和宗教友人,贝尔尼尼擅长把世俗生活和宗教世界结合在一起;他从自然和历史中汲取灵感,并从中感受到宇宙的和谐。他性格开

朗、富有魅力,又善于和王公贵族周旋,化解任何难题,在宫廷和业界都有很好的人缘。博罗米尼则性情孤僻,终日沉思冥想,与人落落寡合;在很大程度上他是依赖内在的经验进行工作。在他看来,艺术和自然是完全不同的两码事,其变幻莫测的形式和周围的环境往往说不上话。在这方面,他可说是个典型的手法主义艺术家。和米开朗琪罗一样,他向往着摆脱重力,追求崇高和灵性。而在更具有传统精神的贝尔尼尼看来,这位伟大的

图 2-320 罗马 圣伊尼亚齐奥教堂。左耳堂祭坛

左页：图 2-319 罗马 圣伊尼亚齐奥教堂。右边廊礼拜堂内景

图2-321 罗马 圣伊尼亚齐奥教堂。左耳堂祭坛细部

先驱者更主要是体现了自身的创造能力。贝尔尼尼首先考虑古典遗产,而博罗米尼在他的巴洛克建筑里,哥特和手法主义风格兼收并蓄。尽管博罗米尼对古建筑相当熟悉,特别对希腊化时期的遗产进行了较前人更为深入的考察,从古罗马建筑中借鉴了一种可用于各种形式的砖构技术;但他并不拘泥于传统,而是勇于创新,在改进空间处理,加强肋券结构以减少墙面,利用新颖华美的装饰及把光线作为设计要素等方面,均有独到的建树。他不仅具有丰富的施工经验,对建筑材料和结构技术也非常熟悉。在结构上,他达到了一般建筑师认为不可能企及的目标;在实现理想的过程中,技术本身似乎也带上了灵性。贝尔尼尼表现戏剧,而博罗米尼的活动本身就是戏剧。这位命运多舛的巴洛克建筑巨匠,最后在忧郁和疲惫中,焚毁了自己的全部图稿,自杀弃

(上)图2-322 英诺森十世(在位期间1644~1655年)雕像(作者贝尔尼尼,现存罗马Palazzo Doria)

(下两幅)图2-323 罗马 拉特兰圣乔瓦尼(约翰)教堂(修复及改建1646~1669年,主持人弗朗切斯科·博罗米尼)。剖面及内立面改建设计(作者弗朗切斯科·博罗米尼,原稿现存梵蒂冈Biblioteca Apostolica)

(上)图2-324 罗马 拉特兰圣乔瓦尼(约翰)教堂。歌坛改建设计(作者彼得罗·达·科尔托纳,1657年,原稿现存梵蒂冈 Biblioteca Apostolica)

(下)图2-325 罗马 拉特兰圣乔瓦尼(约翰)教堂。18世纪内景(版画作者 Giovanni Battista Piranesi)

世。人们一直用"怪异"(bizarre)一词来形容他的作品,只是开始时具有褒义,以后则更多地带有贬义。

[其他作品]

罗马巴尔贝里尼宫

罗马的巴尔贝里尼宫(1628~1639年,现为国家画廊,平面及立面:图2-298~2-300;地段鸟瞰及外景:图2-301~2-305;内景:图2-306~2-310),是为教皇乌尔班八世的巴尔贝里尼家族修建的宫邸,为17世纪早期罗马最重要的居住建筑。罗马巴洛克时期所有重要建筑师都在不同程度上参与了这项巴洛克艺术杰作的设计。正是通过这个建筑,为马代尔诺、贝尔尼尼、博罗米尼和科尔托纳创造了一个在同一项目上工作的机会。在开始

（上）图 2-326 罗马 拉特兰圣乔瓦尼（约翰）教堂。改建后本堂朝西北方向望去的景色

（下）图 2-327 罗马 拉特兰圣乔瓦尼（约翰）教堂。本堂西南侧内景

(上下四幅) 图 2-328 罗马拉特兰圣乔瓦尼 (约翰) 教堂。本堂龛室内的圣徒雕像 (1708~1718年)

阶段，负责设计的是资格更老、经验更为丰富但已年迈的马代尔诺 (1625/1626年，细部设计由他的外甥博罗米尼负责)，但他只是在进行了两年准备之后，才开始将它付诸实施。在马代尔诺1629年去世后，年轻的贝尔尼尼被任命为该项目的第一任建筑师，博罗米尼为其助手，剧场设计则由科尔托纳负责。科尔托纳也提交过一个方案，但没有被采纳。但有迹象表明，他曾参与部分工程 (即如今被改造成剧场的那部分)。同时他还是大沙龙穹顶华美的天棚主题画的作者 (1633~1639年)。

保留下来的一幅图稿表明，马代尔诺最初系按传统

(上下两幅) 图 2-329 罗马 纳沃纳广场 (始建于 1644 年)。地段总平面: 上、现状平面 (1:2000); 下、G.Nolli 城市平面局部 (图中 608 号为圣阿涅塞教堂, 599 号为太平圣马利亚教堂, 800 号为萨皮恩扎圣伊沃教堂)

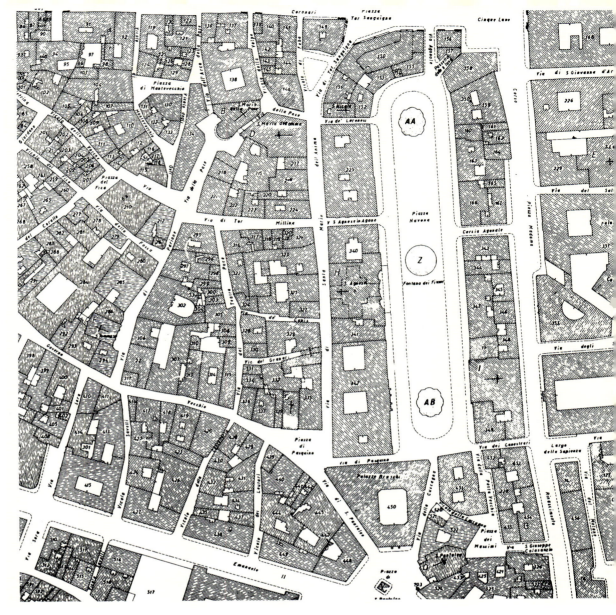

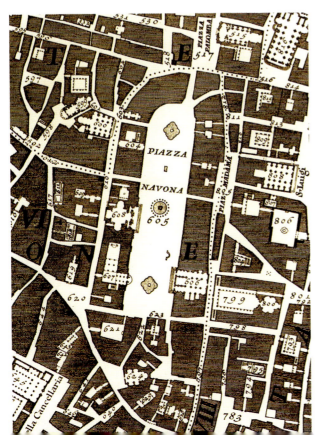

宫殿的样式把它设计成一个巨大的方形体量, 院落周围设拱廊。1625 年保罗·马吉绘制的罗马平面图上也表明它是一个方块, 但在面向城市的立面上有凸出的两翼。流传下来的文献表明, 其总体形式在 1629 年 1 月, 即马代尔诺去世和由贝尔尼尼接替他领导工程之前即已确定。由于博罗米尼曾担任这两位建筑师的助手, 他对建筑的总体设计也可能有影响。

从最初的设计可知, 开始时马代尔诺是打算建造一个城市宫殿; 但由于建筑坐落在山丘顶上, 位于当时城市周边的花园地带, 面对着一个宫殿的残迹, 离巴尔贝里尼宫和皮亚大街都较远。在这样一个当时的孤立地段上, 设计人自然会想到将宫殿改造成一栋宏伟的"城郊别墅"(villa suburbana)。

已建成的这类城郊别墅具有各种模式: 其中尤以佩鲁齐设计的法尔内西纳别墅最为成功 (位于台伯河边, 1508/1509~1510 年, 实际上, 类似的布置在帕拉第奥的

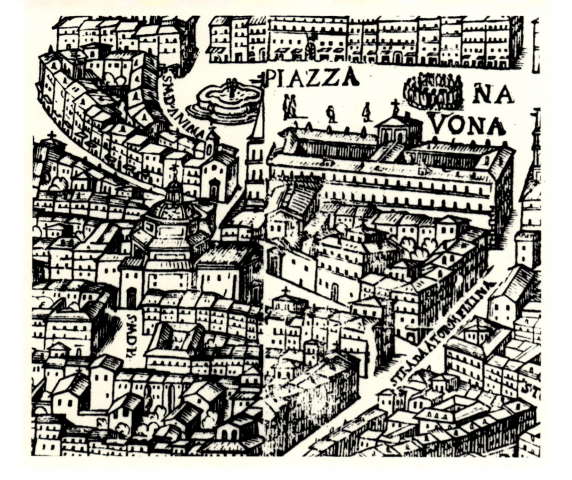

本页：
（上）图2-330 罗马 纳沃纳广场。俯视全景（G.B.Maggi城图局部，1625年，原稿现存米兰Civica Raccolta Stampe Achille Bertarelli）

（中及下）图2-332 罗马 纳沃纳广场。18世纪景观（版画作者Giovanni Battista Piranesi，分别示从南北两个方向望去的景色）

右页：
图2-331 罗马 纳沃纳广场。17世纪景观（油画，作者佚名，现存罗马Museo di Roma）

大部分别墅设计中也可看到）。其主立面包括一个前院和一道敞廊。朝向花园的立面则由一道简单的平墙构成，仅在中部开一个门洞。如此形成的倒"U"字形平面遂成为巴洛克后期别墅和大型宅邸的基本模式。在巴尔贝里尼宫，马代尔诺的新方案又重新采用了这一模式并有所发展。其主体部分两翼前伸，内院分成两部分，宫殿变成不同寻常的"H"形，亦即自法尔内西纳别墅以来罗马乡间别墅里多次用过的三翼布局（triclinium）。对一个罗马宫殿来说，这种布局无疑具有革命的意义。由于这个创新和同时期马代尔诺的圣彼得大教堂广场设计（图2-421）乃至更早的米开朗琪罗的卡皮托利诺广场有明显的关联，因而具有特殊的价值。只是这种构图方式并没有在罗马的宫邸建筑中得到进一步的推广，倒是以后为法国的宫殿建筑指明了方向。

这种布局方式和部分安玻璃的开敞拱廊立面一起，使建筑具有了别墅的外貌（其中也确实大量采用了属于郊区别墅的构图手法）。两个立面（每个各有15根开间轴线），一个朝向巴尔贝里尼宫，另一个朝向皮亚大街；其他带露台的立面朝向花园。主立面七开间的中央形体由三层拱廊组成，立面叠置三种古典柱式，中央三开间上的顶楼层相应二层大厅（沙龙）的顶部。中央形体底层通过几排柱廊与外界相通，柱廊纵深三跨间，廊道

图 2-333 罗马 纳沃纳广场。18 世纪广场景色（油画，作者 Giovanni Paolo Pannini，表现 1756 年广场被水淹的情景，汉诺威 Landesgalerie 藏品）

（本页上）图2-334 罗马 纳沃纳广场。自南向北望去的景色（油画，现存米兰 Civica Raccolta Stampe Achille Bertarelli）

（本页下及右页）图2-335 罗马 纳沃纳广场。节日景色（油画，局部，作者 Giovanni Paolo Pannini，1729年，巴黎卢浮宫博物馆藏品）

总宽自外向内递减，因而创造了向主要轴线集中的强烈效果。通过柱廊深处的半圆室可到达后面一个椭圆形大厅（尘世厅）和朝向花园的椭圆形楼梯。露天小院后是一个通向花园的长长坡道。由于花园高踞入口院落之上，因此通过一个桥和位于二层的另一个椭圆形厅堂相连。在这个椭圆形厅堂和主立面之间，即沿主轴对称布置的大沙龙，其高度为其他房间的两倍。方形天井式的楼梯间、柱廊式的底层中庭和横向椭圆形的大厅（已毁，但在以后贝尔尼尼的建筑中又用过这种形式）均属新的特点。贝尔尼尼设计的四跑开放式大楼梯更预示了巴洛克后期这类宏伟的宫殿楼梯的诞生。

科尔托纳创作的著名天顶画《上帝的胜利》(Le Triomphe de la Divine Providence, 1633~1639年，图2-308)就位于二层的大沙龙内，它实际上是颂扬巴尔贝里尼家族教皇乌尔班八世。其强烈的色彩和深邃的透视使人想起韦罗内塞[7]的作品，1637年科尔托纳在威尼斯时可能见过这位大师的创作。这种利用透视产生幻觉的处理手法，在1596~1598年阿尔贝蒂兄弟绘制的梵蒂冈克莱门蒂娜厅天顶画中已得到进一步的发展。类似的天顶画在罗马取得成功后，很快就在整个欧洲的教堂和节庆厅堂里得到推广，特别是向天国飞升的画面，更是人们最喜爱的题材。科尔托纳在这里通过动态十足的人物形象进一步实现了这一理想。

巴尔贝里尼宫的实践表明，这些著名的巴洛克建筑师在纵向轴线的构图上作出了巨大的贡献，它不仅体现在建筑平面的组织上，证实了人们追求系统化和在更

（上）图2-336 罗马 纳沃纳广场。地段俯视全景

（下）图2-337 罗马 纳沃纳广场。自南向北望去的全景（中间为四河喷泉）

高的程度上按功能要求规划平面的新趋向，也同样体现在它们和城市环境的关系上（贝尔尼尼以后的世俗建筑作品中对此提供了新的证明）。它构成了第一个真正实现纵深运动的巴洛克实例，沿纵向轴线的运动在空间上表现出旺盛的活力，在17世纪的法国宫殿里，似乎还找不出哪个在这点上能与之匹敌。不过，同样需要指出的是，尽管建筑的总体平面对意大利境外巴洛克宫殿建筑以后的演进具有重大的意义，但向中心递减的纵深

322·世界建筑史 巴洛克卷

(上)图 2-338 罗马 纳沃纳广场。向西北方向望去的景色(近景为广场南端喷泉,后为潘菲利宫和圣阿涅塞教堂)

(下)图 2-339 罗马 纳沃纳广场。自北向南望全景

柱廊的母题以后并没有得到多少反响。在意大利半岛上,巴尔贝里尼宫可说是将外来形式和地方传统相结合的这种类型的唯一实例。

教堂

这时期教堂建筑的演变趋势,可从直到 1627 年才开始建造的罗马学院教堂(圣伊尼亚齐奥教堂)的变化中看出来。如果说在耶稣会堂,本堂和穹顶的对比还

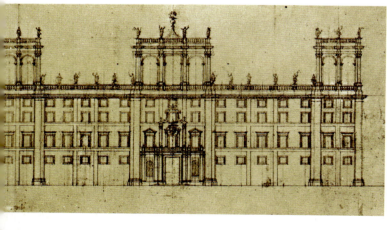

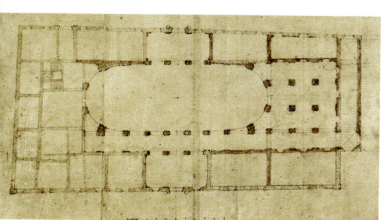

（上）图2-340 罗马 纳沃纳广场。夜景

（左中及下）图2-341 罗马 潘菲利宫（1650~1655年，建筑师弗朗切斯科·博罗米尼）。平面及朝纳沃纳广场的立面（设计图，作者弗朗切斯科·博罗米尼，原稿现存梵蒂冈 Biblioteca Apostolica）

（右下）图2-342 罗马 潘菲利宫。17世纪末外景（版画，作者 Alessandro Specchi，1699年，原稿现存罗马 Bibliotheca Hertziana）

带有某些手法主义痕迹的话,到 1580 年建造的(山上)圣马利亚教堂,缩短后的本堂和穹顶相比显然已处于从属地位。在这里,贾科莫·德拉·波尔塔追求的是体量的融合效果,这种追求一直贯穿在以后的演化过程中。在罗马以后为新修会建造的带耳堂和穹顶的教堂中,也都表现出类似的特点。新近有人认为,1591 年开始为德亚底安修士建造的圣安德烈-德拉-瓦莱(谷地圣安德烈教堂),可能也是贾科莫·德拉·波尔塔的作品(穹顶为马代尔诺设计)。但在这里,形式显然要更为高耸,礼拜堂入口和中央本堂的联系也更为灵活,穹顶更高更明亮,壁柱以上的交叉处表面呈现出轻微的波动。圣伊尼亚齐奥教堂表现出同样的变化,但在发展阶段上要更为领先(剖面及视线分析:图 2-311、2-312;外景:图 2-313、2-314;内景:图 2-315~2-321)。其穹顶基座紧靠着主要空间;本堂侧面礼拜堂较大(中央本堂相应缩小),其间形成类似侧道的空间。独立的柱子位于狭高的通道两侧,使各个隔间的空间能自由地流动。穹顶会堂式建筑的这种灵活的布置方式,不仅在意大利得到延续,而且很快传播到阿尔卑斯山以外地区,并有了

(上)图 2-343 罗马 潘菲利宫。廊厅,全景

(下)图 2-344 罗马 潘菲利宫。廊厅,内景

图2-345 罗马 潘菲利宫。廊厅,端头

许多变化。但其基本形态仍然保存下来,特别在城市主教堂和修院教堂里。被视为罗马教堂成功典范的耶稣会堂的模式,就这样传播到全世界。

从总体上看,巴洛克初期的建筑在解决形式问题时,应该说还只是停留在相对表面的阶段。为了表现设计意图,人们大量采用分划部件,并将它们进行复杂的综合,因而常常导致装饰过度。典型实例即马蒂诺·隆吉设计的罗马圣温琴佐和阿纳斯塔西奥教堂的立面(1646年,见图2-380),其中间部分采用了三重相互叠置和渗透的柱子及门廊,立面不免显得过于拥挤和杂乱[8]。从早期巴洛克到巴洛克全盛时期的过渡以对问题的更深刻理解为标志。也就是说,空间整合和更富有表现力的目标主要依靠基本形式的改造,而不是取决于表面镶贴的"装饰"。正是马代尔诺,在这个方向上进行了最初

(上)图 2-346 罗马 潘菲利宫。廊厅，拱顶画细部（作者彼得罗·达·科尔托纳，1655 年）

(下)图 2-347 罗马 圣阿涅塞教堂（1652~1657 年，后期工程直至 1672 年，建筑师吉罗拉莫·拉伊纳尔迪、卡洛·拉伊纳尔迪和弗朗切斯科·博罗米尼）。平面设计图稿（作者弗朗切斯科·博罗米尼，原稿现存维也纳 Graphische Sammlung Albertina）

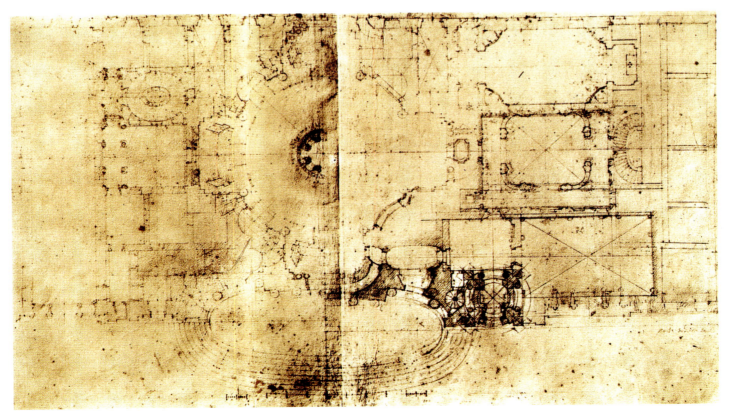

第二章 意大利·327

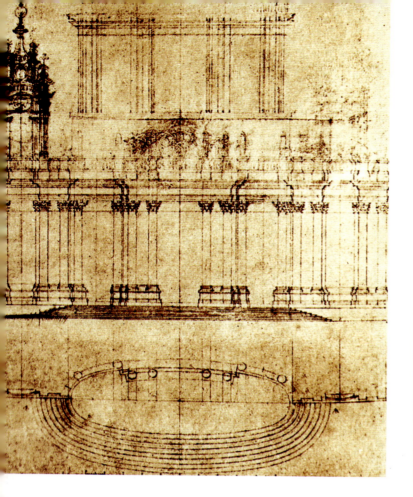

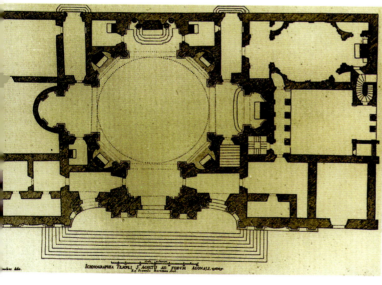

的探索,但对最后结果作出决定性贡献的仍是贝尔尼尼、博罗米尼和科尔托纳等人的作品。

二、英诺森十世任内（1644~1655年）

尽管英诺森十世（在位期间1644~1655年,图2-322）和他的前任一样,渴望在任内创造辉煌的业绩,但和乌尔班八世相比,其政策已有所改变,重点主要放在几个大的工程项目上。这位教皇首先关注的是教皇大街的建设。他下令向阿拉科埃利圣马利亚教堂方向扩大卡皮托利诺广场,建造第三个宫殿（几乎在一个世纪以前,米开朗琪罗已拟订了相关的平面）；同时,他还要求继续完善圣卢卡和圣马蒂纳教堂。这位教皇的另两个心愿是修复拉特兰圣乔瓦尼教堂和改造纳沃纳广场。如果说这头一个心愿还是为了颂扬上帝的光荣（ad majorem gloriam Dei）,那么第二个则完全是为了满足他个人的奢望。

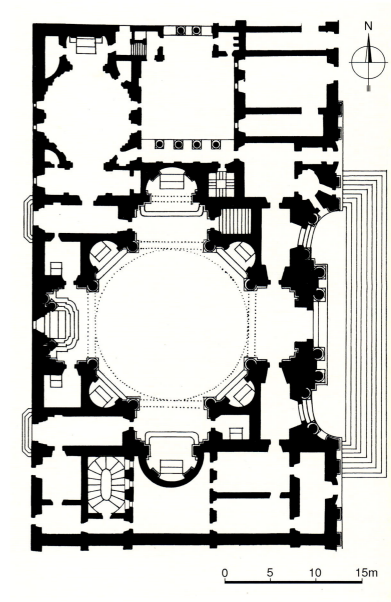

本页及左页：

（左上）图 2-348 罗马 圣阿涅塞教堂。立面设计图稿（朝纳沃纳广场一面，作者弗朗切斯科·博罗米尼）

（中）图 2-349 罗马 圣阿涅塞教堂。博罗米尼设计方案透视图（左侧为潘菲利宫，透视图作者 Portoghesi，1967 年）

（左下）图 2-350 罗马 圣阿涅塞教堂。平面（图版，取自 Stephan Hoppe：《Was ist Barock？ Architektur und Städtebau Europas 1580-1770》，2003 年）

（右）图 2-351 罗马 圣阿涅塞教堂。平面（取自 John L.Varriano：《Italian Baroque and Rococo Architecture》，1986 年，经改绘）

[拉特兰圣乔瓦尼（约翰）教堂的修复和改建]

1646 年，为准备 50 年大庆（1650 年为天主教大赦年），英诺森十世委托他格外器重的博罗米尼修复早期基督教时代的拉特兰圣乔瓦尼教堂，这个备受尊崇的建筑在罗马的地位仅次于圣彼得大教堂，但因年代久远已损毁严重。这个大教堂的改建（1646~1669 年）为博罗米尼带来了巨大的声望。一个半世纪之前，布拉曼特正是在圣彼得大教堂项目上领受了同样的任务。不同

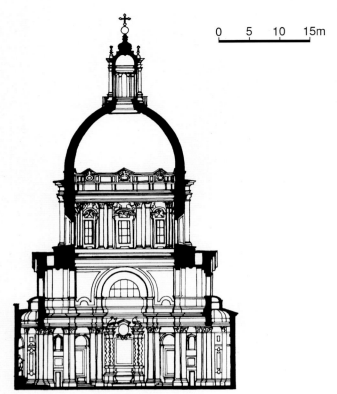
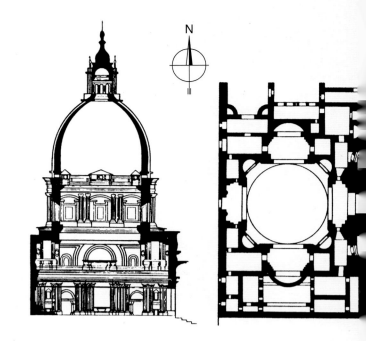
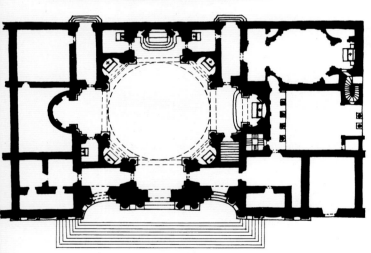

的只是，在后者，当时的教皇尤利乌斯二世已认识到需要搞一个新的建筑；而对英诺森十世来说，形势完全不同，他的命令用词是："不要新搞，只要更好"（Pas de nouveau, Rien que du mieux）。因而，博罗米尼只能从既有的事实出发，回旋的余地自然要小得多。

教堂本堂连侧廊在内共有五条廊道，博罗米尼把改建重点完全放到中央本堂部分（图2-323~2-328）。工程包括用砖及灰泥包砌及翻修本堂的大部分柱墩及四个廊道。他用贯穿整个空间高度的巨大柱墩替代了原来承上部墙体的密集柱列，柱头上雕刻的石榴暗示《圣

左页：

（左）图2-352 罗马 圣阿涅塞教堂。平面及剖面（据 Rudolf Wittkower）

（右上）图2-353 罗马 圣阿涅塞教堂。平面及剖面（据 W.Blaser）

（右下）图2-354 罗马 圣阿涅塞教堂。立面（取自 Wilhelm Lübke 及 Carl von Lützow：《Denkmäler der Kunst》，1884年）

本页：

（上）图2-355 罗马 圣阿涅塞教堂。广场面全景

（下）图2-356 罗马 圣阿涅塞教堂。正立面景色

左页：

图 2-357 罗马 圣阿涅塞教堂。东南侧近景

本页：

(右) 图 2-358 罗马 圣阿涅塞教堂。东北侧近景

(左) 图 2-359 罗马 圣阿涅塞教堂。立面细部

经》上有关所罗门圣殿的传说。在垂直层面上，朝向四条边廊的巨大券洞和较窄的神龛跨间交替布置，形成节律的变化。柱墩墙体内椭圆形的大理石龛室两侧立柱，类似圆形庙堂，通过山墙向外凸出的曲面和本堂均衡；由于这部分用带白色花纹极其贵重的绿色大理石 (verde antico) 制作，其地位也显得格外突出。这项工程匆匆上马，搞了差不多近四年。

改造后的本堂富丽堂皇，犹如节庆大厅。龛室内部安置了贝尔尼尼风格的圣徒造型，这些形象确立了和观察者的直接联系，只是其举止过于夸张，破坏了龛室本身安详亲切的氛围，和建筑环境未能很好协调。相反，只要在博罗米尼本人安排造型艺术的场合（如圣卡洛教堂的立面），雕刻部件都不是建筑的额外添加部分，而是如哥特建筑那样，和建筑本身合为一体。

在拉特兰教堂，博罗米尼按自己的方式完成了侧廊部分，用极俭省的手法展示了构图的魅力。在光洁的表面上布置线脚精细的框饰和花环；果实和带翼天使的头像鸟儿一样安排在角上和需要重点突出的地方，为整个构图增添了生气和活力。在这里，甚至还可见到拜占廷式的六翼天使。建筑的尖角很多都抹成圆弧，光滑的墙面通过层间腰线（而不是凸出甚大的檐口）分划。门窗和龛室处还用了承自火焰哥特风格的内折拱。但即使采用古典配置，其构造逻辑往往也被恣意改动（如一些构图母题颠倒使用；栏杆的支撑交替布置在基部

图2-360 罗马 圣阿涅塞教堂。穹顶仰视（天顶画17世纪末）

第二章 意大利·335

336·世界建筑史 巴洛克卷

左页：

图 2-361 罗马 圣阿涅塞教堂。右耳堂大理石祭坛

本页：

(左右两幅) 图 2-362 罗马 纳沃纳广场。《四河喷泉》(1648~1651 年, 作者贝尔尼尼), 最初模型 (全景及局部, 作者贝尔尼尼, 罗马私人藏品)

和上部), 这种专横的做法使这位大师如米开朗琪罗一样, 常常为人诟病。博罗米尼还留下了一幅重要的设计画稿, 包括许多装饰细部。在灰泥装饰中他喜用棕叶饰、由枝叶及水果组成的花环饰、涡券饰及各种纹章图案, 有时还加上蔷薇花饰或其他的古代题材, 但总的来看, 构图比较平淡。这些部件大都采用浅浮雕形式, 和墙面及光线的配合比较到位。装饰、光线的分布及建筑本身形成一个不可分割的整体。

为了协调本堂跨间的各种部件, 他曾打算在室内用筒拱顶来掩盖木天棚。但由于大庆年已过, 这一构思一

直未能实现。原计划还包括一个大广场的设计,但这部分同样未能完成(从菲利波·尤瓦拉的一幅草图上可大致了解人们的设计意图)。基于同样的想法,人们在连接圣乔瓦尼教堂和圣马利亚主堂的梅鲁拉纳大街两边,建造了排列整齐、样式统一的建筑。这24栋建筑,遂成为巴洛克时代头一批共同开发、样式齐整的城市化试点工程。

左页：

（上两幅）图 2-363 罗马 纳沃纳广场。《四河喷泉》，早期设计图稿（左侧一个方尖碑对角布置；右侧一个方尖碑改为正向，众河神举起教皇的纹章）

（下）图 2-364 罗马 纳沃纳广场。《四河喷泉》，方尖碑基座设计草图（原稿现存莱比锡 Museum der Bildenden Künste）

本页：

图 2-365 罗马 纳沃纳广场。《四河喷泉》，教皇英诺森十世参观《四河喷泉》（油画细部，作者佚名，罗马 Museo di Roma 藏品）

[纳沃纳广场及其周边建筑]

广场

在罗马的巴洛克广场中，纳沃纳广场起着特殊的作用。它保留了古罗马时期（公元前86年）落成的图密善体育场的纵长形式（地段平面及俯视景色：图 2-329、2-330）。中世纪时，在罗马时期的残墟上已开始建起了居民的住宅，但中间部分仍然空着，成为公众休闲娱乐的处所。教皇西克斯图斯四世任内（1471~1484年）把它改成了市场，供文艺复兴时期附近的居民使用。它同

第二章 意大利·339

本页：

图2-366 罗马 纳沃纳广场。《四河喷泉》，方尖碑全景

右页：

(上)图2-367 罗马 纳沃纳广场。《四河喷泉》，方尖碑基部，西南侧近景

(下)图2-368 罗马 纳沃纳广场。《四河喷泉》，方尖碑基部，东侧景观

时也是中产阶级的主要聚集地。

从拉特兰圣乔瓦尼教堂及其环境的整治上，已可看出这时人们创造"新空间"的意图。英诺森十世打算在纳沃纳广场上建造家族宫殿的想法表明，他已决定融入历史上形成的城市肌理中去。他自己的宫殿即面向广场。尽管广场本身并没有被纳入到巴洛克时期的城市

干线网络里去，但其独特的空间特色仍然使它成为周围地区最突出的景点，构成了巴洛克时期罗马的重要组成部分。17世纪时，它已被改造成一个极具特色的市民生活中心，一直到今日，都是罗马城中最吸引游客的处所（历史图景：图2-331~2-335；现状景观：图2-336~2-340）。

使广场具有如此重要地位的建筑特色主要表现这样几个方面：首先，广场所在的纵长和相对狭窄的空间，使它好似一条扩大的街道和相邻街道的延续；与此同时，其周边以连续墙面围括的界定方式，又使它成为一个活动场地而不是供穿行的道路；建筑具有同样的总体尺度，主要以表面而不是形体面对中央场地；通向广场的街道不但狭窄，布置上亦不规则（对称布置的宽阔

左页：

图 2-369 罗马 纳沃纳广场。《四河喷泉》，方尖碑基部，东南侧近景（正面为代表恒河的雕像，作者 Claude Poussin）

本页：

图 2-370 罗马 纳沃纳广场。《四河喷泉》，细部（代表多瑙河的雕像）

干道将有可能损害空间的封闭特色）；空间的连续特点通过采用类似的色彩序列和建筑细部得到强调（参见图 2-349）。在这里，最简单的住宅亦如圣阿涅塞教堂的立面那样，借助同样的古典部件进行分划，采用同一种建筑语言。教堂统领整个建筑群，起到主要中心的作用，并为广场的总体构图定下了基调（其他建筑采用同样母题，但处理上更为简单）。

总之，在巴洛克时期罗马的空间构造上，充满动态、变化和生命活力的纳沃纳广场可说是表现得相当典型。它充分体现了贝尔尼尼和博罗米尼的设计意图，和多梅尼科·丰塔纳那种枯燥乏味的图解式构图以及法国城市规划那种绝对理性的体制完全异趣。

英诺森十世上任后，大大加快了广场的规划和实施速度，要施工的项目中包括他的家族宫殿、圣阿涅塞教堂及广场上的喷泉。这位教皇严格按几乎一个世纪前格列高利十三世颁布的法律行事：建筑该征购的征购，该拆的拆。就这样，把广场变成了教皇宫殿的前厅。

潘菲利宫

1646 年，在委托博罗米尼改建拉特兰圣乔瓦尼教堂的同时，吉罗拉莫·拉伊纳尔迪开始为潘菲利家族教皇英诺森十世设计潘菲利宫（图 2-337 左侧）。但他的方案过于简单、平淡。因而教皇又请博罗米尼就这个建筑进行研究并帮忙制订了一个更为详尽的设计（1650

第二章 意大利·343

（上）图 2-371 罗马 纳沃纳广场。《四河喷泉》，细部（代表尼罗河的雕像）

（下两幅）图 2-372 罗马 纳沃纳广场。《四河喷泉》，雕刻细部：《恒河》和被风吹动的棕榈树叶

年，图 2-341～2-345）。稍后，又由科尔托纳绘制了廊厅的壁画（图 2-346）。博罗米尼的方案中再次包含了一个近似椭圆形的院落。建筑按双轴线布置，门厅位于短轴

图 2-373 罗马 纳沃纳广场。《四河喷泉》，雕刻细部：马

上，配置了廊道、宏伟的入口立面和面向广场、上冠优美柱顶盘的中央大窗。立面中心的凸出形体上立一个高大通透的观景楼，这部分因而显得特别突出。垂直方向的整合则通过直通整个四层的巨柱式来实现。在这里，整体观念的表现要比当时的任何建筑都更为突出。

圣阿涅塞教堂

作为英诺森十世改建纳沃纳广场计划组成部分的圣阿涅塞教堂（1652 年及以后，设计图稿：图 2-347~2-349；平、立、剖面：图 2-350~2-354；外景：图 2-355~2-359；内景：图 2-360、2-361），位于广场西侧教皇家族宫殿的旁边。原址上最初的教堂始建于 1123 年。1652 年，

(上)图 2-374 罗马 纳沃纳广场。《四河喷泉》，雕刻细部：狮

(下)图 2-375 罗马 纳沃纳广场。南泉（摩尔泉，作者贾科莫·德拉·波尔塔及贝尔尼尼），南侧全景

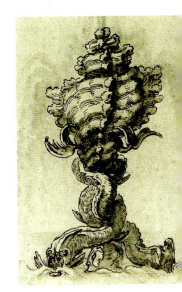

（上两幅）图 2-376 罗马 纳沃纳广场。南泉（摩尔泉），西侧景色及细部

（中两幅）图 2-377 罗马 纳沃纳广场。南泉（摩尔泉），设计图稿（作者贝尔尼尼，左右两幅分别为杜塞尔多夫科学院和温莎城堡王室藏品）

（下）图 2-378 罗马 纳沃纳广场。北泉，外景

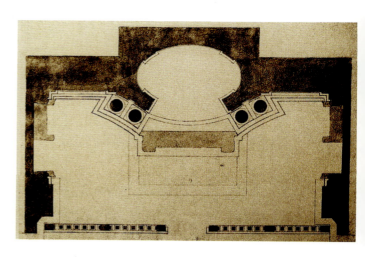

吉罗拉莫·拉伊纳尔迪和他的儿子卡洛·拉伊纳尔迪受命在同一基址上建新教堂。他们提出了一个采用短肢希腊十字平面的方案，对角布置壁柱，背靠着壁柱立圆柱。但这个设计很快就遭到人们的抨击，特别是柱廊和台阶部分，被认为是过多地侵占了广场空间。

到1653年，教皇最后委托博罗米尼完成拉伊纳尔迪的这项工程，其时主体已达到首层高度。尽管如此，他仍然引进了一些重大的变更。在室内，他将嵌入壁柱内的柱子朝本堂中心和交叉处方向前移，从而彻底改变

（左上）图2-379 罗马 纳沃纳广场。北泉，设计图稿（作者贝尔尼尼，温莎城堡王室藏品）

（下两幅）图2-380 罗马 圣温琴佐和阿纳斯塔西奥教堂（1646~1650年，建筑师小马蒂诺·隆吉）。立面全景及细部

（右上）图2-381 罗马 维多利亚圣马利亚教堂。科尔纳罗礼拜堂（1645~1652年，设计人贝尔尼尼）。祭坛平面（图版制作Nicodemus Tessin）

348·世界建筑史 巴洛克卷

图 2-382 罗马 维多利亚圣马利亚教堂。科尔纳罗礼拜堂，内景（油画，作者佚名，原稿现存什未林 Staatliches Museum）

图 2-383 罗马 维多利亚圣马利亚教堂。科尔纳罗礼拜堂，祭坛全景

左页：

图 2-384 罗马 维多利亚圣马利亚教堂。科尔纳罗礼拜堂，组雕《圣德肋撒的神迷》，全景（作者贝尔尼尼，高 3.5 米）

本页：

图 2-386 罗马 维多利亚圣马利亚教堂。科尔纳罗礼拜堂，右侧施主包厢群雕

了原有的节奏。从十字形平面出发，最后得到了几乎完美的八角形。由于在内部保留了鲜明的浅白色调，通过它和红色大理石柱子的对比，新的节奏得到了进一步的强调。高高布置在柱子之上、挑出甚多的檐口，构成了水平分划的主要部件。

博罗米尼取消了拉伊纳尔迪父子原设计的柱廊，使立面尽可能缩回到建筑主体方位。两边甚高的钟楼也没有紧靠中央主体，而是移向两侧毗邻的建筑，夹在塔楼之间的立面，也因此显得更为宽阔（这种在穹顶两侧设塔楼的做法，在 18 世纪的奥地利变得非常盛行）。

与此同时，博罗米尼进一步加高了中央穹顶，他设计的鼓座也比最初的设想要高。这种向上的运动，在穹顶的高耸线条里得到了充分的体现。特别是博罗米尼使立面具有内凹的曲线（图 2-348、2-350），从而达到了两个结果：一是令穹顶更靠近立面和广场，使人们能看到它的完整轮廓，构图效果更为突出；二是使教堂和广场具有相互依存的关系，外部空间好似渗透到教堂形体内部，立面曲线和圆形的喷泉平面亦能相互呼应。就这样在空间和体形之间，创造了更为密切的相互作用，在广场和周边各要素之间，形成了互动的联系。广场和建筑也因此具有了典型的巴洛克特色，使这种在文艺复兴时期不被看好的集中式建筑，重新获得了它的地位（在圣彼得大教堂，由于人们最后采用拉丁十字平面和会堂形制，并拆除了钟楼，这类尝试均未获成功）。博罗米尼甚至还实现了布拉曼特和米开朗琪罗的理想，将建筑的不同形体、塔楼和穹顶统一在一起。环绕广场的屏风式立面具有巴洛克风格特有的级差构造。圣阿涅塞教堂的立面则构成这个屏墙不可缺少的部分，通过它人们能更好地感受到广场的"内部"特色。教堂的穹顶和两边的塔楼，进一步为广场注入了垂向构图的要素。

后来，由于博罗米尼和英诺森十世发生了争执，在这位教皇死后，又和他的继任者、红衣主教潘菲利意见相左，工程尚未完成，他的合同便被撤消，其地位被一组建筑师取代（1657 年）：钟楼为 G.M. 巴拉塔的作品，顶塔设计人为卡洛·拉伊纳尔迪。最后实现的两座钟楼比博罗米尼原设想的要高出许多，总体效果有所削弱。卡洛·拉伊纳尔迪则只是加了一个顶楼，使塔楼和顶塔更趋精练，没有什么实质性的修改。

第二章 意大利 · 353

图2-385 罗马 维多利亚圣马利亚教堂。科尔纳罗礼拜堂,组雕《圣德肋撒的神迷》,近景

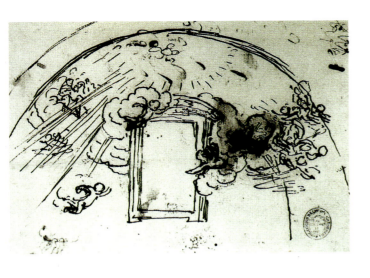

喷泉

广场上布置了三座圆形喷泉，它们把广场分成了四个不同尺度的地段，在构图上起到了重要的作用。1648年，贝尔尼尼获得了设计和制作《四河喷泉》（1648~1651年，图 2-362~2-374）的委托单；1653 年又受命修改位于广场端头原由贾科莫·德拉·波尔塔完成的喷泉（南泉：图 2-375~2-377；北泉：图 2-378、2-379）。

贝尔尼尼最壮观的公共建筑均建于 17 世纪 40 年代中期至 60 年代。这个规模宏大的《四河喷泉》是同类建筑作品中最突出的一个，构成了广场的真正中心。蔚为壮观的雕刻群组于中央岩石上承托埃及方尖碑，形成和水平运动相对照的垂直要素，碑顶立教皇的徽章和衔橄榄枝的鸽子（为教皇英诺森十世家族的象征）。周围是代表 17 世纪欧洲人已知的世界四条主要河流的大理石人物雕刻（欧洲的多瑙河、非洲的尼罗河、亚洲的恒河和美洲的拉普拉塔河[9]）。实际上这些寓意形象承载着更多的使命，同时象征着天堂的四条河流、四个基本方位和当时西方已知的四大洲（世界的四个部分），亦即整个世界，象征教会的势力扩展到世界各地。这个喷泉使城市空间和自然环境的题材很好地结合在一起。以埃及方尖碑为代表的历史，就这样象征性地从大自然获得她的源泉。周围所有岩石的造型逼近自然，棕榈树随风弯曲，泉水喧哗着泻入水池。所有的形象都显露出一种世俗的欢乐和热情。

[其他项目]

除了圣乔瓦尼教堂和纳沃纳广场，英诺森十世期间还有许多开工的大型项目。尽管并不都是这位教皇的业绩，但他对各个项目的监管还是相当严格的。

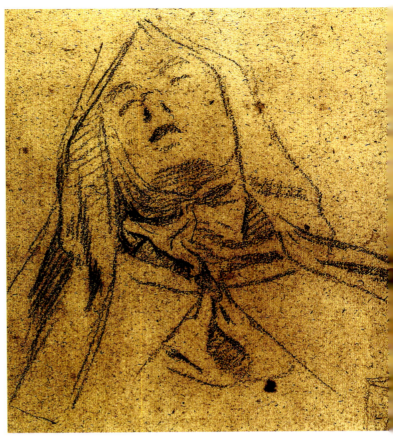

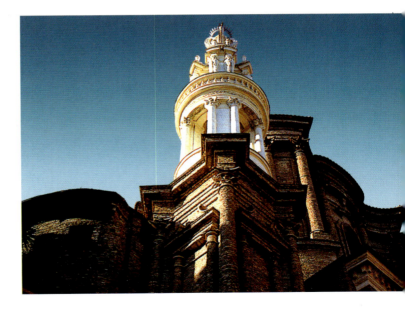

（左）图 2-387 罗马 维多利亚圣马利亚教堂。科尔纳罗礼拜堂，窗户及周围雕刻设计草图（作者贝尔尼尼，马德里 Biblioteca Nacional 藏品）

（右上）图 2-388 罗马 维多利亚圣马利亚教堂。科尔纳罗礼拜堂，圣德肋撒头像设计草图（原稿现存莱比锡 Museum der Bildenden Künste）

（右下）图 2-390 罗马 圣安德烈-德尔-弗拉泰教堂。钟楼，仰视细部

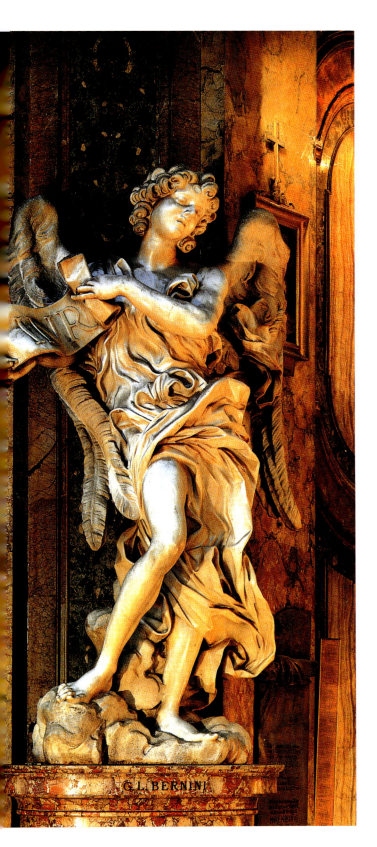 

左页：

图 2-389 罗马 圣安德烈 - 德尔 - 弗拉泰教堂（1653~1667 年）。钟楼，外景

本页：

（左右两幅）图 2-391 罗马 圣安德烈 - 德尔 - 弗拉泰教堂。圣安德烈歌坛入口处两边的天使雕像（作者贝尔尼尼，1669 年，原为圣天使桥制作，现桥上为复制品）

（左上）图2-392 罗马 教义传播学院（教义传播宫，1654~1662/1664年，建筑师弗朗切斯科·博罗米尼）。18世纪外景（版画作者 Giovanni Battista Piranesi）

（右上）图2-393 罗马 教义传播学院（教义传播宫）。外景（版画作者 Alessandro Specchi）

（左下）图2-394 罗马 教义传播学院（教义传播宫）。立面现状

（右下）图2-395 罗马 教义传播学院（教义传播宫）。立面中央跨间细部

罗马圣温琴佐和阿纳斯塔西奥教堂

到17世纪50年代，和此前罗马建筑里大量采用的壁柱相比，人们开始更多地采用独立的柱子。在这方面最突出的一个例子即（小）马蒂诺·隆吉（1602~1660年）应红衣主教马萨林之托设计和建造的罗马圣温琴佐和阿纳斯塔西奥教堂（1646~1650年，图2-380）。建筑占据了特雷维广场一角，正好面对着本打算建博罗米尼设计的卡尔佩尼亚宫的地盘。

358·世界建筑史 巴洛克卷

(上)图 2-396 罗马 阿尔捷里宫(1650~1660 年,设计人乔瓦尼·安东尼奥·德罗西)。立面(版画作者 Alessandro Specchi)

(下)图 2-397 罗马 阿尔捷里宫。天顶画(作者 Domenico Maria Canuti,1670 年)

在这里,建筑师的主要工作是制定朝向特雷维广场的立面。考虑到具体的地段形势,隆吉拟定了一个极为独特的设计:在上下两层中央轴线两边,各布置了三根整块石头制作的圆柱,另在底层两侧立双柱确定立面的边界。柱子如管风琴般密集,相邻柱间断开如阶台般步步向前,同一平面每对柱子之间以山墙相连,整体好似

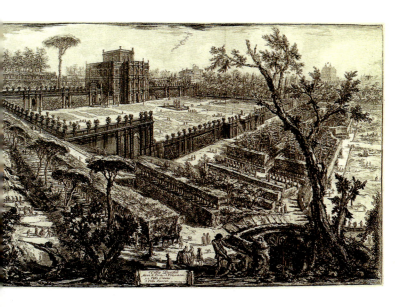

三个龛室层层叠置。顶部沉重的巴洛克结构里嵌入古代的爵位纹章。这一构图给人们留下了极为深刻的印象。底层和上层中央部分的三重檐口体系处理上有所不同，尽管缺乏构造逻辑，但似乎并不影响总体效果的优美和力度。檐口和柱子只是大致呼应，人们可在其中感受到手法主义的作风。建筑师就这样，使这些建筑部件产生了宏伟的印象，具有了罗马建筑特有的形体外观。

罗马维多利亚圣马利亚教堂科尔纳罗礼拜堂

罗马维多利亚圣马利亚教堂内的科尔纳罗礼拜堂（1645~1652年，图2-381~2-388）是贝尔尼尼全盛期艺术作品中最杰出的实例之一，自他艺术生涯早期开始的演进过程至此臻于成熟。该项目的委托人为红衣主教费德里戈·科尔纳罗。礼拜堂位于小教堂的耳堂内。椭圆形的圣坛从周围的建筑背景上凸显出来，位于中心的组雕《圣德肋撒的神迷》（The Ecstasy of St. Teresa）[10]，表现这位西班牙加尔默罗会改革家的一次神秘的体验。贝尔尼尼根据德肋撒自己的叙述，生动地再现了她被一个小天使用炽热的圣爱之箭射穿心脏时的幻觉和感受。位于祭坛上龛室内的这组雕刻，在天光的衬托下显现出来。丰富的建筑和装饰部件有机地搭配在一起，是这位大师创作的最富魅力的图景之一。在整组构图的中心，顽皮的小天使在虚空中飘荡，圣女沉浸在陶醉和狂喜中，极度的疼痛伴随着心颤的快乐和难言的幸福。从高处射下的光芒使场面更富戏剧性并象征着神秘的上帝之

（上及中）图2-398 罗马 多里亚-潘菲利别墅（约1650年，设计人弗朗切斯科·博罗米尼和亚历山德罗·阿尔加迪）。18世纪俯视全景及别墅近景（版画作者 Giovanni Battista Piranesi）

（下）图2-399 罗马 多里亚-潘菲利别墅。园林风景（J.Ch.Reinhardt 绘，原作现存埃森 Folkwang-museum）

（上）图 2-400 罗马 多里亚-潘菲利别墅。花园剧场（版画作者 Perelle，1685 年）

（下）图 2-401 罗马 多里亚-潘菲利别墅。现状外景

手。左右两侧类似剧场包厢的空间里，科尔纳罗家族成员的造像摆出各种姿态（或作交谈状，或在阅读、祈祷），同时注视着眼前发生的一切。在这个礼拜堂，贝尔尼尼三度画面的理想达到了极致。圣德肋撒和小天使的形象均用白色大理石雕出，但是观众分辨不出它们究竟是圆雕还仅仅是高浮雕。来自高处和后面隐蔽光源的光线

第二章 意大利·361

（上）图2-402 罗马 多里亚-潘菲利别墅。园林喷泉

（下）图2-403 亚历山大七世（在位时期1655~1667年）陶像（作者Melchiorre Caffà，现存阿里恰Palazzo Chigi）

与后面的镀金光线造型一样，均为组群的组成部分。《圣德肋撒的神迷》并不是普通意义上的雕刻，而是一个由雕刻、绘画、建筑和光线组合在一起的带框的立体图景。参观者同样参与到这一幻觉场景中。在巴洛克时期的礼拜堂设计中，这类手法已开始得到普遍应用。

罗马圣安德烈-德尔-弗拉泰教堂

1653年（另说1655年），布法洛侯爵委托博罗米尼完成圣安德烈-德尔-弗拉泰教堂。这是个需要建筑师付出长期艰辛努力才能完成的工作，工程于1665年停工时离完成还差得很远（钟楼外景及细部：图2-389、2-390；天使细部：图2-391）。

教堂的穹顶由一个砖砌的宏伟圆柱体构成；但在这里，博罗米尼将传统的封闭和静态的穹顶鼓座改造成一个辐射状的动态机体。中间的凸面跨间表现内部空间的膨胀运动，凹面使圆柱体的凸面显得更为突出，两者结合处进一步以柱子加以强调。内部的这种动向反过

（上）图 2-404 亚历山大七世期间完成的主要建筑（版画作者 Giovanni Battista Falda，1662年，原件现存锡耶纳 Collezione Chigi-Saracini）

（下）图 2-405 罗马 罗马教团广场。平面及主要建筑立面（1659年图版）

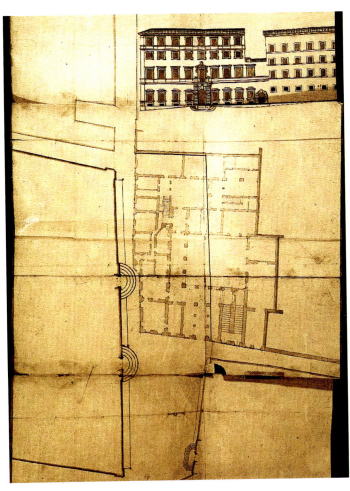

来影响到周围空间，沿对角轴线创造出充满生气的辐射效果。没有顶塔，只有一个向街道凸出的小塔（钟楼）。其下部主体为砖构，二层无窗，立在方形基座上，构图颇为特殊。该层角柱向外凸出，柱顶盘及檐口也随之具有复杂的廓线。檐口以上，石构造型如圆庙和墓构碑亭，其上配檐口，外加粗壮的栏杆。栏杆以上，结构有点像圣伊沃教堂的顶塔，墙体由凹面和凸面构成，只是成对配置的柱子由具有天使造型的人像柱取代。再往上则是弯曲的涡卷，最后以支撑着锯齿形王冠的另一组造型凸出的高涡卷作为结束。建筑主体部分穹顶及其圆柱形基座的巨大体量成为这个优美小塔的理想背景，在材料质地和造型上形成了鲜明的对比。钟楼的增添创造出另一个城市构图中心，其景象随观察者位置而变化。

有人认为，博罗米尼的灵感来自古代的样板。不过，现在已无法了解，博罗米尼本人是否直接或间接接触过这类古迹。总之，在博罗米尼眼中，支撑和荷载、表面和深度，都可以互换。这种"反自然的美学观念"（bello innatural）使所有的意大利人感到震惊。在皮埃蒙特以外的地区，这种形式并没有得到普遍的推广，即使采用也多为表面的模仿。然而博罗米尼的作品及结构却构成了洛可可风格的重要前兆，并在德国及受其影响的地区

第二章 意大利 · 363

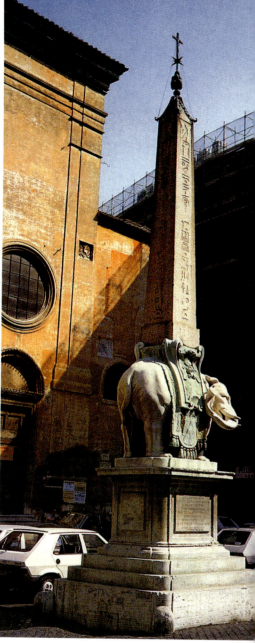

(左右两幅)图 2-406 罗马 密涅瓦广场。方尖碑及象座雕刻 [将公元前 6 世纪的一根小型埃及方尖碑立在象背上的奇特构思可能是来自贝尔尼尼,具体制作系由他的一位门徒 Ercole Ferrata 完成(1667 年),碑座以对角对着进入这个小广场的街道]

得到了更深刻的理解 [以后基利安·伊格纳茨·丁岑霍费尔在布拉格的圣尼古拉教堂(1739 年)里,再次采用了这种群体构图母题]。

罗马教义传播学院及法尔科涅里府邸

圣安德烈-德尔-弗拉泰附近的教义传播学院(教义传播宫)是耶稣会的所在地,同时也是教士的培训中心(图 2-392~2-395)。建筑位于自波波洛广场来的巴

(上及左下)图 2-407 罗马 密涅瓦广场。象座雕刻细部

(右下)图 2-408 罗马 威尼斯广场。1870 年现广场形成前地区总平面(1551 年 Leonardo Bufalini 罗马城图局部,时称圣马可广场,图版现存罗马 Bibliotheca Hertziana)

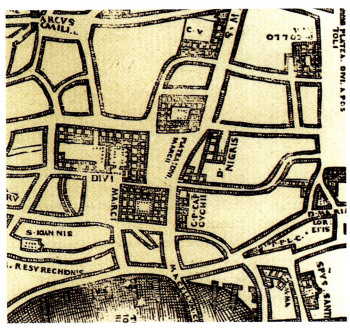

第二章 意大利·365

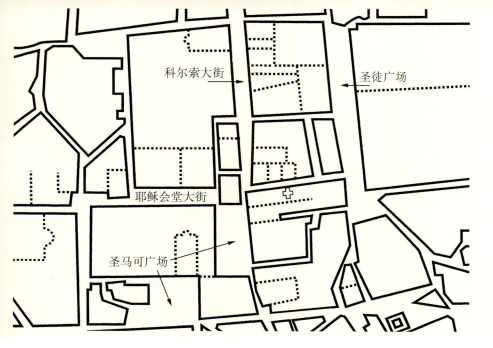

（上）图2-409 罗马1658年科尔索大街南端（现威尼斯广场所在地区）地段形势

（中）图2-410 罗马1666年圣马可广场景色（现该地属威尼斯广场，版画作者Giovanni Battista Falda，1666年，斯德哥尔摩Nationalmuseum藏品）

（下）图2-411 罗马1754年现威尼斯广场地区景观（版画作者Giuseppe Vasi，纽约Public Library藏品）

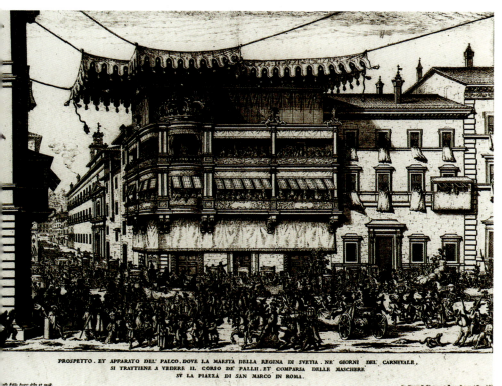

布伊诺大街端头。其工期拖的时间更长。博罗米尼于1646年受命拆除和重建这个建筑。他很快就提交了头一批方案。内容涉及朝西班牙广场的立面和一个教堂（这两项原来均为贝尔尼尼设计）。但方案拖到1654年以后才确定，直到1660～1664年，人们才开始将多次修改后的方案付诸实施。最初，博罗米尼打算保留贝尔尼尼的教堂（在构图上，它和博罗米尼设计的圣卡洛教堂的第一个方案非常相近）。但最后，他仍然用一个类似大厅的空间取代了它，再次采用了米开朗琪罗大力鼓吹的配置大小建筑组群的手法，为它配置了两个院落和

(左上）图 2-412 罗马 波波洛广场圣马利亚教堂。奇波礼拜堂（1682~1684 年，建筑师卡洛·丰塔纳），半平面及纵剖面（图版制作 Domenico de Rossi）

(右上及右中）图 2-413 罗马 波波洛广场圣马利亚教堂。奇波礼拜堂，平面及剖面方案图（作者卡洛·丰塔纳，1682 年，原稿现存罗马 Biblioteca dell'Istituto Nazionale d'Archeologia e Storia dell'Arte）

(左下）图 2-414 罗马 波尔托加洛拱门。拆除计划图（1662 年，原件现存梵蒂冈 Biblioteca Apostolica）

(右下）图 2-415 罗马 图拉真纪念柱。17 世纪外景（左为洛雷托圣马利亚教堂，版画作者 Lievin Cruyl，1664 年，原图反向，现存阿姆斯特丹 Rijksmuseum）

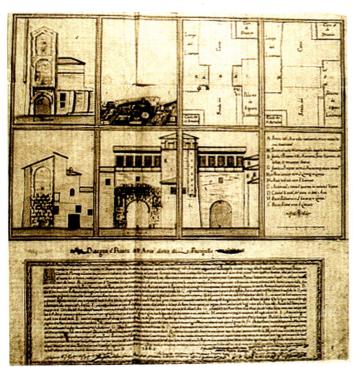
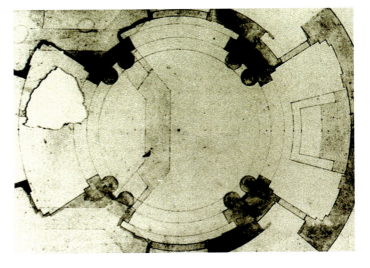

一个礼拜堂。同时赋予圆形墙体以多个棱面。

　　这个建筑的外观颇似博罗米尼的另一个重要作品——圣菲利浦·内里奥拉托利会修道院及礼拜堂（1637年）。在论述后面这一建筑时，我们已指出其明确而系统的组织以及博罗米尼为使内部布置与外部分划相对应而进行的努力。教义传播学院由于地形不规则又有若干处已有建筑需要考虑,因而不可能采取规则的平面,但建筑的外部分划表明,自奥拉托利会礼拜堂以来,博罗米尼在构图处理上已相当成熟。事实上,教义传播学院可说是他最完美的设计之一,也是巴洛克建筑史上的重要作品。由于角上抹圆,巨大的建筑构成单一形体。位

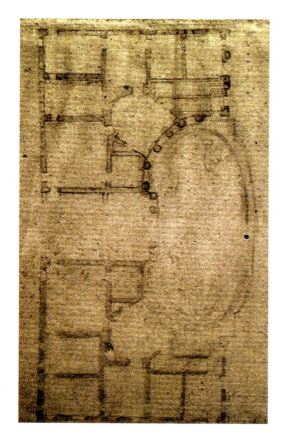

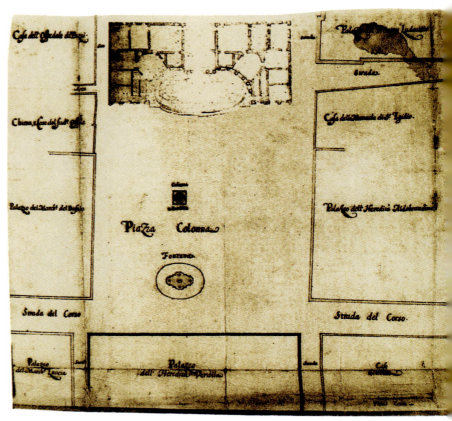

左页（三幅）：

图 2-416 罗马 基吉宫。平面、立面及宫前广场设计方案（作者彼得罗·达·科尔托纳，约 1659 年，平面及立面图稿现存梵蒂冈 Biblioteca Apostolica）

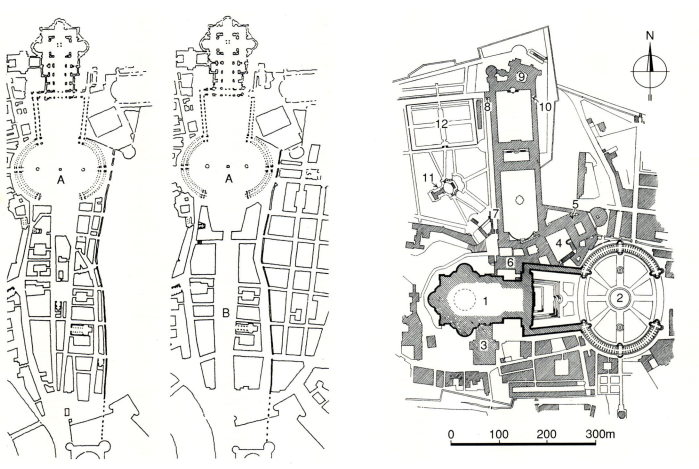

本页：

（上）图 2-417 罗马 圣彼得大教堂广场（1656 年及以后，贝尔尼尼设计）。地区总平面（据 P.Letarouilly，包括大教堂广场及博尔戈区）

（左下）图 2-418 罗马 圣彼得大教堂广场。地区总平面（左图示 1938 年轴线开通前形势，右图为现状平面；图中：A、大教堂广场，B、和解大街）

（右下）图 2-419 罗马 圣彼得大教堂广场。广场及梵蒂冈地区总图（据 Banister Fletcher），图中：1、大教堂，2、大教堂广场，3、圣器室，4、圣达马索院，5、教皇宫，6、西斯廷礼拜堂，7、通向画廊的入口，8、博物馆入口，9、八角院，10、梵蒂冈博物馆，11、庇护别墅，12、教皇花园

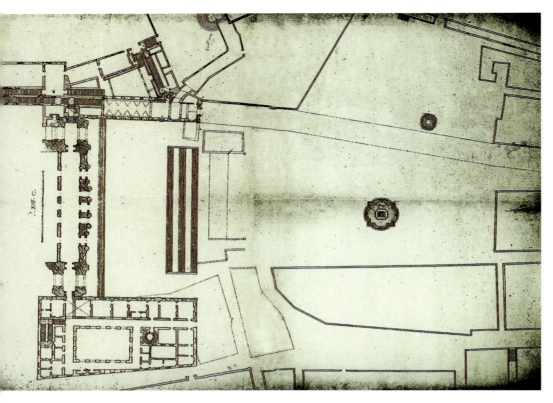

（上）图 2-420 罗马 圣彼得大教堂广场。卡洛·马代尔诺平面设计方案（约 1613 年，图上可看到北塔楼及通向梵蒂冈的入口，原稿现存佛罗伦萨乌菲齐博物馆）

（中左）图 2-421 罗马 圣彼得大教堂广场。卡洛·马代尔诺设计方案透视图（Creuter 绘）

（中右）图 2-422 罗马 圣彼得大教堂广场。帕皮里奥·巴尔托利广场设计方案（图版制作 Mattheus Greuter, 1610 年代，图稿现存梵蒂冈 Biblioteca Apostolica）

（下）图 2-423 罗马 圣彼得大教堂广场。卡洛·拉伊纳尔迪教堂立面及广场设计方案（1645~1653 年）

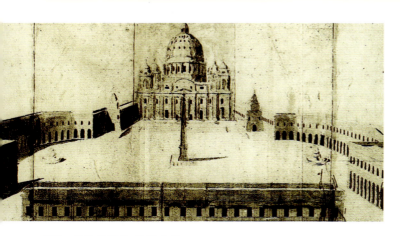

于教义传播大街和卡波-勒卡塞大街交会处建筑角上的造型处理堪称杰作。分界处表面的连续感觉通过跨越角上的条带得到进一步强化，但每个墙面仍借助扁平的壁柱加以界定。在这里，分划既起到区分同时也起到组合的作用。朝向教义传播大街的主立面更是不可多得的建筑精品。在这里，人们更多地借鉴了宫殿建筑的手法。由于从窄街上，人们只能看到一个因透视而紧缩的立面。因此，和为奥拉托利会所作的设计相比，他更强调中央七个跨间的巨柱式构图及其细部，以此突出窗户边框装

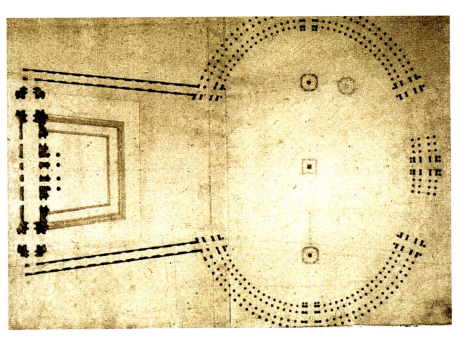
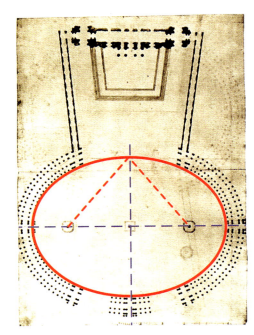

饰及凹凸部件的光影效果。简朴的墙面通过巨大的壁柱统合在一起。中央跨间为凹面，和立面其他平直部分形成强烈的对比。由于在中心和端头，壁柱构成斜面，立面整体好似受到某种缓慢但不可抗拒的外力挤压，在进行某种膨胀和压缩效果的试验，生动地表现了墙体作为不同抗力交会点的作用。壁柱之间插入造型突出、构造精美的亭阁式门窗框架，凹进的窗边带有交替布置的弓

（上两幅）图 2-424 罗马 圣彼得大教堂广场。贝尔尼尼广场平面设计及分析图（位于轴线上的廊道一直未建，原稿现存梵蒂冈 Biblioteca Apostolica）

（下）图 2-425 罗马 圣彼得大教堂广场。贝尔尼尼 1657 年设计方案透视图（版画作者 Giovanni Battista Falda，1667 年，可看到位于轴线上的"第三翼"，terzo braccio）

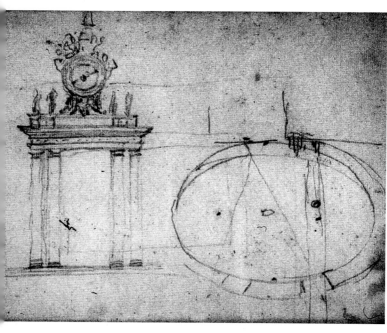

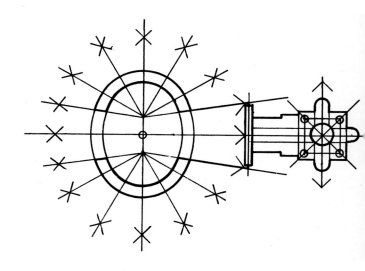

形和三角形冠饰。底层庄严朴实、题材抽象；上层向内弯曲，配有华丽的洞口装饰，其窗边的装饰柱和后面的墙面分开，支撑着向外凸出的顶檐，看上去完全不像是为世俗人物设计的建筑。在这里，人们尽管像宫殿那样采用了柱式，但又不全按宫殿立面的传统行事：主要壁柱柱头的造型取自三陇板和爱奥尼风格的双曲线脚，被

（上）图 2-426 罗马 圣彼得大教堂广场。贝尔尼尼柱廊方案图解（1659年，图示一翼平面及立面，总平面及透视图上仍有"第三翼"）

（左下）图 2-427 罗马 圣彼得大教堂广场。贝尔尼尼广场平面及柱廊草图（原稿现存梵蒂冈 Biblioteca Apostolica）

（右下）图 2-429 罗马 圣彼得大教堂广场。广场构图示意（据 Christian Norberg-Schulz）

372 · 世界建筑史 巴洛克卷

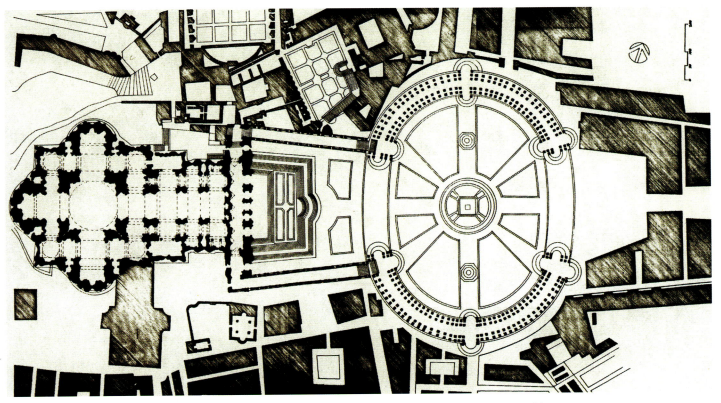

图 2-428 罗马 圣彼得大教堂广场。平面图（完成后情景，M.Moncier 绘）

图 2-430 罗马 圣彼得大教堂广场。现状小广场区平面

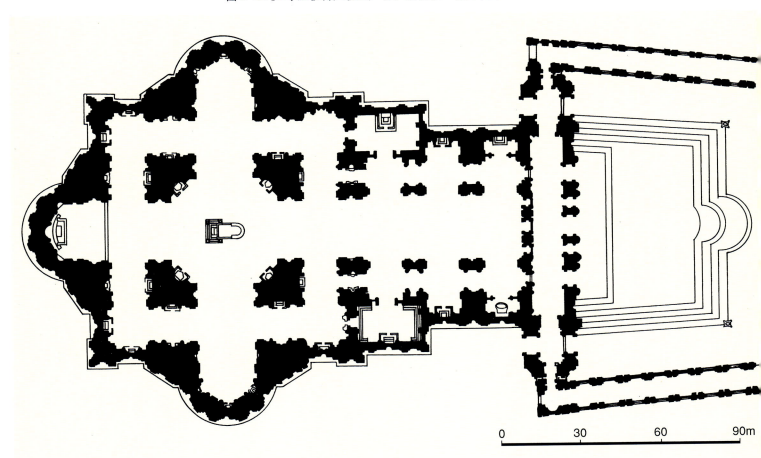

第二章 意大利 · 373

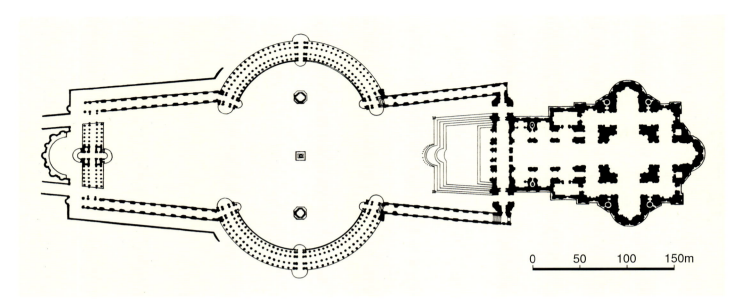

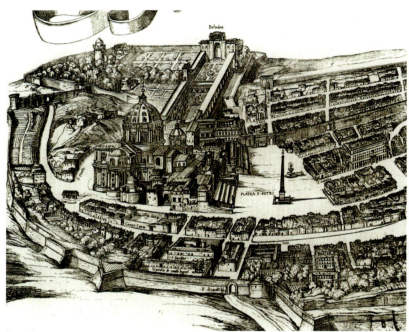

简化成几根垂直线条，上部柱顶盘亦省略了檐壁部分，直接由巨大的挑腿支撑檐口；门窗框架采用多立克柱式，但增加了棕榈、花叶等装饰。这些做法虽不合乎规范倒也不失严谨朴实。立面后的礼拜堂创造出一种视觉上连续统一的空间。由壁柱构成的骨架结构穿过柱顶盘直到拱顶，形成统一的灰泥装饰网络。

罗马的法尔科涅里府邸（1646~1649年）尽管有许

左页：

（上）图 2-431 罗马 圣彼得大教堂广场。卡洛·丰塔纳大广场设计方案（1694 年）

（左下及右下）图 2-432 罗马 圣彼得大教堂广场。方尖碑的运送及竖立（据多梅尼科·丰塔纳，1586 年；左图示运送梵蒂冈方尖碑的各种方式，右图示在大教堂广场上竖立方尖碑的情景）

（右中）图 2-433 罗马 圣彼得大教堂广场。16 世纪末（现广场形成前）地段俯视全景（罗马城图局部，作者 Tempesta，1593 年，现存罗马 Bibliotheca Hertziana）

本页：

（上及中）图 2-434 罗马 圣彼得大教堂广场。17 世纪 40 年代（现广场形成前）地段景色（上图作者 Israël Silvestre，约 1641~1642 年，可看到已建成的大教堂南塔楼和北塔楼的脚手架，图稿现存纽约 Metropolitan Museum of Art；中图作者 Claude Lorrain，约 1642~1646 年，示自南面望去的情景，现存伦敦大英博物馆）

（下）图 2-435 罗马 圣彼得大教堂广场。17 世纪中叶（现广场形成前）地段景色（油画，作者佚名，绘于 1646 年，表现英诺森十世时的游行场景，现存罗马 Museo Nazionale di Palazzo Venezia）

本页及右页：

（上）图2-436 罗马 圣彼得大教堂广场。自大教堂穹顶上望广场区全景（绘于现广场形成前，作者Israël Silvestre，图稿现存马萨诸塞州剑桥Fogg Art Museum）

（左下）图2-437 罗马 圣彼得大教堂广场。教堂及前方场地施工期间景象（一位佚名艺术家的作品，画稿现存沃尔芬比特尔Herzog August Bibliothek）

（右下）图2-438 罗马 圣彼得大教堂广场。广场柱廊正在施工时的景象（版画作者Lieven Cruyl，1668年）

多变动，仍不失为博罗米尼在住宅建筑方面最重要的尝试。他改造了基址上的早期建筑，并赋予建筑许多自己的风格标记，如立面的鹰头柱头、观景楼端头的凹面曲线等。

阿尔捷里宫和多里亚-潘菲利别墅

在建于1650~1660年的阿尔捷里宫（图2-396、2-397），可看到这时期的建筑师如何使自己的设计适应环境的要求。其朝南的墙体部分与耶稣会堂平行，部

（上）图 2-439 罗马 圣彼得大教堂广场。17 世纪景色（版画作者 Giovanni Battista Falda，1667~1669 年，纽约 Public Library 藏品）

（下）图 2-440 罗马 圣彼得大教堂广场。18 世纪小广场区景色（油画，Giovanni Paolo Pannini 绘，1745 年）

(上) 图 2-441 罗马 圣彼得大教堂广场。18世纪俯视景色（版画作者 Giovanni Battista Piranesi）

(中及下) 图 2-442 罗马 圣彼得大教堂广场。18世纪全景（版画作者 Giovanni Battista Piranesi）

分面向教堂前面的广场。考虑到位置的这种差异，设计人乔瓦尼·安东尼奥·德罗西将面对广场的这部分外墙设计成对称的形体，其他部分则形成不对称的格局。为了确立整体的均衡，在屋顶上另建了一个不对称的长观景楼。

罗马多里亚 - 潘菲利别墅最初的设计人是博罗米尼，但他的方案不为业主、红衣主教卡米洛·潘菲利认可；后者遂于1644年转请雕刻家亚历山德罗·阿尔加迪重新设计。别墅约成于1650年，是个类似博尔盖塞别墅的后手法主义风格的建筑（内部收藏了最重要的古代

艺术品）；周围花园面积达9平方公里，是罗马最大的园林之一（图2-398~2-402）。

三、亚历山大七世任内（1655~1667年）

和只关心少数工程项目的英诺森十世不同，教皇亚历山大七世似乎对所有的艺术作品都充满热情（图2-403、2-404）。设计上的许多评注——甚至是他亲手绘制的草图——表明，他曾如何不松懈地努力改进"他的城市"——罗马。摆在他房间里的城市模型，使他能及时调整和展开思路。不过，他的注意力似乎更多放在城市的美化和创造令人惊羡的效果上，而不是首先关注同胞们的利益。

[城市广场及大道的整治]

虽然亚历山大七世时期并没有制订过囊括一切项目的总体规划，但人们仍然可从这时期实施的工程项目中，明确分辨出城市演变过程中的若干阶段。广场的整治和重建是计划中的一项重要内容。其中最著名的如波波洛广场、圣彼得大教堂广场、万神庙和太平圣马利亚教堂前的广场，以及更多的次级广场，如罗马教团、卡蒂纳里圣卡洛教堂和特拉斯泰韦雷圣马利亚教堂前的广场及构图别致的密涅瓦广场等（图2-405~2-407）。

与此相关，还应提及科尔索大街边的某些项目。这是自城市北面波波洛广场直达市中心（威尼斯广场，图2-408~2-411）的一条最重要的干道。还在1655年，即这位教皇上任之初，他就令贝尔尼尼复查作为城市主要城门之一的波波洛门，改建面向波波洛广场的圣马利亚教堂（1682~1684年，又由卡洛·丰塔纳主持建造了教堂内的奇波礼拜堂，图2-412、2-413）。事实上，此前（1652~1655年），贝尔尼尼已经修复了教堂内拉斐尔设计的教皇家族礼拜堂（基吉礼拜堂，另见《世界建筑史·文艺复兴卷》）。亚历山大七世接着拉直并展宽了科尔索大街（扩为双车道）。施工过程中涉及古代的波尔托加洛拱门，当这位教皇从一份报告中得知它只是一个仿制品时，便毫不犹疑地下令拆除（图2-414）。最后，为了把

图2-443 罗马 圣彼得大教堂广场。18世纪广场全景（油画，Giovanni Paolo Pannini绘，现存柏林Staatliche Museen）

（上）图2-444 罗马 圣彼得大教堂广场。中轴线景色（一位佚名作者的版画）

（下）图2-445 罗马 圣彼得大教堂广场。1870年全景照片

科尔索大街和教皇大街直接连在一起，在威尼斯广场北面开通了普莱比斯西托大街。

搞这些项目的最终目的，是要在科尔索大街中间科隆纳广场处建造一座豪华的家族宫殿。贝尔尼尼的传记作者马内蒂对此有翔实的记载。根据英诺森十世纳沃纳广场的榜样，人们首先需要考虑广场本身的规划。

贝尔尼尼提议扩大广场，将图拉真纪念柱从它原来的地方（图拉真市场，图2-415）搬到这里，边上保留安东尼纪念柱并设两个喷泉。科尔托纳则建议将特雷维输水道延伸至广场，纳入到建筑下部结构里，并以此作为理由，提出基吉宫的设计方案（图2-416）。

(上)图 2-446 罗马圣彼得大教堂广场。1929 年航片(和解大街未开通前摄)

(中及下)图 2-447 罗马圣彼得大教堂广场。为柱廊奠基发行的纪念章(两组,两面均为教皇亚历山大七世像和贝尔尼尼的柱廊设计图,下面一组现存慕尼黑 Staatliche Münzsammlung)

[吉安·洛伦佐·贝尔尼尼的圣彼得大教堂配套工程]

在亚历山大七世和他的继承人统治时期,"骑士贝尔尼尼"在意大利已成为无可争议的大师,享有堪与米开朗琪罗相比的声誉。这时期和圣彼得大教堂相关的许多工程,差不多都是在他的掌控之下。

大教堂广场

在罗马的这一系列巴洛克广场中,圣彼得大教堂

第二章 意大利 · 383

图2-448 罗马 圣彼得大教堂广场。垂直鸟瞰航片

广场无疑占有最重要的地位（1656年及以后）。作为天主教胜利的象征，这个广场在城市建设上具有重要的意义。因此，亚历山大七世上任不久，便开始致力于广场的建设。1656年，他将这项任务交给贝尔尼尼。这也是贝尔尼尼最伟大的建筑成就之一（地段总图：图2-417~2-419；设计方案：卡洛·马代尔诺方案，图2-420、2-421；帕皮里奥·巴尔托利方案，图2-422；卡洛·拉伊纳尔迪方案，图2-423；贝尔尼尼方案及最后平面，图2-424~2-430；卡洛·丰塔纳扩建设想，图2-431；图像文献及历史照片：图2-432~2-447；现状景观及细部：图2-448~2-475）。

大教堂广场是充分展示这个罗马天主教世界最重

图 2-449 罗马 圣彼得大教堂广场。东面俯视全景

要教堂的前院,是观众和信徒们在进入圣殿前的最后聚集场所,接下来他们就要看到朝圣的最终目标——沐浴在光亮处的圣彼得墓及其宝座(后者的创建大约与广场同时)。因此,贝尔尼尼明确要按巴洛克方式把圣彼得大教堂广场建成一个教会和全世界民众进行交流的平台。他曾把围括广场的柱廊比作母亲(教堂)向观众(信徒)伸出的双臂(见图 1-28)。

　　除了这些象征意义外,在广场的空间布局和设计上,还需要考虑许多实际的功能需求。首先是宗教仪式的要求。按罗马传统,每年复活节早上,教皇都要从这里向全世界赐福 [urbi et orbi,拉丁文:向全城(指罗马)及全世界(祝福)]。在复活节或其他特定仪式场合聚

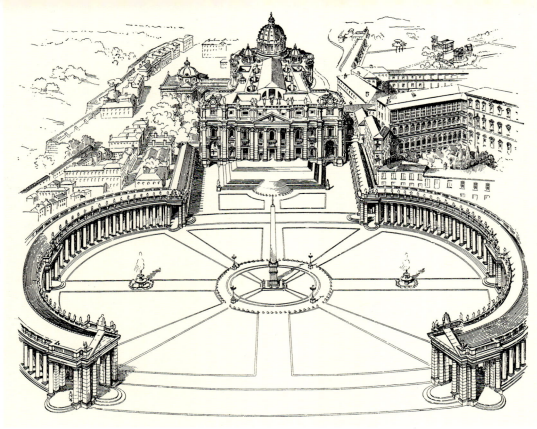

(上)图 2-450 罗马 圣彼得大教堂广场。鸟瞰全景图

(下)图 2-451 罗马 圣彼得大教堂广场。自大教堂穹顶上向东望去的景色

(上）图 2-452 罗马 圣彼得大教堂广场。广场区俯视全景

(下）图 2-453 罗马 圣彼得大教堂广场。自门廊顶上望广场区全景

集聆听教皇祝福的信徒和民众遂成为这个巨大空间的首要功能，广场必须能同时容纳众多的信徒，在这里聚集的人群数自然成为设计的主要依据。由于广场同时也是由教皇统领的游行队列和教皇大街的起始点，因此还要相应设置一些配套设施（如为游行队列准备的带顶回廊等）。最后，自然还需要考虑建筑本身的需求（如能完整地欣赏大教堂立面，便捷地到达梵蒂冈宫）及已有建筑的情况（特别是西北面通向教皇宫的入口）。事实上，广场的几何形式，在很大程度上是由这些已有建筑（费拉博斯科廊道，梵蒂冈宫）和朝教皇大街的透视景观确定。

本页及右页：

（左上）图2-454 罗马 圣彼得大教堂广场。自东南方向俯视广场景色

（右上）图2-455 罗马 圣彼得大教堂广场。自教堂处东望全景

（下）图2-456 罗马 圣彼得大教堂广场。自东面望广场全景

广场的演变,经历了漫长复杂的历史,在这里,似没有必要详述;我们感兴趣的,只是在亚历山大七世任内(1655~1667年)其最后的解决方案。

1656年夏季,贝尔尼尼首先考虑建一个梯形广场并为此拟订了第一个方案,一个类似宫殿的两层立面与之相对。其侧边向现在的鲁斯蒂库奇广场处会聚。但这个构思不能令人满意,很快就被放弃。

贝尔尼尼接着设想了一个圆形的平面。1657年春季,他又建议建一个椭圆形广场,先由露天的柱列拱廊组成,夏季来临时再用一个带水平屋架的柱廊取而代之。这种解决方式看上去当然非常简单,单层结构亦能保证良好的视野,而且耗费不大,和大教堂立面的比例也能很好协调。在对地形进行了多次考察研究之后,最后确定的椭圆形方案由两个彼此相交的圆形构成,每个圆都通过另一个的中心(这种解决方式在塞利奥那里也可见到)。方案于1657年3月17日提交教皇审批。

贝尔尼尼规划的这个巨大的椭圆形空间以1586年西克斯图斯五世移到教堂前的梵蒂冈方尖碑为中心。他将马代尔诺设计的一个较早的喷泉移到广场的长轴上,并在另一侧建了一个同样的喷泉以保持构图的均衡[这种做法和他本人设计的(奎里纳莱)圣安德烈教堂的

图2-457 罗马圣彼得大教堂广场。自广场内望方尖碑及大教堂

椭圆形平面有些类似,尽管两者在功能和意义上有所不同]。这个构成广场主体的椭圆形空间(所谓方尖碑广场)和教堂通过一个较小的梯形前院相连(称"直线广场",其边侧向教堂方向扩大)。

建造柱廊的想法系来自先前圣体瞻礼期间搭建的带顶廊道。相当于建筑一层高度的新柱廊由四列柱组成(柱身不带沟槽,上置楣梁),形成两个圆弧,布置在方尖碑和两个喷泉组成的轴线上,整体构成类似椭圆的外廊。这是自古典时期以来,在露天建造的第一批柱廊。按贝尔尼尼本人的说法,这两翼最大限度地延伸了原先矩形广场两侧的廊道。

直到1667年,还有一个问题也属人们研讨的热点,即是否要用一个短翼封闭广场。目前,人们看到的这个由多立克柱廊环绕的巨大椭圆形广场系朝东敞开,但贝尔尼尼最初的意图是将这个缺口大部分予以封闭,在广场入口处再建一段廊道(所谓"第三臂",terzo braccio),仅留主轴线两侧两个对称布置的入口。通过位于两"臂"之间的这个宏伟入口门廊使广场形成一个相对封闭的空间,进一步突出其作为教堂巨大前庭(immense atrium)的特色。在进入广场后,突然看到如此广阔的

图 2-458 罗马 圣彼得大教堂广场。教皇赐福时广场盛况

空间,第一印象想必更为深刻[目前的和解大街是上个世纪 30 年代拓宽的(图 2-476、2-477)。在 17 世纪,人们只能通过博尔戈区的狭窄街道到达广场,在局促和开敞空间之间的对比想必要比现在强烈得多]。

由于亚历山大七世于 1667 年去世,这"第三臂"的规划一直未能付诸实施(当时,还有一种想法是将"第三臂"移位,朝向博尔戈区。贝尔尼尼甚至想搞一个开放的建筑大全景。但开放博尔戈区直至圣天使城堡的问题实际上一直未能很好地解决)。但从总体上看,应该说,亚历山大七世和贝尔尼尼还是成功地顶住了来自教会内部的各种阻力,终于使他们共同拟订的方案得以实现。向水平方向延伸的规划就这样取代了最初向前凸出两个塔楼的设计方案;由于空间上的扩展和与城市的联系,广场与大教堂穹顶可说是相得益彰(贾科莫·德拉·波尔塔在建造大教堂穹顶时,将米开朗琪罗设计的半圆形截面稍稍提高,在减少应力的同时获取了更多的自由空间)。事实上,当时的人们已经感受到这几部分设计观念上的统一,从圣彼得墓上的华盖开始,整个教堂都被综合到一个连续的空间序列中去。正如贝尔尼尼的儿子多梅尼科所说,"柱廊和圣彼得宝座这两个作品,可说是标志着这个大教堂宏伟壮丽的开始和终结"。

有关这个广场人们已进行了许多研究,一般认为,贝尔尼尼的设计在缓解马代尔诺立面那种压倒一切的体量上起到了一定的作用,广场的巨大尺度和过宽的教堂立面在构图上保持了均衡。教堂前的小广场犹如前庭，既起限定作用，同时也是联系教堂和城市的过渡空间。按贝尔尼尼的设计（图2-46），在椭圆形广场（方尖碑广场）和这个梯形广场（直线广场）之间的开口要比建筑立面为窄，但感觉上似乎具有同样的宽度（梯形广场往往被人们想象成矩形），因而立面看上去要比实际为窄，相应比例上显得更高（因最初考虑的钟塔一直未建，立面比例感觉过于扁平）。当人们走近教堂时，由于梯形广场侧墙高度逐渐减少，这种印象得到了进一步的巩固（靠近教堂的壁柱要比广场起始处看上去"类似"的壁柱为小，衬托之下教堂立面自然显得更高）。由于地面有坡度，老广场上设置了几组台阶。贝尔尼尼原设想将第一组台阶设在新老广场分界处，以后均缩回到老广场内，因此建筑立面要比两侧柱廊端头为高，感觉上更为轻快挺拔。方尖碑广场的横向椭圆造型则使教堂更"接近"观察者。贝尔尼尼最后拟订的立面设计配有两个和中央形体分开的钟楼，如能实现或许能使这一方案更趋完美。

（左页上）图 2-459 罗马 圣彼得大教堂广场。南柱廊全景

（左页下及本页下）图 2-460 罗马 圣彼得大教堂广场。南柱廊东段及西段景色

（本页上）图 2-461 罗马 圣彼得大教堂广场。南柱廊西端近景

本页：

图2-462 罗马 圣彼得大教堂广场。南柱廊东端近景

右页：

（上下两幅）图2-463 罗马 圣彼得大教堂广场。北柱廊东段及西段景色

当然，贝尔尼尼这一设计的重要意义并不在这类透视上的"技巧"。它能成为有史以来最美广场之一，主要还是因其建筑群的空间特色。方尖碑广场同时具有开放和封闭的属性。其空间范围虽已明确界定，但椭圆形的配置同时导致沿横向轴线的扩展。独立的柱廊形成通透的围护，这种新颖的解决方式促成了和外界的交互作用，取代了静止和有限的造型。当初人们甚至能在柱子之间看到花园，因而广场更像是一个范围更大的开放背景下的组成部分，真正成为"各种人物的会聚处所"。考虑到向信徒赐福时的需求，相对低的柱廊使朝圣者能

394·世界建筑史 巴洛克卷

有更宽广的视野。然而，从许多视点望去，由四排列柱组成的廊道又给人留下了柱林的印象。如此形成的广场极为庄严宏伟，但同时又保持了一定的人体尺度，即使是单个的参观者，在进入广场时，也不会有压抑的感觉。方尖碑既是各个方向会聚的焦点，同时位于通向教堂的纵向轴线上。就这样把集中构图和指向最终目标的纵向轴线很好地结合在一起。教堂内部也重复了这一题材，本堂的纵向水平运动和穹顶处垂直向上的动态相结合。

圣彼得大教堂广场就这样成为空间构图的优秀实例，这也完全符合它作为天主教世界主要中心的地位。

图2-464 罗马 圣彼得大教堂广场。北柱廊西端近景

它表明,一个建筑或空间组合,如何在以特定方式和周围环境相联系后,成为重大和严肃题材的象征。贝尔尼尼以一种简洁和明确的方式,成功地体现了巴洛克文明的精髓。和其他实例相比,这个广场更能说明,巴洛克艺术的根基,主要在于总体原则的把握,而不是细部的追求。事实上,贝尔尼尼所依靠的,仅是单一的要素:古典柱式。

大教堂圣彼得宝座及其他雕饰作品

贝尔尼尼这期间最主要的宗教作品圣彼得宝座系在中世纪教皇的木宝座外覆镀金青铜制成(1657~1666年,图2-478~2-486)。不过,贝尔尼尼的任务并不仅仅是在宝座上覆盖一道装饰面层,而是需要在大教堂半圆室处创造一个具有非常意义的圣物,作为朝拜信徒的终极目标。宝座由四个表现早期教会神学泰斗的青铜雕像(圣安布罗斯、圣亚大纳西、圣约翰·克里索斯托和圣奥古斯丁)支撑,造型生动,令人过目难忘。上面,椭圆形窗户上绘出的圣灵之鸽光芒四射,周边云雾之中,金色的天使上下飞舞。自圣灵处泻下的自然光线遂具有了象征的意义,表示上帝的恩施正通过教会代理人落实到人间。这个宝座约和大教堂广场的建造同时,两个作品之间的对比表明,在表现不同的功能要求时,贝尔尼尼具有超强的变通能力。这两个项目的委托人均为基吉家族的教皇亚历山大七世(图2-487、2-488)。

图 2-465 罗马 圣彼得大教堂广场。北柱廊中部近景

　　贝尔尼尼的后期雕刻作品均赶不上他在圣彼得大教堂的杰作,但也有少数值得在这里提一下。他为罗马波波洛广场圣马利亚教堂的基吉礼拜堂制作了两组雕刻(1655~1661年):《狮窟中的但以理》(Daniel in the Lions' Den)[11]和《哈巴谷和天使》(Habakkuk and the Angel)[12]。这些作品标志着他后期风格的起步:拉长的形体,富于表情的姿态,虽经简化但仍然明显的情感表现。同样的特点在支撑圣彼得大教堂宝座的人体形

第二章 意大利 · 397

图2-466 罗马 圣彼得大教堂广场。北柱廊东端近景

象上也可看到。除了这些大型作品外,贝尔尼尼还制作了少量胸像。其中最早的一个是摩德纳公爵、(埃斯特的)弗朗切斯科一世像(1650~1651年)。

梵蒂冈宫雷贾阶梯

在贝尔尼尼的作品中,梵蒂冈的雷贾阶梯(1663~1666年,图2-489~2-496)具有突出的地位。这个著名的通道位于现大教堂本堂北墙外,将梵蒂冈宫和圣彼得大教堂连接起来;在其端头,面对贝尔尼尼的君士坦丁像右拐,可通向圣彼得大教堂前厅,直走则达宫殿面对广场的入口门廊。

对于这样一个具有礼仪要求的宏伟楼梯来说,可利用的空间未免显得过于狭窄;不过贝尔尼尼通过运用透视及光线变幻上的技巧,在一定程度上矫正了空间的实际尺寸。他在墙前布置成排柱子,并令柱子、拱顶和台阶尺寸上逐渐缩减,使呈漏斗形的通道向上逐渐变窄,通过这种聚合墙体造成的透视幻觉,促成空间深远的印象。在雷贾阶梯的底部,拱券曲线被亚历山大七世的纹章图案遮断,两边由著名的胜利天使护卫(图2-496)。

由于楼梯是双向通道,如果反方向行进时,所得效果自然相反。也就是说,当人们到处都在设法不露痕迹地扩大虚拟空间时,贝尔尼尼却在他的这个著名作品中,成功地采用视觉手段,"缩短"了一个超长梯道。按巴洛克的情趣,矫正了这个手法主义作品。长长的通道由于加了上承筒拱顶排成直线的柱廊,感觉上有所缓解。在梯道中部,由于高处采光井泻下的光线较强,阻断了

（上）图 2-467 罗马 圣彼得大教堂广场。柱廊内景

（下）图 2-468 罗马 圣彼得大教堂广场。柱廊上雕像

远处的景象，促成了一种舞台的光影效果。入口门廊后的实际深度隐没在暗影中很难觉察，从而在一定程度上减轻了人们的心理负担。当然，在采用舞台场景时，观众的位置是相对固定的；而在这里，同时还需考虑运动中的人群。

[彼得罗·达·科尔托纳的作品]

太平圣马利亚教堂立面及广场

1656 年，罗马因鼠疫流行造成大量人口死亡（图 2-497）；与此同时，国家还受到法国入侵的威胁。因此，大约和建造圣彼得大教堂广场同一时期(1656~1657 年)，教皇亚历山大七世遂决定重修太平圣马利亚教堂的立面及整治前面的广场（地段总图、平立面设计及剖析图：图 2-498~2-505；历史图像：图 2-506~2-508；现状外景：图 2-509~2-512；内景及设计：图 2-513、2-514），以"祈求上帝的宽恕和和平"。

图2-469 罗马 圣彼得大教堂广场。南柱廊西段雕像（侧面）

教堂所在位置离纳沃纳广场不远，原构是个15世纪的穹顶建筑。亚历山大七世希望以这一行动表现他对外祖父西克斯图斯四世（1471~1484年在位）的特殊敬重。因而，两位教皇的纹章图案如今分别位于教堂两翼的同一位置。

受托负责这项工程的彼得罗·达·科尔托纳按当时的流行式样，将新立面置于本堂前方，上部重复了圣卢卡和圣马蒂纳教堂的形制，但更为宽厚，在使用罗马的建筑语汇上也更为纯净。低矮的侧翼内为廊道，其上起作为背景的墙面。背靠着这个中央形体，在老教堂立面前，成对的柱子按严格的塔司干形制，支撑着一个向前凸出的半圆形门廊，仿佛是布拉曼特的滕皮耶托（小圣堂）和帕拉第奥为维琴察奥林匹亚剧场设计的舞台效果的结合。

到这时为止，人们还从来没有敢于用这样的方式将立面造型和建筑主体完全分开；但不可否认，由此产生的效果令人震撼。它好似在一个封闭的前庭里引进了一个圆形的庙堂（图2-510, 1656年）。立面不再有边界的限制，而是被看成布置在建筑背景前完全独立的造型作品。

在进行立面整治的同时，为了给位于两条狭窄街道交会处的老教堂规划一个合宜的入口，科尔托纳重

(上下两幅)图 2-470
罗马 圣彼得大教堂广场。南柱廊西段雕像(背面)及小广场南廊群像

新组织了前方的广场(这个不大的"广场"实际上只是建筑的前庭或院落)。除了对面一条狭窄的通道外,整个广场全部封闭。为了进一步突出教堂的地位,广场周边的立面均纳入设计范围。教堂立面两侧墙面后退,形成如两翼般怀抱广场空间的背景。通向广场的三条道路中两条进行了遮掩以便广场具有统一的外貌。流传下来的科尔托纳的一个设计表明(图 2-501),为了实现这个设计,还拆除了一些建筑。侧面的透视景观正对着通向教堂的街道,城市则形成了它的背景。贝尔尼尼在设计(奎里纳莱)圣安德烈教堂时,也是通过这

第二章 意大利 · 401

图2-471 罗马 圣彼得大教堂广场。方尖碑全景

图 2-472 罗马 圣彼得大教堂广场。方尖碑碑座近景

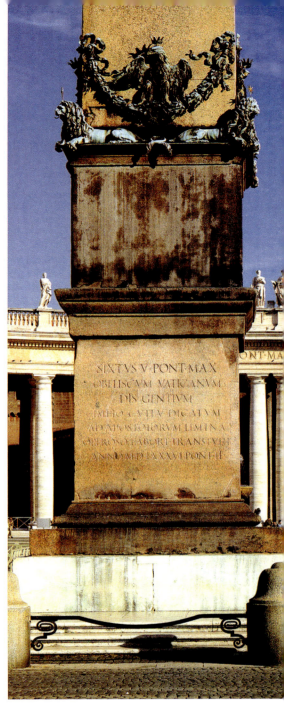

图 2-473 罗马 圣彼得大教堂广场。广场喷泉景观

（上下两幅）图 2-474 罗马 圣彼得大教堂广场。南喷泉及北喷泉

(上两幅)图 2-475 罗马圣彼得大教堂广场。地面上的各种标记(左右分别为经线标志之一及风玫瑰西北风)

(下)图 2-476 罗马 和解大街(1938年)。自街道轴线上西望大教堂及广场

种方式,使建筑融汇到城市背景里去。另一个类似的例子则是科尔托纳本人设计的圣卢卡和圣马蒂纳教堂,角上的构图和对景效果在这里占有特殊的地位。

虽然广场尺度很小,而且是个封闭空间,但它似乎是再现了剧场的景观,给人的感觉要比实际尺寸大得多,因而成为欧洲最富纪念性的广场和巴洛克建筑中最成功的作品之一。同时它还是少有的由一个建筑师设计和完成的城市空间实例,和圣彼得大教堂广场一样,均为罗马城市规划颠峰时期的产物。

科尔托纳这个杰作最突出的特点是建筑形体和空间之间的积极互动。我们已经指出了波波洛广场和纳沃纳广场的类似特点,但在这里,这个巴洛克风格的基本特征表现得更为集中和明确。

由于教堂向广场空间凸出,参观者一进入广场便有到达教堂内部的感觉。深深的半椭圆形柱廊既是教堂的组成部分,又是广场空间构图的焦点,其立面有些类似圣卢卡和圣马蒂纳教堂,但采用了不同的体系以突出中央部分。墙面的处理进一步加强了广场和教堂的结合。周围高两层外加一个不高顶楼的房屋围着广场形成连续的立面,教堂两边内凹的侧翼在二层提供了空间更大的幻觉,顶楼檐口及栏杆以同样的曲线延伸到教堂侧面的后部,并和凸起的教堂立面形成鲜明的对比。分属教

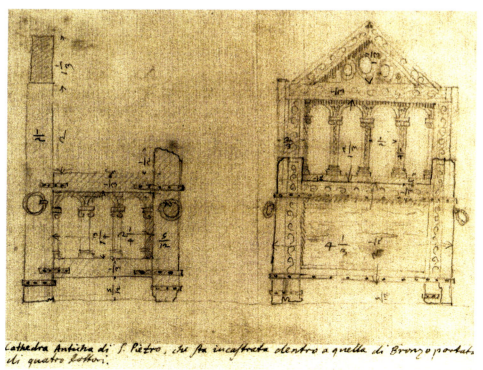

(上)图2-477 罗马 和解大街。自东北面望去的街道景色

(下)图2-478 罗马 圣彼得大教堂。早期圣彼得宝座测绘图(弗朗切斯科·博罗米尼绘,原稿现存维也纳 Graphische Sammlung Albertina)

（上两幅）图 2-479 罗马 圣彼得大教堂。圣彼得宝座（1657~1666年，贝尔尼尼设计），设计方案（第一方案为温莎城堡图书馆王室藏品；第二方案图版制作人为 Giovanni Francesco Venturini）

（左下两幅）图 2-480 罗马 圣彼得大教堂。圣彼得宝座，方案草图（作者贝尔尼尼，图示通过华盖望去的效果，手稿现存梵蒂冈图书馆）

（右下）图 2-481 罗马 圣彼得大教堂。圣彼得宝座，设计草图（宝座上方椭圆窗及众天使，温莎城堡王室藏品）

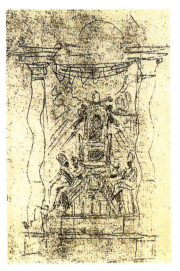
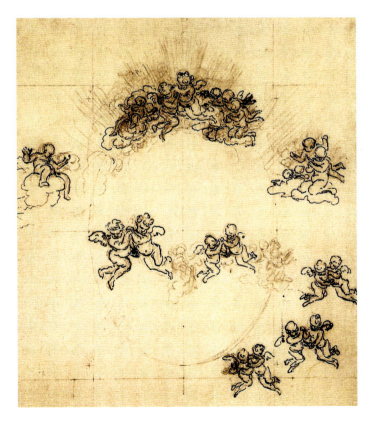

堂和广场的部件就这样相互渗透、贯穿和联系；由于住宅的曲面紧接教堂上层部件并以壁柱进行分划，这种相互关系显得更为突出。在底层，广场周边的连续则更为简单、明确。教堂就这样，既作为独立形体在广场上向前凸出，同时又作为围绕着广场的连续墙体的一个组成部分。这种做法和博罗米尼在圣阿涅塞教堂立面上采用的手法不无相近之处，只是博罗米尼使立面向内弯曲以突出穹顶的构图作用，而科尔托纳则是在造型上突出已有教堂的本堂，并因此创造了一个极其独特的巴洛克教堂入口。由于在造型细部及光影上的精心设计（如教堂两侧栏杆上稍稍隆起的三陇板，这类细部以后成为巴洛克后期建筑的典型做法），这种效果进一步得到

第二章 意大利·407

强化。教堂上层反映内部结构，成曲面向外凸出，形体明亮。中间设垂直断口，上冠造型突出的双山墙。科尔托纳就这样，完全用巴洛克的手法来处理耶稣会堂的母题。以后贝尔尼尼在（奎里纳莱）圣安德烈教堂（1658年，图 2-531~2-535）的设计中再次采用了这种解决方法（向外凸出的门廊），只是形式有所简化[13]。到17世纪中叶，对城市空间的这些灵活的处置方式表明，在构图观念上人们已逐渐趋于成熟。

从上面这些表现可以看出，除了城市规划上的作用外，太平圣马利亚教堂在建筑上也很有特色。它表明，在两个"层面"上的相互作用构成了巴洛克时期罗马建筑的重要特色。对教堂来说，城市空间是先决条件，而它本身，又为这个环境背景提供了主题和提升了它的地位。这个教堂还表明，巴洛克空间并不是一个抽象的概念，而是随形势在不断变化。

拉塔大街圣马利亚教堂

在拉塔大街的圣马利亚教堂，科尔托纳的任务同样是在一个其他建筑师完成的既有建筑前加建新的立面。这个教堂并不是位于中世纪的城区内，而是面对通向城市的主要干道——拉塔大街（即今科尔索大街，图 2-515~2-522）。

面对这样的形势，科尔托纳继续坚持纪念性和简朴的原则。他没有按通常做法设计成屏风式结构。其

本页：

（右）图 2-482 罗马 圣彼得大教堂。圣彼得宝座，立面全景（版画，据 J.Guadet）

（左）图 2-483 罗马 圣彼得大教堂。圣彼得宝座，半圆室及宝座全景

右页：

图 2-484 罗马 圣彼得大教堂。圣彼得宝座，近景（椭圆窗中央的鸽子代表圣灵，周围为圣光和小天使环绕）

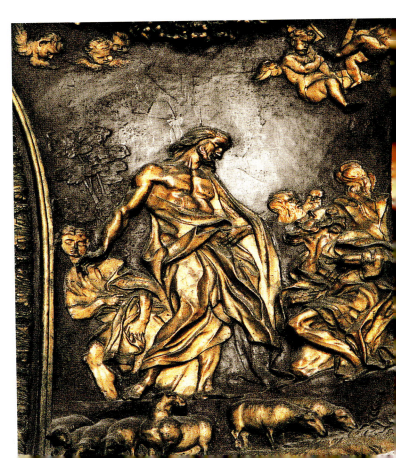

(左页上)图 2-485 罗马 圣彼得大教堂。圣彼得宝座,椭圆窗边饰细部

(左页下两幅及本页下)图 2-486 罗马 圣彼得大教堂。圣彼得宝座,雕饰细部

(本页上两幅)图 2-487 罗马 圣彼得大教堂。亚历山大七世墓,方案设计(左面一幅为私人收藏,和最后方案一样,带死神形象;右面一幅为温莎城堡王室藏品,没有死神造型)

立面(1658~1662年)中央部分稍稍向前凸出,由上下叠置的敞廊组成;底层敞廊四根立柱支撑着平直的檐口,柱间距离由边侧向中心逐渐加宽以突出入口的重要意义;上层中跨的弓形楣梁(即所谓"塞利奥式拱券")也起到同样的作用。这后一种做法可在文艺复兴建筑中看到,但其最早的表现可上溯到斯普利特的戴克利先

（上）图2-488 罗马 圣彼得大教堂。亚历山大七世墓，现状

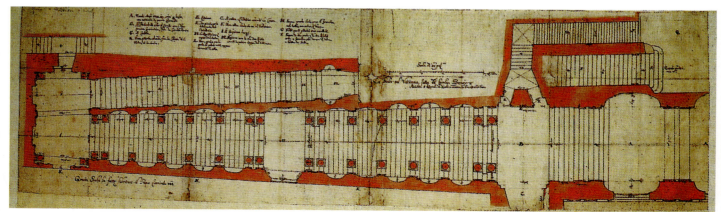

（下）图2-489 罗马 梵蒂冈宫。雷贾阶梯（1663~1666年，贝尔尼尼设计），平面（小尼科迫默斯·特辛绘，1680年，斯德哥尔摩Nationalmuseet藏品）

宫这样一些古代的范本。首层狭窄的前厅后为第二道同样重要的柱廊，由此进入室内。

在这里，建筑师仍然采用古典建筑的要素，如在太平圣马利亚教堂里用过的多立克柱式，但圣卢卡和圣马蒂纳教堂那种复杂的构图被代之以数量较少、体量较大的部件。立面仍为两层，但上部冠以巨大山墙的

(上下两幅)图 2-490 罗马 梵蒂冈宫。雷贾阶梯,平面及剖面(图版取自 John L.Varriano:《Italian Baroque and Rococo Architecture》,1986年;线条图取自 Werner Hager:《Architecture Baroque》,1971年)

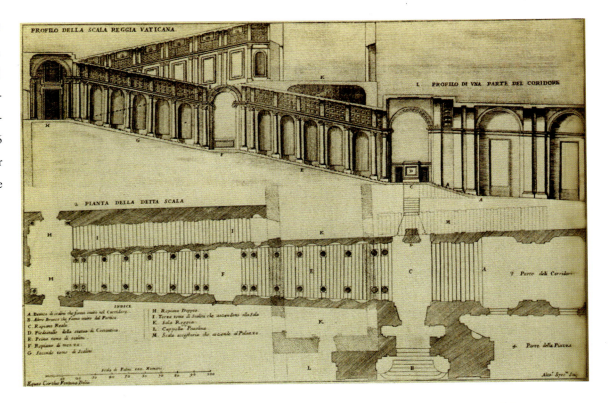

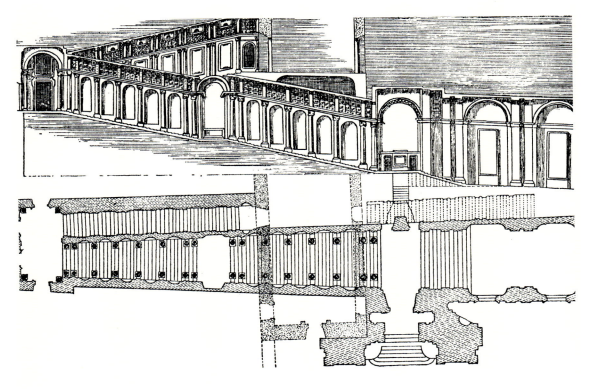

中央部分感觉上更为开阔、畅通。尽管在上层檐口为一道拱券阻断,带曲线要素的檐口也和帕拉第奥设计的维琴察会堂不尽相同,但人们仍然能感受到建筑所体现出来的帕拉第奥精神。为了和街道呼应,立面具有明显的深度,柱廊和凉台的柱子在半昏暗的背景上完美地呈现出来。体量厚实的侧面部分,在作为扶垛的同时也起到背景的作用。特别是当人们站在街道上,从斜角欣赏建筑时,立面的造型效果和纪念性外观显得格外突出。贝尔尼尼在设计(奎里纳莱)圣安德烈教堂时,同样采取了这种手法。但在这里,各种部件和形式要素是接替出现、轮流登场,和贝尔尼尼那种一览无遗的构图方式迥然异趣。

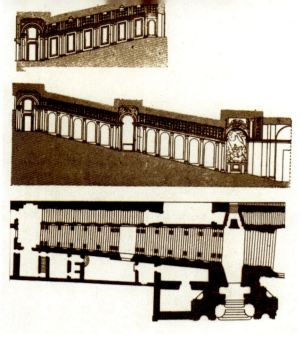

（左上）图2-491 罗马 梵蒂冈宫。雷贾阶梯，平面及剖面（据J.Guadet）

（右上）图2-492 罗马 梵蒂冈宫。雷贾阶梯，内景透视图（贝尔尼尼设计的纪念章图案，1663年，原稿现存梵蒂冈图书馆）

（下）图2-493 罗马 梵蒂冈宫。雷贾阶梯，自北廊厅望去的内景（Francesco Pannini绘，现存罗马Istituto Nazionale per la Grafica）

[吉安·洛伦佐·贝尔尼尼的教堂设计]

贝尔尼尼在六十岁之际，已达到创作能力的顶峰，罗马巴洛克建筑也在他手里臻于成熟，并重新趋向古典的平静。在这期间，他接连接到三个教堂的设计委托书，即甘多尔福堡的新村圣托马索教堂（1658~1661年）、阿里恰的升天圣马利亚教堂（1662~1664年）和罗马的（奎里纳莱）圣安德烈教堂（1658~1661年）。在大部分时间里，这些工程都是齐头并进。

甘多尔福堡的新村圣托马索教堂

建于1658~1661年的甘多尔福堡新村圣托马索教堂，为教皇夏宫的组成部分（图2-523、2-524）。建筑重新采用了等肢十字形平面，但不像科尔托纳的教堂那样，在希腊化时期建筑的影响下进行了自由处理，而是采取

（左上）图 2-494 罗马 梵蒂冈宫。雷贾阶梯，设计图（1663 年，取自 Stephan Hoppe：《Was ist Barock？Architektur und Städtebau Europas 1580-1770》，2003 年）

（右上）图 2-495 罗马 梵蒂冈宫。雷贾阶梯，内景图（图版，取自 Pierre Charpentrat 和 Henri Stierlin：《Barock：Italien und Mitteleuropa》）

（下）图 2-497 鼠疫流行期间的罗马（木刻版画，作者 G.G.de'Rossi，1657 年，罗马 Museo di Roma 藏品）

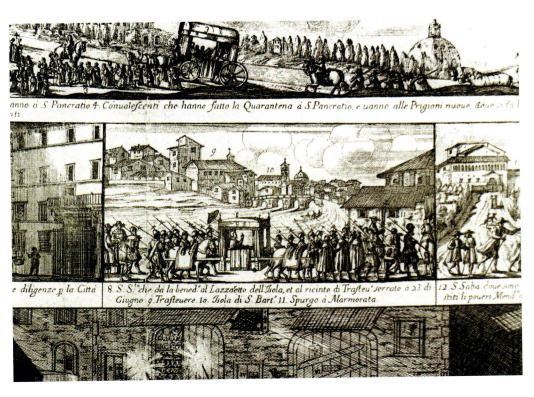

了早期文艺复兴那种纯净的形式。其上部形体亦采用直线墙面，但要比 15 世纪的更为高耸，穹顶规模也更大，在室内看上去显得既高且深。穹顶基部肋券之间，饰有托着椭圆形盾牌的小天使。穹顶底面的古代藻井花饰与哥特式的肋券相交配置，但因肋券线条连续贯通，与藻井相接处后者被"切断"，因此看上去好像肋券位于藻井前面，两者不在一个层面上。在室外，穹顶实际上是考虑远观的效果，从阿尔巴诺湖边很远就能看到它。

阿里恰的升天圣马利亚教堂（图 2-525~2-530）

在阿里恰，面对着基吉宫的宏伟教堂建于 1662~1664 年，是一个前置单一柱廊的圆筒形建筑，上部穹

第二章 意大利·415

(上) 图2-496 罗马 梵蒂冈宫。雷贾阶梯，内景

(下) 图2-498 罗马 太平圣马利亚教堂 (1656~1657年，彼得罗·达·科尔托纳设计)。基址平面 (据Spiro Kostof, 1995年)

顶不设鼓座，其样本显然来自当时两边均有建筑的万神庙（贝尔尼尼曾在此前十年期间主持这个著名古迹的修复工作）。主要区别仅是在这里采用了拱廊，同时用盲券作为圆堂室外墙面的装饰和室内礼拜堂的框饰。这个中央形体被夹在两个横向住宅内，后者每边廊道三开间，支在成对的壁柱上。在两边作夹峙状的这些巨大结构进一步突出了设计的集中品性。为了满足实际需求，又加了顶塔和背景处的钟楼。

这个教堂平面上表现出来的集中形制、门廊及柱

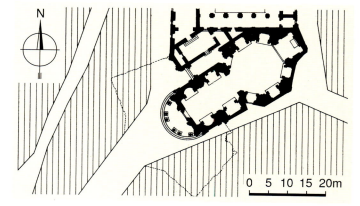

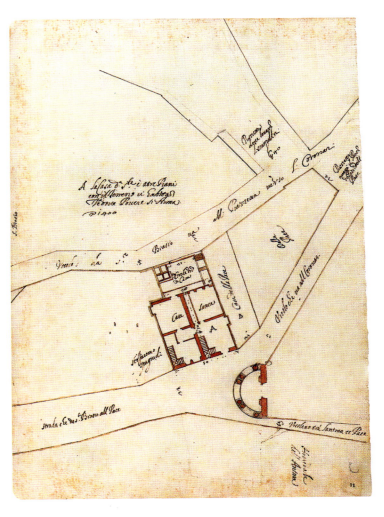

(右上)图 2-499 罗马 太平圣马利亚教堂。基址平面及广场草图(彼得罗·达·科尔托纳工作室绘制,1656 年,原稿现存梵蒂冈 Biblioteca Apostolica)

(左上)图 2-500 罗马 太平圣马利亚教堂。通向广场的街道规划(彼得罗·达·科尔托纳工作室绘制,1656 年,原稿现存梵蒂冈 Biblioteca Apostolica)

(下两幅)图 2-501 罗马 太平圣马利亚教堂。平面及广场设计(图版据彼得罗·达·科尔托纳工作室,1656 年,原稿现存梵蒂冈 Biblioteca Apostolica;线条图据 Rudolf Wittkower,1982 年)

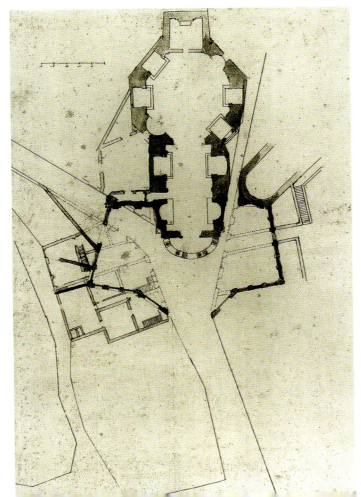
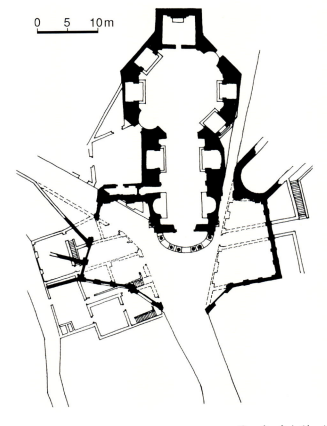

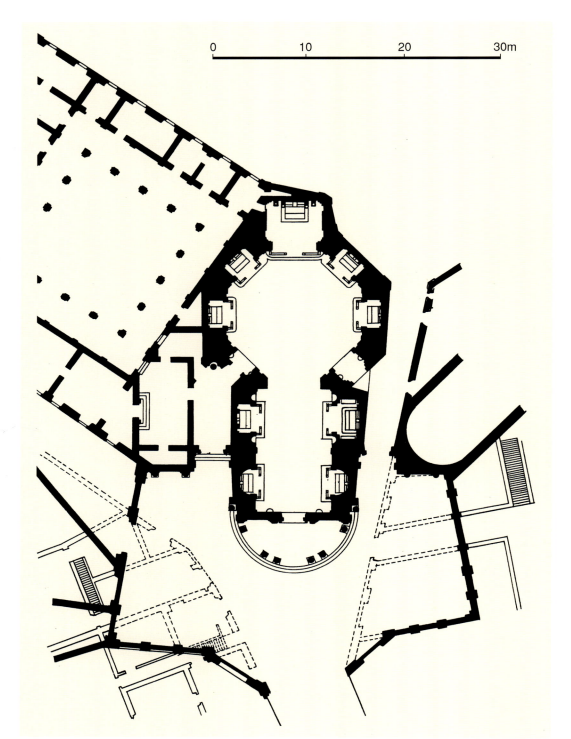

本页：
图2-502 罗马 太平圣马利亚教堂。平面及广场设计详图（取自John L.Varriano:《Italian Baroque and Rococo Architecture》，1986年）

右页：
（左三幅）图2-503 罗马 太平圣马利亚教堂。彼得罗·达·科尔托纳立面方案（第一至第三方案，17世纪后期，原稿现存米兰Castello Sforzesco）

（右两幅）图2-504 罗马 太平圣马利亚教堂。门廊平面及立面设计（作者彼得罗·达·科尔托纳，1656年，原稿现存梵蒂冈Biblioteca Apostolica）

廊，和相应的圣彼得大教堂的配置完全不同，但仍然可视为同一类型的变体形式。这种在一组规则建筑中采用集中式教堂的构图传统可通过埃尔埃斯科里亚尔宫堡上溯到文艺复兴早期理想建筑的设计方案；同时，它也预示了采用对称布局的修院建筑群的诞生。菲舍尔·冯·埃拉赫那种在横向形体内插入椭圆形式的做法则可看作是它的发展；无鼓座的穹顶更在巴洛克后期起到了重要的作用。有关圆形神庙的这种联想还可上溯到布拉曼特的滕皮耶托（小圣堂）；以后，在19世纪期间，为了唤起人们对古代的回忆，也有许多人尝试采用这种造型。

在室内，和（奎里纳莱）圣安德烈教堂一样，饰有作为供奉对象的圣徒造像。天使环绕着穹顶，使它看上去像是准备接待圣母的天穹。对这个以"圣母升天"作为奉献主题的教堂来说，采用这种古代的象征手法自然是种恰当的选择。

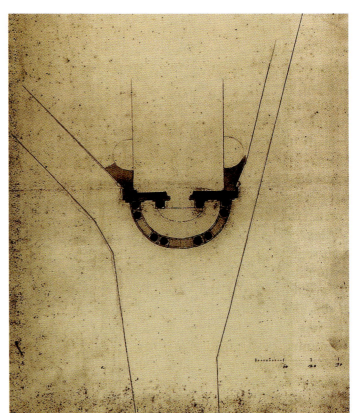

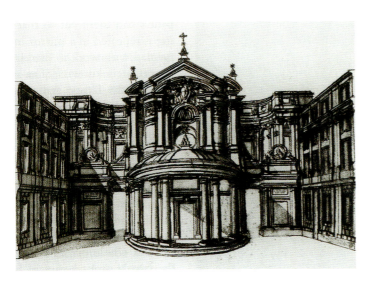

罗马（奎里纳莱）圣安德烈教堂

始建于1658年的罗马（奎里纳莱）圣安德烈教堂（1658~1670年，主体工程1658~1661年，地段总平面：图2-531；平立剖面及剖析图：图2-532~2-539；外景：图2-540~2-543；内景：图2-544~2-551）无疑是这期间贝尔尼尼所建三个教堂中最重要的一个。其委托人是红衣主教卡米洛·潘菲利。属耶稣会初修院供见习教士使用的这个教堂开始时系作为耶稣会神学院的礼拜堂。

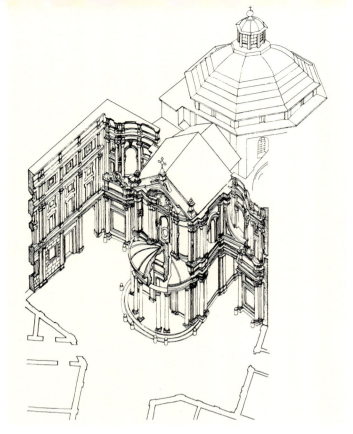

图 2-510 罗马 太平圣马利亚教堂。现状外景（上层科林斯柱子及壁柱与底层半圆形多立克门廊及两边的内凹翼形成鲜明的对比）

左页：
（左上）图 2-505 罗马 太平圣马利亚教堂。教堂及广场透视剖析图（取自 Michael Raeburn 主编：《Architecture of the Western World》，1980 年）
（下）图 2-506 罗马 太平圣马利亚教堂。17 世纪后半叶教堂及广场景色（版画作者 Giovanni Battista Falda）
（左中）图 2-507 罗马 太平圣马利亚教堂。教堂及广场全景（取自 John L.Varriano：《Italian Baroque and Rococo Architecture》，1986 年）
（右上）图 2-508 罗马 太平圣马利亚教堂。教堂及广场全景（版画作者 Dominique Barrière，1658 年）
（右中）图 2-509 罗马 太平圣马利亚教堂。地段垂直航片（摄于 20 世纪 80 年代）

（上）图2-511 罗马 太平圣马利亚教堂。立面仰视近景

（左下）图2-512 罗马 太平圣马利亚教堂。柱廊院景色（据Banister Fletcher）

（右下）图2-513 罗马 太平圣马利亚教堂。八角形空间内景（朝入口处望去的景色，版画作者Giovanni Battista Falda，17世纪后半叶）

它位于独立地段上面向着皮亚大街（今奎里纳莱大街）和奎里纳莱宫，与博罗米尼设计的圣卡洛教堂仅隔一个花园。

在这里，贝尔尼尼既没有选用圆形平面（如罗马万神庙的形式，贝尔尼尼同时参与了这个古迹的修复工作），也没有采用希腊十字平面（如他稍后在阿里恰所为）或多边形（他最初曾设想了一个五边形的平面），而是选用了一个他最喜爱的和在圣彼得教堂里用过的形式——横向椭圆形。

422·世界建筑史 巴洛克卷

（上）图 2-514 罗马 太平圣马利亚教堂。本堂及八角形空间之间拱券装饰设计（作者彼得罗·达·科尔托纳，约 1656 年，温莎城堡王室藏品）

（下）图 2-515 罗马 拉塔大街圣马利亚教堂（立面 1658~1662 年，彼得罗·达·科尔托纳设计）。教堂及潘菲利宫平面（图版制作 Felice della Greca，原稿现存梵蒂冈 Biblioteca Apostolica）

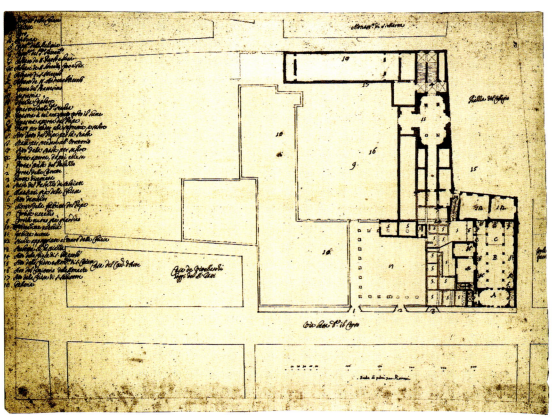

在采用纵向椭圆形体时，人们的注意力往往被引向纵深方向；这种横向椭圆空间则相反，感觉上更为宽敞，因深度而引起的压迫感也因此得到缓解。正因为有这种更人性化的特点，椭圆形的宫邸厅堂大都采用这种横向布局（如法国的沃-勒维孔特府邸）。贝尔尼尼在这个教堂里进一步发展了这种构思并取得了相当大的成功。由于自奎里纳莱广场延伸到皮亚城门的皮亚大街形成了一条纵向轴线，贝尔尼尼利用街道本身空间形成教堂前的小广场，给充满动态的街道安排了一个静止的瞬间。为了使教堂靠近初修院并和街道保持一定距离，他令

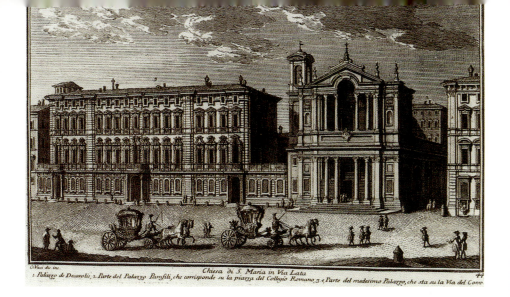

Chiesa di S. Maria in Via Lata
1. Palazzo de Decaroli, 2. Parte del Palazzo Pamfili, che corrisponde su la piazza del Collegio Romano, 3. e Parte del medesimo Palazzo, che sta su la Via del Corso

1. Chiesa e Portico di Santa Maria in via lata. CHIESA DI SANTA MARIA IN VIA LATA SV LA VIA DEL CORSO. 4. Palazzo de Sig. Hasti.
2. Palazzo del Ecc.mi Sig. Pamfilij. 5. Palazzo e Piazza di S. Marco.

本页及左页：

（左上）图 2-516 罗马 拉塔大街圣马利亚教堂。18 世纪外景（版画，取自 Giuseppe Vasi 著作卷 2，1748~1761 年，左侧为多里亚 - 潘菲利宫）

（左下）图 2-517 罗马 拉塔大街圣马利亚教堂。17 世纪后半叶教堂及两边面向科尔索大街的建筑（版画，取自 Giovanni Battista Falda 著作卷 3，1665~1699 年）

（左中）图 2-518 罗马 拉塔大街圣马利亚教堂。17 世纪地段景色 [取自 Lievin Cruyl 绘《罗马十八景》(Eighteen Views of Rome)，1665 年，原图反向，现存克利夫兰 Museum of Art]

（中）图 2-519 罗马 拉塔大街圣马利亚教堂。东北侧外景

（右）图 2-520 罗马 拉塔大街圣马利亚教堂。东南侧外景（左侧为多里亚 - 潘菲利宫）

椭圆形的纵轴与皮亚大街平行，入口布置在短轴上。

建筑的构图重点放在室内，它同样表现出一种具有丰富内涵的观念。室内体形由一系列柱墩严格界定，节律的变化则取决于其间开口的大小。尽管柱墩间具有十个开口，但总体构思的简单印象仍然得以保留。位于与皮亚大街垂直的主轴线上的开口分别布置入口及中央主祭坛，与主轴线垂直的长轴两侧，柱墩壁柱间布置四个高券门通向处于昏暗中的小礼拜堂（嵌在墙体厚度内的这些礼拜堂只能通过祭坛上部狭小的窗户间接采光）。其他龛室仅于柱墩间开较小的矩形洞口。

室内装饰极为华贵。周边的大理石壁柱，支撑着不带鼓座的金色穹顶（位于入口上的窗户，是唯一切入拱顶几何形体的部件）。穹顶综合了藻井和肋券两种类型，通过基部的窗户和顶塔采光。饰有花叶的基部交替布

图 2-521 罗马 拉塔大街圣马利亚教堂。东南侧立面及塔楼近景

置天使和圣安德烈渔民伙伴的造型。穹顶看上去似乎无限高远（图 2-551）。为了制造这一幻觉，贝尔尼尼采用了色彩缤纷的玻璃马赛克，创造出退晕的效果，随着画面趋向中央，颜色亦越来越明亮。

和入口相对，建筑师建造了位于室内的第二个立面；其中央立主祭坛的圣坛好似位于华丽的门廊内，两侧为与之相通的较低跨间。圣坛背景是表现殉教者的绘画（图 2-545），两边天使像由灰泥塑造。这部分通过两边造型突出的柱子和上部山墙得到格外的强调；柱子成对配置，在这种场合下属独特表现；山墙顶处内凹，饰动态强烈

图 2-522 罗马 拉塔大街圣马利亚教堂。门廊内景（彼得罗·达·科尔托纳设计）

的组雕。如在剧场中人们面对舞台一样，在这里，参观者实际上也是观众，唯"舞台"的光线来自高处的隐蔽光源。供"演出"的每个平台，不论是地面、入口、椭圆体、歌坛，还是穹顶，都是为了致力于提供完美的场景，表现圣安德烈的圣迹（届时所有修会都被邀来参与这一活动）。整个场景好似一幅表现殉教圣徒的祭坛画，门廊则构成了它的框架，使人想起万神庙带柱列的侧面龛室。由于室内横向长轴两头为柱墩而非开口，因而从一开始就把人们的视线从两端引向圣坛。

高祭坛就这样通过柱屏在视觉上和会众所在的主要空间相通，但在实体上和它又有所区分。贝尔尼尼在雕刻上用了艳丽的彩色大理石，和博罗米尼那种单一色调的建筑形成强烈的对比。通过精心设计，使绘画、雕刻和建筑这三种艺术均用来阐述圣安德烈的事迹。在高祭坛后的绘画上，这位圣徒被钉在十字架上；但倾刻他便转化为雕刻形象，通过双柱上的断裂山墙，飞

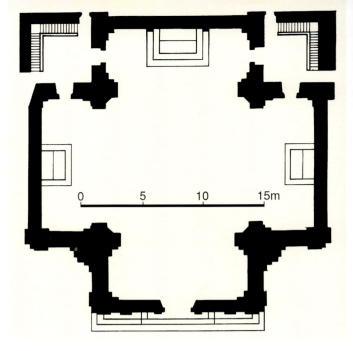
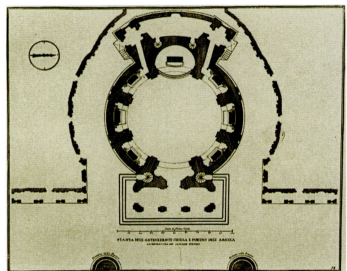
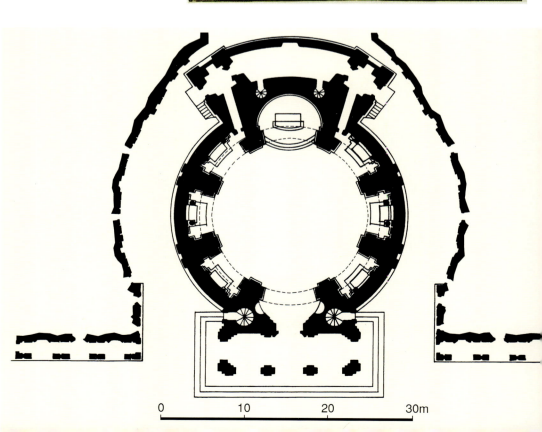

（右上）图2-523 甘多尔福堡 新村圣托马索教堂（1658~1661年，贝尔尼尼设计）。平面（取自John L.Varriano：《Italian Baroque and Rococo Architecture》，1986年）

（左上）图2-524 甘多尔福堡 新村圣托马索教堂。平立剖面及设计方案（左下图示一早期方案，设鼓座但无穹顶，图上标示出建筑所在的倾斜地面，图版取自Charles Avery：《Bernini：Genius of the Baroque》，1997年）

（右中及下）图2-525 阿里恰 升天圣马利亚教堂（1662~1664年，贝尔尼尼设计）。平面（图版制作De Rossi；线条图取自John L.Varriano：《Italian Baroque and Rococo Architecture》，1986年，经改绘）

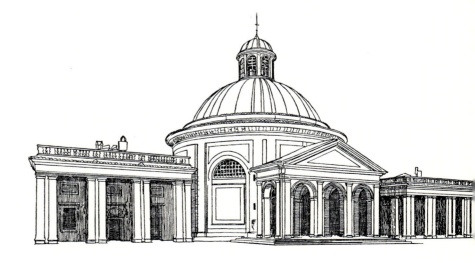

(上) 图 2-526 阿里恰 升天圣马利亚教堂。立面（据 Banister Fletcher）

(左下) 图 2-527 阿里恰 升天圣马利亚教堂。剖面（图版制作 De Rossi）

(右中) 图 2-528 阿里恰 升天圣马利亚教堂。17 世纪外景（图版制作 Giovanni Battista Falda）

(右下) 图 2-529 阿里恰 升天圣马利亚教堂。外景（取自 Werner Hager：《Architecture Baroque》，1971 年）

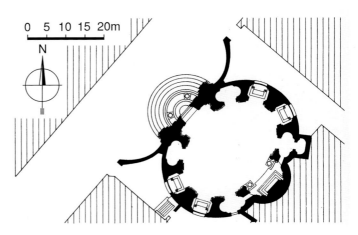
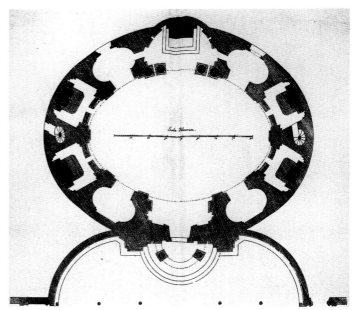
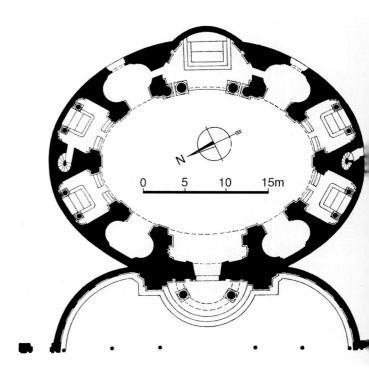

升在空中；穹顶窗口边的天使，正飞下来为他指引道路。圣徒的这一造型构成了整个构图的高潮，当人们进入椭圆形大厅时，首先注意到的，就是这组雕刻。以后韦尔滕堡修院教堂的圣殿再次采用了这种布局（见图5-355、

（左）图2-530 阿里恰 升天圣马利亚教堂。内景（版画制作 Giovanni Battista Falda）

（右上）图2-531 罗马（奎里纳莱）圣安德烈教堂（1658~1670年，主体工程1658~1661年，贝尔尼尼设计）。地段总平面（据 Spiro Kostof，1995年）

（右中）图2-532 罗马（奎里纳莱）圣安德烈教堂。平面（图版，取自 Charles Avery：《Bernini：Genius of the Baroque》，1997年）

（右下）图2-533 罗马（奎里纳莱）圣安德烈教堂。平面（取自 Stephan Hoppe：《Was ist Barock？ Architektur und Städtebau Europas 1580-1770》，2003年）

430 · 世界建筑史 巴洛克卷

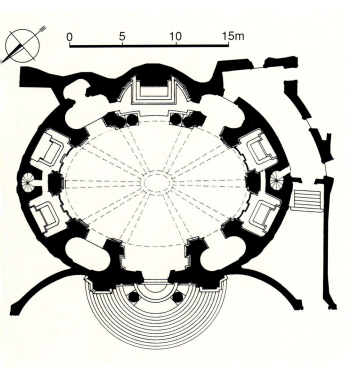

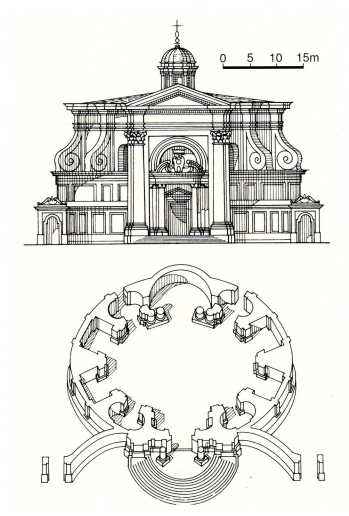

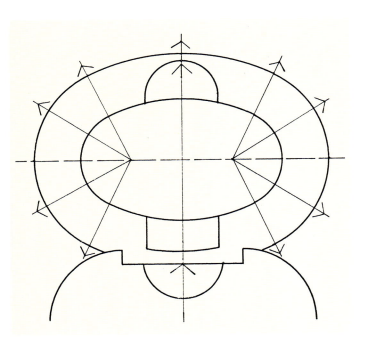

(左上）图 2-534 罗马（奎里纳莱）圣安德烈教堂。平面（据 Christian Norberg-Schulz 原图改绘）

(左下）图 2-535 罗马（奎里纳莱）圣安德烈教堂。平面简图示意（据 Christian Norberg-Schulz）

(右）图 2-536 罗马（奎里纳莱）圣安德烈教堂。立面及平面剖析图（取自 Robert Adam：《Classical Architecture》，1991 年）

5-356）。但和博罗米尼那种突然的转变不同，在这里，贝尔尼尼的场景是步步展开：人们先要通过门廊和一个类似前厅的室内空间。

显然，处于半昏暗状态的下部空间、石膏表现的明净天空、趋向光明的人物造型及飞翔的鸽子，连同它们的色彩（粉红色标志着人间和大地，金色代表天穹），在这里都具有了象征的意义。有关圣安德烈升天的想象和愿望，就这样通过艺术得到体现。除了色彩以外，光线在这个场景的渲染中也起到了很大的作用。白色和金色组成的天球，由曲线檐口上的窗户采光。仅靠间接采光的礼拜堂则要昏暗得多。礼拜堂之间，光线亦有微妙的变化：靠近纵向轴线的两个礼拜堂沉浸在散射光中，其他则处在半明半暗的状态下，就这样把人们的注意力引向歌坛。

为了使教堂具有纪念性的外观并和旁边的别墅和花园有所区别，立面选用柱式构图并配山墙，部件虽经简化但制作精美。和此前太平圣马利亚教堂的做法不同，入口门廊仅于带山墙的狭窄立面前立两根柱子，支

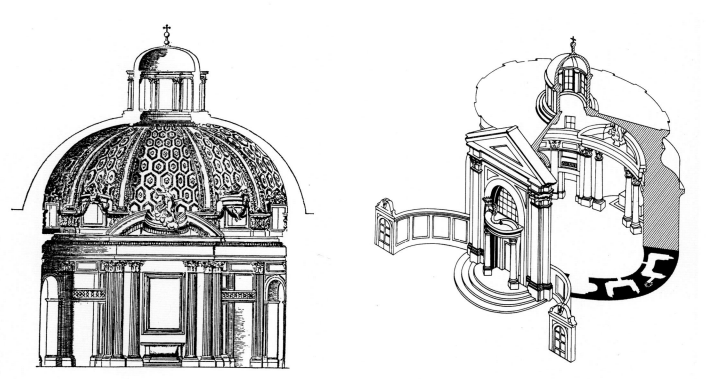

(上)图 2-537 罗马(奎里纳莱)圣安德烈教堂。剖面(取自 Wilhelm Lübke 及 Carl von Lützow:《Denkmäler der Kunst》,1884年)

(左下)图 2-538 罗马(奎里纳莱)圣安德烈教堂。剖面(取自 Werner Hager:《Architecture Baroque》,1971年)

(右下)图 2-539 罗马(奎里纳莱)圣安德烈教堂。剖析图(取自 John Julius Norwich:《Great Architecture of the World》,2000年)

（上）图 2-540 罗马（奎里纳莱）圣安德烈教堂。17 世纪地段外景（朝奎里纳莱广场的景色，图版作者 Giovanni Battista Falda，1667~1669 年）

（下）图 2-541 罗马（奎里纳莱）圣安德烈教堂。西侧外景

撑装饰华美的椭圆形挑檐（最初仅有三步台阶通向教堂，步伐尺度似觉过大）。挑檐上的纹章雕饰向街道倾斜，其后窗洞亦颇富纪念性。整个立面好似舞台装饰，节奏和光影变化产生了戏剧性的效果。和科尔托纳设计的太平圣马利亚教堂的门廊相比，要显得更为随意。这个造型饱满的门廊既是内凹前院的视觉中心，又以其形式预示了室内的布局，为内部的凯旋门式构图做好了铺垫。为了突出立面形体，两边较矮的侧墙稍稍退后，再向前如手臂般怀抱前方的小广场（广场部分借助街道空间）。这种利用曲线和反曲线的手法可追溯到圣菲利浦教堂的立面，但在博罗米尼那里，是为了创造神奇的效果，而在这里，则是形成自然的过渡。怀抱整个建筑的椭圆墙体至礼拜堂及龛室顶部缩为环绕穹顶的内圈环墙，穹顶推力则通过高出外圈屋顶上的涡卷扶垛支撑。

[卡洛·拉伊纳尔迪的教堂作品]

在这时期的其他建筑师当中，卡洛·拉伊纳尔迪（1611~1691 年）是名气上最接近贝尔尼尼、博罗米尼和科尔托纳的一位。他和他的父亲吉罗拉莫·拉伊纳尔迪是 17 世纪罗马的主要建筑师家族之一。他们大部分是作为一个团队开展工作，但卡洛最优秀的设计都是在他父亲去世后完成的。

卡洛在和父亲共事的同时，沿袭其导师多梅尼科·丰塔纳的手法主义传统。在他们共同设计的潘菲利宫和圣阿涅塞教堂完工之后，卡洛几乎同时接到了三宗重要的任务委托单，即坎皮泰利圣马利亚教堂（1660~1667 年）、波波洛广场的双教堂和圣安德烈-德拉-瓦莱的

立面（1661~1665 年）。

坎皮泰利圣马利亚教堂

1660 年，受亚历山大七世委托建造的新教堂——

本页：

(上) 图 2-542 罗马 (奎里纳莱) 圣安德烈教堂。北侧外景

(下) 图 2-543 罗马 (奎里纳莱) 圣安德烈教堂。门廊近景

右页：

(上) 图 2-544 罗马 (奎里纳莱) 圣安德烈教堂。内景

(下两幅) 图 2-545 罗马 (奎里纳莱) 圣安德烈教堂。主祭坛全景

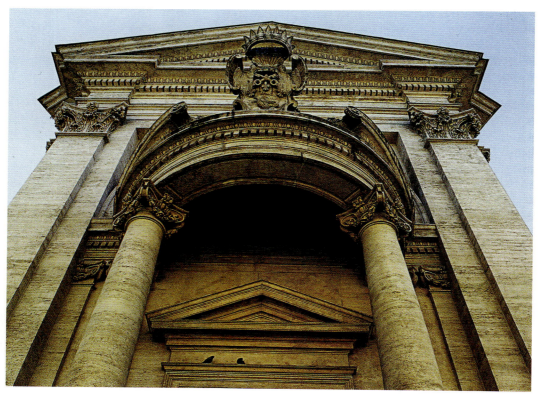

坎皮泰利圣马利亚教堂，是卡洛最重要的作品；建造它的誓愿可上溯到一次传染病流行期间 (图 2-552~2-554)。

在教皇决定建造这个教堂后的两年里，卡洛·拉伊纳尔迪为它拟订了一系列设计。这些图稿表明，在提出个人的设计之前，他曾对各种方案进行过多方比较。不过，他最后制定的方案，只是沿袭罗马建筑的老章程，

436·世界建筑史 巴洛克卷

左页：

图 2-546 罗马（奎里纳莱）圣安德烈教堂。主祭坛柱式及山墙细部

本页：

图 2-547 罗马（奎里纳莱）圣安德烈教堂。主祭坛顶部仰视

并没有什么新意。他先是在自己为圣阿涅塞教堂作的第一个设计的基础上进一步修改完善（其立面和圣卢卡和圣马蒂纳教堂有许多相似之处）。接下来又采用两层柱廊等手段完成了一个类似拉塔大街圣马利亚教堂的立面。平面深处是一个用作集会处的空间，由矩形及部分椭圆组成；接下来是一个充满光线的圆形内殿（歌坛），上置穹顶的空间内布置作为教堂供奉对象的大幅圣母画；最后用一个突出横向轴线配有筒拱顶的中央本堂替代了椭圆形空间。这个平面可说是综合了贝尔尼尼的圣安德烈教堂和沃尔泰拉在设计（因库拉比利）圣贾科莫教堂的横向轴线时采用的手法。拉伊纳尔迪就这样把手法主义的倾向和早期巴洛克的经验糅合到一起。工程于 1663 年上马，1667 年完成。

室内布局的舞台效果颇值得注意；每个细部都致力

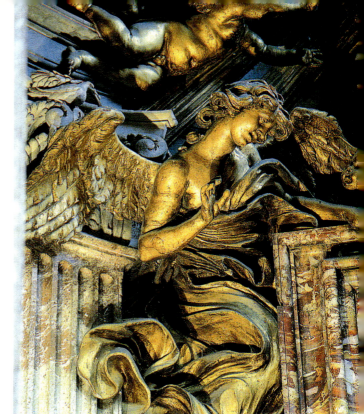

（上两幅）图 2-548 罗马（奎里纳莱）圣安德烈教堂。主祭坛雕刻（主题画两侧的天使雕像）

（下）图 2-549 罗马（奎里纳莱）圣安德烈教堂。主祭坛雕刻（圣安德烈雕像）

图 2-550 罗马(奎里纳莱)圣安德烈教堂。边侧礼拜堂近景

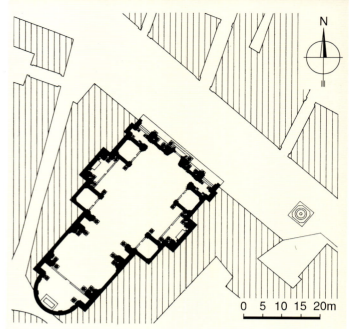

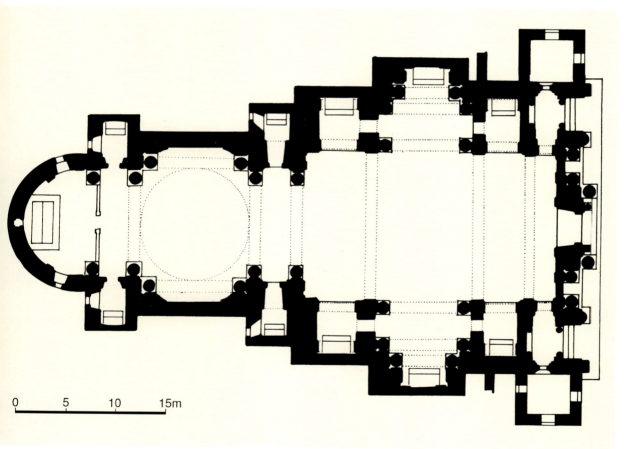

(左上) 图2-551 罗马 (奎里纳莱) 圣安德烈教堂。顶塔内景

(右上) 图2-552 罗马 坎皮泰利圣马利亚教堂 (1663~1667年, 建筑师卡洛·拉伊纳尔迪)。地段总平面 (据 Spiro Kostof, 1995年)

(下) 图2-553 罗马 坎皮泰利圣马利亚教堂。平面 (据 Ferraironi, 经改绘)

于将人们的注意力引向位于建筑最深处的祭坛和为修会活动准备的空间。在平面近于希腊十字的第一个大厅(本堂)里，筒拱顶已开始起到这样的导向作用。人们一进入昏暗的本堂，立即就能看到位于歌坛穹顶窗下的圣母像。主轴上两个并置空间形体的对比效果显得格外强烈。这些景象均被围括在建筑框架内，犹如剧场的布景。这种舞台布景的构图观念本是起源于意大利北方，帕拉第奥在他设计的威尼斯救世主教堂和里基尼在米兰圣朱塞佩教堂 (1616年) 的设计里都用过这类手法。拉伊纳尔迪也接受了这种理念，不过他走得更远：在这里，人们完全看不到歌坛的侧墙，因而也无法估测其深度。这种罗马巴洛克盛期的布局方式在罗马本身并没有得到推广，倒是在意大利北方乃至德国（如慕尼黑以东的贝格-阿姆莱姆）被人们再次采用。拉伊纳尔迪在这个周

图 2-554 罗马 坎皮泰利圣马利亚教堂。本堂内景

边布置了 24 根附墙科林斯柱及大量壁柱的室内，充分展示了这种手法的视觉效果。教堂已有了古代浴场的华丽和气势，但并没有和它完全融汇；未来的古典主义已见端倪，但在这起初阶段，只是作为对已消逝的帝国时期主题的追忆。第一个空间两侧中间的礼拜堂不仅更大，有较多的镀金装饰，而且也是柱子比较集中的处所，因而在突出视觉主轴的同时形成了一个与之垂直的横向副轴。室内构图也因此显得更为丰富。选用独石柱在这里起到了特殊的作用。卡洛先是在耳堂龛室处采用了这一手法，接着又在歌坛修会专用的通道、歌坛本身及作为这一系列空间终结处的半圆形后殿重复了这一做法。在引导人们的视线和注意力上，还有另一个值得注意的细节：教堂内部有意保留白色的素雅基调，以此和一些重点部位拱顶的金色拱肋和棱边形成对比（这些部位包括位于横轴上的礼拜堂、通向歌坛和半圆室的入口）。柱顶盘上精心加工的不对称的花饰，和纵轴平行的礼拜堂龛室上的凹进部分一起，给安详的室内注入了动态的要素。人们的视线就这样被引导着从一根柱子到另一根柱子，从一个凹龛到另一个凹龛。光影的变化在这里同样起着重要的作用：第一个空间只能通过布置在檐口上的

第二章 意大利 · 441

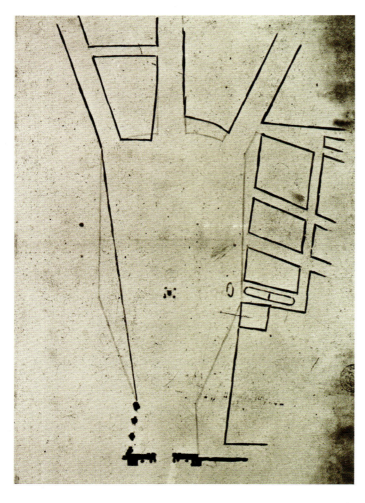

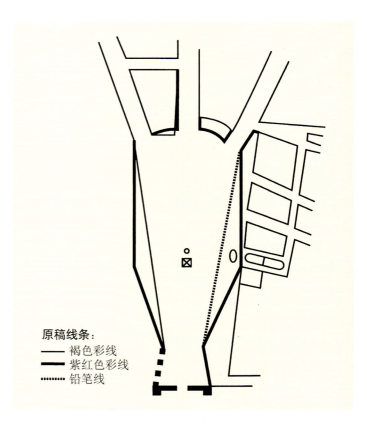

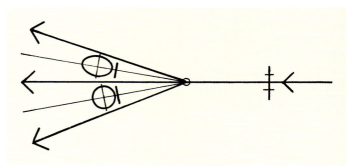

（左上及右两幅）图2-555 罗马 波波洛（人民）广场。设计方案（作者卡洛·拉伊纳尔迪，原稿现存梵蒂冈Biblioteca Apostolica）及示意简图（据Christian Norberg-Schulz）

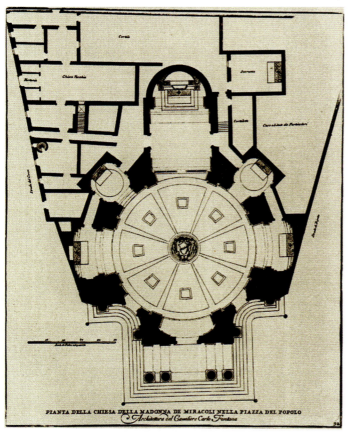

（左下）图2-556 罗马 奇迹圣马利亚教堂（1662~1675年，建筑师卡洛·拉伊纳尔迪和卡洛·丰塔纳），平面（图版制作De Rossi）

四个窗洞得到局部的采光；而位于横轴上面对参观者的两个窗洞则使色调浅淡的歌坛沉浸在灿烂的漫射光线中。来自手法主义相互矛盾的轴线选择就这样被一种统一的格局、一种形体和采光的定向构图所取代，后者正是罗马早期巴洛克建筑的典型表现。这种强行引导视线的做法和巴洛克后期的做法可谓不相上下。不过，在这里，同样应该看到，卡洛·拉伊纳尔迪尽管不乏创造才能，但并没有如成熟的巴洛克建筑那样,将形体、空间和表面进行真正的实质性的综合。作为主要分划手段,他进一步发掘了柱子的构图潜力,但只是按巴洛克早期的方式"镶贴"在表面,而不是在造型上加以整合。

室外带雕饰的"龛室式"立面大部分属科尔托纳的设计。位于两个侧翼之间的立面中央部分高两层,上冠雄浑的山墙,分划墙面的柱子等部件造型表现极为突出。

圣山圣马利亚教堂和奇迹圣马利亚教堂

两个教堂紧靠着罗马北城门内侧的波波洛广场(1662~1679年,图2-572),是城市北面的主要入口。广场当时为梯形,有三条辐射状大街在这里向方尖碑会聚(科尔索大街、里佩塔大街和巴布伊诺大街),形成两个面向城门的楔形地段。大多数旅行者都是从这里得到罗马的第一印象。亚历山大七世将整治广场的任务委托给卡洛·拉伊纳尔迪(图2-555)。这种独特的地理

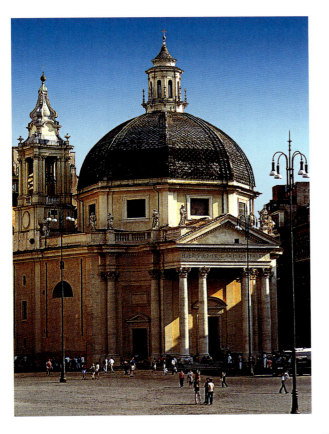

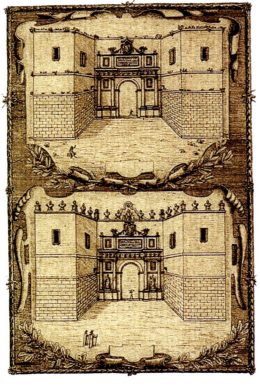

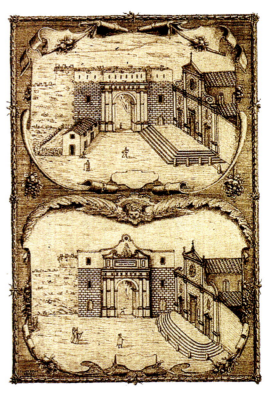

(左上)图2-557 罗马 奇迹圣马利亚教堂。外景

(下两幅)图2-558 罗马 波波洛城门。改造前后外景(左)及内景(右),据Felice della Greca,图版现存梵蒂冈 Biblioteca Apostolica

(右上)图2-559 罗马 波波洛城门。外侧现状(边侧券门1878年增添)

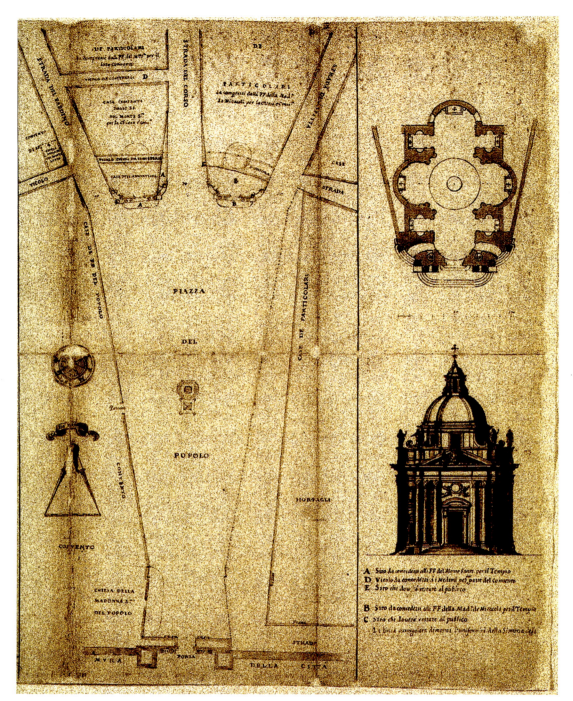

本页：

图2-560 罗马 波波洛（人民）广场（1816年改建，主持人朱塞佩·瓦拉迪耶）。1661年平面（取自Dorothy Metzger Habel：《The Urban Development of Rome in the Age of Alexander VII》，2002年）

右页：

（左两幅）图2-561 罗马 波波洛（人民）广场。18世纪平面(1748年G.Nolli 城图局部，下为广场部分的放大图)

（右）图2-562 罗马 波波洛（人民）广场。1816年改建前平面（取自John L.Varriano：《Italian Baroque and Rococo Architecture》，1986年）

位置使人们很难沿广场周边布置建筑。因而拉伊纳尔迪规划了一对带穹顶的"孪生"教堂——圣山圣马利亚教堂和奇迹圣马利亚教堂，将它们对称地布置在由三条辐射道路形成的两个楔形空间内。

教堂于1662年3月15日奠基。两个建筑开始阶段主持人均为拉伊纳尔迪：他监管圣山圣马利亚教堂的施工直至1673年，在中断了一段时间后，由卡洛·丰塔纳(在贝尔尼尼的领导下)接手并于1675年最后完成；其孪生教堂奇迹圣马利亚教堂差不多同步进行，最后由丰塔纳于1677~1681年间完成（图2-556、2-557）。

这项工程的历史很好地表明，在巴洛克时期的罗马，若干建筑师如何在一个项目上共同工作或轮流坐庄。按拉伊纳尔迪最早提出的方案，两个教堂平面皆为圆形，上配高高的穹顶。但很快人们便不得不将两者有所区分（在这方面，贝尔尼尼可能也发挥了一定的影响），因为两个建筑的基址实际上并不相等，尽管建筑师在立面的两个侧边进行了调整，但在科尔索大街和里佩塔大街及巴布伊诺大街之间的地段仍有明显的差别。也就是说，按通常做法，两个教堂的穹顶将具有不同的直径，看上去也不会对称。为了在满足不同地段要

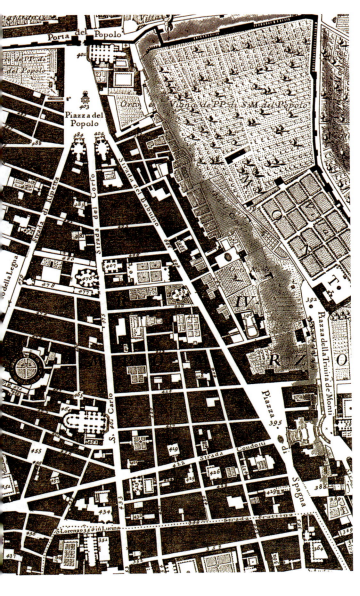

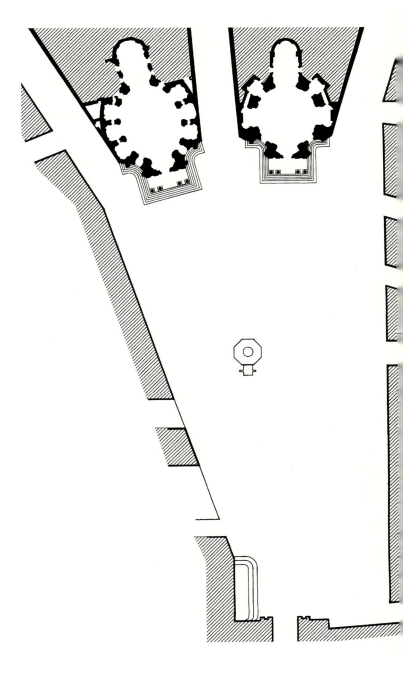

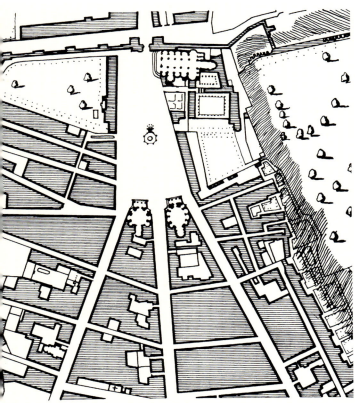

求的同时,保持视觉上的一致,拉伊纳尔迪把位于广场左面教堂的穹顶做成椭圆形,令其外观直径与另一个教堂的穹顶相等,从而解决了这一难题。从城市入口方向看过来,两个教堂大体具有相似的外貌,尽管实际上它们并不尽同。

这两个教堂本是效法古罗马时期的万神庙;但外部形体、特别是穹顶在构图上扮演的角色完全不同。拉伊纳尔迪大大增加了鼓座的高度,穹顶上的棱券也起到进一步强调造型的作用。立面入口处按古典样式设柱廊,柱子成对配置,上冠山墙。贝尔尼尼制订的最初设计(丰塔纳也参与了意见)具有一个酷似圣彼得大教堂那样

第二章 意大利 · 445

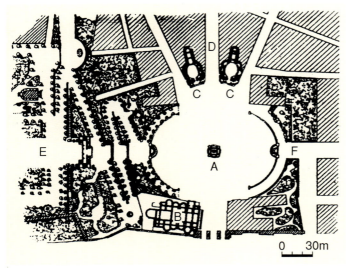

（上）图2-563 罗马 波波洛（人民）广场。改建后平面，图中：A、方尖碑，B、波波洛广场圣马利亚教堂（对面教堂亦按其样式设计），C、双教堂，D、科尔索大街，E、平乔园区，F、通向台伯河的道路

（右下两幅）图2-564 罗马 波波洛（人民）广场。1662年奠基纪念章上的景象记录（伦敦大英博物馆藏品，另一面为教皇亚历山大七世像）

（左下两幅）图2-565 罗马 波波洛（人民）广场。1665年广场景观（版画作者Giovanni Battista Falda，现存纽约Public Library，上下两图分别示向北和向南望去的景色）

的柱廊，但最后未被采用。配置了凸出柱廊的教堂同时构成后面的城市房屋和前方广场之间的良好过渡。柱廊的柱子沿着侧墙延伸，后者和其后的建筑立面相互衔接没有中断。这些柱廊并不是额外"附加"到教堂主体上的部件，而是它的有机组成部分（拉伊纳尔迪的柱廊上原有一个顶楼层，后被1674年作为建筑总监参与这项工程的贝尔尼尼取消）。这些柱廊既是三条道路之间的联系环节，同时也构成广场的边界。此前，贝尔

（上）图 2-566 罗马 波波洛（人民）广场。18 世纪景色（版画作者 Giovanni Battista Piranesi）

（下）图 2-567 罗马 波波洛（人民）广场。全景图（油画，示 1816 年改造前景色）

尼尼曾借 1655 年瑞典女王克里斯蒂娜来访之机对广场前的城门进行了改建，中央跨间顶上部分即出自他之手（1878 年，由于交通量的增长，波波洛城门进行了扩建，增添了两个侧面通道，图 2-558、2-559）。

这两座教堂构成了城市建设的精彩实例，形成以科尔索大街为主入口的庄严的城市大门，不仅构成了广场本身的标志，也是从北面通往罗马市中心大道的起始标杆（P. 波尔托盖西曾指出，由于两个教堂的轴线同样向广场会聚,这种效果进一步得到强化),从而为这个自早期文艺复兴时代(莱奥十世和保罗三世时期)开始,由三条大街形成的交会地带,作了一个完满的交代。进入城市的参观者马上就看到这两个穹顶,继而进入"这座显赫城市的宝库内"(1686年蒂蒂在其旅游指南里的用语)。以后,这种作为城市主要入口的三向辐射的道路(所谓Trivium),便成为巴洛克时期常用的布局手法。

如今,波波洛(人民)广场的形势和当年已不可同日而语。1816年,朱塞佩·瓦拉迪耶对广场进行了彻底改建,引进了横向轴线,两头扩展形成半圆形:一面和地势较高的平乔山相连,另一面通向台伯河方向(改造前后平面图版及设计图:图2-560~2-563;改造前后景

(上)图2-568 罗马 波波洛(人民)广场。俯视全景(油画,作者Gaspar van Wittel,示1816年改造前景色)

(中)图2-569 罗马 波波洛(人民)广场。广场及周围地区俯视全景(示朱塞佩·瓦拉迪耶改造后情景,原件现存米兰)

(下)图2-570 罗马 波波洛(人民)广场。西望广场现状

(上)图 2-571 罗马 波波洛(人民)广场。自平乔山西望广场夜景

(下)图 2-572 罗马 波波洛(人民)广场。向南望去的广场全景

观图：图 2-564~2-569；现状景色：图 2-570~2-575；平乔山园景：图 2-576~2-578）。瓦拉迪耶在如此形成的新广场的四角上安置了四栋外观类似的宫邸。原来广场是以弗拉米尼亚大街为中心的几条大街的交点，如今成为一个更大的机体，同时也有了更多不确定的因素。特别是引进了包括绿地在内的横向轴线，在一定程度上削弱了巴洛克时期三条辐射道路形成的效果，损害了它作为城市主要入口的地位。这种构图形制显然是受到贝尔尼尼圣彼得大教堂广场的启示，实际上，两者的情况完全不同。瓦拉迪耶扩建前广场的景观（包括各空间的交互作用，人流和车辆向纵深方向的运动及作为整个组群标志的方尖碑等），现只能从皮拉内西约 1750 年绘制的

第二章 意大利 · 449

(上)图2-573 罗马 波波洛(人民)广场。自西北方向望去的广场景色

(下)图2-574 罗马 波波洛(人民)广场。南望双教堂及科尔索大街

450·世界建筑史 巴洛克卷

(上下两幅）图 2-575 罗马 波波洛（人民）广场。方尖碑及喷泉雕刻

一幅著名版画上去了解。

[基吉宫和四泉圣卡洛教堂的立面]

差不多同一时期（17 世纪 60 年代），在罗马出台了两个立面设计。但它们所处的城市环境和效果完全不同：贝尔尼尼的基吉 - 奥代斯卡尔基宫（1664~1667 年）位于使徒教堂附近，面对使徒广场（图 2-579、2-580），是一个具有贵族气派、高雅的巴洛克宫殿作品；而博罗米尼设计的四泉圣卡洛教堂的立面(1665 年)，则作为"反常的"巴洛克作品的代表，倍受古典作家的抨击。但这两个作品却有一个共同点，即建筑师面临的，都是为一个已有的建筑加建立面。

基吉 - 奥代斯卡尔基宫立面

在基吉 - 奥代斯卡尔基宫（图 2-581、2-582）的设计中，贝尔尼尼明确表达了他的意图，由他整治的新立面可视为巴洛克宫殿中最优秀的立面之一。工程由马代尔诺主持开工，他同时也是院落部分的设计人。

最初立面由三部分构成。按罗马做法中央区段向前凸出。底层样式简朴，仅设单一的多立克门廊，整体

(上)图2-576 罗马 波波洛(人民)广场。东侧园景

(下)图2-578 罗马 波波洛(人民)广场。西侧雕刻群组

452·世界建筑史 巴洛克卷

（上下两幅）图 2-577 罗马 波波洛（人民）广场。东侧园林雕刻

处理成气势宏伟的上层的基座。上两层采用帕拉第奥式的巨柱式构图，各开间由八根科林斯壁柱分划。壁柱和装饰华美的窗户交替布置，创造了规则的节律。中央这部分进一步通过强有力的檐口和女儿墙加以修饰（女儿墙栏杆上按最初设计立有雕像）。各跨自下而上，建筑装饰部件逐渐增多，细部也更趋精美。整个分划明确地表现了底层的封闭、中间主要楼层的开放和顶层的亲切特色。中央形体两边布置了稍稍退后并由粗面石砌筑的三开间侧翼，两翼相对简朴，不设檐口及其上的栏杆，以此衬托中部宏伟壮丽的凸出形体。

可惜的是，这个立面于 1745 年被尼古拉·萨尔维和路易吉·万维泰利大大延伸，扩展到 16 跨间。原来围绕着中轴线组织构图的明晰特色已大为削弱。不过，尽管经受了巨大的改造，但在罗马宫殿立面的演进中，它仍具有重要的地位。继圣加洛和丰塔纳的无柱式构图之后，以壁柱作为主要装饰手段的这个建筑的立面似乎又回到布拉曼特设计的罗马卡普里尼府邸。这种形体前后错位和突出中央部分的做法很快在宫殿建筑中得到普遍应用。从这个建筑也可看出，和在民用建筑设计中几乎是采用不变套路的科尔托纳相反[14]，贝尔尼尼一直在努力寻求新的方向。事实上，在设计基吉-奥代斯卡尔基宫之前，在 1650 年后为卢多维西家族开始建造的卢多维西府邸（今蒙特西托里奥府邸）里，他

设计的立面已开始分为五个区段（角上饰有壁柱）。

四泉圣卡洛教堂立面

在贝尔尼尼致力于基吉宫立面工程的时候，博罗米尼正在为四泉圣卡洛教堂构思他那躁动不安、支离破碎的立面（见图 2-242~2-246）。总之，这是个和追求

(上）图2-579 罗马 使徒广场。16世纪末广场俯视全景（Tempesta绘罗马城图局部，1593年，原图现存罗马Bibliotheca Hertziana）

(下）图2-580 罗马 使徒广场。17世纪全景（图版作者Giovanni Battista Falda，现存纽约Public Library）

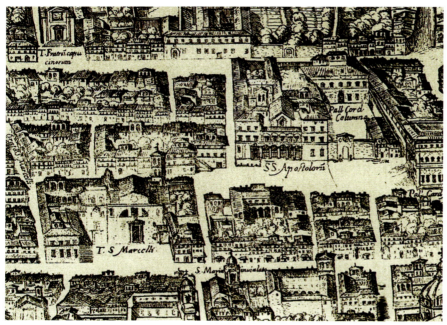

庄重、纪念性背道而驰的作品。尽管立面已侵入到皮亚大街的地界，但和街道并没有什么联系。

装饰丰富的立面高两层三开间，其波动起伏的曲线通过三开间体系象征性地暗示了内部的布置（底层中跨向外凸出，上层三开间均向内凹进）。中跨以门廊上的一个椭圆形的小亭作为上下凹凸面的过渡；底层的入口和上层的小亭、窗户和龛室，造型上具有强烈的反差。底层门廊的凸出形式及入口上的龛室（边上的小天使围绕着龛室内的查理·博罗梅雕像）与上层好似由漂浮在空中的天使支撑的巨大椭圆饰相呼应。中间向前凸出的部分在两边凹进的曲面和檐口的衬托下效果倍增，底层檐口的动态在上层再次得到强调，仅在中间被大椭圆饰切断。和墙体相结合的这种椭圆形体，是博罗米尼惯用的

形式之一。在罗马拉特兰圣乔瓦尼教堂亚历山大三世的墓上还可看到更典型的这类造型。交替布置不同的形式则可视为博罗米尼对当时流行的舞台布景的一种反动。后者仍是连续和渐进的变化，而在博罗米尼的作品里则是不连续的突然变动。立面上部系在博罗米尼去世后由他的侄子完成，可能没有完全遵循他的设计。穹顶则如伦巴第方式于外部封闭，有别于罗马的通常做法。

贝尔尼尼曾多次采用米开朗琪罗倡导的巨柱式构图。同样，博罗米尼在配合使用巨大的柱式和较小的柱式，同时辅之以水平檐口、洞口或龛室时，也是复归米开朗琪罗的卡皮托利诺广场设计。但他在两个层面上重复了同一体系，不像米开朗琪罗的立面那样，在高度上严格一致；同时还他引进了三重曲面，和卡皮托利诺

(上及中) 图 2-581 罗马 基吉-奥代斯卡尔基宫 (1664~1667 年, 贝尔尼尼设计)。立面 (图版作者 Giovanni Battista Falda, 约 1670 年; 线条图据 Werner Hager, 1971 年)

(下) 图 2-582 罗马 基吉-奥代斯卡尔基宫。外景 (版画作者 Alessandro Specchi, 1699 年, 原图现存罗马 Bibliotheca Hertziana)

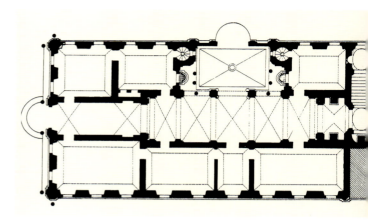

(左三幅)图2-583 罗马 卡里塔圣吉罗拉莫教堂。斯帕达礼拜堂(1662年，建筑师弗朗切斯科·博罗米尼)，镶嵌大理石饰面及雕刻细部

(右上)图2-584 罗马 阿斯特-波拿巴宫（1658~1665年，乔瓦尼·安东尼奥·德罗西设计）。底层平面（取自Spagnesi：《De'Rossi》）

(右下)图2-585 罗马 阿斯特-波拿巴宫。立面（图版作者Giovanni Battista Falda，1670~1677年，现存Pennsylvania State University Libraries）

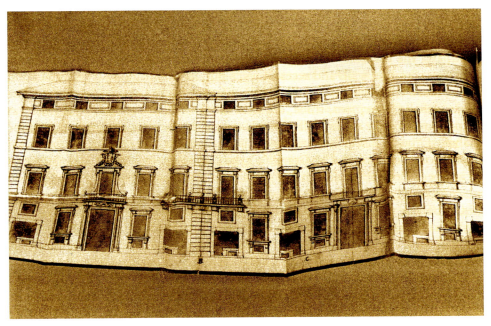

（上两幅）图 2-586 罗马 阿斯特-波拿巴宫。立面设计（作者乔瓦尼·安东尼奥·德罗西，左右两边分别示面向圣马可广场及科尔索大街；右图为门廊细部）

（下）图 2-587 罗马 阿斯特-波拿巴宫。17 世纪末外景（版画作者 Alessandro Specchi，1699 年，原图现存罗马 Bibliotheca Hertziana）

广场立面的均质表现也大相径庭。时而凹进、时而凸出，极其夸张的曲面或线条，均属这种离经叛道的表现。

对这类构图手法、差异乃至强烈对比的偏爱，是博罗米尼作品的典型表现。柱子和雕刻紧贴在一起，观察者的眼睛没有一刻可以松懈。对博罗米尼来说，建筑已经成了雕刻，这也是和贝尔尼尼不同的地方。对后者来说，这两种艺术永远泾渭分明：雕刻是拿来说事的，建筑是它的表演舞台。

[弗朗切斯科·博罗米尼其他作品及影响]

在弗朗切斯科·博罗米尼的作品中，非理性的内容和形势的"综合"，系通过一种复杂的相关形式表现出来。通过空间和造型的连续，将不同质的要素统合在一起，从而表现出新的实体和感觉特色。在前面已提到的圣安德烈-德尔-弗拉泰的钟楼及穹顶（1653 年，未完成）和卡里塔圣吉罗拉莫教堂的斯帕达礼拜堂（1662 年）中，这点表现得格外明显。后者（图 2-583）可作为最好的例证，说明这位建筑师如何令空间成为建筑的主角。他并不想让一个具有突出造型表现的祭坛来吸引人们的注意力，而是将造型减缩到最低程度，用连续的镶嵌大理石饰面覆盖墙体。在这里，装饰并不是通常的表面"镶贴"，而是构成一个非常简单但同时又是理性完全无法把握的空间。

博罗米尼的这些观念具有一定的影响。只是不少建筑师在套用他的方法和形式时,并没有真正理解包含在他作品里的革命内涵。乔瓦尼·安东尼奥·德罗西(1616~1695年)是他的一个重要的追随者,他是第一个采用博罗米尼分划方法的人。其主要作品阿斯特-波拿巴宫(1658~1665年,图 2-584~2-587)是个具有良好的均衡和造型整合的建筑,立面角上和窗户山墙处的处理方法显然是来自博罗米尼的启示。

巴洛克时期的罗马建筑,尽管受到各种各样个人的影响,但一直保持着它的固有印记。其基本特色之一就是对形体和造型的重视,即使在博罗米尼的作品里,也可看到这类表现:其波浪形的墙面正是内力和外力相互作用的抽象表现,这种相互作用构成了罗马巴洛克艺术的造型特色,也是它能充满生气的重要缘由。

第三节 罗马后期巴洛克建筑和前古典主义风格

教皇亚历山大七世之死标志着巴洛克繁荣时代的终结。教廷在欧洲的影响式微,天主教会的政治地位也跟着衰落。一个明显的迹象是:1648年签署威斯特伐利亚和约(Traité de Paix de Westphalie)时,教廷已被排除在外。与此同时,法国的威望却在不断增长,直到成为欧洲最强大的国家。在建筑领域,罗马已失去它在艺术上至高无上的地位;太阳王路易十四的巴黎则成为

(左)图 2-588 小尼科迪默斯·特辛:罗马(奎里纳莱)圣安德烈教堂祭坛装饰(小特辛17世纪70年代在罗马学习期间绘制了二十来幅有关这个教堂的图稿,包括平面、立面和室内装修等,并在自己以后的设计中对贝尔尼尼的这些手法加以运用)

(右)图 2-589 小尼科迪默斯·特辛:波罗米尼四泉圣卡洛教堂细部(画稿,17世纪70年代)

新的更具活力的艺术中心。

在亚历山大七世去世后的头十年里,教会不仅失去了政治上的霸权,财政状况也不容乐观,大型工程纷纷下马。一直到下一个世纪,即 18 世纪 30~40 年代,在教皇克雷芒十一世、本尼狄克十三世和克雷芒十二世影响下,才出现了一个短暂的恢复期,建筑活动亦开始复苏,成为罗马巴洛克风格的绝唱。

尽管 17 世纪末在罗马并没有多少建筑工程付诸实施,城市的地位也有所下降,但对来自意大利其他地区

(上)图 2-590 罗马 圣天使桥。17 世纪外景(版画作者 Giovanni Battista Falda,图示贝尔尼尼的天使像安置后不久,教皇克雷芒十世的队列通过大桥的情景)

(中)图 2-591 罗马 圣天使桥。18 世纪景色(油画,作者 Bernardo Bellotto,1769 年,从东面望去的景色)

(下)图 2-592 罗马 圣天使桥。现状,自南面望去的情景,对面为圣天使城堡(哈德良墓)

第二章 意大利 · 459

左页：

（上）图 2-593 罗马 圣天使桥。东南侧外景

（左下）图 2-594 罗马 圣天使桥。俯视全景（向南面城市方向望去的景色）

（右下）图 2-595 罗马 圣天使桥。东侧天使群像

本页：

（上下三幅）图 2-596 罗马 圣天使桥。天使像（作者贝尔尼尼，1667~1669 年，高约 2.7 米），下为变体复制品，原作见图 2-391

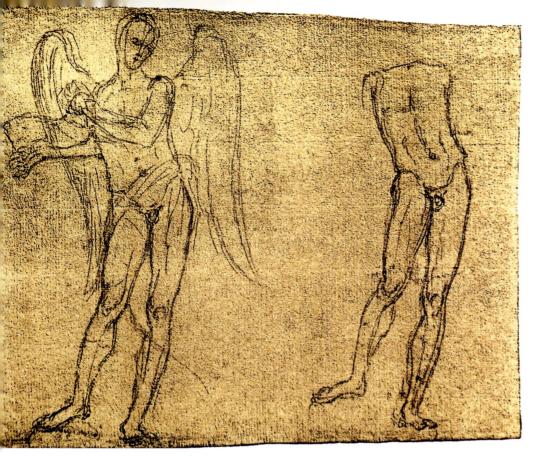

左页：

（上两幅）图 2-597 罗马 圣天使桥。天使像设计初稿（作者贝尔尼尼，原稿现存莱比锡 Museum der Bildenden Künste）

（下两幅）图 2-598 罗马 圣天使桥。天使像泥塑雏型（左右两尊分别为马萨诸塞州剑桥 Fogg Art Museum 和得克萨斯州沃思堡 Kimbell Art Museum 藏品）

本页：

图 2-600 罗马 圣彼得大教堂。圣体小礼拜堂，祭坛现状

和欧洲各地的艺术家来说，罗马仍然是他们最向往的城市，有着持久的魅力。大量的外国人涌入这个城市，并不是为了做生意，而是来这个古代和当代建筑艺术的大都会朝圣。即便城市建筑活动步伐放慢，也未能阻止像（小）特辛、菲舍尔·冯·埃拉赫、施劳恩、瓜里尼和尤瓦拉这样一批艺术家前往罗马，就地研究贝尔尼尼、博罗米尼和科尔托纳的建筑作品和学习意大利大师们的经验（小特辛图稿：图 2-588、2-589）。特别是法兰西学院（l'Académie Française）在这时期发挥了重要的作用，其成员在这里研究和临摹意大利古代艺术，在

464·世界建筑史 巴洛克卷

左页：

（左上）图 2-599 罗马 圣彼得大教堂。圣体小礼拜堂，祭坛（1673~1674 年，主持人贝尔尼尼），设计图（圣彼得堡 State Hermitage 藏品）

（右上）图 2-601 罗马 里帕圣弗朗切斯科教堂。卢多维卡·阿尔贝托妮礼拜堂内景

（下）图 2-602 罗马 里帕圣弗朗切斯科教堂。雕刻：《受宣福而死的卢多维卡·阿尔贝托妮》（作者贝尔尼尼，1671~1674 年）

本页：

（上）图 2-603 罗马 科尔索圣卡洛教堂（始建于 1612 年，穹顶 1668~1672 年，彼得罗·达·科尔托纳设计）。现状外景

（左下）图 2-604 罗马 科尔索圣卡洛教堂。穹顶近景

（右下）图 2-605 罗马 科尔托纳住宅。主层及花园平面（图版作者 Giacomo Palazzi，1845 年）

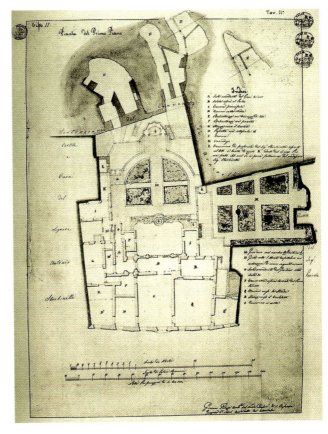

传播和促使人们接受古典文化方面作出了巨大的贡献。

在这以后，人们对古代文化有了全新的理解：古代史成为热学，其艺术品成为一门新学科——考古学——的研究对象。教皇们对古代艺术也越来越有兴趣，对这些文化遗产的保护和修复成为他们最关心的事业。在这些收藏古代文物的机构中，特别值得一提的有克雷芒十一世时期的梵蒂冈博物馆及本尼狄克十三世和克雷芒十二世时期的卡皮托利博物馆。教皇克雷芒十三世还任命考古学家温克尔曼为收集古罗马遗迹的总指挥。

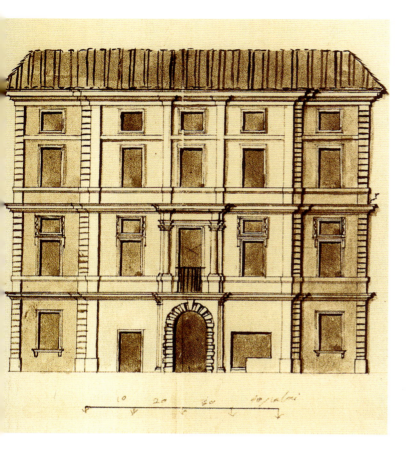

466·世界建筑史 巴洛克卷

一、从克雷芒九世到克雷芒十世和英诺森十一世（1667~1689年）

[从克雷芒九世到克雷芒十世]

亚历山大七世时期已开工但未完成的项目，在教皇克雷芒九世（1667~1669年）及其继承人克雷芒十世（1669~1676年）统治期间，仍然得以继续（其中最主要的是圣彼得大教堂广场收尾工程和波波洛广场的两个教堂）。总的来看，在这期间，没有特别重大的工程项目。

贝尔尼尼后期作品

1667~1671年间，贝尔尼尼受克雷芒九世委托整治圣天使桥及其桥头广场（此时该桥已成为教皇大街路上的"针眼"，chas d'aiguille）。贝尔尼尼在助手协助下重新对桥进行了装饰，将雕刻排列成行，安置在各段栏杆端头的桥墩上（制作精细的栏杆也是他的作品）。这些天使像动态十足、表情丰富，看上去好似飞升在

左页：

（左上）图2-606 罗马 科尔托纳住宅。立面（18世纪初图版，作者佚名，现存维也纳Graphische Sammlung Albertina）

（右上及下两幅）图2-607 罗马 科尔托纳住宅。外景：1、柱廊及院落；2、背立面；3、花园及洞窟（19世纪水彩画，据Lugari，1885年）

本页：

（上）图2-608 罗马 博尔盖塞宫（1671年改造工程主持人卡洛·拉伊纳尔迪）。平面（据Christian Norberg-Schulz）

（中）图2-609 罗马 博尔盖塞宫。所在广场全景（版画，作者Alessandro Specchi，1699年，原图现存罗马Bibliotheca Hertziana）

（下）图2-610 罗马 博尔盖塞宫。18世纪外景（版画作者Giovanni Battista Piranesi）

(上) 图 2-611 罗马 圣马利亚主堂。后殿（卡洛·拉伊纳尔迪设计，1673年），18世纪外景（版画作者 Giovanni Battista Piranesi）

(下) 图 2-612 罗马 圣马利亚主堂。后殿，北侧现状

台伯河水面上（外景图：图 2-590、2-591；现状外景、雕刻及设计：图 2-592~2-598；另见图 2-391 室内原件）。教皇克雷芒九世对贝尔尼尼雕的这些作品倍加赞赏，以至一直舍不得把它们安到桥上（原作现存罗马圣安德烈-德尔-弗拉泰教堂，现场为复制品，其中标"INRI"的一个实际上是贝尔尼尼本人制作的一个变体造型）。设计还同时涉及前一个世纪整治台伯河工程中遭到破坏的桥头广场。此处在16世纪初是三条道路的起点(即所谓 Trivium)，桥也因此成为梵蒂冈和罗马市中心的重要联系环节。

图 2-613 罗马 圣马利亚主堂。后殿，西北面轴线景色

图 2-614 罗马 圣马利亚主堂。后殿，西侧近景

本页：

（右）图2-615 安德烈·波佐（1642~1715年）：自画像（佛罗伦萨乌菲齐博物馆藏品）

（左）图2-616 罗马 圣伊尼亚齐奥教堂。本堂拱顶画（1691~1694年，作者安德烈·波佐），仰视全景

右页：

图2-617 罗马 圣伊尼亚齐奥教堂。本堂拱顶画，细部（一）

贝尔尼尼晚年在圣彼得大教堂完成的另一个装饰工程是圣体小礼拜堂的祭坛（1673~1674年，图2-599、2-600）。接下来他的一项最主要的工作是罗马里帕圣弗朗切斯科教堂内的阿尔捷里礼拜堂（约1674年，同时他还为教堂制作了《受宣福而死的卢多维卡·阿尔贝托妮》的著名雕刻，图2-601、2-602）。在这里，贝尔尼尼

本页：

（右上）图 2-619 罗马 圣彼得大教堂。英诺森十一世墓（作者 Pierre Stephane Monnot，1697~1704 年）

（左）图 2-620 贝尔尼尼：老年自画像（王室藏品）

（右下）图 2-622 罗马 科尔索圣马尔切洛教堂。立面设计方案（作者卡洛·拉伊纳尔迪，图版现存梵蒂冈 Biblioteca Apostolica）

左页：

图 2-618 罗马 圣伊尼亚齐奥教堂。本堂拱顶画，细部（二）

图2-621 贝尔尼尼老年像（版画作者 A.van Westerhout，约1680年）

(上)图 2-623 罗马 科尔索圣马尔切洛教堂。现状外景(立面 1682~1683 年,卡洛·丰塔纳设计)

(下)图 2-624 洛约拉 耶稣会修道院及教堂(卡洛·丰塔纳设计)。平面方案(图版,17 世纪 80 年代,罗马私人藏品)

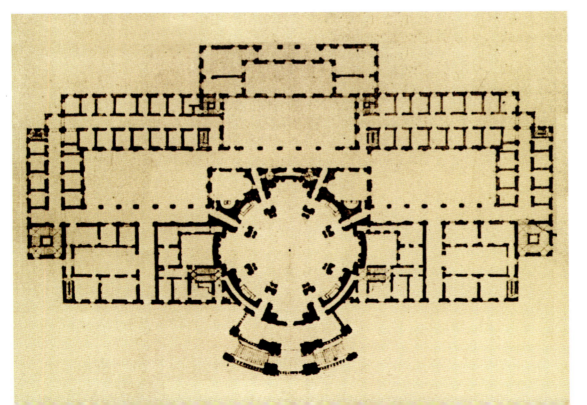

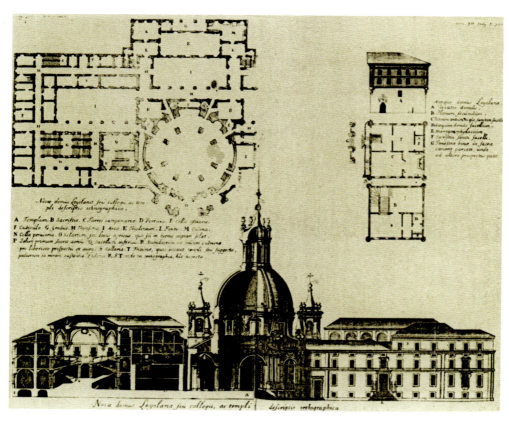

(上)图2-625 洛约拉 耶稣会修道院及教堂。平立剖面(取自Acta Sanctorum：《Diario Historico de Loyola》)

(下)图2-626 罗马 长岸圣米凯莱收容院(约1700年)。沿台伯河立面全景

似乎是有意识地将建筑、雕刻和绘画的功能分开，因而更接近传统的做法。

其他项目

罗马科尔索圣卡洛教堂的穹顶(1668~1672年，图2-603、2-604)是科尔托纳的最后杰作。穹顶高鼓座周围成组配置的独立柱子和壁柱，线条挺拔有力，上承挑出甚大的柱顶盘和一个造型突出的顶楼。充满张力的肋券使穹顶成为一个造型饱满、极富活力的机体。科尔托纳也因此被看作是巴洛克建筑中古典派的代表人物。在他的后期作品中，多用石灰华取代灰泥装饰和造型，同时从古典和文艺复兴遗产中汲取创作素材。按当时人们的说法，此时的他并不是从中提取"庄严宏伟"的内容，而是"秀美如画"的题材；但他对米开朗琪罗的倾心则一直未变。这位大师晚年住在罗马(图2-605~2-607)，并于1669年在那里辞世。由于他的大部分理想，

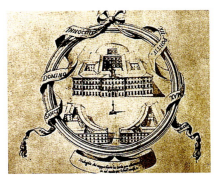

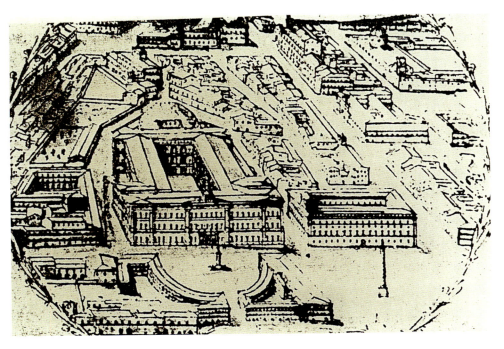

(左上) 图 2-627 罗马 卢多维西府邸 (今蒙特西托里奥府邸, 1650~1697 年, 前后主持人分别为贝尔尼尼和卡洛·丰塔纳)。主层平面 (卡洛·丰塔纳绘, 王室藏品)

(左中及右上) 图 2-628 罗马 卢多维西府邸 (今蒙特西托里奥府邸)。宫前广场设计 (作者卡洛·丰塔纳, 1694 年)

(左下) 图 2-629 罗马 卢多维西府邸 (今蒙特西托里奥府邸)。17 世纪末外景 (版画, 取自 Christian Norberg-Schulz: 《Architecture Baroque and Classique》)

(右下) 图 2-630 罗马 卢多维西府邸 (今蒙特西托里奥府邸)。18 世纪外景 (版画作者 Giovanni Battista Piranesi)

都停留在设计阶段, 因而对其建筑成就的全面和准确的评价还有待进一步的研究。

1671 年, 卡洛·拉伊纳尔迪主持对规模宏大、平面复杂的博尔盖塞宫 (图 2-608~2-610) 进行了最后的改造。他独出心裁, 将自老立面起至里佩塔翼所有房间的门均排在一条直线上, 其背景则是相邻住房的一

第二章 意大利·477

（上）图2-631 罗马 卢多维西府邸（今蒙特西托里奥府邸）。南侧广场及建筑现状

（左下）图2-632 罗马 卢多维西府邸（今蒙特西托里奥府邸）。东侧景色

（右下）图2-633 罗马 地方海关（现交易所，位于原哈德良神庙基址上，卡洛·丰塔纳设计，约1700年）。立面图

道裸墙。由于这栋住房亦属博尔盖塞家族，拉伊纳尔迪遂开了一条通道斜向穿过建筑将视线延伸至台伯河。为了突出效果，在出口处布置了一座喷泉。它和早先乔瓦尼·安东尼奥·德罗西设计的阿尔捷里宫（1650~1660年）一样，是根据环境进行设计的杰作。在巴洛克时期的罗马建筑充满着这类独出心裁的创新表现，使这座永恒之城成为所有巴洛克城市中变化最丰富的一个。

在此期间，克雷芒九世还致力于整治费利切大街（今西斯蒂纳大街）和设计位于轴线上的圣马利亚主堂的半圆形后殿（图2-611~2-614）。其继任者没有采纳贝尔尼尼的建议，而是用了卡洛·拉伊纳尔迪的方案，方尖碑后修建了装饰性的立面。这一方案气势略逊，自然花费也少一些。

在耶稣会堂，我们已经看到，巴奇乔通过明亮的画面创造了穿透天棚表面的效果。此时，安德烈·波佐（1642~1715年，图2-615）进一步利用透视法则，在圣伊尼亚齐奥教堂的本堂拱顶上绘制了一栋虚幻建筑，将室内高度视觉上增加了一倍（1691~1694年，图

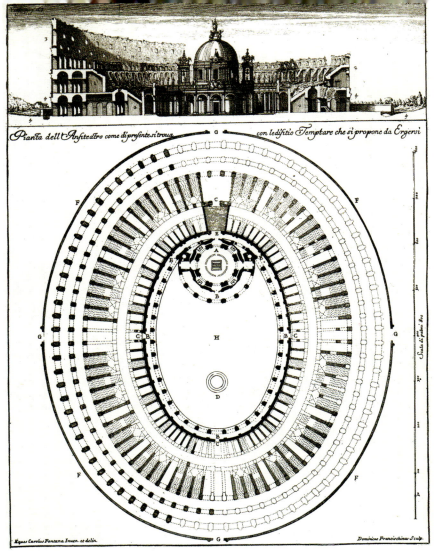

（上两幅）图 2-634 罗马 大角斗场。改造规划（作者卡洛·丰塔纳，1707 年，将角斗场内部改造成广场并于一端设集中式教堂，右为教堂立面设计）

（下）图 2-635 罗马 特拉斯泰韦雷圣马利亚教堂。现状全景（门廊 1702 年后加，设计人卡洛·丰塔纳）

（左右两幅）图2-636 罗马 特拉斯泰韦雷圣马利亚教堂。立面近景（门廊上为四位教皇的雕像）

2-616~2-618），圣依纳爵和他的追随者似乎在四处漂浮跃升。从给定的角度望去，幻觉堪称完美。波佐可说将这个困难问题解决到极致，他还撰写了一篇极其实用的有关透视学的论文。

[英诺森十一世时期]

英诺森十一世（1676~1689年，图2-619）是位特立独行的人物，并不轻易跟着世界潮流走，其虔诚亦堪称典范。对所有的建设项目，这位教皇均持审慎态度。当然，这种政策定位和当时梵蒂冈的沉重债务负担和不

（右上及中）图 2-637 罗马 里佩塔港（1702/1703~1705 年，主持人亚历山德罗·斯佩基）。18 世纪外景（版画作者 Giovanni Battista Piranesi）

（右下）图 2-638 罗马 西班牙广场及大台阶。最初规划（作者贝尔尼尼，约 1660 年，中央立路易十四骑像，下为《破船》喷泉；图示 E.Benedetti 的复制件，梵蒂冈图书馆藏品）

（左）图 2-639 罗马 西班牙广场及大台阶（1723~1726 年，主持人弗朗切斯科·德桑克蒂斯和亚历山德罗·斯佩基）。地段总平面（G.Nolli 城图局部）

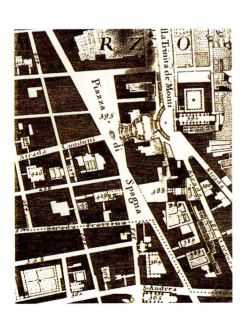

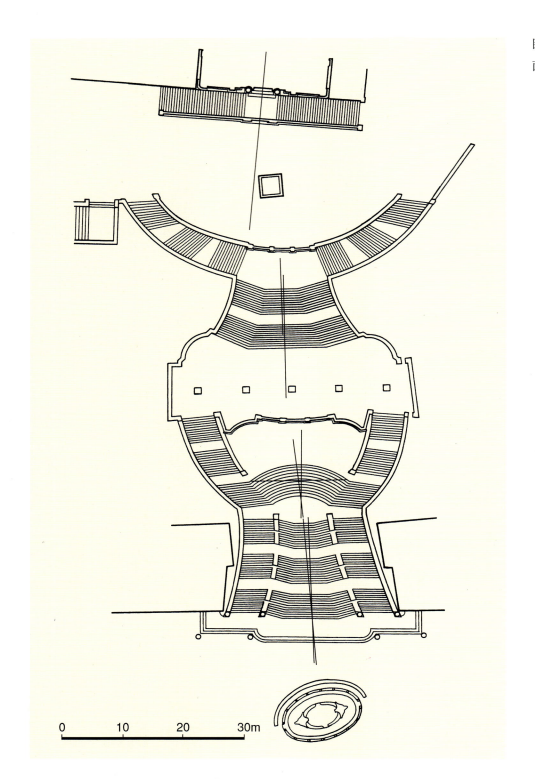

图2-640 罗马 西班牙广场及大台阶。平面（据John L.Varriano, 1986年，经改绘）

确定的政治地位也不无关系。

这位教皇没有批准贝尔尼尼最后在圣彼得大教堂广场轴线上建第三个翼的建议。在他就位后的头几年里，为了节约开支，他甚至不想继续聘用这位大名鼎鼎的圣彼得大教堂的设计师（贝尔尼尼81岁时去世，他先后为8位教皇效力。去世时，他不仅被公认为欧洲最伟大的艺术家，同时也被认为是欧洲最伟大的人物之一，图2-620、2-621）。稍后，因为大教堂穹顶的稳固性亟待改进，他才任命卡洛·丰塔纳为第一任建筑师。

卡洛·丰塔纳（1638~1714年）曾为许多前辈大师——贝尔尼尼、科尔托纳和拉伊纳尔迪——当过助手和制图员，特别是在贝尔尼尼的工作室里待了近十年，到1665年才开始独立工作。他第一个比较重要的个人作品——科尔索圣马尔切洛教堂（图2-622、2-623）建于1682~1683年，构成了后期巴洛克和古典主义发展道路上的一个界标。其立面构成方式和巴洛克早期完全不同。

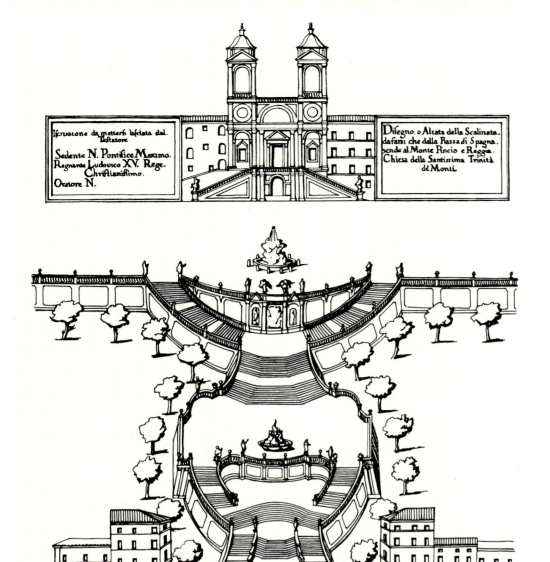

(上)图 2-641 罗马 西班牙广场及大台阶。设计图(作者弗朗切斯科·德桑克蒂斯,据 1723 年图稿绘制,原件现存巴黎外交部)

(下)图 2-642 罗马 西班牙广场及大台阶。18 世纪外景(版画作者 Giovanni Battista Piranesi)

在这里,每个部件都合乎逻辑和既定的法则,很容易被理解和辨认;和博罗米尼及科尔托纳的作品相反,很少有模棱两可、含混不清的东西。立面充分反映内部空间,并按此原则分成三个开间,各由专门的柱式加以分划,处处都使人想起 80 年前马代尔诺(的)圣苏珊娜教堂那种相对简朴的作风。和马代尔诺的区别仅在于,每个部件都有其对应部分。如平面与柱子对应,甚至宽度都相等。底层立面的逻辑理念同样在上层得到反映。仅具有舞台效果的中央入口的框饰和小亭,尺寸上有所缩减。

丰塔纳很快就成为 17 世纪后期罗马最有声望和最具有影响力的建筑师。他抓住英诺森十一世委任他担

第二章 意大利·483

任圣彼得大教堂建筑师这个千载难逢的机会,对建筑进行了深入的研究(合同中包括勘测鉴定的内容),将大教堂建造的历史追溯到布拉曼特时期。其著作《Templum Vaticanum》于1694年发表。作为研究成果,他提出两个完成圣彼得大教堂广场的设想。头一个方案是拆除博尔戈区的一些建筑,开通自圣天使城堡到圣彼得大教堂广场的大道。第二个方案可能是受到贝尔尼尼方案的启发(后者曾建议在椭圆形广场外建一个钟楼,周围空出来);丰塔纳在这一构思的基础上进一步发展,提出在伸向博尔戈区的鲁斯蒂库奇广场处再搞一个类似圣彼得大教堂广场的梯形场地,把钟楼移向这个梯形场地的端头(见图2-431),并进一步设想在新广场里引入贝尔尼尼的柱廊,形成如舞台侧幕的效果。显然,如果真的照此实施的话,新广场将失去其集中的、不可分割的特色:从这个巨大场地的中间望去,真正的圣彼得大教堂广场倒像是一个居于偏心地位的次级空间。不过,以后我们将看到,类似的构图理念,同样出现在后期巴洛克和古典主义艺术中。

风头正健的丰塔纳在这时期获得了大量的设计任务,包括来自国外的委托,如西班牙洛约拉的耶稣会修道院及教堂(图2-624、2-625)。在罗马,他设计的项目包括各种类型(宫殿、礼拜堂、葬仪建筑、祭坛、喷

左页：
图2-643 罗马 西班牙广场及大台阶。地段俯视全景

本页：
图2-644 罗马 西班牙广场及大台阶。广场区俯视景色

泉乃至节日期间的装饰），重要程度也不一样。到1686年，他的声望已达顶峰，以后又被任命为圣卢卡学院主席（principe），他保持这个头衔8年多（1692~1700年），创下了当时的历史记录。在他的影响下，建筑开始朝古典主义方向发展（总的来看，17世纪意大利建筑的主要题材是教堂。因此，除都灵外，在水平方向进行系统扩展的不多；相反，宗教建筑的垂向轴线往往占据了主要地位）。在丰塔纳的众多学生中，菲利波·尤瓦拉（以后在涉及都灵的建设时，我们还要再次谈到他）无疑是最有名的一个。其他如珀佩尔曼、冯·希尔德布兰特和詹姆斯·吉布斯等，都在欧洲传播丰塔纳的思想上起到了一定的作用。

二、英诺森十二世和克雷芒十一世任内（1691~1721年）

[英诺森十二世时期]

在17世纪临近结束之前，梵蒂冈的财政危机还不是那么突出，因而仍能推动一些工程项目的开展。新上任的英诺森十二世（1691~1700年）优先考虑的是公共服务设施的建设，如朱利亚大街的监狱、巨大的长岸圣米凯莱收容院（用于收容残疾人、妇女、孤儿及300个

图2-645 罗马 西班牙广场及大台阶。广场区全景

（上下两幅）图 2-646 罗马西班牙广场及大台阶。自《破船》喷泉望圣三一教堂

（上）图 2-647 罗马 西班牙广场及大台阶。圣三一教堂脚下景观

（下）图 2-648 罗马 西班牙广场及大台阶。自圣三一教堂远望《破船》喷泉

（上）图 2-649 罗马西班牙广场及大台阶。广场区夜景

（右中）图 2-650 罗马圣伊尼亚齐奥广场（1725/1727~1728 年，建筑师菲利波·拉古齐尼）。平面

（左下）图 2-651 罗马圣伊尼亚齐奥广场。轴测透视图（取自 John L. Varriano:《Italian Baroque and Rococo Architecture》，1986 年）

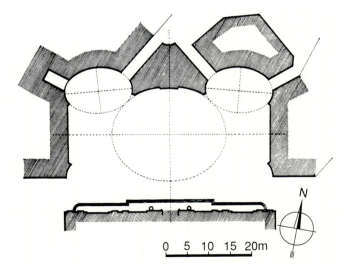

（右下）图 2-652 罗马圣伊尼亚齐奥广场。现状全景

(上)图2-653 罗马 圣伊尼亚齐奥广场。建筑近景

(下)图2-654 罗马 圣伊尼亚齐奥广场。仰视景色

受职业教育的儿童,图2-626)。拉特兰宫的建设也是出自同样的考虑(打算把它变成可接纳5000人的收容院)。完善立法同样属这位教皇致力的目标。他还要求搞一个有足够面积为城市服务的法院。贝尔尼尼为教皇英诺森十世的潘菲利家族设计的卢多维西府邸(今蒙特西托里奥府邸,图2-627~2-632)已于1650年开始付诸实施。其平面系沿主要轴线对称配置,轴线上布置主要入口、一个宽大的前厅和一个呈"U"字形侧面布置两个同样

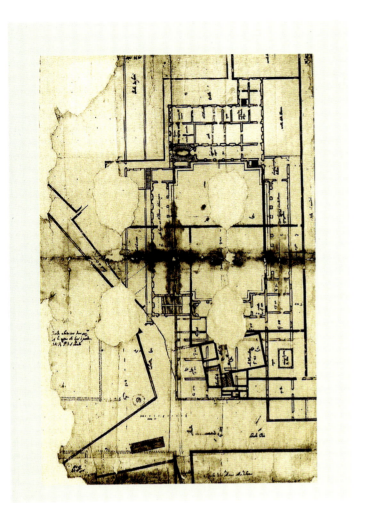

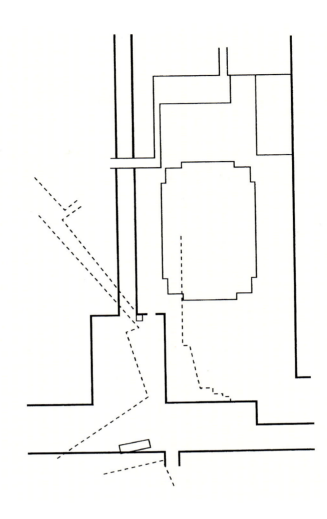

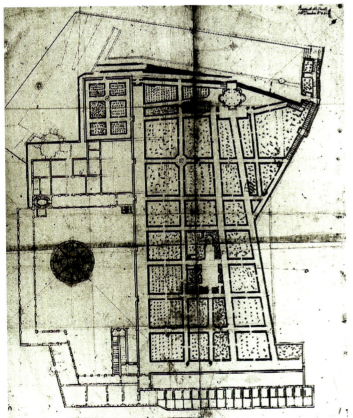

（上两幅）图 2-655 罗马 奎里纳莱宫（16 世纪后半叶，建筑师马蒂诺·隆吉、多梅尼科·丰塔纳、卡洛·马代尔诺、贝尔尼尼、费迪南多·富加等）。基址平面（Mascarino 原稿及清绘图，圣卢卡学院档案）

（下）图 2-656 罗马 奎里纳莱宫。地段平面（作者乔瓦尼·丰塔纳，1589 年，圣卢卡学院档案）

楼梯的院落，进一步扩展了巴尔贝里尼宫的系统化构图。立面宽阔的中央形体向前凸出，两端由两个同样稍稍凸出的体量封闭。宽阔的立面由五个区段组成，每个均以自己为中心对称布置。3-6-7-6-3 的开间序列和窗户节律，大大突出了中心和门廊的地位。由于各区段墙面交接处形成钝角，因而，尽管各区段本身是直线，但整个形体的总体效果却是类似罗马马西莫府邸那种向外凸起的曲线。建筑不再像法尔内塞宫那样，被设计成一个本身比例良好的整体，而是由整个的城市环境所确定。底层

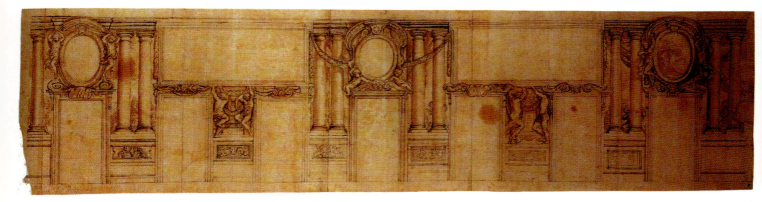

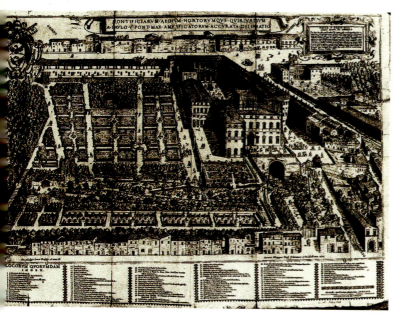

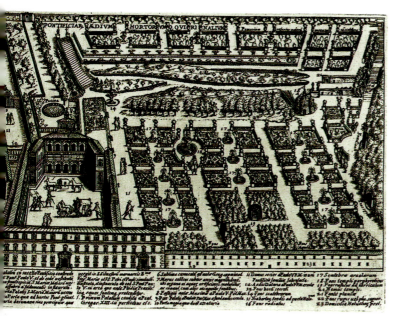

（上及右下）图2-657 罗马 奎里纳莱宫。廊厅墙面装饰设计（作者彼得罗·达·科尔托纳，1656年，上下两幅分别藏柏林Kunstbibliothek和牛津Christ Church）

（左中）图2-658 罗马 奎里纳莱宫。1612年地段俯视全景（图版作者Giovanni Maggi，现存佛罗伦萨Biblioteca Marucelliana）

（左下）图2-659 罗马 奎里纳莱宫。1618年地段俯视全景（图版现存米兰Civica Raccolta delle Stampe Achille Bertarelli）

被处理成粗面石的基座层，上两层则通过高大的壁柱连在一起，这些壁柱同时起到界定五块墙面的作用。中央轴线通过入口加以强调，入口两边以男像柱支撑上层宽阔洞口的阳台。贝尔尼尼这种既简单又不乏活力的解决方式对巴洛克宫殿建筑以后的发展具有决定性的影响。由于教皇英诺森十世的去世，工程于1655年建到

492·世界建筑史 巴洛克卷

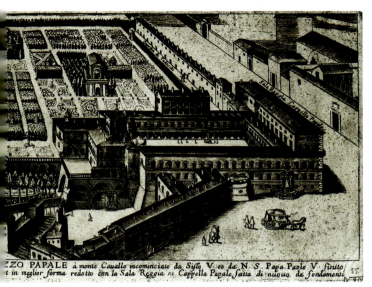

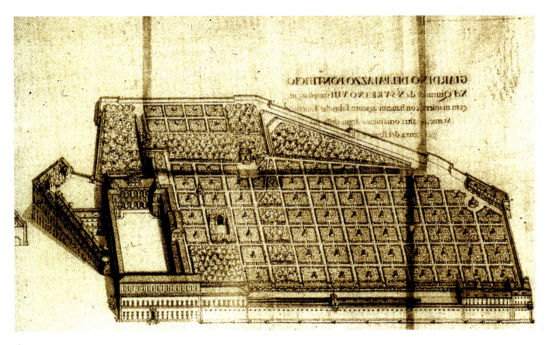
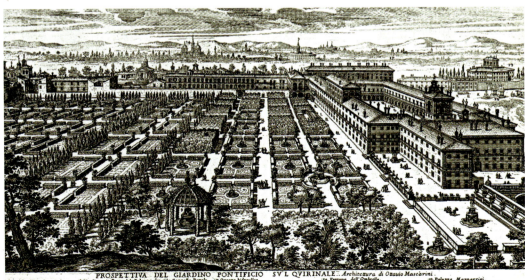

（左上）图 2-660 罗马 奎里纳莱宫。1618 年宫殿及花园俯视全景（图版作者 Mattheus Greuter，现存罗马 Bibliotheca Hertziana）

（中）图 2-661 罗马 奎里纳莱宫。约 1644 年地段俯视全景（作者 Domenico Castelli，图版现存梵蒂冈 Biblioteca Apostolica）

（下）图 2-662 罗马 奎里纳莱宫。17 世纪宫殿及花园景色（作者 Giovanni Battista Falda）

（右上）图 2-663 罗马 奎里纳莱宫。现状外景

第二章 意大利 · 493

（上）图2-664 罗马 奎里纳莱宫。自广场喷泉处望宫殿

（下）图2-665 罗马 奎里纳莱宫。立面近景

（右）图 2-666 罗马 奎里纳莱宫。大厅内景（卡洛·马代尔诺设计）

（左）图 2-667 罗马 科尔索大街多里亚-潘菲利宫（1731~1735 年，加布里埃莱·瓦尔瓦索里设计）。立面外景

二层时中断。40 年后（1694 年），受英诺森十二世委托继续完成这项工程的丰塔纳完全按照其师长的设计施工，只是修改了门廊的设计，在细部上，按当时学院派和古典主义的方式制作。1871 年，这座宫殿成为意大利国会所在地，以后又在原来院落处建造了大会议厅。

从一个带透视景色的圆盘饰图案中可知，和圣彼得大教堂广场的扩建设计类似，丰塔纳曾设想在蒙特西托里奥府邸前建一个半圆形的广场。在这里，基本想法仍然是把参观者的视线引向确定的一点（见图 2-628），只是用静态的景象取代了动态的体验。但这个设想因资金问题未获批准，因为它牵涉到征购、拆除和改建毗邻房产等一系列问题。有关蒙特西托里奥府邸的另一个设想（在建筑前朝科隆纳广场方向辟一广场，把图拉真纪念柱搬来并在两个广场之间建一巨大喷泉）也只是停留在纸上。将特雷维输水道延伸到这里的问题亦再次被提出。不过，作为巴洛克早期代表的宏伟工程，此时它已不像当年那样热火；人们更乐于选取那些较容易实现的项目，如丰塔纳设计的一个海关（图 2-633，为从北面来城市的人设立，另一个海关设在长岸圣米凯莱收容院附近朝向港口处）。这位建筑师还别出心裁，

（上）图2-668 罗马科尔索大街多里亚-潘菲利宫。院落景色

（下）图2-669 罗马议政宫（1732~1735年，费迪南多·富加设计）。18世纪外景（版画作者Giovanni Battista Piranesi）

右页：
（上）图2-670 罗马议政宫。现状外景

（中）图2-671 罗马议政宫。正立面全景

（左下）图2-672 罗马拉特兰圣乔瓦尼教堂（立面1732~1735年，亚历山德罗·加利莱伊设计）。立面设计（作者亚历山德罗·加利莱伊，取自Robert Adam：《Classical Architecture》，1991年）

（右下）图2-673 罗马 拉特兰圣乔瓦尼教堂。立面设计方案（作者Bernardo Antonio Vittone，据Lugano，1760年）

打算在大角斗场里建一个教堂（图2-634）。作为人们注意力的中心，教堂以位于短轴上的后壁背靠角斗场一侧，通过长轴上伸出的两翼复归圆形。在这里，人们显然是以科尔托纳设计的太平圣马利亚教堂为榜样。设计者希望以这种方式证明天主教会在异教世界取得的胜利。

[克雷芒十一世时期]
在克雷芒十一世任内（1700~1721年），越来越严峻

的政治和经济形势迫使梵蒂冈不得不最大限度地缩减建筑项目。除了一些急迫的修复工程[主要涉及若干早期基督教教堂，如圣克雷芒教堂、特拉斯泰韦雷圣马利亚教堂（图2-635、2-636）和圣塞西尔教堂]外，只有两个在城市建设上特别重要的项目得到考虑。一是亚历山德罗·斯佩基（为丰塔纳的一位弟子、以擅长版画著称）负责设计和整治的里佩塔港口（1702/1703~1705年）；二是亚历山德罗·斯佩基和弗朗切斯科·德桑克蒂斯设计的西班牙广场大台阶。此时的罗马，因其古代

第二章 意大利·497

(上)图2-674 罗马 拉特兰圣乔瓦尼教堂。立面设计方案(作者Ferdinando Fuga, 1722年,现存罗马Istituto Nazionale per la Grafica)

(中)图2-675 罗马 拉特兰圣乔瓦尼教堂。18世纪上半叶全景(油画,作者H. F. van Lint)

(下)图2-676 罗马 拉特兰圣乔瓦尼教堂。18世纪全景(版画作者Giovanni Battista Piranesi)

遗迹和"神话"般的景色,继续吸引着来自世界各地的游客。城市引力的"两极",正好位于波波洛广场和里佩塔港口附近,西班牙广场则构成了城市的真正中心。

位于台伯河岸边的里佩塔港今已不存。港口外廓近六边形,通向水面的大台阶围着一个横向布置的椭圆形平台布置,和岸线极其协调地组合在一起,整体形成一组构图丰富、魅力十足的建筑组群(图2-637)。以后在设计斯基亚沃尼圣吉罗拉莫教堂时,斯佩基又复归丰塔纳那种趋于舞台效果的构图理念(教堂毁于后期

498·世界建筑史 巴洛克卷

（上）图 2-677 罗马 拉特兰圣乔瓦尼教堂。18 世纪立面近景（版画作者 Giovanni Battista Piranesi）

（下）图 2-678 罗马 拉特兰圣乔瓦尼教堂。现状景色

整治台伯河及岸边道路时）。其曲线造型表明，博罗米尼那种巴洛克作风又开始得到人们的赏识。

　　位于（山上）圣三一教堂前整个山坡地带的西班牙广场大台阶，显然也是出自类似的灵感。此前，贝尔尼尼曾应红衣主教马萨林[15]之托在私下搞了个当时堪称"绝密"的设计（图2-638）。按这位红衣主教的设想，在带瀑布的台阶中心，应立一尊法国国王的骑像。对这种史无前例的冒犯行为，亚历山大七世当然不能忍受。既然牵涉到马萨林和亚历山大七世之间的政治斗争，贝尔尼尼的设计自然不可能实现，这个山头就这样长期搁置在那里，没有进行任何建设。到18世纪初，形势始有转机。在斯佩基的诸方案里，主要考虑自然环境及使用要求，特别是为游人提供优美的景观。两个设计均具有宏大的规模，优雅气派，看来是受了巴洛克鼎盛时期盛大节庆活动的影响。直到1723~1726年，这个曾长期处于设计阶段的项目，才在德桑克蒂斯主持下得以实施。它在很大程度上可说是实现了西克斯图斯五世所向往的那种宏伟的透视景观。通过形式的丰富变化、

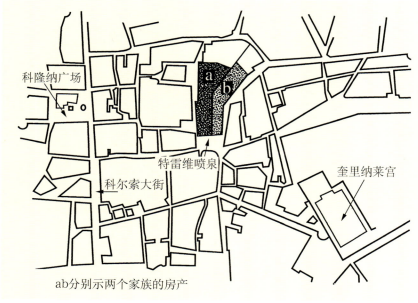

本页：

（上）图2-679 罗马 拉特兰圣乔瓦尼教堂。立面全景

（下）图2-681 罗马 特雷维喷泉（1732~1762年，建筑师尼古拉·萨尔维）。地段总平面示意

右页：

图2-680 罗马 拉特兰圣乔瓦尼教堂。门廊及挑台近景

休息平台的穿插、行进方向的变换和路线的分合，使上下台阶变成一个享乐的过程（图2-639~2-649）。

在巴洛克时期的罗马，当人们在城内漫步的时候，到处都能感受到这种精心安排的场景和城市两千年的文化沉淀。所谓"罗马形式"（forma urbis）也因此成为各地争相效法的样板。散布在城市周围山坡上的别墅、休闲府邸、喷泉、古代的残迹和基督教的胜地，和由花园、葡萄园和松林组成的风景一起，倾倒了无数的游客。只是当年的迷人景色，在1870年以后，由于各种原因，很多已不复存在。不过，从一些镌刻得很好的

城市平面图（如1748年乔瓦尼·巴蒂斯塔·诺利的罗马城图）中，还可看到这时期的城市概貌，皮拉内西的版画更提供了许多直观的印象。

在18世纪早期的罗马，像西班牙广场大台阶这种具有优雅曲线造型的建筑和城市设计，似可列入洛可可风格的范畴，而像费迪南多·富加（1699~1782年）和亚历山德罗·加利莱伊（1691~1737年）这样一些建筑师的作品，则以其庄严和宏伟的气势为新古典主义的到来铺平了道路。

三、本尼狄克十三世和克雷芒十二世任内（1724~1740年）

[本尼狄克十三世时期]
在本尼狄克十三世任内（1724~1730年），梵蒂冈

（左上）图 2-682 罗马 特雷维喷泉。广场扩展规划（作者朱塞佩·瓦拉迪耶，1812年，喷泉位于上端，浅灰色示拟拆除建筑，原稿现存罗马圣卢卡学院）

（右）图 2-683 罗马 特雷维喷泉。设计草图（作者 Bernardo Borromini，1701年，原稿现存维也纳 Graphische Sammlung Albertina）

（左下）图 2-684 罗马 特雷维喷泉。设计图版（作者费迪南多·富加，1723年，原稿现存柏林 Kunstbibliothek）

加快了衰退的步伐。不过在他统治期间，仍然进行了圣加利卡诺医院（1724~1726年）和圣伊尼亚齐奥广场（1725/1727~1728年）的建设，两者建筑师均为菲利

图 2-685 罗马 特雷维喷泉。木模型（作者 Nicola Salvi，现存罗马 Museo di Roma）

图 2-686 罗马 特雷维喷泉。18 世纪全景（油画，作者 Giovanni Paolo Pannini，表现教皇本尼狄克十四世参观时的盛况，原作现存莫斯科 Pushkin State Museum of Fine Arts）

（上）图2-687 罗马 特雷维喷泉。18世纪景观（自东南方向望去的景色，版画作者 Giovanni Battista Piranesi）

（下）图2-689 罗马 特雷维喷泉。现状立面全景

（上）图 2-688 罗马 特雷维喷泉。18 世纪正面全景（版画作者 Giovanni Battista Piranesi）

（下）图 2-691 罗马 特雷维喷泉。东南侧全景

波·拉古齐尼。在这两个设计里,他都沿用了几乎一个世纪前博罗米尼制定的母题(在圣伊尼亚齐奥广场,这位建筑师以轻松的手法构成了一幅波动的场景,图 2-650~2-654),但似乎并没有给它们带来多少新的气息。在广场设计上,他主要关心比较简单的中产阶级住宅;在这里,不再有渐近的透视场景,而是采取了更近于院落的布局方式。

[克雷芒十二世时期]

在克雷芒十二世任内(1730~1740 年),建筑活动似乎又具有了巴洛克早期的活力,尽管时间短暂。此前已开始的一些重要教堂的修复工作,此时得到延续,但

图 2-692 罗马 特雷维喷泉。东南侧近景

左页:图 2-690 罗马 特雷维喷泉。立面近景

本页：
图2-693 罗马 特雷维喷泉。海神像（作者Pietro Bacci, 1759年）

右页：
（上下两幅）图2-694 罗马 特雷维喷泉。雕刻细部

已不能满足这位教皇的胃口。他同样下令开展新的项目，如议政宫及其对面的奎里纳莱宫（图2-655~2-666）。同时，他还就特雷维喷泉和拉特兰圣乔瓦尼教堂的立面，接连举行了两场影响深远的建筑竞赛。

在设计面对罗马科尔索大街的多里亚-潘菲利宫（1731~1735年，图2-667、2-668）时，加布里埃莱·瓦尔瓦索里重新回归传统的宫殿立面造型：平整的墙面上简单地布置窗洞，重点强调窗户框缘的造型，并通过不同形式的山墙创造节律的变化，优雅生动的阳台和栏杆赋予立面以轻微的动态（另见图2-520左侧部分）。在这个府邸及其他类似作品上，博罗米尼那种精巧细致的面层装饰手法得到了充分的展现。看来，只要是人们想用更具生气和活力的动态节奏取代静态的古典构图，这位大师的主张都可以派上用场。他的思想特别投合中产阶级的情趣，在18世纪，这些资产者建造的多层房屋充满了那波利、威尼斯、德累斯顿或维也纳等城市的整个街区。

在多里亚-潘菲利宫开工后不到一年，在设计议政宫（1732~1735年，图2-669~2-671）时，费迪南多·富加也采用了类似的立面形制，于简朴的背景上布置成排的窗户，窗户周围配造型突出的框饰（所采用的构图母题中大部分都是来自米开朗琪罗）。但总体效果的朴实和节制，结构和装饰部件的协调配合，和瓦尔瓦索里

那种别具一格、热情洋溢的表现方式显然又有所不同。这种处理题材的方式事实上已宣告了古典主义的来临，尽管在这里，富加采用的基本上还是巴洛克的部件。这位建筑师还受克雷芒十二世委托设计了蒙特西托里奥府邸前的广场，在这里，他没有采纳丰塔纳竭力推荐的六面体方案，而是赋予广场不规则的形式。

在罗马，富加在卡洛·丰塔纳将巴洛克建筑引向颇为乏味的古典主义道路后，继续成为该派的领军人物。他同时也是巨大的科尔西尼府邸（1736年改建）和圣马利亚主堂立面（1741年）的作者。

罗马后期巴洛克风格（barocchetto romano，拉古齐尼对此有精确的表述），于克雷芒十二世时期宣告终结。在丰塔纳和富加指引下形成的"巴洛克古典主义"，在英年早逝的亚历山德罗·加利莱伊（1691~1736年）设计的拉特兰圣乔瓦尼教堂立面上得到了更为庄重的表现。早在1632年，教皇就为这个教堂的立面举办了一次设计竞赛，当时参加的有来自罗马和其他地方的23位建筑师。1732~1735年最后采纳的亚历山德

罗·加利莱伊的方案具有浓厚的古典气息（立面方案：图2-672~2-674；外景图版：图2-675~2-677；现状景色：图2-678~2-680）。圣彼得大教堂的立面构造在这里和高

第二章 意大利·509

图2-695 巴黎 格勒内勒喷泉(1739~1745年)。四季泉近景

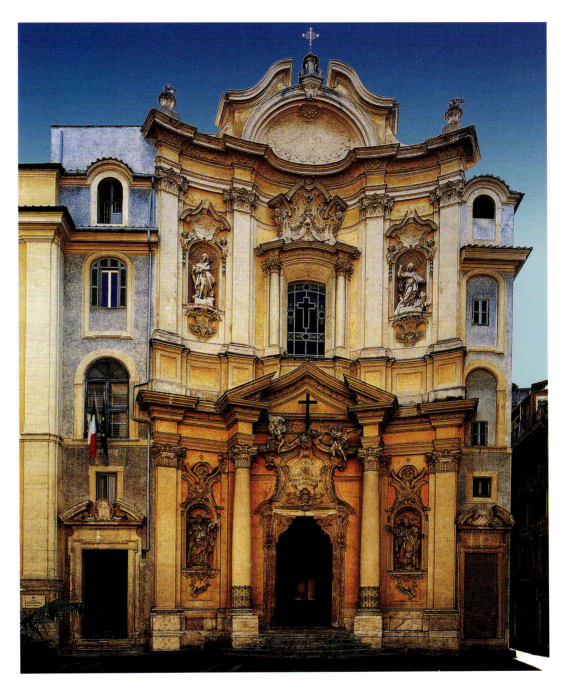

图2-696 罗马 圣马利亚-马达莱娜教堂（立面1735年，朱塞佩·萨尔迪设计）。立面外景

雅的帕拉第奥柱廊相结合，上部圆券拱廊形成开敞的厅堂。在一个反古典风盛行的时代，出现这样一个作品，具有一定的历史意义。但由于部件具有巨大的尺寸，而各部造型只是简单放大，以至尺度严重失真（如顶上的栏杆，完全超出了正常人的范围）。人们只是在靠近建筑时，才能感受到它的真实尺寸。

18世纪20年代，加利莱伊曾在英国求学，具有较多的国际联系。在伦敦，他还参加过伯林顿勋爵圈子里关于复归古典建筑（特别是受帕拉第奥影响的这类建筑）的讨论。虽说直到他离开伦敦的1719年，尚没有出现任何可称之为新帕拉第奥风格的作品，但这场争论的意义却不可低估。在这时期的罗马，传统力量仍然根深蒂固，特别表现在马代尔诺的圣彼得大教堂立面设计和米开朗琪罗的卡皮托利诺宫上。加利莱伊在建造科尔索圣马尔切洛教堂的立面时，同样留下了他个人的印记并产生了一定的影响。立面实心部分与开口部分在配合上颇具新意，明暗的强烈对比更加突出了这种安排。方案打上了精确的古典建筑的印记，而大尺度的部件则属于罗马建筑的传统。

尼古拉·萨尔维主持建造的特雷维喷泉（1732~1762年，地段平面：图2-681；设计图版及模型：图2-682~2-685；历史图景：图2-686~2-688；现状景色及雕刻细部：图

第二章 意大利·511

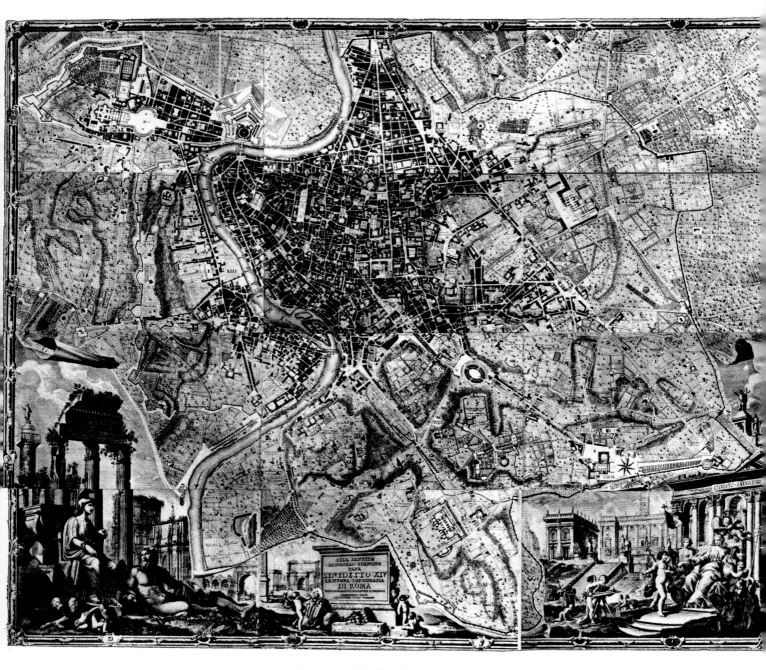

图2-697 乔瓦尼·巴蒂斯塔·诺利：罗马全景图（1748年）

2-689~2-694）基本上也采用了这种古典手法。喷泉位于奎里纳莱宫和同名广场山脚下的特雷维广场，是1635年教皇乌尔班根据贝尔尼尼的建议创立的（以后方案的基本构思可能也来自他）。从乌尔班八世时期开始，人们就提出了一个喷泉的设计方案，但未能马上付诸实施，直到一个多世纪后才实现了这一想法。在这方面，可资借鉴的最近实例可能是科尔托纳有关科隆纳府邸的设想。科尔托纳曾于1662年提出，把圣母输水道的水引到这个广场，将喷泉纳入到新的基吉宫的凹面柱廊内（图2-416）。这种设计理念正是在罗马本身的特雷维喷泉和巴黎的格勒内勒喷泉处得到了回应（图2-695）。

位于特雷维广场上的这个大型喷泉，是个背靠城市宫邸并占据了它整个立面宽度的极其壮观的建筑。它形成了一个神话中的海洋剧场，奔腾的水流自宫邸立面处涌出，在凯旋门的背景下安排了许多寓意场景，包括海神及其全套班子的雕刻。这组建筑随即成为罗马喷泉建筑的典范。

喷泉立面同时还纳入了某些洛可可的母题，特别是立海神雕像的中央龛室。名词"洛可可"（rococo）本来自法文"rocaille"，原意是"石子堆、假山"，转意指

图 2-698 乔瓦尼·保罗·潘尼尼：当代罗马（油画，1757 年，画廊墙面上展示出巴洛克时期城市的主要建筑，纽约 Metropolitan Museum of Art 藏品）

一种堆积装饰的艺术。萨尔维正是在这种形式下，将各式各样的传统结合在一起。

作为巴洛克后期的艺术家，朱塞佩·萨尔迪在设计圣马利亚-马达莱娜教堂立面时（图 2-696），显然是直接从博罗米尼的作品中汲取灵感（其圣伊沃教堂和圣菲利浦·内里奥拉托利会礼拜堂的设计方案此前不久已用铜版画的形式发表）。特别是中央龛室的构图，构造宏伟又不违传统。和尼古拉·萨尔维一样，萨尔迪在这里也用了洛可可的装饰且更富魅力。

四、本尼狄克十四世时期（1740~1758 年）及以后

本尼狄克十四世同样大力推动建筑和城市规划活动的开展。他继续修复古代教堂（如万神庙、耶路撒冷圣十字教堂和米开朗琪罗改建的天使圣马利亚教堂），致力于加固圣彼得大教堂的穹顶，建造圣马利亚主堂的新立面，完成特雷维喷泉和扩大卡皮托利诺博物馆。他对考古学这门新学科也有强烈的兴趣，特别委托皮

拉内西研究保存下来的大理石城图（forma urbis）并据此进行复原，绘制上溯至古代的城图。与此同时，他还请乔瓦尼·巴蒂斯塔·诺利制作了一幅城市的全景图（图2-697、2-698）。

圣马利亚主堂的主立面建于1741~1743年，建筑师为费迪南多·富加（立面设计方案及外景图：图2-699~2-701；现状景观：图2-702~2-704）。从中可明显看到前不久完成的拉特兰圣乔瓦尼教堂立面的影响（特别是柱廊及凉廊部分）。和原先的立面相比，新立面高度有所降低。显然——至少部分——是为了揭示凉廊内早期的马赛克装饰。不过，富加在他的详细设计里，引进了不同的节律和比例。他不仅关注立面母题的统一，同时对表面进行分级处理，使洞口形式多样化，采用断裂山墙并令其和厚实的部件形成对比。

和罗马后期巴洛克风格——如圣马利亚-马达莱

（上）图2-699 罗马 圣马利亚主堂（主立面1741~1743年，建筑师费迪南多·富加）。带双钟楼的立面方案（据Angelis，1621年）

（下）图2-700 罗马 圣马利亚主堂。18世纪外景（油画，Giovanni Paolo Pannini 绘）

娜教堂及拉特兰圣乔瓦尼教堂——的纪念品性相比，彼得罗·帕萨拉夸和多梅尼科·格雷戈里尼设计的耶路撒冷圣十字教堂要显得更为沉重。惟椭圆形前厅完全沿袭博罗米尼的传统，给人们留下了深刻的印象（图2-705~2-707）。

在各式各样的这类表现和因变体形式不断增加越

（左上）图2-701 罗马 圣马利亚主堂。18世纪外景（版画，作者Giovanni Battista Piranesi）

（下）图2-702 罗马 圣马利亚主堂。现状全景

（右上）图2-703 罗马 圣马利亚主堂。正立面景色

第二章 意大利 · 515

(上)图2-704 罗马 圣马利亚主堂。门廊近景

(下)图2-706 罗马 耶路撒冷圣十字教堂。门廊立面景色

来越丰富的建筑遗产中,卡洛·马尔基翁尼以其古典手法独树一帜。他受命为阿尔瓦尼在萨拉里亚门附近建造一栋别墅(阿尔瓦尼别墅,图2-708),用来存放这位红衣主教在他的友人、著名学者温克尔曼帮助下收集到的一批珍贵的古代雕刻作品。花园一侧的立面构图缜密,思路明晰,部件造型极为简洁,已开始具有几年前卡洛·洛多利教士在威尼斯确立的那种古典建筑的特征。

从教皇有关罗马建设的政策上,可以追溯出巴洛克城市规划的基本线索,特别是大型工程项目的实施,和最高权力之间的联系尤为紧密。许多设计可以因此结出硕果,但因决策武断而导致的失误也屡见不鲜。所有这些艺术作品的创造都是以上帝的名义或声称是为了教会的光荣,同时,它也为其资助人留下了身后的美名。直到巴洛克后期,形势才开始有所转变。中产阶级的影响与日俱增;为了满足这个新兴阶层的需求,法院、收容院或住宅这类建筑也得到迅速的发展。在欧洲,其

(上)图2-705 罗马 耶路撒冷圣十字教堂(1741~1744年,彼得罗·帕萨拉夸和多梅尼科·格雷戈里尼设计)。现状全景

(下)图2-707 罗马 耶路撒冷圣十字教堂。西南侧近景

图2-708 罗马 阿尔瓦尼别墅（建筑师卡洛·马尔基翁尼）。别墅及花园全景(图版，作者 Giovanni Battista Piranesi)

他巴洛克城市大都按这类模式发展和演变，仅时间上略有先后。

在这时期罗马的建筑和城市规划上，人们采用的重要手段包括：开通连接两个重要建筑之间的直线干道，通过确定空间及周边环境规划广场，开辟三向辐射大道（所谓 Trivium）及利用方尖碑创造不同轴线的景观效果等。

在 17 和 18 世纪的罗马城市结构及其建筑的演进中，另一个值得注意的表现是，巴洛克和古典主义风格同时并存，各种各样的传统融汇交流（特别是从古代、文艺复兴、原始巴洛克到早期巴洛克风格）。词汇是传统的，但可能的组合方式却没有界限。

在当时的学术界为此还引发了一场争论，出现了两种对立的理论（最早出现在法国）。第一种强调尊重法则和规章，特别是古典传统；第二种则如路易·德科尔德穆瓦在 1706 年的一篇论文中所说：“建筑师的理智和行为应该以真实和简朴为准则；同时，一个建筑物应该很容易被解读”。这一观点最后被认为是对"一种实用性建筑"(une architecture fonctionnelle) 的向往。在这里，需要补充的一个事实是，巴洛克风格在以后的演进中，越来越失去其宗教的内涵，成为一种纯装饰风格，即便在技术层面上还保留着基本的美学特质。以后卡洛·洛多利更认为，建筑只负有纯结构和功能的使命。在 18 世纪，对巴洛克艺术的批评越来越猛烈。和卡洛·洛多利站在同一立场的，有弗朗切斯科·米利齐亚和门斯，前者曾指责博罗米尼的追随者是"狂热的小集团"(secte en délire)，后者和温克尔曼一样，在罗马时成为红衣主教阿尔瓦尼最信任的顾问之一。

在 18~19 世纪之交的时候，罗马仍然是意大利后期巴洛克建筑各种流派的聚集地，继续保持着自己的活力，在 18 世纪 40 年代甚至还有一次短暂的建筑复兴。与此同时，罗马还经历了另外的重大变化：人们对古代遗迹日益增长的兴趣，为前浪漫主义的出现创造了契机，第一批古典时期的考古成果进一步预示了古典主义时代的来临。

第四节 其他城市

下面将研究除罗马外意大利几个最重要城市——都灵、那波利和威尼斯巴洛克时期城市和建筑的演变情况。特别是都灵和那波利，它们构成了意大利巴洛克时期另外两个最主要的建筑中心。随着 17 世纪末法国——在意大利南方是西班牙——势力的削弱，这两个城市的影响亦有所增长。

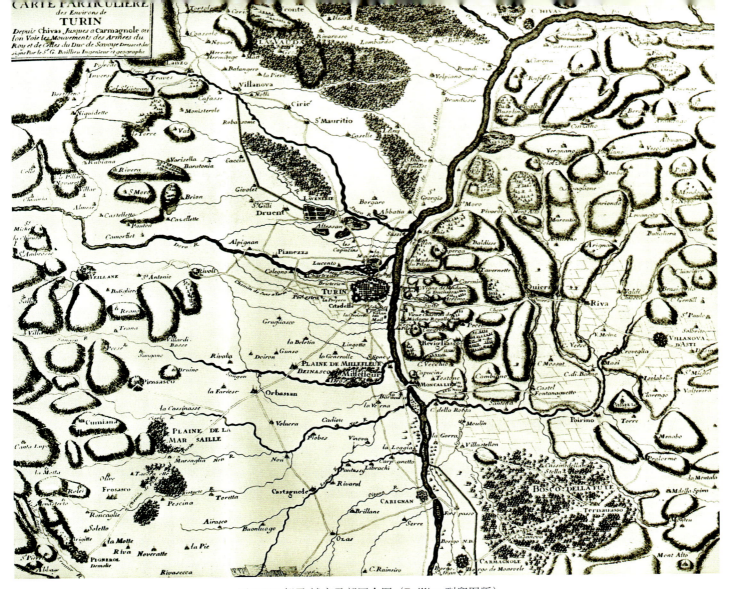

图 2-709 都灵 城市及郊区全图（Baillieu 刊印图版）

图 2-710 都灵 城市扩展阶段图（据 A.E.J.Morris，1994 年）：左、古罗马时期殖民地；中、17 世纪初，罗马时期核心（A）外绕以较早的 16 世纪城墙（B），其外为文艺复兴时期扩展的新区（C）和城堡（D）；右、17 世纪末，城市进一步向西北和东南方向扩展，形成更大的环形防卫工事

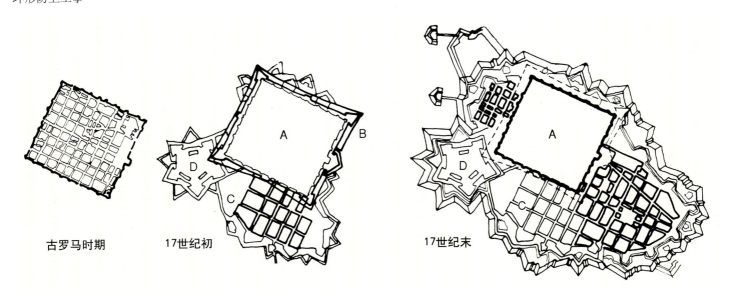

古罗马时期　　　17 世纪初　　　17 世纪末

一、都灵

[城市的扩展及规划]

在17和18世纪,皮埃蒙特是意大利唯一具有稳固的政治和经济机构的邦国。1700年左右,该地区的建筑活动已在国内占有领先的地位。由于位于罗马和巴黎之间,其历史也和这两个城市紧密相连。在巴洛克建筑的这头一个阶段,皮埃蒙特地区明显受到来自罗马和巴黎的双重影响:单体建筑具有典型的意大利特色,但城市环境则带有法国理性主义的标记。

与此同时,皮埃蒙特地区仍然受到反宗教改革派的影响。因而在这里,人们可以看到当时这两大力量的碰撞,它融汇成一种独特的综合产品,把宗教和世俗特

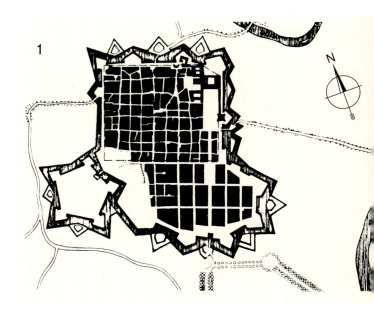

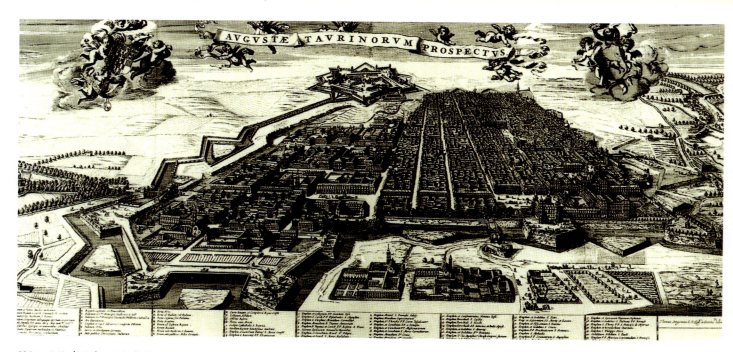

左页：

（上及中三幅）图 2-711 都灵 城市扩展阶段图（据 Christian Norberg-Schulz 和 Leonardo Benevolo）：1、1620 年；2、1673 年；3、1714 年

（下）图 2-712 都灵 1620 年第一次扩展后全景图（取自 Henry A.Millon 主编：《The Triumph of the Baroque, Architecture in Europe 1600-1750》，1999 年）

本页：

（上）图 2-713 都灵 1640 年代城市平面（取自 Stephan Hoppe：《Was ist Barock？ Architektur und Städtebau Europas 1580-1770》，2003 年）

（中）图 2-714 都灵 约 1670 年城市全景图（巴黎国家图书馆藏品）

（下）图 2-715 都灵 1682 年城市景观图（据 Gian Tommaso Borgonio）

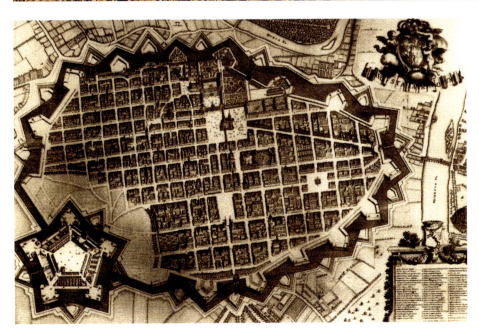

第二章 意大利·521

本页及右页：

（左上）图 2-716 都灵 1692 年城市景观图（据 Claude Aveline）

（左中）图 2-717 都灵 1700 年前后城市平面图（黑色示罗马时期的古城；1700 年前的街区以斜线表示；1700 年以后的主要街道用虚线标出；S 为火车站）

（中中）图 2-718 都灵 18 世纪初城市平面（国家档案材料）

（右上）图 2-719 都灵 18 世纪规划图（取自 Leonardo Benevolo：《Storia della Città》，1975 年）

（下）图 2-720 都灵 自苏沙门望城市全景（Ignazio Sclopis di Borgostura 绘，都灵私人藏品）

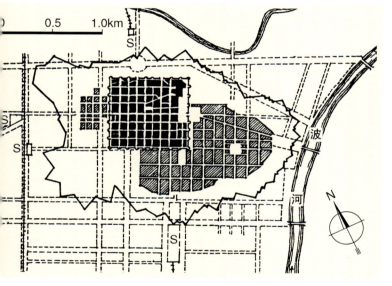

点合为一体(在差不多同时期的萨尔茨堡和稍后的维也纳,也都有类似的表现)。

1563年,萨伏依家族的伊曼纽-菲利贝尔将都灵升格为萨伏依公国的首府,此时,它还是一个很小的城市(直到1620年城市才有居民2万人,1700年达到4万)。查理-伊曼纽一世(1562~1630年,1580年成为公爵)

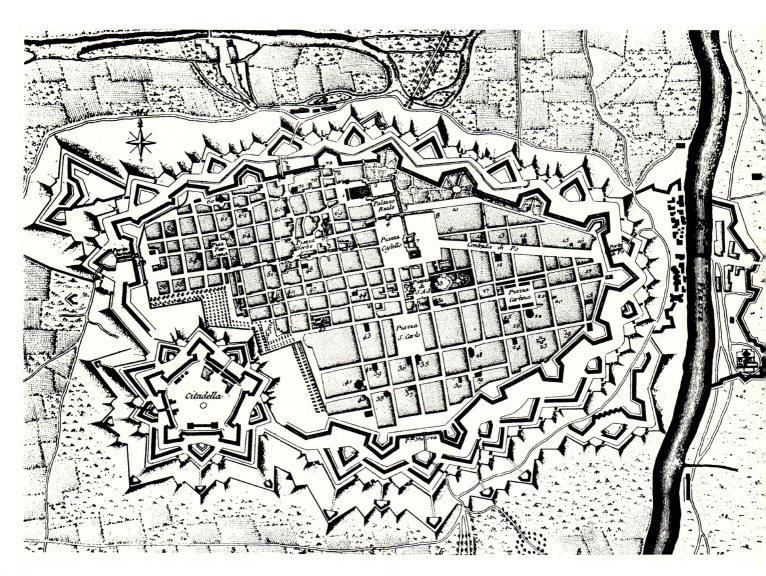

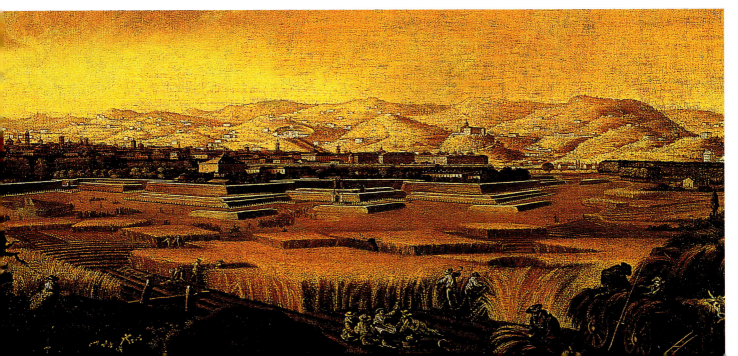

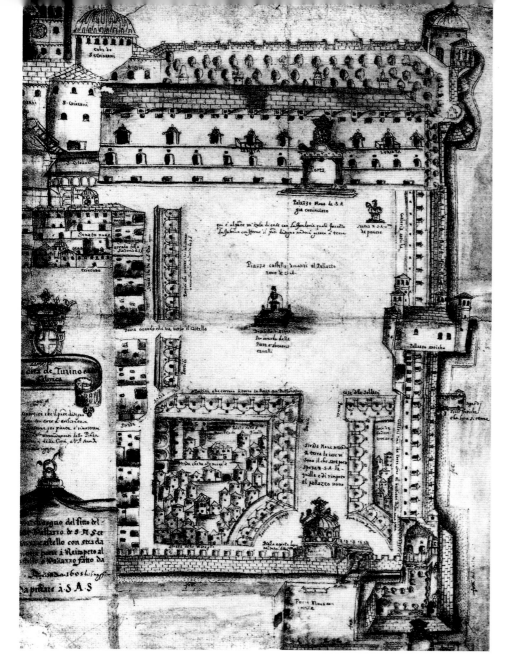

(上)图 2-721 都灵 城堡广场(阿斯卡尼奥·维托齐设计)。俯视全景图(从签有"Monsa"字样的这幅图上,可看到经阿斯卡尼奥·维托齐整治后周围绕以柱廊的广场)

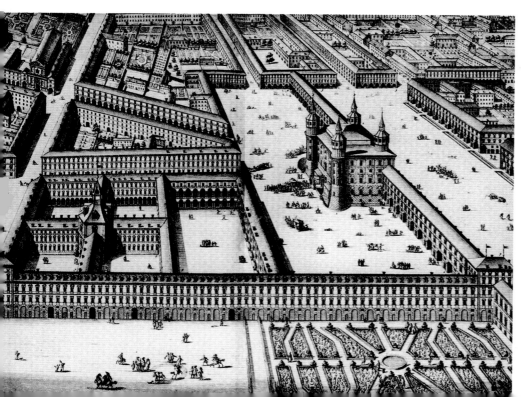

(下)图 2-722 都灵 城堡广场。17 世纪俯视全景(版画作者 Gian Tommaso Borgonio,1682 年,图示广场及通向波河的街道)

（上）图 2-723 都灵 城堡广场。17 世纪广场景色（1676 年版画）

（下）图 2-724 都灵 城堡广场。18 世纪初广场景色（油画，作者 Pieter Bolckmann，1705 年，都灵 Museo Civico di Arte Antica 藏品）

继续推进其父伊曼纽-菲利贝尔开始的政治复兴进程，并着手把都灵改造成巴洛克风格的首府。从 16 世纪末直至 18 世纪初，城市一直在征召建筑师前来实现其新的城市规划目标。

在城市的扩展中作出重要贡献的建筑师主要有阿斯卡尼奥·维托齐、卡洛及阿马德奥·迪·卡斯泰拉门特，以及稍后的菲利波·尤瓦拉。随着阿斯卡尼奥·维托齐（1539~1619 年）的出现，具有丰富内涵的皮埃蒙特地区的建筑得到了飞速的发展。这一势头此后又在卡洛·迪·卡斯泰拉门特（1560~1641 年）及其儿子阿马德奥

图 2-725 都灵 国王广场(今圣卡洛广场)。全景(版画,取自"Theatrums Sabaudiae"系列图版)

图 2-726 都灵 国王广场(今圣卡洛广场)。西南望全景

(上)图 2-727 都灵 国王广场（今圣卡洛广场）。向北望去的景色

(下)图 2-728 都灵 公爵府（王宫）。全景（版画，取自"Theatrums Sabaudiae"系列图版）

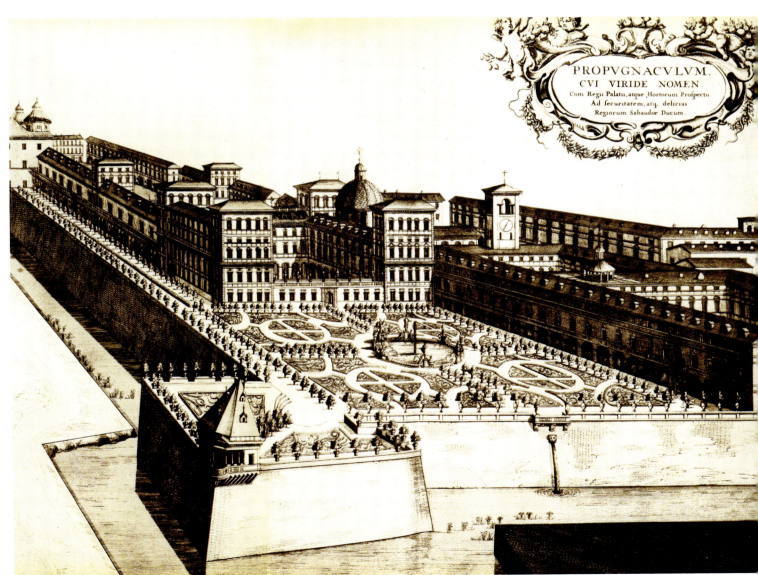

左页：

（上）图 2-729 都灵 公爵府（王宫）。外景（形成城堡广场背景和中心建筑）

（下）图 2-730 都灵 公爵府（王宫）。寝室厅内景（室内装饰设计 Carlo Morello，1662~1663 年）

本页：

图 2-731 都灵 公爵府（王宫）。御座厅内景（为宫中最老厅堂）

（1610~1683 年）那里得到了延续。

都灵曾是古罗马时期的营寨城。这时的城市采用了典型的棋盘式平面，其平面格局延续了一千多年，并成为近代城市发展的基础。城市的扩展主要经历了几个大的阶段：11 世纪初，城市向南，往城墙方向发展；以后至 1673 年又向东，朝波河方向延伸；最后，至 18 世纪初，再向西，朝萨拉里亚门方向扩大。这些扩展均在严密的法律监督下进行（图 2-709~2-720）。

在城市已升格为公国首府时，它仍然保留着古罗马时期居民点（oppidum）那种方形的外廓。老城由正交的街道网络组成，中央为市政广场。中世纪期间改造过的罗马时期的古城堡与城门和城墙东部相连。在开始阶段，查理-伊曼纽公爵即以这座城堡作为出发点，委托阿斯卡尼奥·维托齐将其改造成一个规则的广场（1584 年）。工程始于 1605 年，城市就这样获得了一个新的重要中心。为了体现这个城堡的"中心"职能，维

左页：

图 2-732 都灵 公爵府(王宫)。大楼梯(1997年曾遭火灾，后修复)

本页：

(上)图 2-733 都灵 公爵府(王宫)。舞厅(接待厅)内景（设计人 Palagi，1835~1842 年）

(下两幅) 图 2-734 都灵 公爵府（王宫）。达尼埃尔廊厅内景

(上)图2-735 都灵 公爵府(王宫)。王后套房内景(为该组房间最后一个)

(下)图2-736 都灵 波河大街(始建于1673年,阿马德奥·迪·卡斯泰拉门特等人设计)。18世纪景色(版画,约1722年)

图 2-737 都灵 波河大街。现状街景

托齐设想围绕着广场建一座按辐射状道路规划的新城。但为了更好地和已有的正交街道体系协调，人们还是最终放弃了这一想法，城市遂开始向东南方向扩展（图 2-711）。这次扩展一直持续到 17 世纪的大部分时间，但其总的方向在维托齐创建城堡广场后即已决定。广场周围建筑立面统一，以连续的水平线条和节奏进行分划（图 2-721~2-724）。底层的粗面石拱廊进一步突出了空间的封闭特点。维托齐在他去世前不久（1615 年），规划了一条自广场出发向南延伸的新街（今罗马大街），作为新区（即新城）的主要轴线。这条街道的立面设计成广场建筑立面的延续，并因此构成统一的城市体系。维托齐还提出在轴线起始处建一座新的公爵府，其院落朝向城堡广场。建筑群的水平连续线条仅在老城堡的新立面处中断（后者采用了充满活力的壁柱体系）。

阿斯卡尼奥·维托齐的工作由他的弟子卡洛·迪·卡斯泰拉门特接任，后者自 1615 年开始直至去世一直担任这位公爵的建筑师。从 1621 年开始，卡洛·迪·卡斯泰拉门特完成了城市向南的扩展。他对南面新城的主要线路给予了特别的关注，为此人们还任命了一个委员会监督命令的执行，同时颁布法律控制道路放线、宫殿

（上）图2-738 都灵 卡普奇尼山上圣马利亚教堂（阿斯卡尼奥·维托齐设计）。自河面望去的景色

（左下）图2-739 都灵 韦纳里亚-雷亚莱（1660~1678年，阿马德奥·迪·卡斯泰拉门特设计）。地理形势（图示都灵及其周边地区，韦纳里亚-雷亚莱位于西北方向，据Leonardo Benevolo）

（右下）图2-740 都灵 韦纳里亚-雷亚莱。全景图（取自"Theatrums Sabaudiae"系列图版）

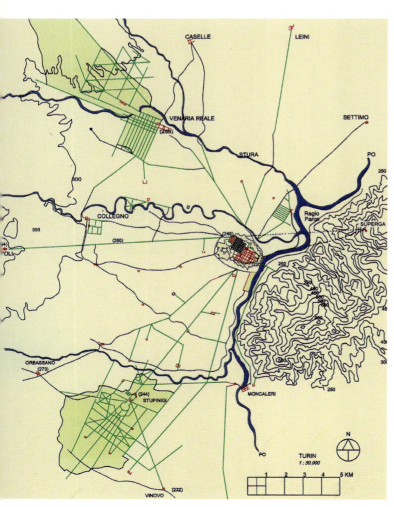

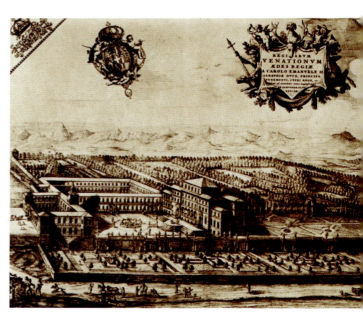

高度及尺寸。在这里，艺术的要求仍然是优先考虑的要素。除了将正交街道网络加以延伸外，卡洛·迪·卡斯泰拉门特同时给该区配置了一个次级中心：国王广场（今圣卡洛广场）。广场设计于1637年，1644年在他的儿子阿马德奥·迪·卡斯泰拉门特主持下开工。通过协商确定的首批道路即在这个广场周围及沿罗马大街（1620年）付诸实施（而在当时的意大利中部，宫殿立面的设计大都还处于随意状态）。为了使城市具有统一的外貌，摄

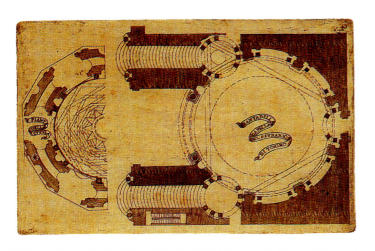
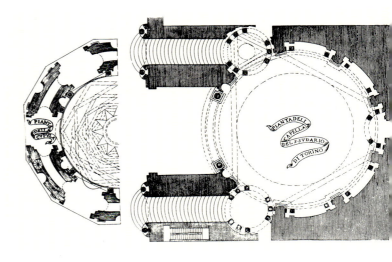

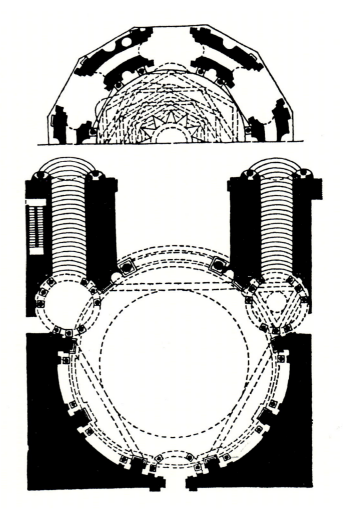

(上两幅)图 2-746 都灵 至圣殓布礼拜堂。平面（图版现存都灵 Biblioteca Reale）

(右下)图 2-747 都灵 至圣殓布礼拜堂。平面（据瓜里诺·瓜里尼《Architettura Civile》图版绘制，1737 年）

(左下)图 2-748 都灵 至圣殓布礼拜堂。剖面（瓜里诺·瓜里尼：《Architettura Civile》，图版 3，原稿现存都灵 Biblioteca Reale）

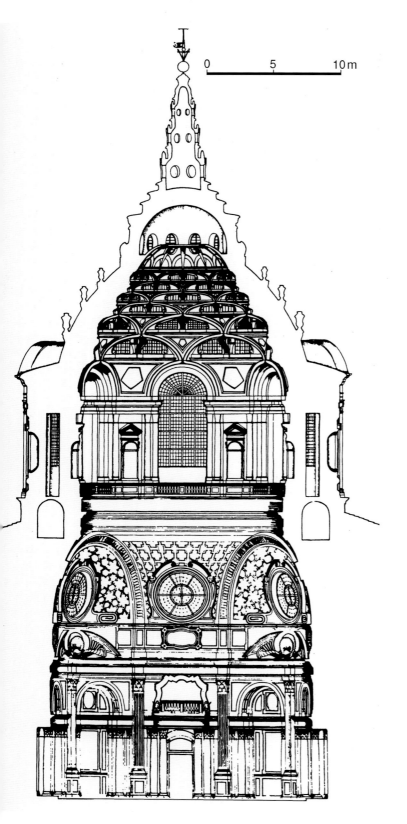

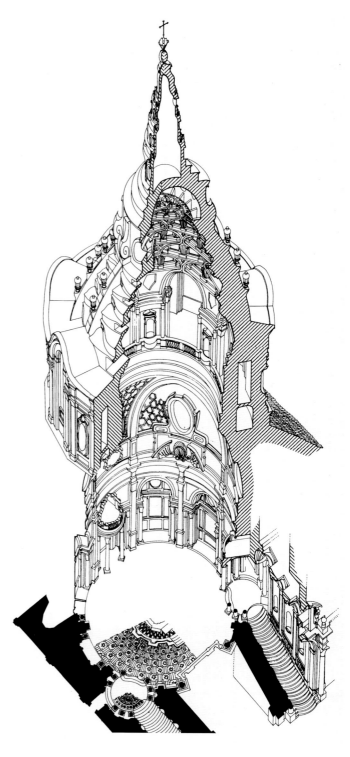

(左)图2-749 都灵 至圣殓布礼拜堂。剖面(取自John L.Varriano:《Italian Baroque and Rococo Architecture》,1986年,经改绘)

(右)图2-751 都灵 至圣殓布礼拜堂。剖析图(取自《Dizionario di Architettura e Urbanistica》)

设(1645~1658年),并把它和前面的广场很好地结合在一起。广场的粗面石拱廊延伸形成城市空间和宫殿正院之间的"幕墙"。中间门廊上冠亭阁形成塔楼(这种构图方式源于法国原型,特别是萨洛蒙·德布罗斯1615年设计的卢森堡宫。以木材和灰泥建成的这个塔楼1811年毁于火灾,以后"幕墙"亦被拆除)。此外,卡斯泰拉门特还设计了城市向东部波河方向扩展的广

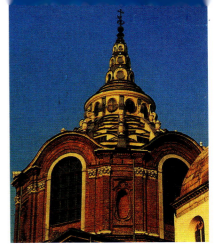

（左）图 2-750 都灵 至圣殓布礼拜堂。木模型剖面（据 Gian Tommaso Borgonio, 1682 年，原稿现存芝加哥 Newberry Library）

（右两幅）图 2-752 都灵 至圣殓布礼拜堂。外景及穹顶近景

阔新区（1659 年）。在那里，同样保留了正交的街道体系，在该区中心布置了另一个国王广场：卡利纳广场。其东西向轴线向西通向圣卡洛广场。不过，这个城市新区内最独特的一个设计是一条斜穿街区连接城堡广场和波河门（为一座宏伟的纪念性大门，1676 年由瓜里尼设计建造；于拿破仑时期和都灵城墙一起拆除）的波河大街。街道的建设始于 1673 年，系按阿马德奥·迪·卡斯泰拉门特的设计（图 2-736、2-737）。其统一的立面和配置拱廊的底层使它成为西方建于 17 世纪并留存至今的最优美大街之一。从波河一面望去，大街以一个开敞的半圆形体结束，好似一个"城市的正院"。城市就这样在接待游客时表现出向外开放的姿态而不是自我封闭。在以后几个世纪期间，这种手法被人们多次采用，特别是在尤瓦拉的作品中（如都灵的苏沙门和府邸门，尽管并没有直接模仿半圆形的平面）。尤瓦拉的这两个作品均属都灵巴洛克时期城市发展的最后阶段（1706 年后），这次是向西扩展，仍按原有的模式，同样包含一个国王广场：萨沃亚广场（今苏西纳广场）。

总的来看，巴洛克时期的都灵一直是围绕着城堡广场向外扩展，这个广场无论从历史上、政治上还是

图 2-753 都灵 至圣殓布礼拜堂。自大教堂耳堂及歌坛处望至圣殓布礼拜堂内景（版画，作者佚名，现存都灵 Archivio Capitolare）

宗教上看，都是城市的中心。但在北面，市区并没有扩大，而是形成了平坦的宫邸花园。这种做法有些类似同时期法国的丢勒里花园（1697~1698年，勒诺特设计）。但当时的巴黎已被改造成开放的城市，而都灵直到拿破仑时期仍然保留着它的城防工事，其巴洛克结构貌似开

放，实际上一直被禁闭在城墙棱堡内部。不过，不可否认的是，在当时的欧洲，无论哪个都城，在整齐划一和规则系统等方面，都无法和都灵相比。这主要是因为城市具有先天的有利条件，即完整地保留下来的罗马时期的道路网络，它成为新规划的起点并被完全纳入到巴洛

克时期的城市中去。显然，人们是有意识利用罗马时期的路网，以此象征城市光辉的过去和新都灵的强大。在都灵，巴洛克时期城市的等级结构表现得格外明显。城堡广场是城市的主要中心，埃尔布广场（原城市宫邸广场）是为老城配备的次级中心（直到1756年才最后装修完毕），新区也都有各自的新广场。广场由主要干道连在一起，其中大多数都一直通到乡下。

巴洛克时期都灵的总平面明显表现出绝对君权的理想体制，空间构造则具有法国的特色（和主要中心相联系并向水平方向发展的街网）。然而，这种世俗建筑的构图体系和教堂的穹顶及塔楼形成对比。一幅18世纪的版画表现从东面望去的城市景色，密集的垂直部

（上）图 2-754 都灵 至圣殓布礼拜堂。圣骨匣及祭坛（版画，作者 Jean-Louis Daudet，1737年，原稿现存都灵 Galleria Sabauda）

（下）图 2-755 都灵 至圣殓布礼拜堂。穹顶仰视全景

（上）图 2-756 都灵 至圣殓布礼拜堂。穹顶近景

（下）图 2-758 耶稣殓布（所谓都灵寿衣，Turin Shroud）的展示（图版作者 Carlo Malliano，1579 年，原稿现存都灵 Biblioteca Reale）

件给人的印象宛如回到了中世纪。

巴洛克时期的都灵就这样，将分别为罗马和巴黎特有的造型的表现力和空间的系统性奇特地综合到一起。在城市的郊区也同样表现出这种"双重"的特点。阿斯

图 2-757 都灵 至圣殓布礼拜堂。顶塔内景

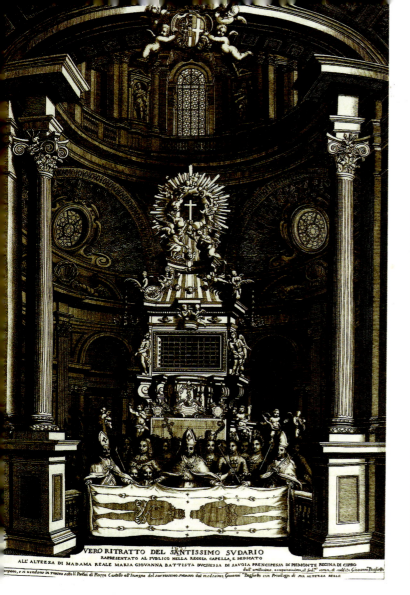
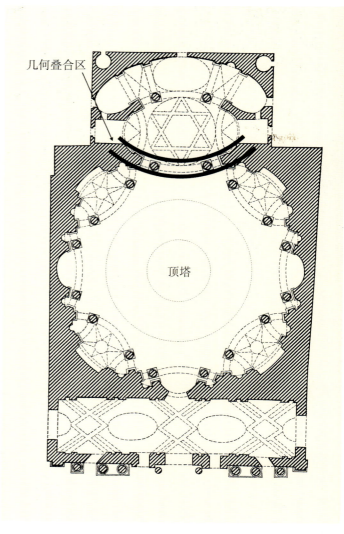

卡尼奥·维托齐当时对此也作出了相应的贡献。他主持建造的卡普奇尼山上圣马利亚教堂（图2-738），位于波河岸边山脚下一个高高的山岩上，开启了巴洛克时代"宗教风景"的先河，这种做法在18世纪中欧的朝圣教堂和修道院建筑中达到了极至。教堂于1584年，即维托齐到都灵后不久开始建造。蒙多维附近维科福尔泰朝圣教堂（1596年）的基本构思也是来自这位大师。同时维托齐还参与了都灵附近几个世俗建筑的建设。这两方面的工作以后都由卡斯泰拉门特父子继承下来。阿马德奥在公爵的乡间宫邸附近设计了一座小型"理想城镇"（韦纳里亚-雷亚莱，1660~1678年，图2-739、2-740；尤瓦拉的礼拜堂设计：图2-741~2-743）。规划主轴线朝向宫邸正院，但与一条横向轴线相交，后者由对称配置的两座穹顶教堂确定。平面布局证实了卡斯泰拉门特在城市规划上的巨大天分，同时这也是17世纪最令人感兴趣的理想设计之一。都灵的这个郊区和巴黎一样，由辐射状的道路体系和按几何方式组织的花园构成，风

本页：

（左）图2-759 耶稣殓布的展示（版画制作 Bartolomeo Giuseppe Tasnière，据 Giuilio Cesare Grampini，1703年，原稿现存都灵 Biblioteca Reale）

（右）图2-762 都灵 圣洛伦佐教堂。平面解析图（取自 Stephan Hoppe：《Was ist Barock？ Architektur und Städtebau Europas 1580-1770》，2003年）

右页：

（上）图2-760 都灵 圣洛伦佐教堂（1668~1687年，室内1679年完成，建筑师瓜里诺·瓜里尼）。平面（取自瓜里诺·瓜里尼：《Architettura Civile》，图版4）

（下）图2-761 都灵 圣洛伦佐教堂。平面（据瓜里诺·瓜里尼《Architettura Civile》图版绘制，1737年）

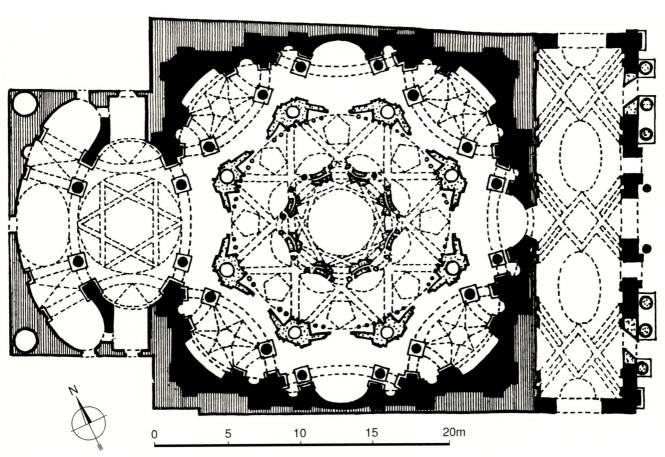

图 2-763 都灵 圣洛伦佐教堂。剖面（取自瓜里诺·瓜里尼：《Architettura Civile》，图版 6）

图 2-766 都灵 圣洛伦佐教堂。剖析图（取自《Dizionario di Architettura e Urbanistica》）

景中又增添了宗教建筑的穹顶作为点缀（在18世纪，这两种类型的建筑都继续得到发展，并在尤瓦拉的杰出作品——如苏佩加教堂和斯图皮尼吉猎庄——中达到了完美的表现）。

1666年来到都灵的瓜里诺·瓜里尼继续按原有的路线行事，使城市保持了完整和一致。都灵遂成为意大利最重要的现代化中心和名副其实的大都会。而在当时的罗马，随着1667年亚历山大七世的去世，艺术创作的前景也变得更加模糊、朦胧……

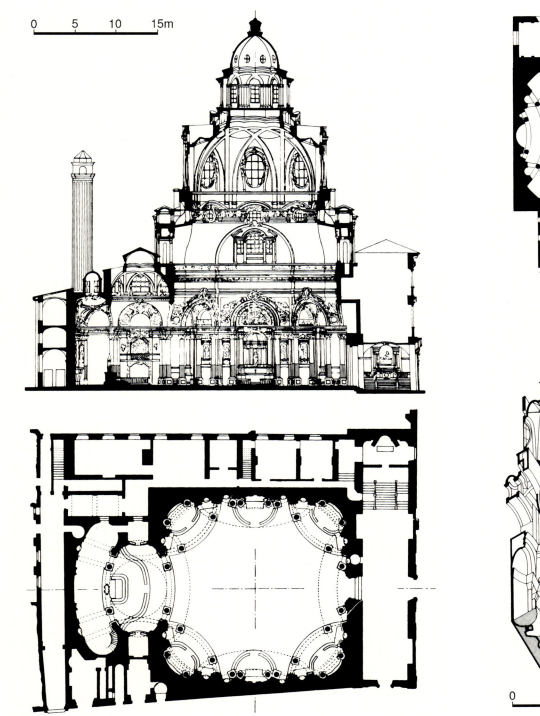

图 2-764 都灵 圣洛伦佐教堂。平面及剖面（据 Banister Fletcher）

图 2-765 都灵 圣洛伦佐教堂。平面及剖析图（取自 Henri Stierlin：《Comprendre l'Architecture Universelle》）

[瓜里诺·瓜里尼及其作品]

生平

早期活动。瓜里诺·瓜里尼（1624~1683 年）为意大利这时期的著名建筑师、修士、数学家和神学家。其设计和有关建筑的著作使他成为中欧和意大利北方后期巴洛克建筑师中的重要人物。

和前面谈到的一些罗马大师相比，瓜里尼属更为年轻的一代。1639 年，年仅 15 岁的瓜里尼在摩德纳进了德亚底安修会，成为一名修士。接着便去了罗马，在

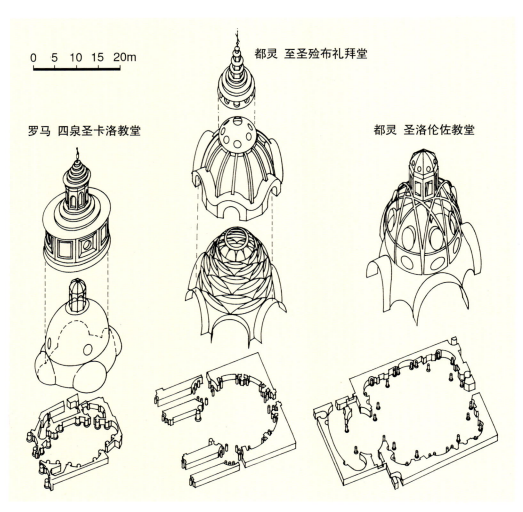

本页：

（上）图2-767 都灵 圣洛伦佐教堂。穹顶剖析图及和其他巴洛克建筑的比较（取自Robert Adam：《Classical Architecture》，1991年）

（下两幅）图2-770 都灵 圣洛伦佐教堂。内景

右页：

（上）图2-768 都灵 圣洛伦佐教堂。外景复原图（据De Bernardi Ferrero）

（下）图2-769 都灵 圣洛伦佐教堂。穹顶外景

那里研究神学、哲学、数学（特别是画法几何）和建筑，直到1647年。当时正是博罗米尼在罗马最活跃的时候，尚未完工的圣卡洛教堂的内部空间和小礼拜堂的南立面给瓜里尼留下了深刻的印象。1647年回到摩德纳后，他便致力于圣温琴佐教堂的设计。1655年，他去墨西

548·世界建筑史 巴洛克卷

拿，设计了至圣圣母领报教堂的立面（如今已毁）。然后，他又远赴巴黎任教。在那里，他进入了一个新的领域，试图把笛卡儿的理性和宗教信仰融合到一起，希望知道，人们如何能一方面进行逻辑的推理，另一方面又能想象出诸如复活和基督升天这样一些情节。瓜里尼从数学家和建筑师的角度分别给出答案。对他来说，想象是一种假设，是提供形式，重要的是实现它的技术。

建筑作品概况。1666年，瓜里尼来到都灵为萨伏依王室效劳，并在那里渡过了一生的大部分时间。当时这个新兴的首府正在被改造成一个具有规则平面的都城，并开始接触到跨阿尔卑斯山而来的法国影响。瓜里尼在

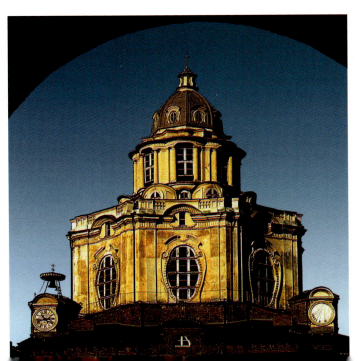

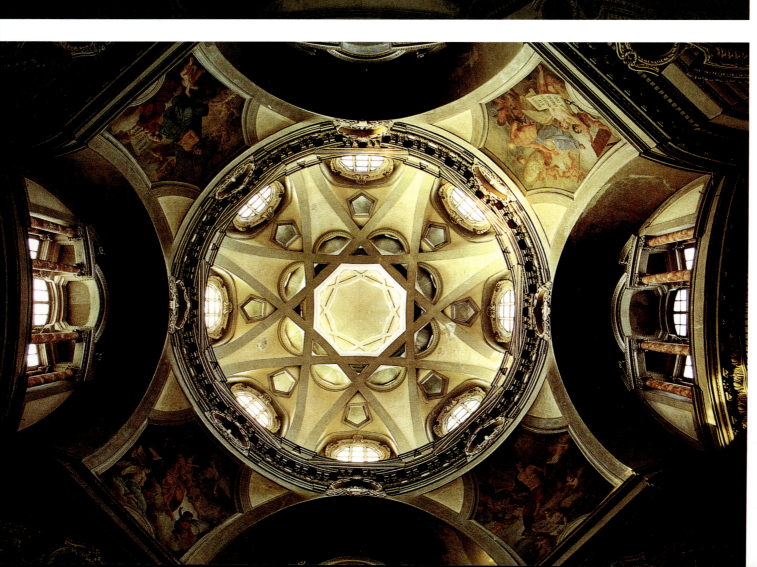

左页：
（上）图 2-771 都灵 圣洛伦佐教堂。室内仰视景色
（下）图 2-772 都灵 圣洛伦佐教堂。穹顶全景

本页：
（上）图 2-773 都灵 圣洛伦佐教堂。穹顶近景
（下）图 2-774 都灵 圣洛伦佐教堂。歌坛（司祭区）内景

这里开展了积极的活动，在为萨伏依公爵服务期间，他主持建造（或提供设计）的教堂和礼拜堂至少有六个，外加五座宫邸和一个城门。在圣洛伦佐教堂（1668~1687年）和至圣殓布礼拜堂（1667~1690年）中，他采用了集

图2-775 都灵 圣洛伦佐教堂。歌坛（司祭区）穹顶

(上) 图 2-776 科尔多瓦 大清真寺。内部巴洛克教堂现状
(中左) 图 2-777 都灵 卡里尼亚诺府邸 (1679~1692 年，瓜里诺·瓜里尼设计)。平面总图
(中右) 图 2-778 都灵 卡里尼亚诺府邸。平面及示意简图 (两图分别据 Haupt 及 Christian Norberg-Schulz)
(下) 图 2-779 都灵 卡里尼亚诺府邸。中央部分平面 (取自 John L. Varriano:《Italian Baroque and Rococo Architecture》, 1986 年)

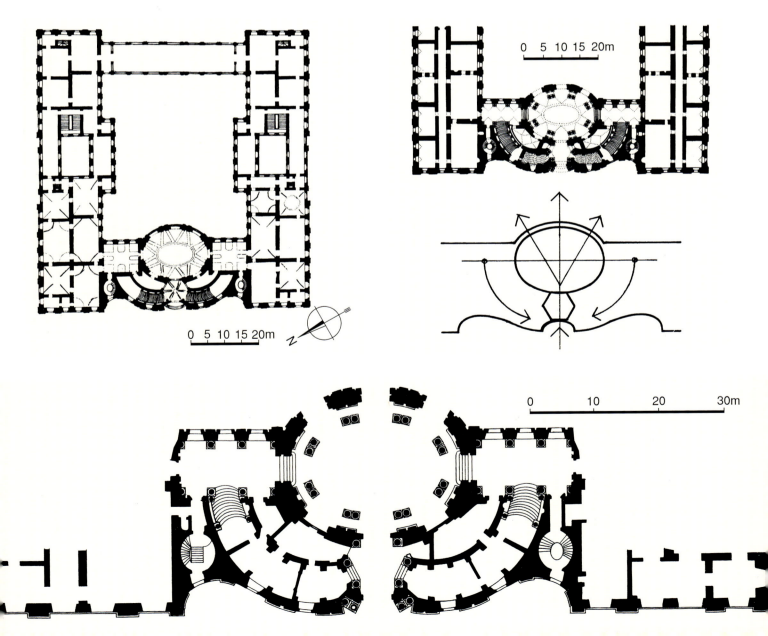

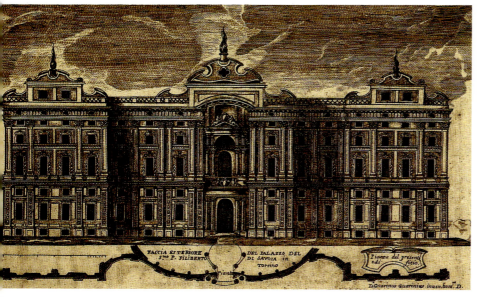

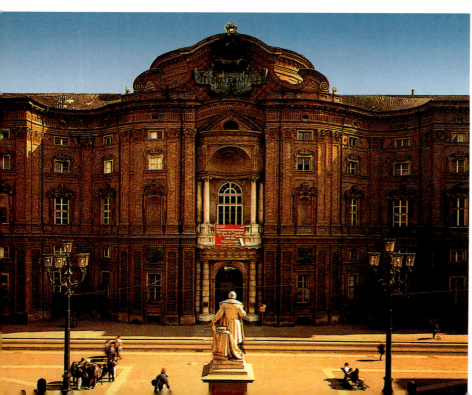

本页及右页：

（左上及左中）图 2-780 都灵 卡里尼亚诺府邸。立面及剖面（图版，现存都灵 Biblioteca Reale）

（右）图 2-781 都灵 卡里尼亚诺府邸。现状全景

（左下）图 2-782 都灵 卡里尼亚诺府邸。中央部分立面

中式平面，上部穹顶由交织拱券和镂空的网状结构组成。卡里尼亚诺府邸（1679 年）为瓜里尼宫邸设计中的精品。其波浪形的立面、豪华的曲线双楼梯以及大厅中令人称奇的双穹顶，成为 17 世纪后半叶意大利最优美的城市宫邸。以上这几个建筑，我们还要在下面进一步详述。

尽管瓜里尼的主要实践在都灵，但他的活动范围要远达里斯本和巴黎。在里斯本，他最著名的作品即 1755 年毁于地震的天道圣马利亚教堂，这个纵长建筑以其隐蔽光源和交织空间成为许多中欧教堂的范本。在巴黎，他建造了一个带穹顶的教堂（王室圣安娜教堂，1662 年及以后），虽然教堂在他离开后被人进行了修改，以后又被拆除，但对法国建筑仍然产生了一定的影响。

著述。从总体上看，在这时期的欧洲，尽管创作上进入成熟期且实践上硕果累累，但在系统的理论思考上却鲜有成就，以致维尼奥拉那本教科书式的著述（《论五种柱式》，1563 年）在几代人期间，仍然是建筑方面的经典手册。然而难得的是，瓜里诺·瓜里尼不但留下

（左右两幅）图2-783 菲利波·尤瓦拉：八角形教堂平面、立面及剖面设计（两图分别存罗马Accademia di San Luca和柏林Staatliche Museen Preussischer Kulturbesitz）

了一篇重要论文，还出版了六部著作，其中两部论建筑，四部论数学和天文学，并为巴伐利亚公爵和巴登总督提供了宫殿设计。

和同时代人相比，瓜里尼对哥特建筑采取了更为宽容的态度，并在一篇论文里对欧洲北方的哥特建筑进行了审慎的评价。他注意到，和古典建筑相比，哥特建筑在结构上要更为优越，他本人在实体墙分划上也运用了这些成果。其主要著作《民用建筑》（Architettura Civile）在他去世后于1737年出版（出版人为贝尔纳多·维托内），其中同样包含了哥特建筑的内容。

瓜里尼在都灵的一些充满独创精神的作品当时并不被古典派的批评家们看好，很快就被打入冷宫，这些作品实际上处于被遗忘的状态，直至今日。但在当时，他的许多建筑作品及设计由于1686年提前发表的一批版画已广为人知（这批版画系作为其《民用建筑》一书的插图），在德国，它更是一直影响到巴尔塔扎·纽曼的作品。

正如他在图版集里所概括的，其艺术主要是创造

（上）图 2-784 菲利波·尤瓦拉：离宫设计图

（下两幅）图 2-785 菲利波·尤瓦拉：三显贵别墅设计图（总平面、建筑群平面、立面及剖面，1702 年）

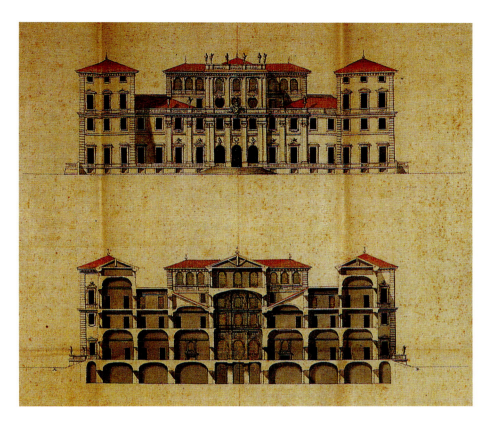

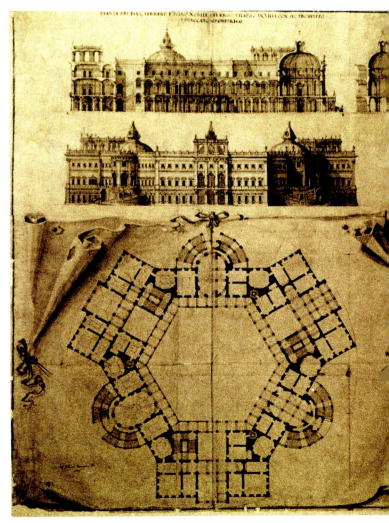

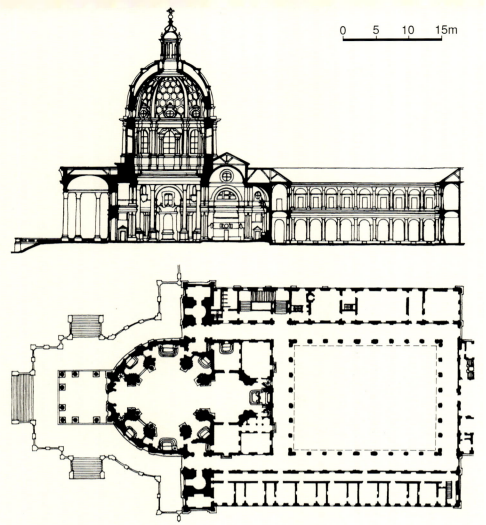

(上)图2-786 都灵 苏佩加圣母院教堂(1717~1731年,建筑师菲利波·尤瓦拉)。平面及剖面(取自Rudolf Wittkower:《Art and Architecture in Italy 1600 to 1750》,1982年)

(下)图2-788 都灵 苏佩加圣母院教堂。立面及剖面(图版作者Pietro Giovanni Audifredi,现存都灵Biblioteca Reale)

(上）图2-787 都灵 苏佩加圣母院教堂。平面详图（取自 John L.Varriano：《Italian Baroque and Rococo Architecture》，1986年）

(左下）图2-789 都灵 苏佩加圣母院教堂。立面（取自 Wilhelm Lübke 及 Carl von Lützow：《Denkmäler der Kunst》，1884年）

(右下）图2-790 都灵 苏佩加圣母院教堂。第一方案设计草图（作者菲利波·尤瓦拉，1715年，现存都灵 Museo Civico）

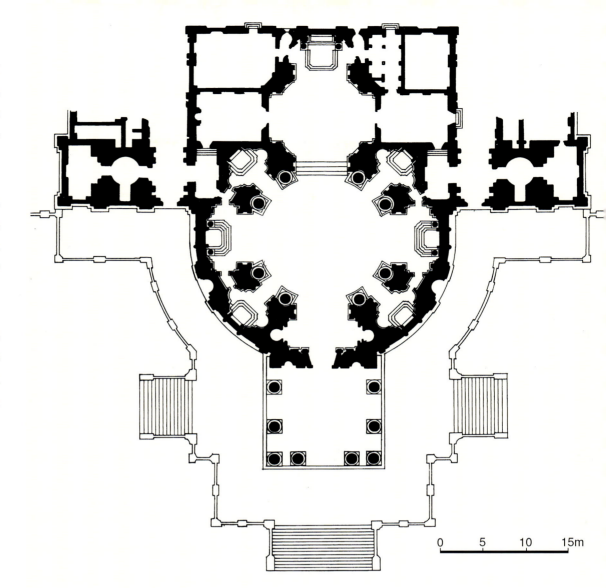

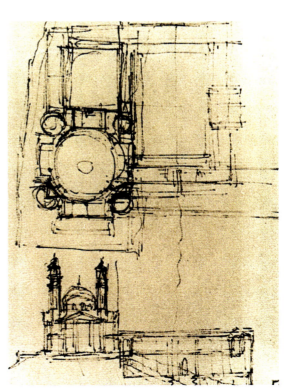

第二章 意大利·559

本页及右页：

（左）图2-791 都灵 苏佩加圣母院教堂。透视研究草图（作者菲利波·尤瓦拉，现存都灵 Museo Civico d'Arte Antica）

（中）图2-792 都灵 苏佩加圣母院教堂。木模型（作者菲利波·尤瓦拉和卡洛·马里亚·乌利恩戈）

（右）图2-793 都灵 苏佩加圣母院教堂。全景图（油画，作者 Giovanni Battista Bagnasacco，原作现存都灵 Palazzo Reale）

了一种新的组合内部空间并使之充满动态的方法。这种方法是建在立体几何的原则上，通过基本构成单元（圆形、椭圆形、多边形）来进行空间组合。虽说这种做法本身并不是什么新鲜事物，布鲁内莱斯基在他1420年设计的佛罗伦萨圣洛伦佐教堂的老圣器室里，已经采用了立方体和半球形叠合的形式；但布鲁内莱斯基得到的

是静态的造型，而瓜里尼却促成了一种动态形式的诞生。在版画里他提供了一个典型实例（采用十字形平面并带穹顶的会堂式建筑），在同一个平面里，左右两面、正面和负面效果相互转换。在侧廊部分，各圆形平面相互并列，而在中央本堂，则是交叉相切；交叉处穹顶进一步被侧面穹顶挤压抬升。拱顶的波浪形运动按

同样的节律与墙体曲线对应，但在左面，主要穹顶侵入侧面拱顶内，右面则相反，侧面拱顶叠跨在主要穹顶上。除了这个理想平面外，还有两个属后期的教堂设计，同样采用了集中式平面，自相近的布局形制出发并用了类似的形式，但一个是向外膨胀，一个是向内收缩。

影响及评价。在建筑创作上，瓜里尼主要追随博罗米尼（亦即走所谓"第三条道路"），而且是一个真正具有独创精神的博罗米尼的弟子。他继续致力于其前任开创的研究，确定综合体系的新特点，同时探讨将空间作为建筑主要构成要素来处理的可能性。作为一位对立体几何特别感兴趣的知识界人士，瓜里尼在空间方面的大

图 2-794 都灵 苏佩加圣母院教堂。现状全景

胆试验构成其建筑设计的主要特色。他的建筑分划和装饰极具个人特色,但他所表达的内容由于过于深奥,并不是马上就能得到人们的理解。如以细部处理繁复而出名的都灵的贵族院(1679年)。其作品也因此未能产生后续的影响。然而,正如我们已经和将要看到的,他的空间处理方式,为人们开辟了新的视野,具有重要的意义。他借助精心拟订而且是理性的空间扩展体系,使复杂的非理性的内容具体化。因而,如贝尔尼尼及博罗米尼那样,瓜里尼的主要目标也是使非理性的内容成为客观实体(即所谓"客观化",objectivation)。但如果说马代尔诺、贝尔尼尼和博罗米尼都是罗马巴洛克建筑代表人物的话,瓜里尼的作品则不属于任何特定的地域环境。尽管其风格具有强烈的个人特色,但他所表达的,仍是反宗教改革派教会的普适价值。

瓜里尼的作品标志着古典类型——它首先表现在空间构造的图式上——的终结。基于这一事实,也有人把他视为近代建筑的一位先驱。实际上,瓜里尼并没有把空间作为他首要考虑的内容,而是优先考虑形成这个空间的技术和结构。

右页:图 2-795 都灵 苏佩加圣母院教堂。立面近景

左页：

图2-796 都灵 苏佩加圣母院教堂。廊院景色

本页：

（下）图2-797 都灵 苏佩加圣母院教堂。穹顶内景

（上）图2-798 博洛尼亚 圣卢卡圣母院（1723~1757年，设计人卡洛·弗朗切斯科·多蒂）。平面（据Rudolf Wittkower，经改绘）

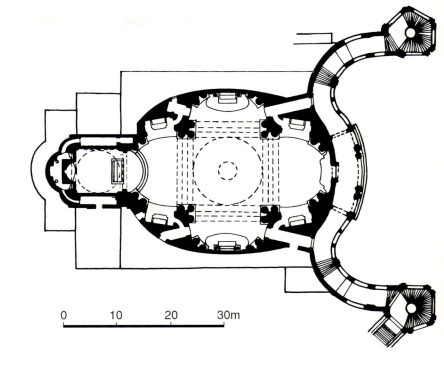

至圣殓布礼拜堂

瓜里尼设计的至圣殓布礼拜堂（1667~1690年，平面、剖面及剖析图：图2-744~2-751；外景及内景：图2-752~2-757），系为了保存当时为萨伏依王室所有的这个圣迹[耶稣的殓布，所谓都灵寿衣（Turin Shroud），图2-758、2-759]。在经过长期讨论之后，人们最后决定将礼拜堂建在教堂东端、紧靠王宫处。

在这里，瓜里尼所遇到的问题和此前博罗米尼在

(上) 图2-799 都灵 马达马府邸（1718~1721年，建筑师菲利波·尤瓦拉）。外景

(下) 图2-800 都灵 马达马府邸。楼梯内景

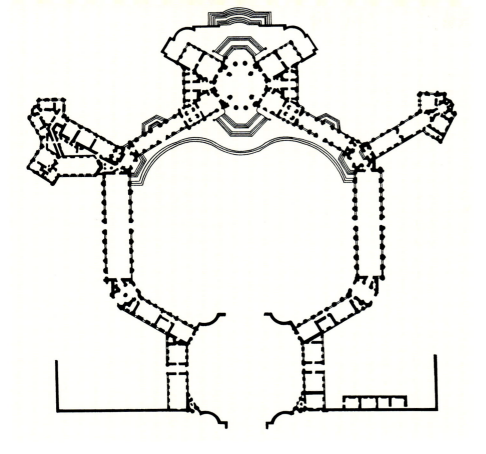
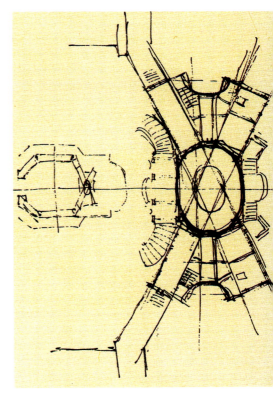
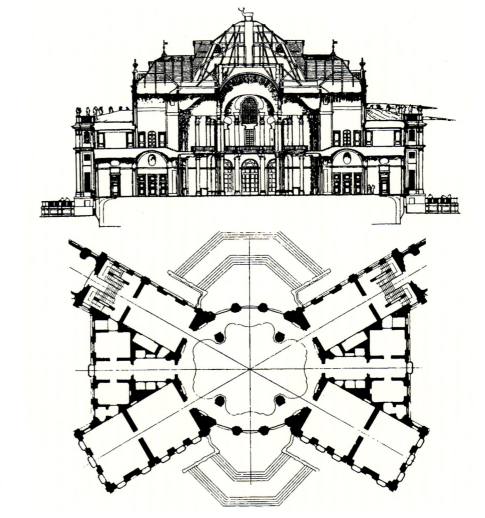

(左上) 图 2-801 斯图皮尼吉 猎庄（1729~1733 年，建筑师菲利波·尤瓦拉）。平面（据 Rudolf Wittkower）

(下) 图 2-802 斯图皮尼吉 猎庄。主体部分平面及剖面（取自 Leonardo Benevolo：《Storia della Città》，1975 年）

(右上) 图 2-803 斯图皮尼吉 猎庄。平面草图（作者菲利波·尤瓦拉）

（上及中）图2-804 斯图皮尼吉 猎庄。立面全景（上）及院落景色（中）

（下）图2-805 斯图皮尼吉 猎庄。院落面主体景色

图 2-806 斯图皮尼吉 猎庄。院落面近景

设计圣阿涅塞教堂时的情况颇为相近。礼拜堂早先已由阿马德奥·迪·卡斯泰拉门特主持开工并建到第一层柱子的高度。当瓜里尼于1667年接手的时候，他需要迁就一个内切于圆形的空间。同时还需要彻底改造这个为建鼓座和穹顶而搞的单一设计。

在这个圆形空间里，墙面已被分为相等的九个跨间，周围八个柱墩之间安置了九个"帕拉第奥母题"（既在大柱间安置次级小柱的构图模式，详见《世界建筑史·文艺复兴卷》）。九个跨间每两个之间用一道大券相连。通过三道这样的拱券连接六跨，余下三跨作为入口。其中两个通向教堂，一个与公爵府相连。由于从教堂通向礼拜堂的两个梯道和礼拜堂的圆周形成一个斜角，因而他在这里引进了两个过渡的圆形空间，后者伸入到主要空间内，同时确定了踏步的外凸形式。就这样在两个层位之间确立了连续的运动。上述三个大券支撑着三个帆拱，而不是像通常那样为四个。瓜里尼在通常认为是应力最集中的帆拱区开设了大窗，每个入口上亦开同样的窗户，因而创造了六个部件的规则节律。它和九部分及三部分的基本分划一起，形成了非凡的对位排列。圆形平面的底层通过这种独特的三角形帆拱体系过渡到鼓座下直径较小的圆形，由三个大券支撑着传统的穹顶座环。帆拱以上设鼓座的做法同样见于博罗米尼的作品。在这部分，构图可说基本上没有越出传统的范围。但接下来的穹顶本身样式却不同寻常。"鼓座"部分为类似

图2-807 斯图皮尼吉 猎庄。大沙龙内景

右页：图2-808 斯图皮尼吉 猎庄。大沙龙仰视景色

图2-809 斯图皮尼吉 猎庄。大沙龙上层环廊

右页：图2-810 斯图皮尼吉 猎庄。大沙龙穹顶全景

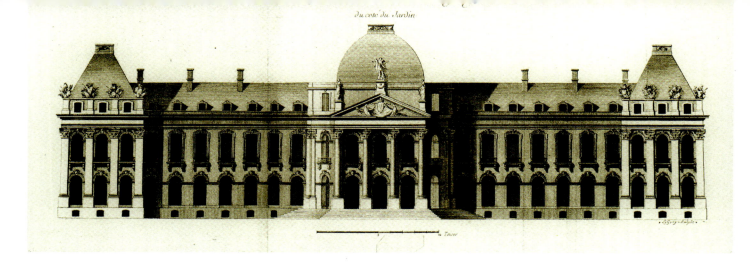

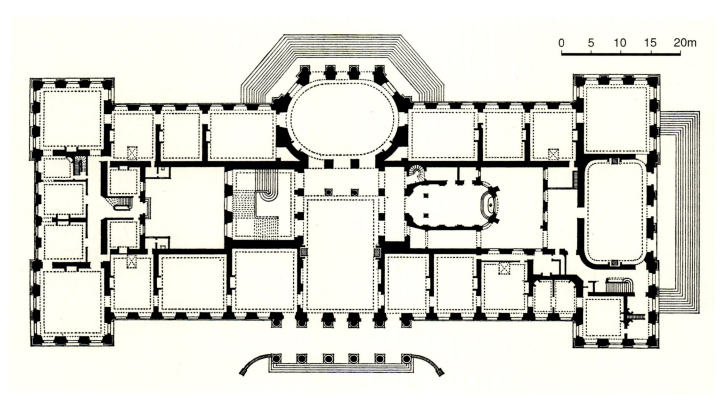

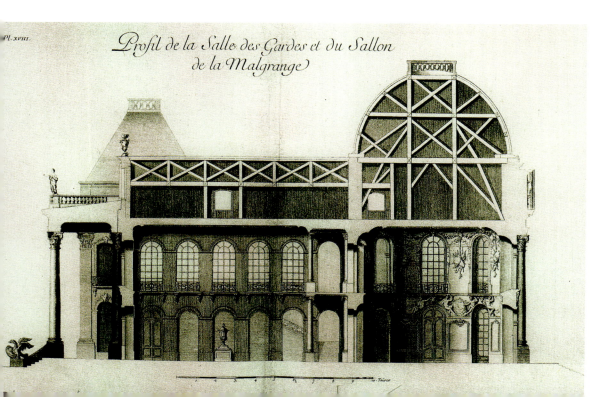

（上及中）图 2-811 南锡 马尔格朗热府邸。热尔曼·博夫朗方案 I（平面及立面，1712~1715 年，未实施，据 Wend von Kalnein, 1995 年）

（下）图 2-812 南锡 马尔格朗热府邸。热尔曼·博夫朗方案 I（沙龙剖面及装饰设计，1711 年，取自热尔曼·博夫朗：《Livre d'Architecture》，图版 18）

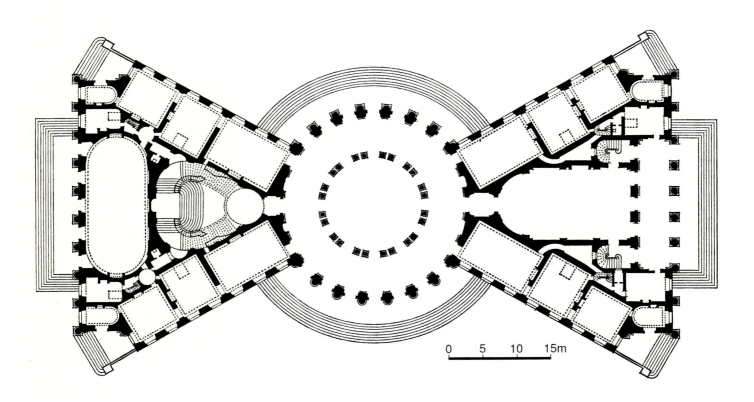

（上及中）图 2-813 南锡 马尔格朗热府邸。热尔曼·博夫朗方案 II（底层平面及院落剖面，约 1712 年，平面据 Wend von Kalnein, 1995 年，剖面取自热尔曼·博夫朗：《Livre d'Architecture》）

（下）图 2-814 南锡 马尔格朗热府邸。热尔曼·博夫朗方案 II（立面，取自 Jean-Marie Pérouse de Montclos：《Histoire de l'Architecture Française》，1989 年）

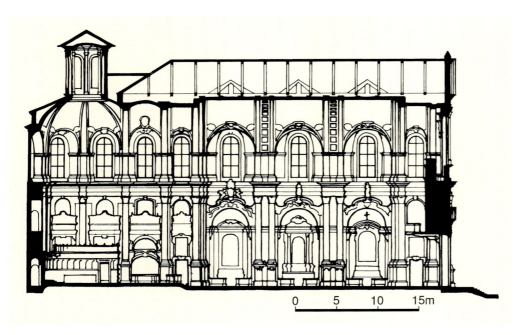

（上）图2-815 都灵 卡尔米内教堂（1732~1735年，设计人菲利波·尤瓦拉）。剖面（据Rudolf Wittkower）

（左下）图2-816 都灵 卡尔米内教堂。外景

（右下）图2-817 都灵 卡尔米内教堂。本堂内景

王室圣安娜教堂那样的双重墙体，内层开巨大的拱洞。由这些洞口拱券支撑的一系列肋券将六个拱券的中心连结起来（即在鼓座上开的六个插入拱顶内的窗券上，于相邻的窗户轴线上方起拱），使圆形在这里变为六角形。在该层六个拱券之上，用同样方式交错布置五层计30个拱券；最后由36根弧形肋券组成的穹顶结构形成网扣花边状的图案，所确定的六个六边形中，三个和另三个之间形成30°角。穹顶尽管并不是很高，但由于部件逐层缩减，强烈的透视效果使人们产生了高耸的幻觉。肋券之间嵌入小的窗洞，使整个上部结构如同一个

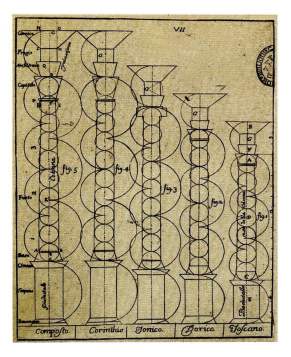

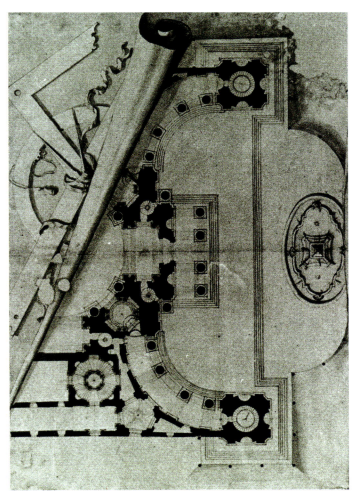

(左上)图 2-818 贝尔纳多·维托内:著作插图(柱式比例,1760 年)

(左下)图 2-819 贝尔纳多·维托内:著作插图(米兰大教堂立面设计,1766 年)

(右上及右下)图 2-820 贝尔纳多·维托内:著作插图(带钟楼的集中式教堂,平面及外景设计)

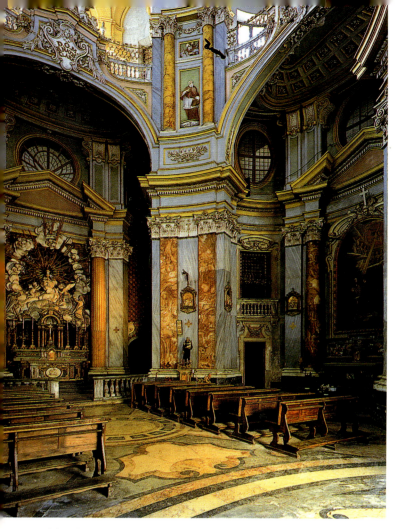

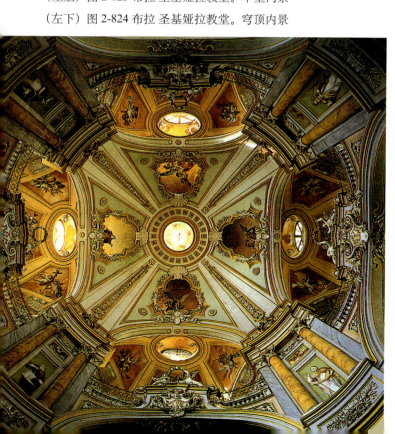

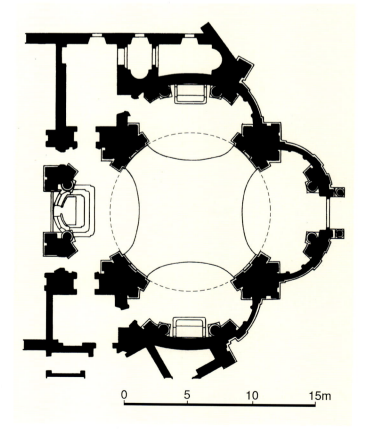

（右上）图 2-821 布拉 圣基娅拉教堂（1742 年，贝尔纳多·维托内设计）。平面、立面及剖面设计

（右下）图 2-822 布拉 圣基娅拉教堂。平面（据 John L.Varriano，1986 年，经改绘）

（左上）图 2-823 布拉 圣基娅拉教堂。本堂内景

（左下）图 2-824 布拉 圣基娅拉教堂。穹顶内景

（左上）图 2-825 都灵 瓦利诺托（圣母访问）圣所（1738~1739 年，贝尔纳多·维托内设计）。平面及剖面（图版，取自 Rudolf Wittkower：《Art and Architecture in Italy 1600 to 1750》，1982 年）

（左下）图 2-826 莱切 圣十字教堂（1606~1646 年，立面设计 Giuseppe Zimbalo）。立面外景

（右）图 2-828 那波利 卡波迪蒙特博物馆（1757~1759 年）。陶瓷厅内景

透空雕镂的金字塔或哥特塔楼的尖顶，在逆光背景下，显得格外轻快。通过这一系列起突角拱作用的开敞肋券，拱顶向上会聚成一个位于高处好似悬浮在空中的十二角星。巨星中间为圣鸽造型。由于圣迹如在墓中一样被完全掩盖在一个包铜的黑色大理石下，因而自上面泻下的光线显得格外明亮。建筑里到处采用的黑色大理石进一步突出了这种非理性的特点。精心制作的两类藻井，将后殿和帆拱区分开，这也是瓜里尼喜用的一种手法。入口前厅位于平面三角形端头由柱子支撑的三个如圆庙状的形体内，其内以微缩的形式重复了主要空间的母

第二章 意大利 · 579

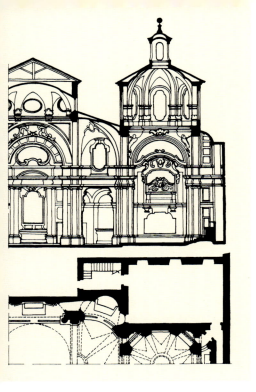

（左上）图2-827 都灵 广场圣马利亚教堂（1751~1754年，贝尔纳多·维托内设计）。平面及剖面（局部，取自Rudolf Wittkower：《Art and Architecture in Italy 1600 to 1750》，1982年）

（右上）图2-829 那波利 圣马利亚教堂（1651~1717年，建筑师科西莫·凡扎戈）。平面及剖面（据Rudolf Wittkower，1982年）

（中）图2-830 那波利 18世纪港湾景色（油画，Giovanni Battista Lusieri绘，1791年）

（下）图2-832 那波利 波韦里旅馆。立面及剖面设计（渲染图，1748年）

题。各处均以三角形为出发点形成复杂的几何图案，显然是为了在视觉上表达三位一体的宗教信条。

在室外，典型的伦巴第式鼓座将穹顶围括在内，外部形成阶台状，上冠螺旋形尖顶，颇似博罗米尼设计的罗马圣伊沃教堂。

从上述表现可以看出，尽管瓜里尼在许多方面都接近博罗米尼，如借助三角形的几何图案、采用装饰及构造母题，但处理设计的方式完全不同。博罗米尼虽然也在设计中引进许多对比，但他最终的目的，仍是取得构思的统一。而瓜里尼却是有意制造悖论，通过不协调创造令人惊异的效果。他追求的是反衬，是对立，是出乎意料的诧异。处在一个既定的空间里无法预测下一

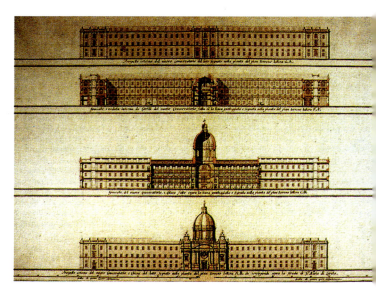

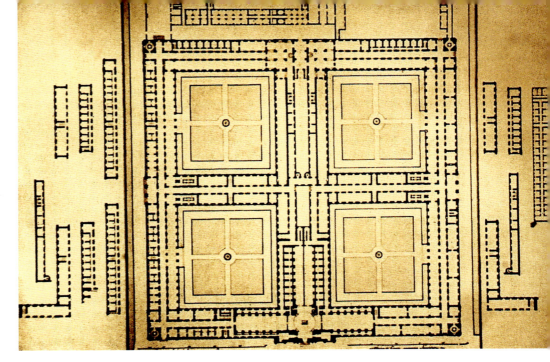

（上及中）图 2-831 那波利 波韦里旅馆（费迪南多·富加设计）。平面方案（上下两幅分别为 1750~1751 年和 1751 年拟订的第一和第二方案，原稿现存罗马 Gabinetto Nazionale di Stampe）

（左下）图 2-833 卡塞塔 王室宫堡（1751/1752~1772 年，建筑师路易吉·万维泰利）。宫堡及花园总平面

（右下）图 2-834 卡塞塔 王室宫堡。主体建筑平面（图版，取自《Dichiarazione dei Disegni del Reale Palazzo di Caserta》）

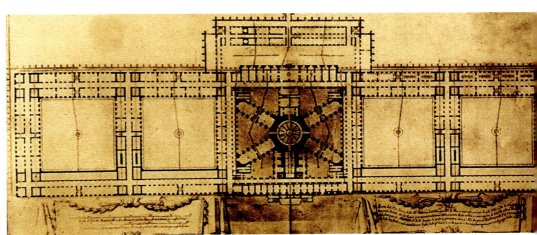

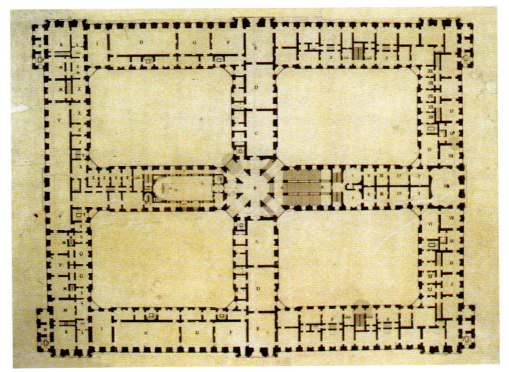

第二章 意大利 · 581

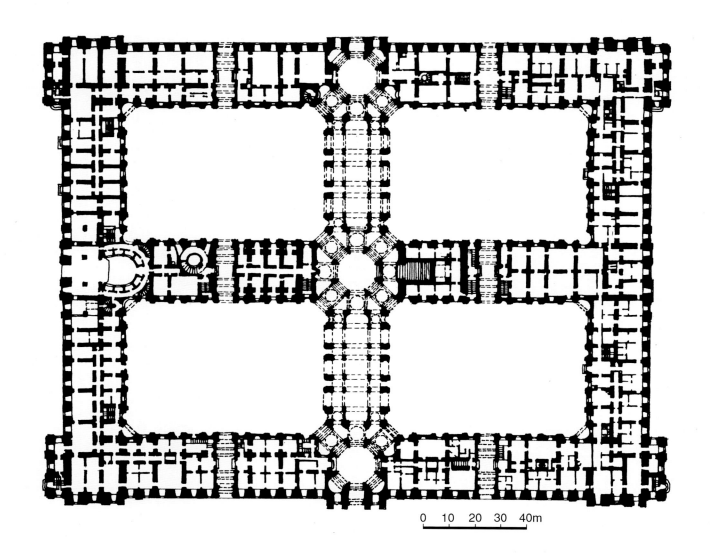

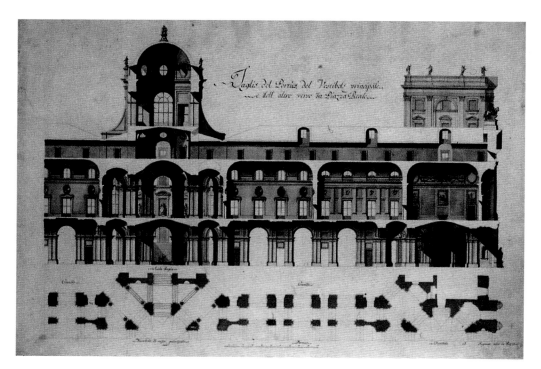

(上)图2-835 卡塞塔 王室宫堡。主体建筑平面(据Rudolf Wittkower,1982年)

(下)图2-836 卡塞塔 王室宫堡。主体建筑剖面(图版,取自《Dichiarazione dei Disegni del Reale Palazzo di Caserta》)

（上）图 2-837 卡塞塔 王室宫堡。花园立面（设计图，取自《Dichiarazione dei Disegni del Reale Palazzo di Caserta》）

（下）图 2-838 卡塞塔 王室宫堡。立面模型（中央部分，作者 Antonio Rosz 及其助手）

个是什么。在立面上引进连续然而是相互割裂的装饰，同样是为了强调这种矛盾的命题。

都灵圣洛伦佐教堂

属德亚底安修会的圣洛伦佐教堂（1668~1687 年，室内 1679 年完成，平面、剖面及剖析图：图 2-760~2-767；外景：图 2-768、2-769；内景：图 2-770~2-775），位于一个紧靠城市主教堂和王宫的地段。外部近于矩形的形体极为紧凑，仅穹顶外露。从外部很难想象出室内不同寻常的空间。

第二章 意大利 · 583

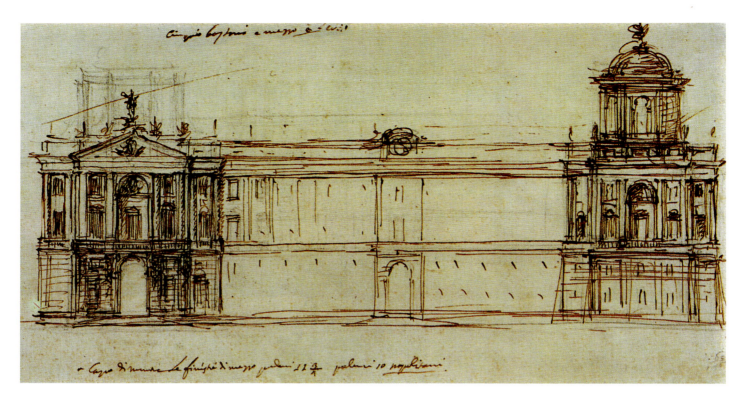
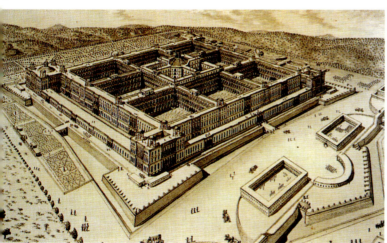
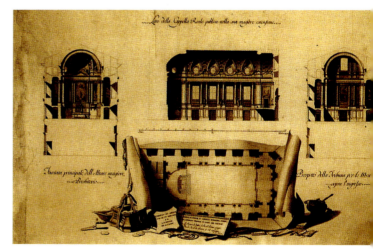

左页：

（上）图 2-839 卡塞塔 王室宫堡。立面方案（作者路易吉·万维泰利，为 1751 年 12 月 7 日向国王阐明设计意图的草图，端部设塔楼或仅配古典山墙）

（中左）图 2-840 卡塞塔 王室宫堡。设计方案（作者 M.Gioffredo，未实现，整体设计和路易吉·万维泰利的构思有些类似）

（中右）图 2-841 卡塞塔 王室宫堡。宫廷礼拜堂，平面及剖面（图版，作者路易吉·万维泰利）

（下）图 2-842 卡塞塔 王室宫堡。王室礼拜堂，模型（卡塞塔 Museo Vanvitelliano 藏品）

室内主要会众区通过各边及角上向中心凸出的曲面，将方形平面转换成各面内曲的八角形。各区段圆券支撑在大理石柱上，形成所谓"帕拉第奥母题"。在由 16 根红色大理石柱子围括的这个装饰华丽的核心外，视线可直达外墙。但由于类似母题不断重复，特别是礼拜堂内的曲线柱顶盘，使空间显得极为复杂，人们很难把握整个构图形制。至八角形檐口处节奏放缓，具有精确线脚的檐口沿整个曲面延续，整个结构给人一体的

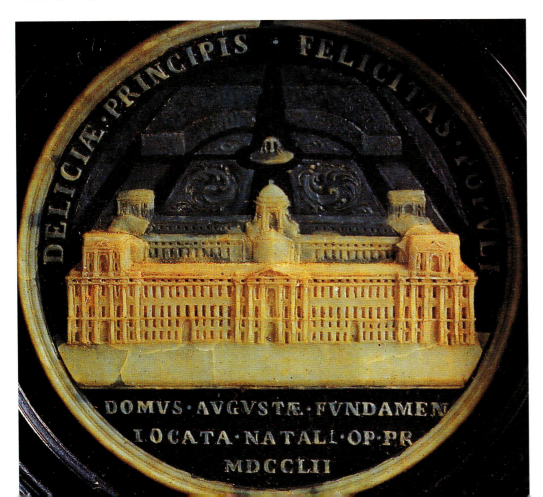

本页：

（上）图 2-843 卡塞塔 王室宫堡。中国塔，模型（作者 Antonio Rosz，现存卡塞塔 Museo Vanvitelliano）

（下）图 2-844 卡塞塔 王室宫堡。奠基纪念章（模型，作者 Hermenegildo Hamerani，那波利 Museo Nazionale di San Martino 藏品）

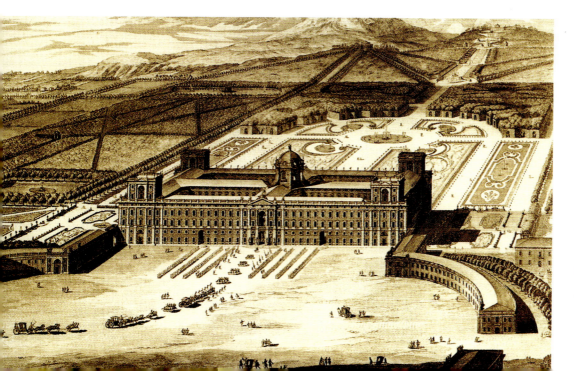

本页：

（上）图 2-845 卡塞塔 王室宫堡。19 世纪景色（油画，作者 S.Fergola，1846 年，最初设计的中央穹顶和角上塔楼未建）

（中）图 2-846 卡塞塔 王室宫堡。鸟瞰全景（版画，图示花园面景色，取自《Dichiarazione dei Disegni del Reale Palazzo di Caserta》）

（下）图 2-847 卡塞塔 王室宫堡。鸟瞰全景（版画，图示广场面景色）

右页：

（上）图 2-849 卡塞塔 王室宫堡。立面全景

（下）图 2-850 卡塞塔 王室宫堡。立面近景

图2-848 卡塞塔 王室宫堡。现状俯视全景

印象。但这种平静的感觉转瞬即逝，在帆拱高度，八角形又被灵巧地变幻成希腊十字形，"帕拉第奥母题"再次出现。人们可看到被窗户的椭圆形切断的第二道檐口，就这样，在结构层面上，又一次导致了悖论。在高处的这些椭圆窗户之间再起拱腹，跨越各组三联窗并在总体上形成一个八面体。最后是第二个鼓座和第二个穹顶。开敞的交织肋券重新阐述八角形的母题，华美通透的穹顶在光线的照耀下倍感生动、突出。

主要空间前为门廊,后部为外廊矩形的歌坛(也有作者称其为"第二教堂"或"祭坛礼拜堂")。后者以柱子和中央主要空间及光亮的背景面分开。同心椭圆形平面外圈向内部分和主教堂叠合。在这里,人们可看到主教堂母题的各种变体形式。

瓜里尼的构图法则非常清楚:穹顶是他的构图重点,在其《论建筑》(Traité sur l'Architecture)的导论里,曾对此有详尽的阐述。对博罗米尼来说,圣彼得大教堂的

左页：

图 2-851 卡塞塔 王室宫堡。中央门楼近景

本页：

（上）图 2-852 卡塞塔 王室宫堡。中央门楼细部

（下）图 2-853 卡塞塔 王室宫堡。花园景色（于中轴线上布置层层下降的水池）

图 2-854 卡塞塔 王室宫堡。花园，维纳斯和阿多尼斯喷泉

图 2-855 卡塞塔 王室宫堡。花园，狄安娜喷泉（雕刻组群作者 Paolo Persico，1785~1789 年，显示在洗浴时受到猎人亚克托安惊扰的猎神狄安娜及其侍女们）

(上及中三幅)图 2-856 卡塞塔 王室宫堡。花园，瀑布阶台(路易吉·万维泰利设计，上图为 1769 年 A.Joli 绘制的油画，表现 1762 年 5 月 7 日泉水引到宫殿时的盛况)

(下) 图 2-857 卡塞塔 王室宫堡。花园，埃俄罗斯泉池

(上下两幅)图 2-858 卡塞塔 王室宫堡。英国花园,回廊内景及"假残迹"(fake ruins)景色

(上）图 2-859 卡塞塔 王室宫堡。前厅，内景模型（作者 Antonio Rosz，现存卡塞塔 Museo Vanvitelliano）

(下）图 2-860 卡塞塔 王室宫堡。前厅，内景（前为古罗马时的赫丘利雕像）

本页：
图2-861 卡塞塔 王室宫堡。上前厅，内景（端头为象征最高统治者的雕像）

右页：
图2-862 卡塞塔 王室宫堡。楼梯间，第一跑楼梯透视景色

穹顶是最完美的样板；即使在他放弃了这一具体模式的时候，这个穹顶所体现的构图统一也仍然是他信奉的准则。而瓜里尼的穹顶究竟以什么为范本，目前还说不清楚，但人们能完全理解他的意图。他在论文中指出，哥特建筑师把他们的承重结构精练到使其成为奇迹。在他的这个作品里，柱子和墙体的组合及通透的表现确实有些类似室外由轻快部件环绕的哥特建筑。当他以这种半通透的结构取代穹顶的传统球面时，所追求的，或许正是这样的意境。正如他倍加赞赏的哥特建筑那样，这类结构似乎是暗示了一种无限神秘的理念。

从室内朝顶上望去，圣洛伦佐教堂的景色显得非常统一，成对相交的肋券形成了极其悦目的穹顶图案。因而，也有人认为，其范本有可能是来自科尔多瓦大清真寺那种摩尔人的建筑（事实上，这个建筑内部现已部分被改造成了巴洛克风格的教堂，图2-776）。当然，瓜里尼同样可在西西里见到过类似的范本。阿拉伯人也常用灰泥在完整的穹顶面上制作这类图案。在圣洛伦佐教堂，网状肋券系覆盖整个大厅，并在基部开设大窗。由于光线照射均匀，从下面望去，穹顶好似平面；事实上，它和下面的拱廊具有同样的高度且上承开窗的沉重顶塔。从技术上看，这是一个了不起的成就。在瓜里尼这里，结构部件已被升格为创作灵感的来源。古典穹顶往往被看作是封闭的天穹，而在这里，它被想象为无限的世界，明亮的室内成为宇宙的象征。作为整个空间分划基础的四元节律正好对应具有四个方位的世界结构。

卡里尼亚诺府邸
在采用方格网式规则布局的城市框架下，瓜里尼

设计的两个教堂的穹顶给人们留下了新颖和不同凡响的印象。他设计的宫殿立面也产生了同样的效果。建于1679~1692年的卡里尼亚诺府邸（平面、立面及剖面：图2-777~2-780；外景：图2-781、2-782）原为卡里尼亚诺君王的宫邸，1860年成为意大利第一个国会的所在地，是这位建筑师的一个既有数学般的精确严密又具有神奇想象力的作品。它已成为绝对君权时期官方建筑的代表作，其影响更从都灵扩散到整个王国，并和富有创新意识的博罗米尼的宫殿设计一样，进一步影响到意大利北方的民用建筑（特别是室内的丰富装饰）。有人还认为它代表了17世纪意大利宫殿建筑的最新潮流。

这是个采用"U"字形平面的巨大建筑，两翼向前伸出（原来朝花园开放的侧面后被封闭），但这个习见的平面模式却因中央部分的新颖处理获得了新的诠释。在角上两个方形体量之间，中央这部分布置双跑曲线楼梯和一个椭圆形大厅。大厅和楼梯一起向建筑两边凸出（这种解决方式显然是受到贝尔尼尼的第一个卢浮宫设计的启示，但瓜里尼空间关系的处理要更为自由，部件的综合也更为先进）。在底层，这个圆堂系作为前厅使用，它不仅是宫殿室内各种活动的集中处所，同时也是通向院落的辐射路径的中心。主层设大沙龙，上部于高大的鼓座内置截锥穹顶，形如塔楼，外立面于前方另

本页：

（上）图 2-863 卡塞塔 王室宫堡。楼梯间，休息平台处内景

（下）图 2-864 卡塞塔 王室宫堡。楼梯间，自休息平台望上部厅堂

右页：

图 2-865 卡塞塔 王室宫堡。楼梯间，通向上部厅堂的楼梯段

起山墙作为呼应（以后在德国，这些均成为流行做法）。位于椭圆形体和主立面之间的曲线楼梯联系上下两层。立面依此曲线形成连续和波动的统一外壳；中央外凸、两边内凹的形体外部对比分明，同时和内部空间构成互补关系。立面外凸部分中心向内凹进，并于其中纳入两层凸面亭阁式门廊，该部分可视为博罗米尼在教义传播宫所用母题的变体形式。墙面分划由两种巨柱式叠置而成，下部为经过改造的多立克柱式，上部科林斯柱式亦经自由处理。立面由特殊的粗面石砌筑，并用陶饰组成华美的窗框，墙体装饰之间镶砌砖面则为这位大师特有的做法。院落立面装饰更是别出心裁，密集成对的壁柱满布星星图案。总的来看，这座宫邸具有一种真正的纪念品性，空间单位更是彼此关联，不愧为17世纪世俗建筑中的杰出范例。在另一个所谓"法国宫殿"（Palazzo

图2-866 卡塞塔 王室宫堡。廊道内景

Francese，图1-93）的设计中，瓜里尼采用了互动并置的原则，围绕着庭院创造出一种连续波浪形的运动，只是这种想法并没有对当时的世俗建筑产生多大的影响。

[菲利波·尤瓦拉及其作品]

生平

进入18世纪以后，罗马已丧失了后劲；它的两个最重要的建筑师相继离开了城市，万维泰利去那波利，菲利波·尤瓦拉（1676/1678~1736年）则来到刚刚成立王国的皮埃蒙特地区的首府都灵。

出生于墨西拿的菲利波·尤瓦拉最早是在墨西拿跟着他的父亲、一位金银匠开始学徒生涯。在接下来的十年里，又去了罗马，师从卡洛·丰塔纳。丰塔纳劝他忘掉此前学的一切，跟其导师学习后期巴洛克的学院派古典艺术。当时在万神庙的整修过程中，已有许多新发现，显示出一种敏锐的舞台布景的观念和意识。在这样的环境激励下，尤瓦拉广泛涉猎工艺美术和舞台设

（上两幅）图 2-867 卡塞塔王室宫堡。御座室，内景及御座（设计人 Gaetano Genovese，1827 年后）

（下）图 2-868 卡塞塔 王室宫堡。宫廷礼拜堂，内景

第二章 意大利 · 601

本页：

（上下两幅）图 2-869 卡塞塔 王室宫堡。宫廷剧场，内景（平面马蹄形，42 个豪华包厢布置成三层；上图示从国王包厢望去的情景）

右页：

图 2-870 卡塞塔 王室宫堡。战神厅，内景（装饰属法国人统治那波利期间，已开始具有新古典主义的特色）

计等领域。他创作了许多舞台装饰作品,表现出丰富的想象力;接下来又赢得了圣卢卡学院专为建筑师举办的一次竞赛(Concorso Clementino),获得了相当高的声誉。在萨伏依王室的维克托-阿梅代二世被拥戴为西西里国王并请他到都灵供职时,作为舞台装饰家已享有一定的名声的尤瓦拉,进一步在建筑界崭露头角。

尤瓦拉初入建筑行业时系以瓜里尼的作品为榜样。但当他1714年到都灵时,离瓜里尼辞世(1683年)已有30年,看来他们之间难有直接的联系,况且,其建筑理念也不尽相同。他的舞台实践使他熟悉各种场景的制作和光影变化的技巧,特别是后者,对他创造各种透视效果大有助益。在接下来的若干年里,作为"君王的第一任建筑师",他提出了各种设计方案,内容涉及教堂(图2-783)、宫邸(图2-784)、别墅(图2-785)和城市街区[如卡尔米内大街和瓦尔多科大道之间的地段(1716~1728年)、米兰大街和伊曼纽-菲利贝托广场之间的地段(1729~1733年)]。特别值得一提的是,他很善于根据任务的性质,确定作品的基调。例如,在设计马达马(夫人)府邸时,他以凡尔赛宫作为范本;在构思苏佩加教堂时,则将目光转向罗马。

作为建筑师,他的声誉很快超越了国界:他时而在葡萄牙工作,时而在伦敦和巴黎,最后又到马德里,并于1736年在那里去世。

苏佩加圣母院

位于都灵附近群山地带,面对着阿尔卑斯山脊的苏佩加教堂(1717~1731年,平、立、剖面及设计:图2-786~2-792;外景:图2-793~2-796;内景:图2-797),

是尤瓦拉的一个著名作品。它既是还愿教堂（为纪念1706年战胜法国人），同时也是萨伏依家族的陵寝所在地。这个将教堂和修道院合为一体的圣所（sanctuary）位居山顶高处，俯视着都灵城区。

教堂采用了近似希腊十字形的集中式平面，前方布置柱廊。它可能是以罗马万神庙为范本。但考虑到位于高处和远离城市中心的地理位置，许多地方都有所变更。主体部分内部为高大单一的圆柱形空间，穹顶鼓座进一步抬高，鼓座及穹顶上均开窗，礼拜堂开口位于下部。向前凸出的入口柱廊平面近于方形，三面均可上去，

构图上具有更重要的地位。尤瓦拉这个建筑的简朴形象和近50年前瓜里尼建造的教堂形成明显的反差。其规模和气势有些类似贝尔尼尼的圣安德烈教堂。为建筑主体增加一个背景部分的做法则使人想起科尔托纳设计的太平圣马利亚教堂。在建筑两翼立面上,塔楼——其灵感可能是来自博罗米尼——同样具有相当的高度。

教堂位于一个矩形柱廊院的前面,高耸在修院建筑之上,在尺度和所用的建筑材料上均和后者有所区别。

左页:
(上下两幅) 图2-871 卡塞塔 王室宫堡。春室(接待厅),内景及天顶画(作者Dominici)

本页:
(左上) 图2-872 卡塞塔 王室宫堡。夏室,内景(绘画作者F.Fischetti, 1777~1778年)

(右上) 图2-873 朱塞佩·比比埃纳:戏剧场景(一位佚名画家据比比埃纳设计绘制,蒙特利尔Collection Centre Canadien d'Architecture 藏品)

(下) 图2-874 费迪南多·比比埃纳:装饰构图设计

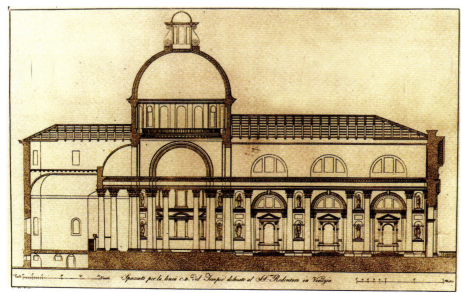

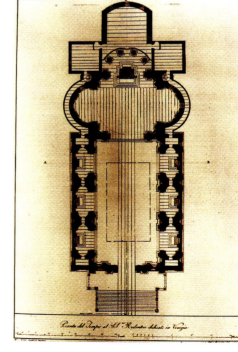

（左上）图 2-875 费迪南多·比比埃纳：宫殿大厅楼梯设计（原稿现存蒙特利尔 Collection Centre Canadien d'Architecture）

（右上）图 2-876 那波利 圣母领报教堂（1762年，建筑师路易吉·万维泰利）。平面

（下两幅）图 2-877 威尼斯 救世主教堂（建筑师帕拉第奥）。平面及纵剖面（图版取自 Cicognara 等：《Le Fabbriche》）

（上）图 2-878 威尼斯 康健圣马利亚教堂（1631~1687年，设计人巴尔达萨雷·隆盖纳）。地段总平面：上、巴尔达萨雷·隆盖纳最初设计复原图（复原作者 Andrew Hopkins，图版绘制 Joseph Kemish）；下、现状（图版绘制 Joseph Kemish）

（右下）图 2-879 威尼斯 康健圣马利亚教堂。地理位置及视线分析（作者 Raphael Helman，建筑位于圣马可大教堂和救世主教堂中间，与圣乔治主堂及瞻礼圣马利亚教堂隔水相望）

（左下）图 2-880 威尼斯 康健圣马利亚教堂。平面（图版绘制 Luca Danese，1634年，原稿现存蒙特利尔 Collection Centre Canadien d'Architecture）

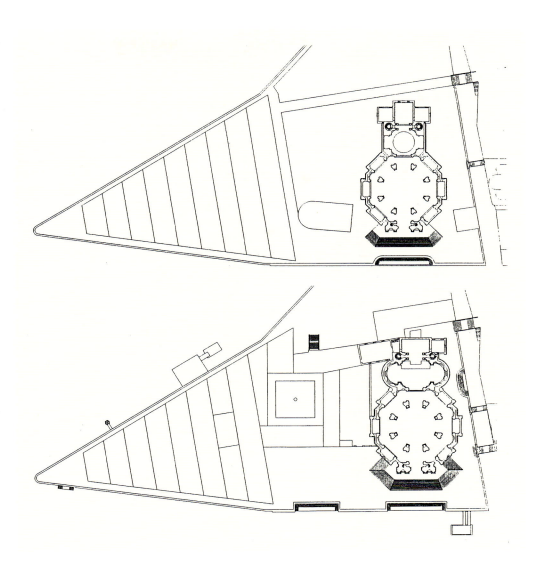

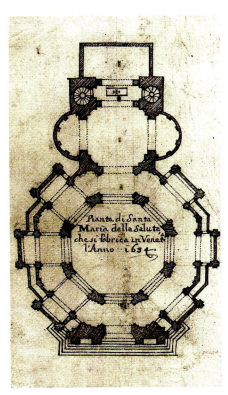

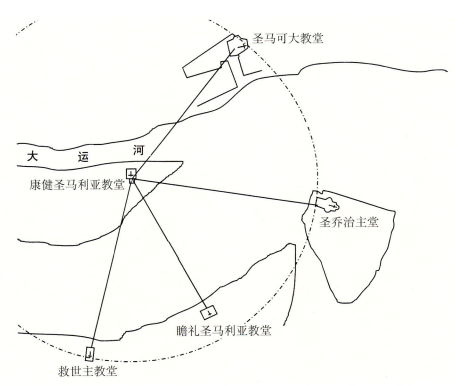

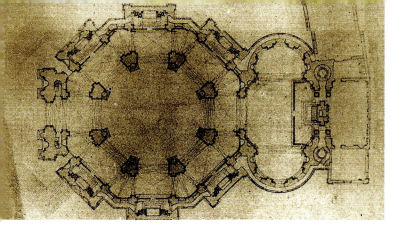

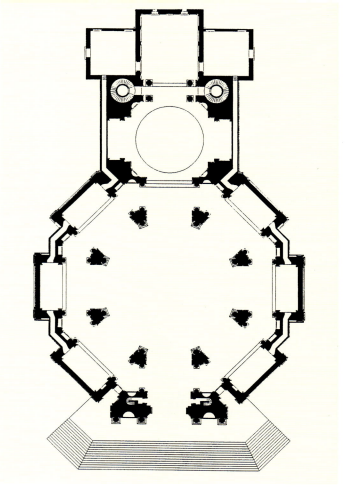

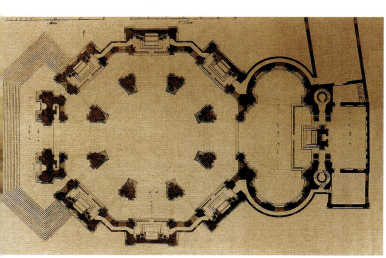

（左上及左中）图 2-881 威尼斯 康健圣马利亚教堂。平面（图版，上图据 P.Paroni，原稿现存威尼斯 Museo Correr；下图取自 L.Cicognara、A.Diedo 和 G.Selva：《Le Fabbriche e i Monumenti Cospicue di Venezia, II》，1840 年）

（右上）图 2-882 威尼斯 康健圣马利亚教堂。平面（最初设计，作者巴尔达萨雷·隆盖纳，复原图作者 Andrew Hopkins，图版绘制 Joseph Kemish）

（下）图 2-883 威尼斯 康健圣马利亚教堂。平面（修订设计，作者巴尔达萨雷·隆盖纳，原稿现存罗马 Archivio Parocchiale di S.Maria in Vallicella）

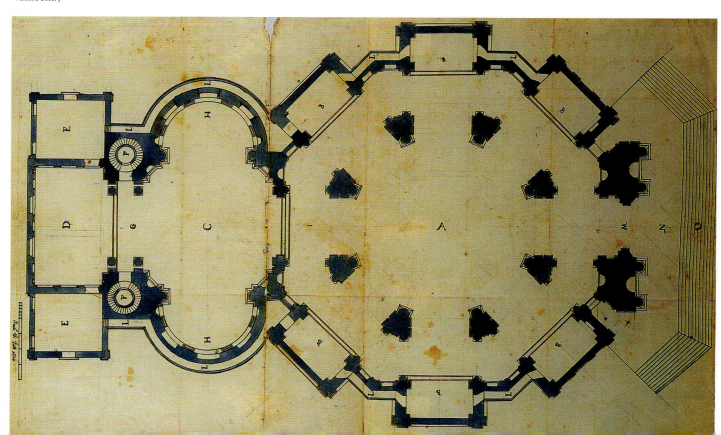

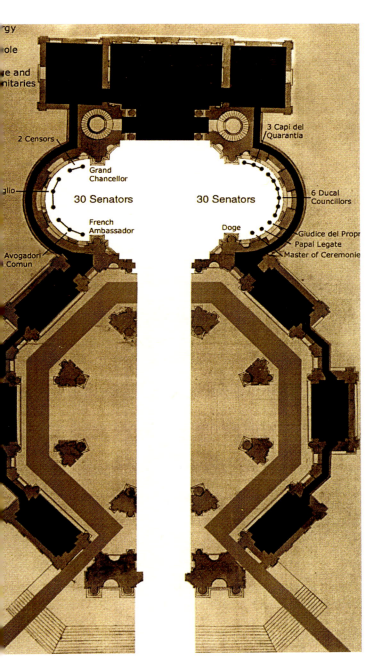

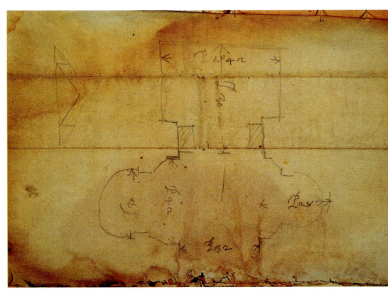

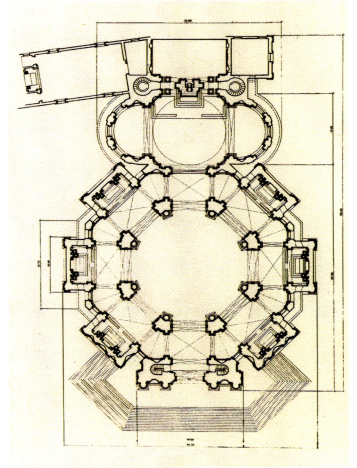

(左) 图 2-884 威尼斯 康健圣马利亚教堂。平面分析（作者 Andrew Hopkins，原图绘制 Raphael Helman）

(右上) 图 2-885 威尼斯 康健圣马利亚教堂。圣坛区设计草图（作者巴尔达萨雷·隆盖纳，原稿现存威尼斯 Archivio di Stato）

(右下) 图 2-887 威尼斯 康健圣马利亚教堂。平面（最后实施方案，测绘图作者 Carlo Santamaria）

由于纵长的修院建筑的影响，教堂于两个侧面钟楼之间向前朝着山尖部分推进，视野相当开阔。这种充分利用自然环境的做法使人想起梅尔克修道院（1702~1726 年，在奥地利和意大利北部当时存在着密切的联系）。当然，把建筑安置在制高点同时也是意大利的古老传统，特别在阿尔卑斯山南坡，这样的建筑可说比比皆是 [例如，在博洛尼亚古城西南约 5 公里处瓜尔迪亚山上，很远就可以看到高出平原 300 米处的圣卢卡圣母院（1723~1757 年，设计人卡洛·弗朗切斯科·多蒂，图 2-798）]；但只有苏佩加教堂，才是意大利山区这类宗教建筑的明珠。

第二章 意大利·609

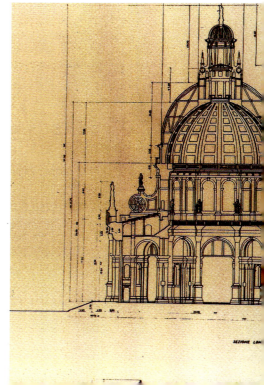

本页及左页：

（左上）图 2-886 威尼斯 康健圣马利亚教堂。立面设计（作者巴尔达萨雷·隆盖纳，绘制者佚名，图稿现存维也纳 Graphische Sammlung Albertina）

（右上）图 2-888 威尼斯 康健圣马利亚教堂。正立面（最后实施方案，测绘图作者 Carlo Santamaria）

（下两幅）图 2-889 威尼斯 康健圣马利亚教堂。侧立面及纵剖面（最后实施方案，测绘图作者 Carlo Santamaria）

（中上）图 2-890 威尼斯 康健圣马利亚教堂。立面及剖面（图版，原稿现存巴黎国家图书馆）

第二章 意大利 · 611

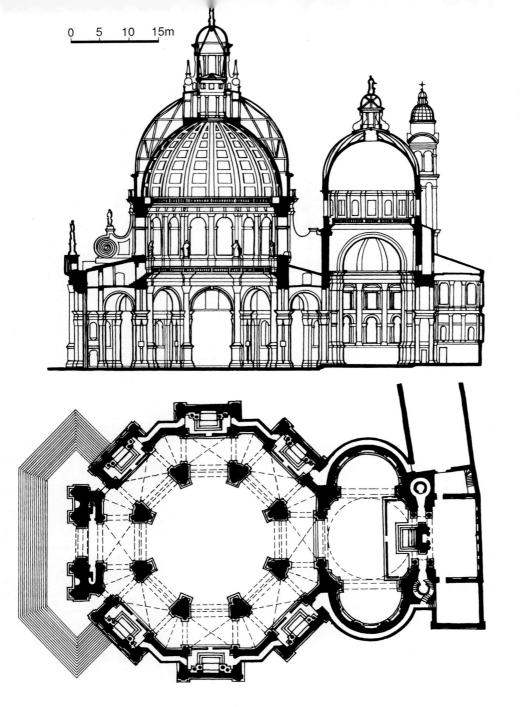

（上）图 2-891 威尼斯 康健圣马利亚教堂。平面及剖面（据 Rudolf Wittkower，1982 年）

（下两幅）图 2-892 威尼斯 康健圣马利亚教堂。平面及剖面分析图（据 Rudolf Wittkower）

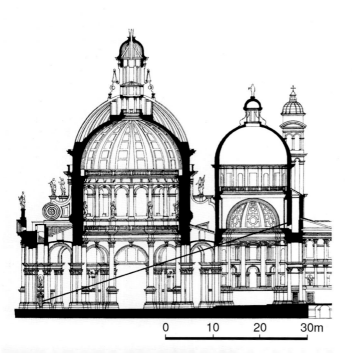
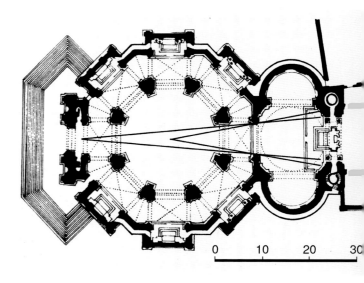

图 2-893 威尼斯 康健圣马利亚教堂。剖析图（取自《Dizionario di Architettura e Urbanistica》）

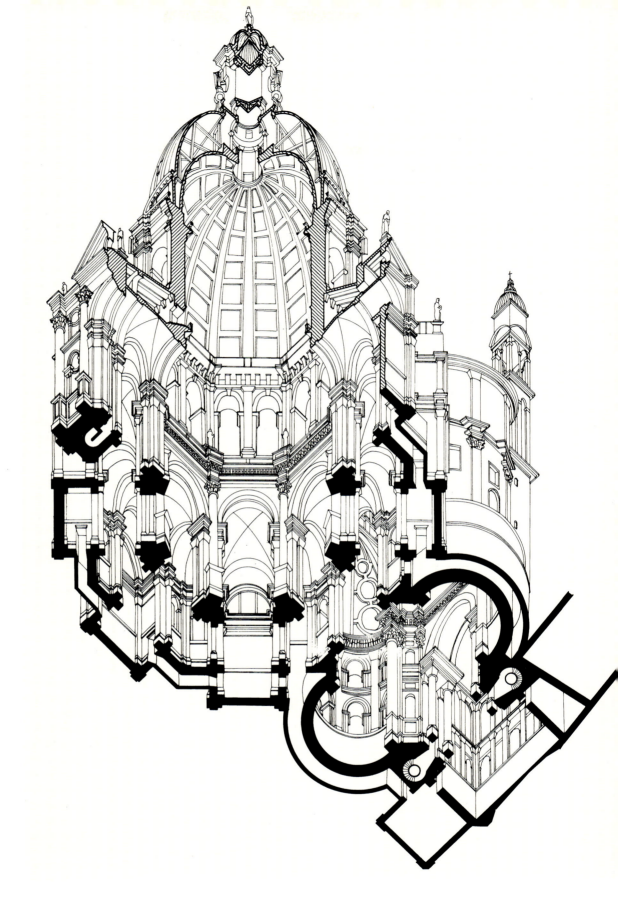

马达马府邸

出于政治的考量，萨伏依家族[长期统治萨伏依地区（与意大利接壤的法国东南地区）和意大利的名门王族]自然更倾向追随法国宫廷的样板。尤瓦拉在为萨伏依王室的维克托-阿梅代二世建造都灵马达马府邸（1718~1721年，图2-799、2-800）时，就是以凡尔赛宫

（上）图 2-894 威尼斯 康健圣马利亚教堂。剖析图（取自 John Julius Norwich：《Great Architecture of the World》，2000 年），图中：1、主入口，2、内部八角形空间，3、八角形空间边廊，4、主要穹顶边的涡卷，5、顶塔，6、设南北半圆室的圣坛区

（右下）图 2-895 威尼斯 康健圣马利亚教堂。1500 年基址俯视状况（Jacopo de'Barbari 城图局部，地段西北角当时为圣三一教堂所占，东部为仓库和货栈）

（左下）图 2-896 威尼斯 康健圣马利亚教堂。17 世纪远景（油画，作者 Luca Carlevaris，图示每年 11 月 21 日节庆期间城市通过浮桥与教堂相连的情景）

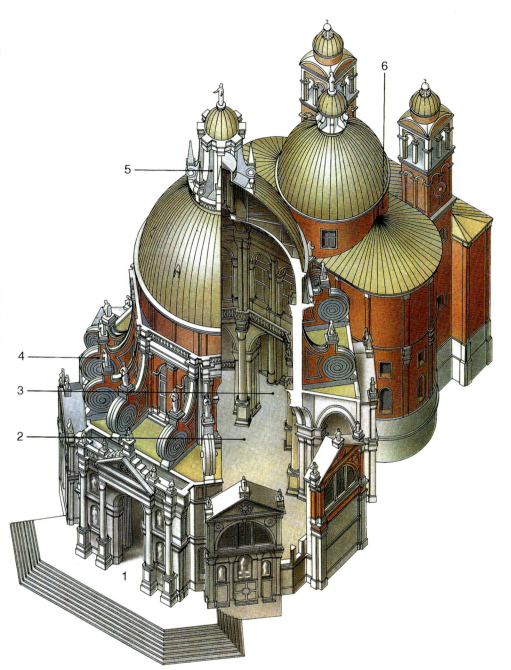

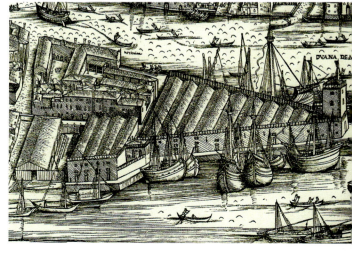

图 2-897 威尼斯 康健圣马利亚教堂。17世纪景色（版画作者 Marco Boschini，图示 1644 年节庆游行队列到达教堂的情景，原稿现存哥本哈根 Statens Museum for Kunst）

作为范本，它充分表明了法国和皮埃蒙特地区建筑之间的密切联系。其立面九开间，中央凸出部分以柱子而不是壁柱进行分划，总体线条上颇似凡尔赛宫的花园立面。但和后者相比，马达马府邸主层的立面因其过量的表现给人的印象似乎更为深刻。宫殿可能原在一个中世纪的城堡前，面对着王宫，主要是为了能向晚上来的贵宾指明通向大舞厅的道路。在巨大的窗户后面，实际上是位于宏伟筒拱顶下的大楼梯（楼梯厅几乎占据了建筑的整个宽度）。处在这样的空间里，如在剧场里一样，坡道似乎只是通向舞台的场景道具。

斯图皮尼吉猎庄

尤瓦拉为维克托-阿梅代二世建造的斯图皮尼吉猎庄（1729~1733年，平面及剖面：图 2-801~2-803；外景：图 2-804~2-806；内景：图 2-807~2-810），位于都灵附近的一片旷野中，是意大利巴洛克后期最豪华的别墅之一。在这里，他没有采用早期别墅那种矩形平面双轴线的模式，而是引进了六边形的群体平面和三根轴线。人们可自入口院通向一个壮美的六边形广场，广场周边封闭，但各角设开口通向或穿越宫殿。高耸于广场之上

的中心部分为一个上置穹顶的椭圆形大厅，位于中轴线上既当入口又可举行欢宴活动的这个巨大的厅堂，同时也是所有轴线通过的平面聚焦点。厅前设宽阔的踏步，厅内周边布置一圈室内廊台。两边各翼另有四个舞厅成交叉态势和中心的这个大厅相通。在这里，创造连续的幕后场景显然是设计师主要考虑的事情。周围的自然环境和饰有镜子及镀金部件的室内形成强烈的对比，使整个场景显得极为丰富、生动。在这里，旷野构成了后台，厅堂则成为廷臣们出场的舞台。

（左页三幅及本页左上）图 2-898 威尼斯 康健圣马利亚教堂。上图细部（从表现穹顶的一幅上可看到鼓座周围的涡卷形扶垛，立在山墙顶端的圣母像和两侧的四个威尼斯圣徒，顶塔上为大天使圣米迦勒的造型）

（本页下）图 2-899 威尼斯 康健圣马利亚教堂。1655~1656 年外景（Erik Jönson Dahlberg 绘，斯德哥尔摩 Royal Library 藏品）

（本页右上）图 2-900 威尼斯 康健圣马利亚教堂。1655~1656 年门廊景色（Erik Jönson Dahlberg 绘，斯德哥尔摩 Royal Library 藏品）

第二章 意大利·617

（上）图 2-901 威尼斯 康健圣马利亚教堂。约 1656 年地段全景（Giovanni Merlo 绘，局部，伦敦大英博物馆藏品）

（中）图 2-902 威尼斯 康健圣马利亚教堂。17 世纪全景（Stefano Scolari 绘，约 1660 年代后期，伦敦大英博物馆藏品）

（右下）图 2-903 威尼斯 康健圣马利亚教堂。1660 年地段俯视图（Giovanni Merlo 绘，局部，原稿现存威尼斯 Museo Correr）

（左下）图 2-904 威尼斯 康健圣马利亚教堂。约 1675 年近景（Gaspare Vanvitelli 绘，查茨沃思 Devonshire Collection 藏品）

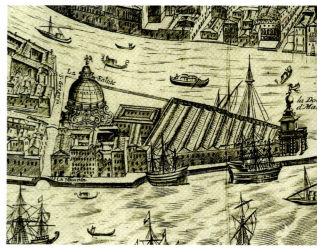

(上)图2-905 威尼斯 康健圣马利亚教堂。约1695年地段全景（Gaspare Vecchia 和 Alessandro della Via 绘，原作现存威尼斯 Museo Correr）

(中及右下)图2-906 威尼斯 康健圣马利亚教堂。约1695年正面及侧面外景（作者 Vincenzo Coronelli，原作现存威尼斯 Museo Correr）

(左下)图2-908 威尼斯 康健圣马利亚教堂。约1765年全景（油画，作者 Francesco Guardi，原作现存爱丁堡苏格兰国立美术馆）

建筑群其他部分由形式简单的小体量建筑组成（包括附属建筑、马厩等），它们起到"框饰"的作用并确定了"前台"的界线。中央形体和组群内其他部分的区别主要在其平面和拱窗的曲线形式上。位于穹顶上的鹿像表明这个别墅实际上是个供狩猎用的庄园。这种向各个方向伸展的风磨状的平面可追溯到热尔曼·博夫朗1712年后拟订的南锡附近的马尔格朗热府邸方案（图2-811~2-814），后者又可上溯到菲舍尔·冯·埃拉赫。从这里也可看出意大利和欧洲北方之间在建筑方面的频繁交流，只是在这里，是后者开始影响到前者。

卡尔米内教堂

卡尔米内教堂（1732~1735年，图2-815~2-817）配有一个带天棚的中央本堂；本堂甚高，和侧面具有同样

第二章 意大利·619

（上）图2-907 威尼斯 康健圣马利亚教堂。约1730年全景（油画，作者Canaletto，示大运河出口处景观）

（下）图2-909 威尼斯 康健圣马利亚教堂。18世纪全景（油画，作者Francesco Guardi，示大运河出口处景观，原作现存渥太华Musée des Beaux Arts du Canada）

高度的礼拜堂以拱券分开。感觉上它似乎是一个披上了洛可可外衣的哥特教堂。尤瓦拉的这个作品在确定中央本堂的墙体分划上构思颇有新意：本堂两侧各布置三个带半圆室的礼拜堂，各礼拜堂上的"拱廊"则好似悬挂在空中，确定主要本堂的隔断遂演变成由高柱墩构成的骨架。此前似乎只有博罗米尼在垂直面的墙体分划上敢于走得如此之远（如他的教义传播宫礼拜堂设计）。在这点上，尤瓦拉并没有沿袭意大利文艺复兴的传统，而

（上）图 2-910 威尼斯 康健圣马利亚教堂。18 世纪景况（作者 Giambattista Brustolon, 据 Canaletto, 示节庆期间游行盛况，原作现存威尼斯 Museo Correr）

（右下）图 2-911 威尼斯 康健圣马利亚教堂。地段全景（版画，示自大运河出口处海关望去的景色）

（左下）图 2-912 威尼斯 康健圣马利亚教堂。19 世纪歌坛及圣殿外景（版画，作者 Giovanni Pividor, 原作现存威尼斯 Museo Correr）

第二章 意大利 · 621

图 2-915 威尼斯 康健圣马利亚教堂。东侧全景

左页：

（上）图 2-913 威尼斯 康健圣马利亚教堂。现状远景（自大运河向出口处望去的景色）

（下）图 2-914 威尼斯 康健圣马利亚教堂。东南侧景色（前景为海关）

本页：

（上）图 2-916 威尼斯 康健圣马利亚教堂。东北侧地段全景

（下）图 2-917 威尼斯 康健圣马利亚教堂。东北侧俯视景色

右页：

图 2-918 威尼斯 康健圣马利亚教堂。东北侧全景

图2-920 威尼斯 康健圣马利亚教堂。正立面全景

是回到了中世纪的做法（如米兰的圣安布罗焦教堂）。另一个富有创意的手法是，礼拜堂采用隐蔽光源照明，中央本堂则相反，通过布置在礼拜堂高处的椭圆形大窗采光。自1729年起，尤瓦拉同时着手都灵大教堂的设计。尽管这些设计一直未能付诸实施，但从中不难看出他在确定本堂空间上的一些富有革新意识的想法。

[贝尔纳多·维托内及其作品]

生平及活动

贝尔纳多·维托内（1705~1770年）[16]主要在皮埃蒙特地区活动，他成功地在自己的作品里综合了瓜里尼和尤瓦拉的研究成果，汲取了来自这两方面的风格特色（图2-818~2-820）。他同样曾在罗马求学，并于1732年

本页及右页：

（左）图2-919 威尼斯 康健圣马利亚教堂。东北侧夕照景色

（中）图2-921 威尼斯 康健圣马利亚教堂。近景（东北侧）

（右）图2-922 威尼斯 康健圣马利亚教堂。西北侧全景

在圣卢卡学院举办的一次竞赛中获得一等奖。次年他回到都灵，正值尤瓦拉在苏佩加和斯图皮尼吉搞的那些花样翻新的设计作品将近结束之时。他回来后，德亚底

安修会要求他熟悉瓜里尼的作品。因此，维托内对瓜里尼风格并不生疏，况且他还是瓜里尼《民用建筑》一书的出版人。在许多按会堂式平面建造的教堂里，他都按自己的方式延续和发展了这一风格。他的许多作品实际上都来自瓜里尼那种"玩世不恭和怪异的艺术"（arte di scherzo e bizzarria），但他已开始从这位大师的神秘深处向18世纪的明澈和灵活过渡（在德国南部同样可看到这一发展进程）。与此同时，他力求在日常实践中，变换采用尤瓦拉那种极富想象力的技巧。

维托内建造的教堂散布在皮埃蒙特地区的小城市里，许多都不乏新意。当古典主义已在欧洲其他地方风行的时候，维托内依然坚守后期巴洛克的阵地。但他并不是最后一个把古典路线和博罗米尼及瓜里尼那种欢愉戏谑及离奇古怪的建筑进行区分的建筑师。

主要作品

维托内设计的布拉圣基娅拉教堂（1742年，图2-821~2-824），于中央空间周围布置了四个同样的礼拜堂，整体形成圆形。穹顶由四根细高的柱墩支撑。从侧面礼拜堂里，可看到由双层拱券分划的中央空间。上层拱券已达到了相当的高度。下部构件均由四色组成，仅穹顶帽顶部分用石灰刷白。中央穹顶开四个大的洞口，

第二章 意大利 · 629

图2-923 威尼斯 康健圣马利亚教堂。西侧景色

图2-924 威尼斯 康健圣马利亚教堂。正立面细部

（上）图 2-925 威尼斯 康健圣马利亚教堂。入口处山墙及鼓座涡卷近景

（下）图 2-926 威尼斯 康健圣马利亚教堂。东侧细部

第二章 意大利 · 633

通过它们视线可直达第二道穹顶。后者饰有表现天使和天空景色的绘画。这第二个空间构成了最外层的视域背景，并通过近旁的窗户直接采光。现实人们所在的空间似乎被限制在人工创造的拱顶内，在它的上面，则是天使和圣人遨游的领域。维托内在他的《论建筑》(Traité sur l'Architecture) 一文里，曾就他的这类意图进行过说明。

都灵附近瓦利诺托圣所的外部由四个上下叠置逐渐缩小的层位组成，这种做法本是来自意大利北方封闭式穹顶的传统，但维托内在这里效法的是经过瓜里尼重新阐释和改造后的式样。其平面为六角形，每边均设一半圆形礼拜堂（图2-825）。礼拜堂交替配置表面凸起的挑台。如瓜里尼圣洛伦佐教堂的做法，于高祭坛后设半圆形的回廊。在这里，最令人注意的是穹顶的设计。六个交织的开敞肋券展示出三个连续的拱顶层次：两个带壁画的穹顶于顶部开逐渐缩小的圆洞，最上端置顶塔。和瓜里尼各层均变幻平面形式的做法不同，维托内在各处都保留了六角形式，力求在形象上统一各水平区位。

莱切的圣十字教堂（1606~1646年，图2-826）是个具有巴洛克式丰富和华丽造型的建筑，其中许多来自

左页：

（右四幅）图2-927 威尼斯 康健圣马利亚教堂。内景：1、Erik Jönson Dahlberg 绘，1655~1656年，原作现存斯德哥尔摩 Royal Library；2、回廊及圆堂内景；3、自圣坛处向北望去的景色；4、南望景色，以上三幅均为 David Klöcker Ehrenstrahl 绘，1655~1656年

（左）图2-928 威尼斯 康健圣马利亚教堂。中央空间内景

本页：

（上）图2-929 威尼斯 康健圣马利亚教堂。中央空间拱廊及铺地

（下）图2-930 威尼斯 康健圣马利亚教堂。穹顶仰视

西西里和那波利的传统，但同时也纳入了罗曼时期的做法，如支撑阳台的挑腿造型、位于柱身中部的花叶环箍等。平素的表面和密集的低浮雕装饰区形成了强烈的对比。在都灵的广场圣马利亚教堂（1751~1754年，图2-827），他在歌坛交叉处按通常式样布置了四个拱券，其间插入帆拱，但帆拱和鼓座之间并没有像其他建筑

（上下两幅）图2-931 威尼斯 康健圣马利亚教堂。高祭坛及群雕（雕刻作者Giusto Le Court）

那样以圆环分开，而是融为一体，显然是受到博罗米尼的影响。

二、那波利和威尼斯

[那波利]

城市巴洛克建筑的演变

根据1713年签定的乌得勒支条约（Traités d'Utrecht），西班牙王室丧失了两个多世纪以来对意大利南部的宗主权。但这并没有阻止1734年查理三世之子加冕为巴勒莫王，他保持这个称号直至1759年。这位知识渊博、经验丰富的君王在治理那波利和意大利南部时，采取了许多有别于17世纪西班牙统治者的新举措，它们很快就在城市建筑的繁荣上产生了积极的成果。许多规模宏伟的重要设计，如卡波迪蒙特博物馆（图2-828）、卡塞塔宫堡（王室政府所在地），以及波韦里旅馆和谷仓，均属这一时期。

在那波利，17世纪最著名的建筑师是科西莫·凡扎戈（1591~1678年）。和贝尔尼尼一样，凡扎戈首先是建筑师和雕刻家，在组合及发挥建筑部件的构图作用上，其天才的想象力更是无与伦比。他不但成功地综合

图 2-932 威尼斯 圣乔治主堂修道院（1643~1645 年，巴尔达萨雷·隆盖纳设计）。大楼梯内景

了手法主义后期和巴洛克早期的建筑原则，同时也善于在最严格的古典主义和丰富的造型效果之间取得协调，是位能随机应变的巴洛克建筑师。他的作品总有一种出人意料的简朴，装饰永远是装饰，绝不会成为必不可少的内容（如他的那波利圣马利亚教堂，图 2-829）。在凡扎戈去世时，建筑已开始向两个方向发展。一派以多梅尼科·安东尼奥·瓦卡罗和费迪南多·圣费利切为代表，采用了极富想象力的风格，较少正统派的气息，但作品不失优雅和装饰品位，有些类似瓦尔瓦索里或拉古齐尼的作风。另一派接近古典艺术风格，具有跨国的

本页：
图2-933 威尼斯 圣乔瓦尼和圣保罗教堂（巴尔达萨雷·隆盖纳设计）。高祭坛近景

右页：
图2-934 威尼斯 城堡圣彼得教堂（巴尔达萨雷·隆盖纳设计）。高祭坛近景

638·世界建筑史 巴洛克卷

特点，奇特地混合后期巴洛克及理性古典主义的要素，代表人物有富加和万维泰利。1750 年，在瓦卡罗和圣费利切去世后，国王把他们从罗马召到那波利来。与此同时，因社会变革的需求，开始兴起了一个大量采用装饰的倾向（在装饰等方面同样还受到来自西班牙的部分影响）。赫库兰尼姆及稍后庞贝的发掘亦在此时，那波利也因此成为整个欧洲关注的中心。

意大利南部的巴洛克建筑基本属 18 世纪。当时那波利的市政当局虽对艺术情有独钟，但首先抓的还是建设和改造城市的基础设施（图 2-830）。1750 年，值得特别注意的有两项大工程：波韦里旅馆和谷仓。费迪南多·富加在第一时间获得了波韦里旅馆的设计合同，这是个同

图2-935 威尼斯 佩萨罗府邸（1652~1710年，巴尔达萨雷·隆盖纳设计）。从大运河对面望去的景色

图 2-936 威尼斯 佩萨罗府邸。立面全景

时用作养老院、精神病院和社团活动场所的建筑,有些类似罗马的长岸圣米凯莱收容院。他构思了一个尺寸超大的建筑(图 2-831、2-832),立面长度竟然超过 350 米!主要用作宿舍的左右两翼比较简单,各翼均向中间的教堂会聚。富加的谷仓设计于 1779 年。除了作为贮存谷物的公共仓库外,它同时还是兵工厂和制作绳索的工厂。不加修饰的简朴似乎预示了 19 世纪的近代工业建筑。对问题的清晰认识和解决它们的实用方式正合社会的发展潮流,以后更成为古典主义的基本原则之一。

路易吉·万维泰利(1700~1773 年)的作品

这时期第三个同样具有实用特点的建筑即那波利附近卡塞塔的王室宫堡(1751/1752~1772 年,总平面、设计图及模型:图 2-833~2-844;历史及现状景观:图 2-845~2-852;园林:图 2-853~2-858;内景及模型:图 2-859~2-872)。其设计人建筑师路易吉·万维泰利是乌

本页：

图2-937 威尼斯 佩萨罗府邸。东侧景色

右页：

图2-938 威尼斯 佩萨罗府邸。院落景色

得勒支一位画家的儿子。他本人最初也是画家。他曾参加罗马拉特兰圣乔瓦尼教堂和特雷维喷泉的设计竞赛，并从教皇那里拿到了几个公益建筑的合同，如安科纳的传染病医院；回到罗马以后，他成为贝尔尼尼在设计基吉宫时的得力助手。

1751年，万维泰利受西班牙国王委托，负责卡塞塔王宫（政府宫）及其周边地区的建设。万维泰利在设计中，以明确拟订的任务书细则为出发点，从确定王宫的功能需求入手（这个建筑如凡尔赛宫那样，要求能容纳整个政府机构）。他设计了一个具有巨大规模的建筑，号称"第二个凡尔赛"，但仍保留了矩形的外廊，显然已受到温克尔曼的影响。1200个房间，围绕着如公共广场般气魄的四个内院成组布置。中央设一大型柱廊（gran portico），由此向外辐射出四个廊道。立面基座部分高达两层，其上再起两层。其节奏由三个配有柱式的凸出形体确定（一个位于中轴线上，两个布置在端头）。外部形象充分反映内部结构及功能组织，构造部件亦能以最简单的形式与结构应力相适应。建筑好似为一系列房间及透视景观提供了一个欣赏的框架，类似剧场的布景装饰，其目的则是为了满足礼仪的要求。这是采用所谓对角连续布景方式的典型实例；自从被比比埃纳家族的艺术家们"发现"以来，这种布景手法一直是18世纪剧场的标志特色（图2-873~2-875）。万维泰利的四个院落，并不是沿轴线，而是按对角线展开。他希望首先把人们的注意力引向一系列廊道，从建筑的一端扫向另一端，然后越过它至背景深处的花园，后者实际上起到剧场舞台延伸部分的作用。这个剧场空间的基本部件则是风格更为纯净的古典柱式。

几年之后（1762年），万维泰利又接受了那波利圣母领报教堂的设计任务（图2-876）。此时赫库兰尼姆和庞贝的发掘正获得令世人震惊的成果。它使人们能更准确地了解古代艺术及其形式。圣母领报教堂的设计表明，在这里所涉及的，并不是某种表面或一时的先验知识，而是有关建筑构造的一种更深刻的变化。平面基本沿袭了产生和发展于16世纪并在以后被多次效法的罗马耶稣会堂的模式。本堂、侧面礼拜堂和一个小的耳堂均被围括在一个方形外廊内。然而，令人惊异的是，耳堂交叉处和穹顶的位置实际上居于中央。包括采光在内，几乎看不到巴洛克艺术的表现。例如，在这里，找不到通常用于舞台照明的隐蔽光源，也看不到早期巴洛克教堂里常见的逆光效果。相反，来自穹顶的光线直接落到带

沟槽的柱子上，再从那里反射到周围带半圆室的礼拜堂内，有点类似卡塞塔宫堡的做法。在这里，与其说是企望让教堂引起信徒的强烈感受或令他们信服，不如说是为他们提供一个完成礼拜仪式的完美处所。正是在宗教建筑里，人们能够更好地领会万维泰利的理性思维。

[威尼斯]

17世纪概况

在当时的意大利，威尼斯的情况颇为特殊。整个

图2-939 威尼斯 佩萨罗府邸。室内装修细部(《威尼斯的胜利》,作者Nicolò Bambini,1682年)

图 2-940 威尼斯 朱斯蒂尼安 - 洛林府邸（1623 年，巴尔达萨雷·隆盖纳设计）。外景

17 世纪，在这里占主导地位的是帕拉第奥的信徒及追随者设计的建筑。直到该世纪中叶，城市依然恪守文艺复兴末期的式样。事实上，这个总督的城市从来没有完全追随罗马的巴洛克风格；基于同样的理由，从 18 世纪初开始，它又比罗马、都灵或那波利更早接受了古典主义的构图原则，成为正统古典主义的中心。

位于潟湖内的地理形势和长期以来由互相独立的社区组成的历史背景，使具有巴洛克特色的大型设计很难实现。当年帕拉第奥就经历过这样的事（他提出的里亚尔托桥设计方案因位于威尼斯最早实现社区联合的里亚尔托地区，一直未能付诸实施）。贴近水面的建筑传统及具有典型威尼斯特色的"屋顶线"的规定，都不利于巴洛克建筑的发展。但在教堂设计上，帕拉第奥似有所突破。圣乔治主堂或救世主教堂（图 2-877）那种具有典型文艺复兴后期风格的形体及立面，以及作为拜占廷建筑标志的高穹顶，都高高耸立在潟湖水面之上。它们构成了整个 17 世纪宗教建筑的样板。宫殿建筑同样受传统制约，几个世纪下来没有多少变化，仅立面在 16 世纪有些新的表现。圣米凯利和圣索维诺提出的一种视觉表现力更为突出，更适合威尼斯光线变幻的立面造型，并形成一个学派。和罗马相比，在意大利北部，特别是在威尼斯这种风景如画的地方，人们显然更重视在建筑中采用舞台布景的手法。在威尼斯的建设上，还有一个必须考虑的要素，即对这个和水面几乎相平的城

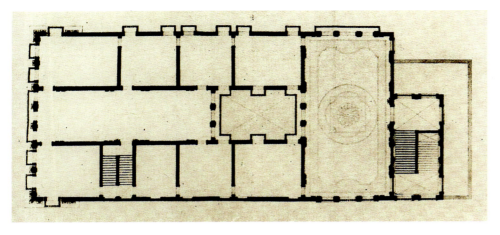

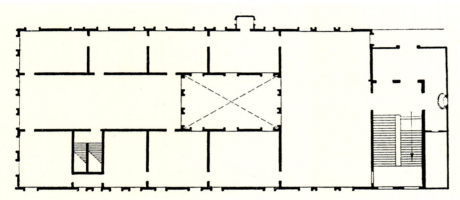

（上及中）图 2-941 威尼斯 博恩-雷佐尼科府邸（17 世纪后半叶，巴尔达萨雷·隆盖纳设计）。主要楼层平面（图版作者 G.A.Battisti，1770 年，现存威尼斯 Museo Correr；线条图取自 G.Lorenzetti：《Venice and its Lagoon》，1961 年）

（下）图 2-942 威尼斯 博恩-雷佐尼科府邸。外景

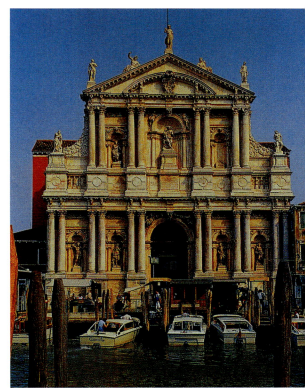
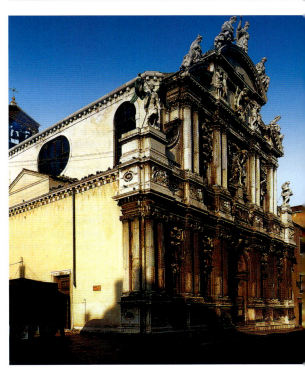

（左）图 2-943 威尼斯 德雷利蒂圣马利亚教堂（1664年，朱塞佩·萨尔迪设计）。外景

（右上）图 2-944 威尼斯 斯卡尔齐圣马利亚教堂（1672年，朱塞佩·萨尔迪设计）。外景

（右下）图 2-945 威尼斯 吉利奥圣马利亚教堂（1678~1680年，朱塞佩·萨尔迪改造设计）。外景

左页：

（上下两幅）图 2-946 威尼斯 吉利奥圣马利亚教堂。内景

本页：

（左）图 2-947 威尼斯 吉利奥圣马利亚教堂。祭坛近景

（右）图 2-948 威尼斯 托伦蒂诺圣尼科洛教堂（立面 1706~1714 年，安德烈·蒂拉利设计）。现状外景

市来说，只能搞一些轻质的砖构建筑，穹顶亦多取木构。

除建筑作品外，帕拉第奥在理论上的影响尤为深远。在 17 世纪，他的著述被人们不断引用、参考或评注。他要求建筑师根据威尼斯的环境需求进行设计（这使人们想起维特鲁威的教诲），这些观点在卡洛·洛多利那里得到了积极的反响。这位教士发誓让所有不考虑结构、功能和环境需求的解决方式统统下地狱。有关理性结构的这一原则最终促成了威尼斯古典主义的诞生。总的来看，在意大利，除罗马以外，其他巴洛克后期建筑的特点大部分都不很清晰，在威尼斯，现在人们只知道在当时的静固区，散布着一些富裕的中产阶级的乡间住宅。

在威尼斯建筑的这一演化过程中，最引人注目的一个例外即巴尔达萨雷·隆盖纳的作品，特别是他设计的康健圣马利亚教堂。

巴尔达萨雷·隆盖纳等人的作品

巴尔达萨雷·隆盖纳（1598~1682 年）是 17 世纪威尼斯最杰出的建筑师，他和贝尔尼尼的生卒年代也几乎相同。但作为后者的同代人，他只有一件可和同时期罗马建筑师们相媲美的作品，即始建于 1631 年的威尼斯康健圣马利亚教堂（地段总平面及视线分析：图 2-878、2-879；平、立、剖面及剖析图：图 2-880~2-894）。和帕拉第奥的救世主教堂一样，它也是受城市当局委托为纪念一次鼠疫结束而建造的还愿教堂。教堂位于大运

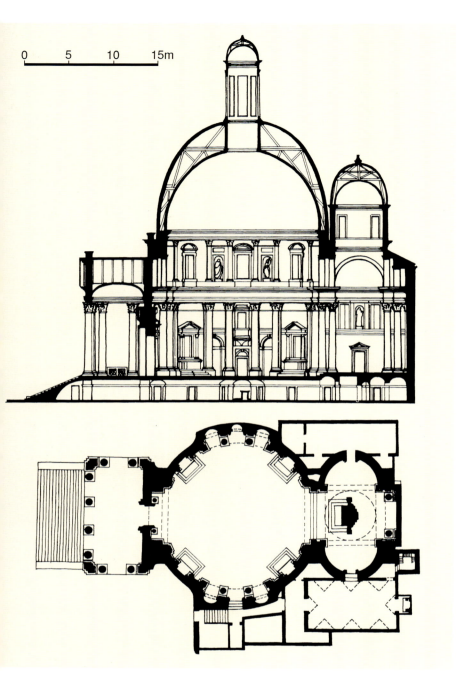

本页及右页：

（左）图2-949 威尼斯 圣西莫内和朱达教堂（1718~1738年，乔瓦尼·安东尼奥·斯卡尔法罗托设计）。平面及剖面（据Rudolf Wittkower）

（中）图2-950 威尼斯 圣西莫内和朱达教堂。外景

（右上）图2-951 威尼斯 格拉西府邸（1749年，乔治·马萨里设计）。外景

（右下）图2-952 威尼斯 格拉西府邸。立面现状

河入口处，对着朱德卡岛（所在基址经加高），是该世纪威尼斯城市规划上最重要和最成功的建筑之一。

作为斯卡莫齐的门生，隆盖纳和导师一样，笃信帕拉第奥的学说。这个设计同样不是出于先入为主的空间观念，而是通过对特殊的地段环境和功能需求进行认真分析后的产物。在这里，隆盖纳首先考虑了两个集中式空间。第一个供基督教徒及会众使用，平面八角形，上冠伦巴第式穹顶，外绕回廊及辐射状配置的礼拜堂（后者自八角形外部向外凸出，内部通过隐蔽廊道相连）。这部分具有拜占廷的形式渊源，但总的来看，形制比较特殊。第二个方形空间外加两个侧面半圆室，布置高坛及做感恩弥撒。该部分同样配穹顶。类似耳堂

650·世界建筑史 巴洛克卷

的这个空间似乎是回到了帕拉第奥的救世主教堂，总体布局上则类似圣米凯利设计的维罗纳乡野圣马利亚教堂（两者均为奉献教堂）。

隆盖纳通过这种集中式平面，使建筑的轮廓线很好地融合到所在的建筑环境中去，和圣马可大教堂、圣乔治主堂及救世主教堂各建筑的穹顶遥相呼应（历史图景：图 2-895~2-912；现状外景及细部：图 2-913~2-926）。穹顶本身的造型也和上述各教堂相似，双层，内置木构屋架以减轻重量，外部没有凸出的拱棱。室外入口门廊取凯旋门的形式。辐射状布置的礼拜堂外墙看上去好似整个建筑的基层，其上造型突出的巨大涡卷起到中央鼓座和穹顶扶垛的作用，涡卷上置雕像。

内部空间设计同样依威尼斯传统（图2-927~2-931）。和较早的教堂一样，以单一的灰白色调为主，白色的底面上衬出灰色的建筑部件；没有突出强调承重部分，而是力求创造一种能吸引人们注意力的视觉效果。柱子的处理颇有新意，它们并没有延伸到鼓座部分，而是在首层柱子柱头以上立基座，承宏伟的先知雕像。柱子就这样，成为独立部件，突出了八边形空间的外廓。仅歌坛及祭坛本身采用了独石柱。

从教堂入口处开始，各种透视景色逐步展开。这种"序列景观"的手法同样是承自帕拉第奥。而在这时期的罗马巴洛克建筑里，则演化出一种空间连续的观念，让人们一览无余，如圣卡洛教堂或圣卢卡和圣马蒂纳各教堂的表现。

在设计圣乔治主堂修道院时（1643~1645年，图2-932），隆盖纳延续同样的思路。从前厅大楼梯的布置可清楚看到设计者的这种意图。在宽阔的大厅里，两跑平行楼梯沿两侧外墙绕行，从楼梯平台上可俯视大厅及周围的廊道。除这些主要教堂外，隆盖纳还为城市设计了圣乔瓦尼和圣保罗教堂（图2-933）及城堡圣彼得教堂（图2-934），精美的高祭坛是这些建筑中最引人注目的部分。

1652年，隆盖纳开始建造佩萨罗府邸（1652~1710年，图2-935~2-939），具有强烈地方特色的华美装饰传

左页：

（上）图 2-953 威尼斯 圣马利亚-马达莱娜教堂（1748~1763 年，托马索·泰曼扎设计）。外景

（下）图 2-954 威尼斯 皮萨尼别墅（位于斯特拉区，现存建筑 1735~1756 年，建筑师 Giovanni Frigimelica 和 Francesco Maria Preti）。模型（威尼斯 Museo Correr 藏品）

本页：

图 2-955 威尼斯 皮萨尼别墅。上图模型细部（中央门楼）

统在这里得以和巴洛克风格相结合。这个建筑实属圣索维诺创造的那种类型。造型突出的七开间立面位于面对着运河的街区角上。建筑三层，底层由轮廓分明的棱面石砌筑，设两个入口（在由兄弟共有的府邸里这是种普遍做法）。其上两层装饰华美，以柱子进行分划的墙面形成规律的节奏，它和采用双柱的布局方式一起促成了威尼斯特有的三段分划效果。随着视线向上移动，装饰的造型表现也越来越丰富。尽管立面在一定程度上采用

（上）图2-956 威尼斯 皮萨尼别墅。花园立面远景

（下）图2-957 威尼斯 皮萨尼别墅。花园立面全景

了传统的构图，但带有明确的巴洛克特色。在形体和空间、光线和阴影的相互作用上既丰富又不失节制。窗户自立面后退甚多，阴影效果强烈。在类似的威尼斯府邸中，立面立体感如此突出的，还不是很多。除佩萨罗府邸外，朱斯蒂尼安-洛林府邸（1623年，图2-940）和博恩-雷佐尼科府邸（图2-941、2-942）也都是隆盖纳的作品。

图 2-958 威尼斯 皮萨尼别墅。面向花园的柱廊内景

后者建于 17 世纪下半叶,由于业主资金短缺,先是上部草草收工,以后又建筑易主,外观也因此比较简朴。

除隆盖纳外,巴洛克后期著名建筑师朱塞佩·萨尔迪也参与了几个威尼斯教堂的设计工作。这些教堂均以立面造型表现突出为其特征,如德雷利蒂圣马利亚教堂(1664 年,图 2-943)、斯卡尔齐圣马利亚教堂(始建于 1672 年,图 2-944),后者立面叠置双柱,具有很强的视觉效果。吉利奥圣马利亚教堂(图 2-945~2-947)历史上曾多次因人为破坏或火灾改建,现在人们看到的是 1678~1680 年萨尔迪改造的结果。

18 世纪作品

从 18 世纪初开始,帕拉第奥传统再一次大受青睐。安德烈·蒂拉利设计的托伦蒂诺圣尼科洛教堂的立面(1706~1714 年,图 2-948)是这类表现的第一个例证。特别是柱廊,其中很多都是来自维特鲁威的规章(公元前 1 世纪)。

乔瓦尼·安东尼奥·斯卡尔法罗托设计的圣西莫内和朱达教堂尽管看上去时间较早(1718~1738 年,图 2-949、2-950),仍可认为是通向古典主义道路上的一个重要阶段。万神庙再次成为样板。当然,柱廊和通向它的台阶同时还受到古典神庙的启示,但建筑形体要更高

更瘦。木构双重穹顶则是沿袭了威尼斯拜占廷建筑的传统。室内尽管如康健圣马利亚教堂那样,增加了一个分开的歌坛,但主要还是效法万神庙的模式。建筑具有帕拉第奥的精神和理念,但尚不能算是真正的古典风格。

帕拉第奥路线同样主导着乔治·马萨里的作品,如他设计的格拉西府邸(图2-951、2-952)。为了弱化明暗对比,其装饰部件大为简化,仅通过窗户轴线的配置,形成立面的节奏变化,亦即重新回到威尼斯传统立面的式样。

左页：

图 2-959 威尼斯 皮萨尼别墅。花园水池及雕刻

本页：

（上）图 2-960 威尼斯 皮萨尼别墅。花园内的人工山丘及亭阁

（下）图 2-961 威尼斯 皮萨尼别墅。厅堂内景

(上) 图2-962 威尼斯 皮萨尼别墅。大厅内景

(下) 图2-963 米兰 城市扩展图 (取自A.E.J.Morris:《History of Urban Form》, 1994年; 城市绕着罗马时期的核心呈环形向外扩展, 17世纪早期形成的外圈被用作环城大道)

和格拉西府邸兴建的同时,托马索·泰曼扎主持建造了圣马利亚-马达莱娜教堂(1748~1763年,图2-953)。泰曼扎同时还是卡洛·洛多利理论著作的出版人,和对巴洛克风格持激烈否定态度的米利齐亚交谊颇深。斯卡尔法罗托设计的圣西莫内和朱达教堂,对他的设计也有一定的启发,尽管他对这个建筑在某些方面仍持批评态度,并在自己的设计中修改了其中的一些做法:缩减了柱廊部分,特别是没有采用高耸的穹顶;较少的阴影变化和简洁的形体,使它仿佛又回归古代建筑的准则。

在威尼斯的斯特拉区,皮萨尼别墅现存建筑(1735~1756年)位于自1615年以来老别墅的所在地。

（上）图2-964 热那亚 多里亚-图尔西府邸（1564~1566年，罗科·卢拉戈设计）。平面、剖面及内院景色（据Werner Hager）

（下）图2-965 热那亚 大学宫（耶稣会学院，1634~1638年，另说始建于1630年，巴尔托洛梅奥·比安科设计）。平面及剖面（据Rudolf Wittkower）

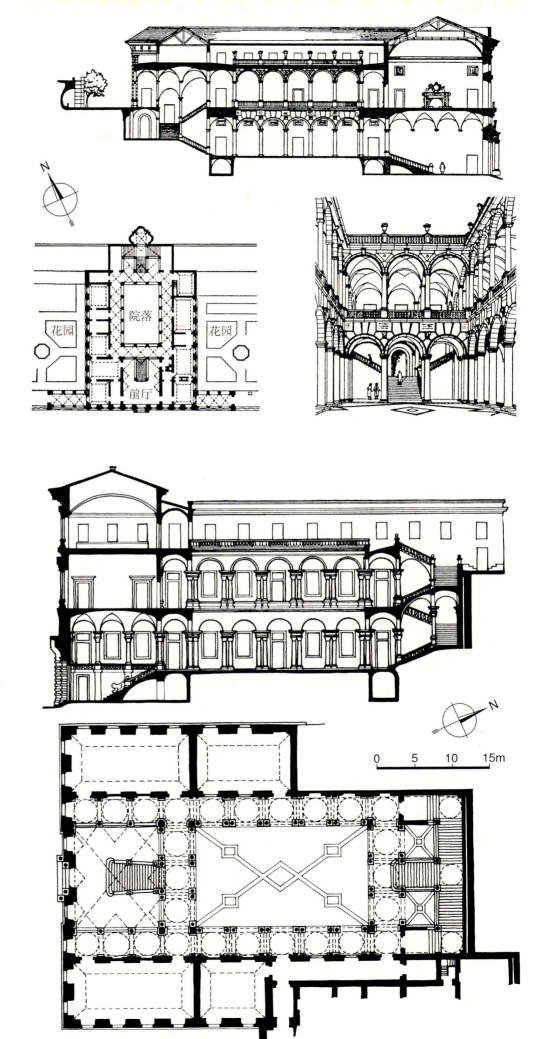

面对河道的主立面于高基台上布置帕拉第奥式的柱列门廊，形如古代的神庙。但规模上要比帕拉第奥的别墅大得多。由于皮萨尼作为大使到过法国，宫邸和花园布置上很多都以凡尔赛为楷模（图2-954~2-962）。

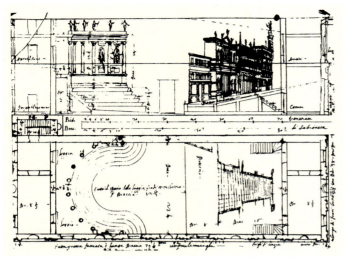

（左上）图 2-966 萨比奥内塔 剧场。平面及纵剖面设计草图（作者斯卡莫齐，1588年）

（左中）图 2-967 佛罗伦萨 圣三一教堂（立面设计贝尔纳多·布翁塔伦蒂，1593年）。外景

（右上）图 2-968 佛罗伦萨 圣米凯莱和加埃塔诺教堂（1604~1649年，前期建筑师尼杰蒂，立面设计盖拉尔多·西尔瓦尼）。外景

（下）图 2-969 佛罗伦萨 帕廖内科尔西尼宫（始建于1648年，主持人皮尔·弗朗切斯科·西尔瓦尼）。外景

图2-970 佛罗伦萨 圣焦万尼诺教堂（约1665年，室内工程主持人阿方索·帕里吉）。内景

三、米兰、热那亚和其他地区

[米兰]

罗马在17世纪意大利建筑中的统治地位并没有妨碍某些同样具有一定价值的地方风格的发展。在米兰，17世纪初城市已扩大到现在主要环路围括的地区（图2-963）。在这里，弗朗切斯科·马里亚·里基诺（1583/1584~1658年）在佩莱格里诺·蒂巴尔迪和洛伦佐·比纳戈开创的建筑传统上继续作出了重大的贡献。可惜他设计的建筑中，留存下来的很少（可能是因为建筑史上对他的关注不够）。1627年（即和热那亚大学大约同时），里基诺建造了米兰瑞士神学院（参院宫）的

第二章 意大利·661

立面，这是他最著名的作品之一，表明当时人们在改进宫殿及其城市环境的关系上进行了重要的尝试。立面组成部分很多是来自米开朗琪罗的作品（如窗户的框饰）和16世纪佛罗伦萨的宫殿建筑（如隅石）。其最突出的特点是中部形成内凹的曲面，同时通过从一端延伸至另一端的粗壮檐口和重复的窗框式样突出墙面整体的连续性。建筑就这样以环抱的姿态面对外部空间，向参观者发出"欢迎"的信息，一如十年后博罗米尼在其奥拉托利会修院礼拜堂的立面上采取的做法。主轴线上内外空间结合处以一个造型明确的维尼奥拉式大门作为标志，上部阳台通过凸起的栏杆得以强调，和立面曲线形成明显的对比。这种极具表现力的构图方式成为17世纪罗马三杰（博罗米尼、贝尔尼尼和科尔托纳）类似建筑的先兆。它表明，直到这时尚无多少名气的里基诺，理应归入巴洛克初期首批重要建筑师之列。

（上）图2-971 佛罗伦萨 奥尼萨蒂（立面设计尼杰蒂）。外景

（左下）图2-973 佛罗伦萨 卡波尼宫（1699年，卡洛·丰塔纳等人设计）。花园立面

（右下）图2-974 佛罗伦萨 卡波尼宫。大楼梯内景

图 2-972 佛罗伦萨 城堡科尔西尼别墅（立面设计安东尼奥·马里亚·费里，1699 年）。主立面近景

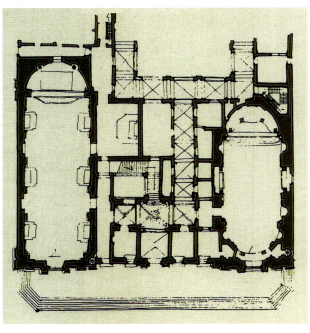

（左上）图2-975 佛罗伦萨 圣乔治教堂（约1705年，建筑师乔瓦尼·巴蒂斯塔·福吉尼）。内景

（右上）图2-976 佛罗伦萨 圣菲伦泽修道院（18世纪初）。总平面（于教堂和礼拜堂之间布置入口厅堂及楼梯，柱廊院位于后部）

（下两幅）图2-977 佛罗伦萨 圣菲伦泽修道院。朝广场的立面及圣菲利波·内里教堂内景

里基诺设计的米兰圣朱塞佩教堂（1607~1630年），属16世纪安东尼奥·达·圣加洛和圣米凯利的那种类型，由两个相邻的集中式空间组成；两者均为希腊十字平面，一个内置祭坛，一个供会众使用。两者中较大的一个臂翼较短。两个空间在内立面上亦有差别，特别是上部表现更为突出。较大空间内由帆拱支撑穹顶，高坛上仅为简单的交叉拱顶。和许多文艺复兴时期的集中式教堂不同，建筑师在这里通过装饰华美的立面对建筑的方向性给予了更多的强调：带山墙的龛室式立面大小相套，将人们的注意力吸引到立面中央部位。这种"龛

（左上）图 2-978 佛罗伦萨 圣菲伦泽修道院。奠基纪念章（据 Coffey，1978 年）

（下）图 2-979 帕多瓦 巴尔巴里戈别墅（位于瓦尔桑齐比奥，17世纪改造，建筑师 Alessandro Tremignon 等）。外景

（右上）图 2-980 帕多瓦 巴尔巴里戈别墅。园林景色

本页：

图2-981 蒙塞利切 杜奥多别墅（16世纪90年代，温琴佐·斯卡莫齐设计，左翼18世纪30年代）。外景

右页：

（左）图2-982 蒙塞利切 杜奥多别墅。立面细部

（右两幅）图2-983 维罗纳 阿莱格里-阿尔韦迪别墅（17世纪后半叶，建筑师Giovanni Battista Bianchi）。外景

室式立面"成为巴洛克时期最常用的类型之一。

[热那亚]

在罗马以外地区宫殿和府邸的设计上，人们往往追求更为先进的解决方式。例如，在帕拉第奥设计的一些宫殿府邸中，沙龙和大楼梯均按规则的方式布置，总平面布局上亦依轴线完全对称，并没有按当时的巴洛克情趣进行空间整合。在热那亚，16世纪的宫邸不仅具有同样的规整表现，还进一步发展出一种在空间处理上极为成熟且具有典型规制的类型。这些新府邸分布在港口

周围的坡地上，类似附近的别墅，自街道上可迳直进入开敞的柱廊，然后通过一段楼梯到达带拱廊的院落，位于院落端头的另一组更为宏伟的楼梯通向坡地高处的花园。罗科·卢拉戈设计的多里亚-图尔西府邸（1564~1566年，图2-964）[17]属采用这种布局方式的早期实例，堪称其中的杰作。宽阔的前厅通过简单的梯段通向加长的院落。院落后部没有封闭，而是和一个带外挑大楼梯的花园相连，并由此导致纵深方向的运动。从前厅通过院落至楼梯间的透视景观和纵向轴线遂成为这个对称平面的主导要素。沙龙位于前厅之上，侧面布置次级楼梯。这个建筑由于将宫殿和"别墅"结合在一起，因而具有特别的价值。从街道上看去，它是个典型的城市宫殿；但从大楼梯进到花园后，就只能看到建筑上部，从而创造出一种更为亲切的尺度（宫殿于1850年转让给市政当局，目前为市政厅所在地，建筑后部已被封闭）。这

本页：

（上）图2-984 维罗纳 阿莱格里-阿尔韦迪别墅。仰视内景

（下）图2-985 布雷萨诺内 诺瓦切拉修道院（约创立于1142年，1190年大火后重建，18世纪初改建，新教堂1734~1773年）。外景

右页：

图2-986 布雷萨诺内 诺瓦切拉修道院。教堂内景

种构图固然在很大程度上是因地势倾斜而定，但它同样表达了一种崭新且极富潜力的空间连续理念。

热那亚大学宫（耶稣会学院，1634~1638年，另说始建于1630年，图2-965）的设计人是城市的主要巴洛克建筑师巴尔托洛梅奥·比安科（约1590~1657年）。在这个壮美的建筑里，多里亚-图尔西府邸的形制得到了进一步的发展。比安科在这里充分利用了城市特有的陡坡地段的潜力，不同标高的平面使人们可利用楼梯进行各种空间构图的试验。其门厅具有和院落（包括敞廊在内）同样的宽度，通向花园的大楼梯遂变得完全"通透"。建筑形体变为"U"形，类似上述罗马宫殿的基本形态。但空间的连续延伸得更远，平面的系统和规则也远远超过同时期的罗马建筑。宫殿墙面的分划具有典型的手法主义特色，将文艺复兴的简单拱廊和更复杂的粗面石及古典柱式结合在一起。配置双柱的拱廊则好似阿莱西在热那亚和米兰的作品。

[其他地区]

乔瓦尼·巴蒂斯塔·阿莱奥蒂（1546~1636年）是17世纪早期艾米利亚地区最重要的建筑师。他设计的

帕尔马法尔内塞剧场（1618~1628年）系按帕拉第奥（维琴察剧场）和斯卡莫齐的剧场模式建造。进深颇大的"U"形观众席和前台拱券的处理方式接近斯卡莫齐设计的萨比奥内塔剧场（图2-966），但两层拱廊则好似回到了帕拉第奥的维琴察会堂。

在佛罗伦萨，圣三一教堂的立面设计人为贝尔纳多·布翁塔伦蒂（1593年），山墙和涡卷上表现出诸多的巴洛克要素（图2-967）。圣米凯莱和加埃塔诺教堂（图2-968）建于1604~1649年间，1630年前工程主要由尼杰蒂主持，盖拉尔多·西尔瓦尼设计的立面为城市最丰富壮美的巴洛克作品之一。始建于1648年的帕廖内科尔西尼宫为城市最大巴洛克宫殿，主持人皮尔·弗朗切斯科·西尔瓦尼，但直到几十年后才完成（图2-969）。圣焦万尼诺教堂室内工程主持人为阿方索·帕里吉（约1665年，图2-970），华丽的装饰表现出典型的耶稣会风格。在奥尼萨蒂，尼杰蒂设计的立面构图均衡，令人注目地配有手法主义的断裂山墙（图2-971）。具有华美装饰的城堡科尔西尼别墅的巴洛克立面由安东尼奥·马里亚·费里完成于1699年（图2-972）。由卡洛·丰塔纳等人设计，于该年开始建造的卡波尼宫，是城市最壮观的后期巴洛克宫邸之一。但如许多这类宫邸的做法一样，外观比较简朴，室内（特别是楼梯间和舞厅）装修极其豪华（图2-973、2-974）。约1705年建成的圣乔治教堂（建筑师乔瓦尼·巴蒂斯塔·福吉尼），具有城市最优雅的洛可可室内装饰（图2-975）。建于18世纪初的圣菲伦泽修道院是个庞大的建筑群（图2-976~2-978），于主要建筑圣菲利波·内里教堂（工程主要由焦阿基诺·福尔蒂尼负责，完成于1715年）和礼拜堂之间布置入口厅堂及楼梯间，其后为柱廊院。朝向广场的两个教堂立面分别建于1715年（建筑师鲁杰里）和1775年（主持

人扎诺比·德尔罗索)。

在帕多瓦,瓦尔桑齐比奥的巴尔巴里戈别墅位于一座山后,主要建筑系17世纪在一个已有结构上改造而得;它布置在中央林荫大道端头,形成道路的对景。建筑背后为一椭圆形场地,两边植树的大道直达山脚。丰富的泉水使这里成为一个理想的造园场所。

本页及左页：

（左及中上）图 2-987 贝卢诺 圣马蒂诺大教堂。钟楼（菲利波·尤瓦拉设计），教堂外景及钟楼近视

（中下及右上）图 2-988 巴萨诺-德尔格拉帕 雷佐尼科别墅。外景及门廊细部

（右下）图 2-989 巴萨诺-德尔格拉帕 雷佐尼科别墅。廊道近景

第二章 意大利 · 671

（上）图 2-990 帕萨里亚诺 马宁别墅。立面全景

（下）图 2-992 帕萨里亚诺 马宁别墅。廊道外景

园内密布迷宫、鱼池及各类喷泉（外景：图 2-979、2-980）。

在蒙塞利切，带粗面石主入口的杜奥多别墅系按温琴佐·斯卡莫齐的设计建于 16 世纪 90 年代。建于 18 世纪 30 年代的左翼仿斯卡莫齐的主体建筑，门边配四根爱奥尼柱，上层设拱窗。柱间配带雕像的龛室和外廊矩形的浮雕（图 2-981、2-982）。

维罗纳库扎诺区的阿莱格里-阿尔韦迪别墅位于一

672·世界建筑史 巴洛克卷

图 2-991 帕萨里亚诺 马宁别墅。自侧面廊道望主入口

个地域宽阔的农场中心、半山腰的一个台地上（图 2-983、2-984）。主立面首层敞廊稍稍向前凸出，上层多立克半柱与矩形窗户交替布置，顶层及屋顶栏杆上各布置六尊雕像。边侧两个高塔通过单层结构与主体相连。背面朝山处布置意大利风格的花园（约 18 世纪初）。

约创立于 1142 年的布雷萨诺内的诺瓦切拉修道院曾于 1190 年大火后重建。以后（罗曼及哥特时期）又陆续有所增添。至 18 世纪初，人们开始按新的巴

第二章 意大利·673

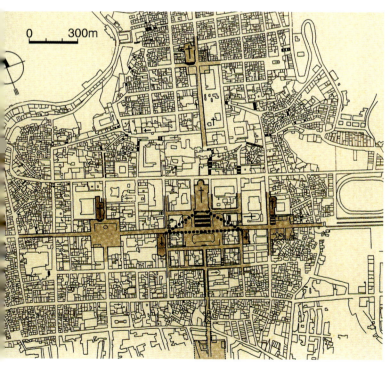

洛克风格对建筑群（特别是原哥特时期的教堂）进行改建，带三个纵长本堂的新教堂建于1734~1773年（图2-985、2-986）。

贝卢诺圣马蒂诺大教堂的钟楼是出生于西西里的

本页：

（上）图2-993 墨西拿 城市风景（油画，作者Jan van Essen，佛罗伦萨私人藏品）

（左下）图2-994 诺托 城市总平面（约1693年形势）

（右下）图2-995 诺托 大教堂。外景

右页：

图2-996 诺托 圣多梅尼科教堂（1727年）。外景

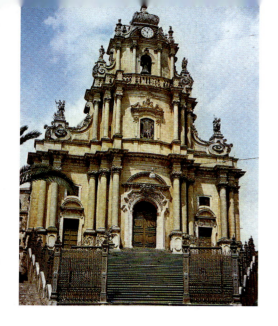

（左）图 2-997 拉古萨 圣乔治教堂（1744~1766年，建筑师 Rosario Gagliardi）。外景

（右）图 2-998 莫迪卡 圣彼得教堂（18世纪）。外景

建筑师菲利波·尤瓦拉在去西班牙前留下的最后作品之一［在钟楼上有他的名字和1734年（可能是开工日期）的铭记］。其委托人是贝卢诺的两位主教。上部典型的巴洛克母题——洋葱头状（onion-shaped）的尖顶立在八角形的基座上，钟楼层配有科林斯式的壁柱（图2-987）。

最后，值得一提的还有两个别墅。一是巴萨诺-德尔格拉帕的雷佐尼科别墅（图2-988、2-989），二是帕萨里亚诺的马宁别墅（图2-990~2-992）。前者由别墅、家族礼拜堂、钟楼及大花园等部分组成；别墅本身类似中世纪的城堡，中央形体两边设塔楼（其建筑师通常被认为是在威尼斯为雷佐尼科家族设计过宫邸的巴尔达萨雷·隆盖纳，但最近又有学者根据风格的考证认为是乔治·马萨里设计）。马宁别墅是最初来自佛罗伦萨的马宁家族的产业。据弗朗克新近（1989年）的研究，1648年工程已在进行之中。尽管有许多建筑师参与工作，但包括圆形和矩形广场在内的整个组群风格仍很统一，且具有威尼斯地区建筑的传统特色。

西西里1693年地震后建筑艺术的发展情况目前还没有完全搞清楚。海岸边遭到破坏的城市后来得到重建，如墨西拿（图2-993，其著名的滨海林荫道即属此时）、卡塔尼亚（在G.B.瓦卡里尼的规划下成为意大利最富有魅力的巴洛克城市之一）。作为地区的中心，诺托是自1703年起一次建成的小城市，其教堂、修道院和装饰华丽的宫殿一直留存到今日（图2-994~2-996）。拉古萨（图2-997）、莫迪卡（图2-998）以及其他离海岸稍远的城市还有一些几乎不被人知的18世纪教堂，其价值实际上并不亚于皮埃蒙特和波希米亚等地区的同类建筑。

第二章注释：

[1] 在 S.Giedion 的《Space, Time and Architecture》一书中，对此有详尽论述。见该书：《Sixtus V (1585~1590) and the Planning of the Baroque Rome》。

[2] 不过，在圣加洛的其他设计中，他还是尽力保持规则的布局，如他为罗马梅迪奇宫所作的宏伟设计（1513年），这些做法预示了巴洛克后期的某些理念。

[3] 引自 R. 威特科尔：《Art and Architecture in Italy 1600~1750》，115 页。

[4] P.Portoghesi：《Roma Barocca》，86 页。

[5] 圣卢卡学院（Academy of S. Luke），是罗马最早的艺术机构之一，创建于1593年。

[6] 大卫（David，约公元前1010~前970年），古以色列国第二代国王。

[7] 韦罗内塞（Veronese，1528~1588年），意大利文艺复兴后期威尼斯画派重要成员之一。

[8] 就人们现在所知，这种三重柱子的母题以后再没有人用过。约翰·米夏埃尔·菲舍尔在设计茨维法尔滕修道院（1740~1765年）时，于入口处边上设置了两个三重结构，但每个均为两根柱子间夹一根壁柱。

[9] 拉普拉塔河（Rio della Plata, Rio de la Plata），位于南美洲东南部阿根廷和乌拉圭之间，实为由巴拉那河和乌拉圭河形成的宽阔海湾，入海口在大西洋，麦哲伦于1520年和塞巴斯蒂安·卡伯特从1526年到1529年考察过该地。

[10]（阿维拉的）圣德肋撒（Teresa of Avila, Saint，又译圣特雷萨，1515~1582年），西班牙天主教修女，神秘主义者，倡导加尔默罗会改革运动，在阿维拉建立圣约瑟女修道院（1562年），著有《到达完美之路》、灵修自传《生活》等。

[11] 但以理（Daniel），基督教《圣经·旧约》中的希伯来先知，

由于笃信上帝，虽被扔入狮窟而无损伤。

[12] 哈巴谷（Habakkuk），基督教《圣经》中的人物，公元前7世纪的希伯来先知。

[13] 事实上，当亚历山大七世在任时，科尔托纳已经提供了一个耶稣会堂的类似方案，且要宏伟得多（对称的入口由向侧面凸出的柱廊构成，其后为广场）。教堂本身和位于它右侧的耶稣会总部通过一条新辟的街道分开，因而成为真正巴洛克式的构图中心。

[14] 大约和卢浮宫方案设计同一时期，科尔托纳拟订了一个罗马科隆纳广场基吉宫的设计，只是一直未能付诸实施。所采用的立面形制颇似博罗米尼设想的纳沃纳广场（的）圣阿涅塞教堂立面下部和贝尔尼尼的第一个卢浮宫立面设计。但在这里，巨柱式由粗面石砌筑的底层支撑，后者由石头雕成岩石状，其中纳入了一个带人物造型的大型喷泉；在近70年后，尼古拉·萨尔维在建造特雷维喷泉时，再次采纳了这一构思。科尔托纳的设计表明，某些基本题材，如中心带反曲线的凹室、位于粗面石基座上的巨柱式构图，从这时开始，均已成为通行的建筑语言。

[15] 马萨林（Mazarin，1602~1661年），红衣主教，原籍意大利，1643~1661年任法国首相，期间巩固专制王权，加强了法国在欧洲的地位。

[16] 其出生年代说法不一，另有1702及1704年两说。

[17] Werner Hager 称建筑始建于1590年，建筑师为C.Lurago。